Anatomía del fraude científico

Drakontos
Director:
José Manuel Sánchez Ron

Anatomía del fraude científico

Horace Freeland Judson

Traducción castellana de

David León

CRÍTICA
Barcelona

Título original:
The Great Betrayal
Fraud in Science

Diseño de la cubierta: Joan Batallé
Ilustración de la cubierta: © William Westheimer/CORBIS
Realización: Ātona, S. L.

CRÍTICA, S. L., Diagonal, 662-664, 08034 Barcelona
E-mail: editorial@ed-critica.es
http://www.ed-critica.es
ISBN: 84-8432-732-9
Depósito legal: M 13.548-2006
Impreso en España
2006. — BROSMAC, S. L., Polígono Industrial 1, Calle C, Móstoles (Madrid)

Para Olivia

Ach! Furchtbar ist Gewissen ohne Wahrheit

Sófocles, *Antígona*,
en la traducción de Friedrich Hölderlin

En la ciudad peloponesia de Olimpia, que fue sede secular de los juegos olímpicos, se erigía una hilera de imágenes de Zeus, llamadas *Zanes*, fabricadas en bronce y costeadas por las multas impuestas a los competidores que habían hecho trampas. Los Zanes se hallaban alineados sobre pedestales a lo largo de la zona septentrional del Altis, el recinto sagrado del Zeus olímpico, en dirección a la puerta del pasadizo reservado por el que accedían al estadio los atletas. En consecuencia, eran los últimos objetos que veían los ojos de quienes se disponían a competir. Cuando los arqueólogos alemanes excavaron las ruinas de la ciudad en la década de 1870, encontraron 16 pedestales.*

* Jebb, sir Richard Claverhouse, y Ernest Arthur Gardner, «Olympia», en *Encyclopaedia Britannica*, vol. XX, Cambridge University Press, Cambridge y Nueva York, 11.ª ed., 1911, p. 96.

Prefacio

Entre los titulares aparecidos en la primera plana de The New York Times *el 22 de marzo de 1991 podía leerse: «Bióloga paga caro haber cuestionado un estudio».*[1] *El artículo, firmado por Philip Hilts, miembro de la redacción washingtoniana del periódico, consistía en una reseña relativa a una científica llamada Margot O'Toole, que había puesto en duda un trabajo surgido en dos laboratorios del Instituto de Tecnología de Massachusetts (MIT) y publicado cinco años después en la revista* Cell. *Uno de los principales autores del estudio era David Baltimore, quien cuando el artículo del* Times *vio la luz ocupaba el puesto de rector de la Universidad Rockefeller, en Nueva York. Entre quienes firmaban con él la investigación se encontraba Thereza Imanishi-Kari, directora, en el momento en que apareció el trabajo en* Cell, *del pequeño laboratorio del MIT en el que trabajaba O'Toole merced a una beca anual. Baltimore desdeñó los argumentos de esta última, a quien describió como una mera «becaria posdoctoral contrariada». La bióloga se vio desterrada del mundo científico y, después de que su marido y ella se viesen obligados a vender la casa en que vivían, acabó trabajando de telefonista en una compañía de mudanzas propiedad de su hermano. Sin embargo, el artículo del* Times *hacía saber que de la Oficina de Integridad Científica, entidad perteneciente a los Institutos Nacionales de la Salud (NIH), se había filtrado el borrador de un informe referente a la disputa originada en torno a la investigación. Éste daba la razón a O'Toole, a la que cali-*

ficaba de heroína por haber hecho valer «su compromiso para con la integridad científica», y determinaba que los datos provenientes del laboratorio de Imanishi-Kari estaban falseados.

El caso prometía levantar ampollas. Yo no lo conocía, pero lo cierto es que vino a sumarse al creciente número de fraudes científicos descubiertos en años recientes de que sí tenía noticia. No dudé en leer, en las páginas interiores, el artículo completo, y lo primero que llamó mi atención fue el nombre de un amigo, Mark Ptashne, biólogo molecular de Harvard, que, según se afirmaba, había respaldado la postura de O'Toole, la había vuelto a integrar en los círculos científicos al emplearla en Genetics Institute —compañía de biotecnología fundada por él y de cuya existencia yo estaba al corriente— y no había dudado en hablar en su favor.

Aquel año, yo me hallaba en la Universidad de Stanford en calidad de becario invitado de historia de la ciencia. Telefoneé a Ptashne y le dije:

—¡Estarás contento! ¡Ya tienes tus quince minutos de fama!

—No te pases —me respondió él—: el caso es serio y muy interesante. —Y me contó muchas más cosas sobre la implicación de Baltimore y sobre O'Toole.

Y así fue como comenzó este libro. Me puse en contacto con Walter Stewart y Ned Feder, dos científicos de los NIH que estaban siguiendo de cerca el asunto protagonizado por Baltimore e Imanishi-Kari; investigué lo sucedido con O'Toole y solicité una entrevista con Baltimore, a quien había conocido veinte años antes, cuando trabajaba en mi historia de la biología molecular The Eighth Day of Creation. *Hablé con otros científicos, entre quienes se encontraba Gerald Edelman, inmunólogo de gran erudición, arrolladora inteligencia y no poco talento filosófico, quien formaba parte de la Universidad Rockefeller y no sentía una gran devoción por Baltimore. De nuevo en Stanford, llegado el mes de enero, recibí una llamada de Martin Kessler, redactor jefe y editor de la neoyorquina Basic Books, de la que era fundador. Sabía algo de su empresa: grandes libros acerca de cuestiones serias, encomiables aunque a veces algo tediosos. Me dijo que era el editor de Edelman y que había sabido por mediación suya que tenía planes de escribir un libro acerca de los fraudes en el entorno científico. Llevaba tiempo buscando un libro así, y de hecho, según me aseguró, lo que yo le describí era, ni más ni menos, lo que él tenía en mente. Yo había firmado con Simon & Schuster un contrato por el que me comprometía a escribir para ellos otros dos volúmenes. No obstante, había acabado por decidirme a no elaborar uno de ellos, y el otro, que estaba a punto de completar, no tenían demasiadas intenciones de publicármelo. En consecuencia, según comuniqué a Kessler, estaba negociando para rescindirlo.*

A principios del verano, estuve en disposición de elaborar un esbozo preliminar, y no tardé en firmar con Kessler. Pero entonces dejó la editorial para irse a Free Press, y antes de que yo pudiera hacer que se llevase consigo mi libro, murió. Su sucesor en Basic Books, que había ascendido al cargo procedente del mundo de la mercadotecnia más que del editorial, no sólo no mostró interés alguno en mi proyecto, sino que pidió que le devolviera el anticipo. El libro, por ende, quedó nadando entre dos aguas. Yo seguí obstinado en sacarlo adelante; sin embargo, me persiguió, como suele hacer, la maldición de la indolencia, la pereza —el peor de los pecados capitales—, y además, tenía otras preocupaciones personales y profesionales después de haberme trasladado a la Universidad George Washington con una cuantiosa subvención destinada a fundar en ella el Centro para la Historia de la Ciencia Reciente. Por esas fechas conocí a Michael Bessie, redactor y editor de enorme experiencia y gran sabiduría a punto de retirarse, quien, a su vez, me puso en contacto con Jane Isay, redactora jefa de Harcourt. A esas alturas, los tiempos habían cambiado, y el panorama del fraude científico se había dilatado en gran medida. En consecuencia, esta última me instó a reestructurar por entero el libro. En un primer momento me resistí, habida cuenta de la cantidad de material interesante que habría de sacrificar. Aun así, lo cierto es que ella tenía razón. El resultado es lo que tiene el lector en sus manos.

Son muchas las deudas que he ido contrayendo durante todos estos años. Para mí, constituye un honor y un gran placer dar las gracias a Jane Isay y a Michael y Cornelia Bessie. Drummond Rennie y C. K. Gunsalus (Tina) saben más que nadie de fraude científico, así como de su epidemiología, cura y prevención, y han dado muestras de una gran liberalidad a la hora de alentarme y proporcionarme información. Tina, además, leyó todo el conjunto y me brindó excelentes sugerencias. Margot O'Toole supervisó el capítulo 5, referente a Baltimore, e hizo una serie de puntualizaciones esenciales. Paul Ginsparg, una de las figuras centrales del capítulo 8, que versa sobre las publicaciones de libre acceso, leyó esta parte e hizo agudos comentarios al respecto, que es, precisamente, lo que desea un autor. Joe Cecil, integrante del Centro Judicial Federal, me reveló las fuentes a que acudí en lo tocante a la controversia entre ciencia y ley expuesta en el capítulo 9, capítulo que él revisó para mostrarme después el modo como podía ampliarlo. Scott Kieff también hizo otro tanto y aportó agudas observaciones. George Thomsen me enseñó la curiosa relevancia que revestía cierta cuestión relativa al derecho tributario. Robert Pollack leyó buena parte de los diversos borradores del original, en concreto y de manera más reciente, los del capítulo 9 y el epílogo. De mis enfrentamientos con este «contrincante» intelectual de ágil juicio salgo siempre algo magullado y muy estimulado. Philip Kitcher leyó fragmentos de la primera versión del libro, y sus diestros comentarios resultaron por demás tonificantes. Los colegas y otros miembros del Centro para la Historia de la Ciencia Reciente se convirtieron en lectores valiosísimos del entorno universitario. Noel Swerdlow evitó que cometiese, por ignorancia, un craso error relativo a Claudio Tolomeo, quien, por ende, no aparece entre los científicos cuya obra se analiza en el volumen. Por otra parte, he de expresar mi agradecimiento a Frank Curtis, mi agente, por su eficaz sentido común y su inquebrantable paciencia.

Ha habido muchos otros que me han alentado en todo momento, y es mi deber mencionar la impagable deuda que, en este sentido, he contraído con Thomas Blake, Richard Cohen, Anne Fitzpatrick, Bill Glen y el resto del Club de los Herejes, Lillian Hoddeson y, por su lectura crítica de historiadora y su ternura y su risa de amiga, Angela Matysiak.

Huelga decir que, como siempre, he sido objeto del incondicional apoyo de mis hijos, Grace, Olivia y Nicholas Judson. Estos dos últimos son científicos, cosa que yo no puedo decir de mí mismo, y han dado muestras de una aguda franqueza en cuanto lectores de mi obra.

Prólogo

De la luz que el fraude y otras conductas dolosas proyectan sobre la empresa en que se han convertido las ciencias en los albores del nuevo siglo

Consideremos el papel que han desempeñado los defectos en el ámbito de la investigación científica.

Cuando, a principios del siglo XIX, el anatomista William Harvey trató por vez primera de analizar el movimiento del corazón y la sangre, efectuó observaciones cruciales acerca de animales u hombres que adolecían de alguna imperfección seria. En mamíferos normales y sanos, la secuencia de latido de las cuatro cavidades del corazón y la relación existente entre éste y el pulso son demasiado rápidas, continuas, sutiles y vagas para poder distinguirse por el tacto o el oído desde el exterior, o incluso observando lo que ocurre en la cavidad torácica de un ser vivo recién abierto: un perro o un cerdo yacentes en la mesa de disección o un ciervo abatido en una montería. Harvey observó los corazones de estos animales mientras agonizaban. «Los movimientos se tornan entonces más lentos e infrecuentes —reza, en latín, uno de sus textos—, y las pausas se hacen mayores, de tal guisa que resulta mucho más sencillo percibir y desenmarañar cuál es, en realidad, su actividad.»[1] De este modo, pudo ver con claridad que, con cada latido, las cavidades del corazón se mueven respondiendo a una secuencia: primero se contraen las dos aurículas, y después, los dos ventrículos. Demostró que lo que, desde el exterior, percibimos como palpitaciones no se debe a una expansión activa del corazón, semejante a un fuelle que recogiera aire —que era la explicación aceptada en su época—, sino a la contracción muscular, que tensa la estructura para expulsar la sangre. El corazón, por lo tanto, es una bomba. Existe una célebre ilustración en la que puede verse a Harvey con el rey Carlos I de Inglaterra, de quien era médico personal, explicando a su real paciente y protector el movimiento del citado órgano. El erudito observó también los corazones de animales en estado embrionario, como, por ejemplo, polluelos que apenas habían comenzado a desarrollarse en el huevo. Una de sus agudas observaciones tuvo por sujeto a un enfermo que presentaba una marcada hinchazón palpitante en la base del lado derecho del cuello. Según escribió Harvey, se trataba de un aneurisma —o desgaste de la pared— de la arteria subclavia, que riega el brazo derecho, bajando desde la clavícula hasta la axila. «La hinchazón aumentaba de manera visible al recibir la carga de sangre transportada por la arteria ... con cada impulso del corazón» (a lo que añadía, en un lacónico paréntesis: «quod secto post mortem cadavere deprehensum erat»; o lo que es igual, que la naturaleza de la dolencia se confirmó una vez abierto el cadáver después de muerto el paciente). El pulso, por ende, dependía del latido del corazón y, a diferencia de éste, no era sino una expansión pasiva. La observación de circunstancias anormales como ésta llevó a Harvey a entender la fisiología normal del flujo sanguíneo, y se tornó, para él, en un componente esencial a la hora de demostrar el carácter circulante de la sangre.

Pueden citarse muchos más ejemplos. En el siglo XIX, los médicos que topaban con casos de bocio, cretinismo, retraso del crecimiento, pacientes con latido acelerado y ojos tan protuberantes que les impedían incluso cerrar los párpados, ejemplos de enanismo, gigantismo o acromegalia —enfermedad de adultos en la que los pies, las manos y los huesos del rostro se desarrollan de un modo monstruoso— emprendieron el camino que permitió comprender las funciones de las glándulas tiroides y pituitaria. El estudio clínico de los defectos dio lugar a la ciencia de la endocrinología. Asimismo, buena parte de lo que saben los neurobiólogos acerca del funcionamiento de nuestro cerebro se debe a un siglo de empeños por emplear las disfunciones —consecuencia de daños cerebrales causados por accidente, apoplejía, disparo de arma de fuego o cirugía en personas normales— para analizar la base neuronal de la percepción, el pensamiento, el habla y las emociones.

De los albores del siglo XX hasta nuestros días, los genetistas han fundado su ciencia en patrones de transmisión de caracteres variantes —mutaciones— de una generación a otra. La mayoría de éstos son defectos genéticos: la carencia de cierto pigmento en el ojo de una mosca, la falta de determinado componente en el mecanismo de coagulación sanguínea en los casos de hemofilia, el cambio de una sencilla unidad de la secuencia molecular de la hemoglobina en la anemia falciforme, etc. Hasta la invención de las técnicas más recientes, el mapa genético de la mosca de la fruta, el ratón o el hombre ha sido, casi en su totalidad, no tanto el de sus genes como el de sus defectos genéticos. Tanto es así, que cierto eminente genetista médico lo ha denominado «la mórbida anatomía del genoma».

El cáncer es una alteración de los procesos celulares de organismos complejos, y en particular, de los que dominan el crecimiento de las células. Jamás podremos entender la enfermedad hasta que comprendamos aquéllos, y lo cierto es que son, cuando menos, desconcertantes: complejos, veloces, interactivos y difíciles de localizar. En la década de 1970, en el preciso instante en que los biólogos moleculares reunían el repertorio de técnicas nuevas que hizo, por fin, que pareciese resoluble el desarrollo y diferenciación de las células normales, el presidente Richard Nixon declaró la guerra al cáncer. Los biólogos se quejaron entonces de que se estuviese destinando dinero a estudios muy específicos cuando urgía llevar a cabo una investigación más generalizada y fundamental. No tardaron en aprender a rellenar las solicitudes de sus becas de modo que les permitiesen emplear los fondos destinados a la lucha contra el cáncer para responder preguntas más elementales. Su proceder era totalmente legítimo, pues como quiera que el cáncer resulta de ciertas deficiencias en los procesos normales de las células, permite, asimismo, observar con amplitud dichos procesos.[2]

En el ámbito de las ciencias físicas, sin duda, es menos frecuente que los defectos propicien la comprensión del funcionamiento de fenómenos más comunes. Así y todo, lo cierto es que los seísmos nos han dado información sobre la estructura interna de la Tierra, en tanto que los astrónomos siguen examinando el firmamento en busca de supernovas desconocidas (en realidad, la posibilidad de que una serie de fragmentos cometarios chocase contra Júpiter y trastornara así, de un modo catastrófico, las capas externas del planeta cautivó a los científicos de todo el mundo y ocupó, una semana tras otra, las portadas de los periódicos de todos los países).

El ejemplo reciente más llamativo de la importancia de que gozan las imperfecciones en la investigación biológica lo constituye, claro está, el síndrome de inmunodeficiencia adquirida, o sida. El sistema inmunológico es el más intrincado después del nervioso, y se resiste de forma impenitente a la comprensión de los científicos. El virus de la inmunodeficiencia humana se halla en células que rigen una intersección central de las vías que hacen funcionar el sistema. Una vez más, tal como sucede con el cáncer en relación con la biología celular, la lucha contra la enfermedad exige un estudio fundamental, general, del sistema que está perturbando. Y de nuevo, el defecto sirve para abrir una ventana.

En resumidas cuentas: en el ámbito científico, las deficiencias pueden brindar el acceso a los procesos por ellas trastornados, procesos que, de otro modo, son de una escala desmesurada, complejos, rápidos e inaccesibles en extremo, o en los que la intervención deliberada resulta imposible o muy poco ética. Llegados a este punto, conviene que nos detengamos a reflexionar. Todas estas características describen la empresa de las ciencias a lo largo de la última mitad del siglo XX. Sin embargo, el fraude y otras formas similares de conducta censurable también son, sin lugar a dudas, defectos en el proceso científico. La idea fundamental del presente libro es que el examen detallado de la naturaleza de éstos puede llevarnos al latido y el pulso de lo que son las ciencias y de lo que hacen los científicos en el milenio que acabamos de comenzar.

Desconocemos cuál es la incidencia del fraude científico. Es probable que quienes han estudiado todos estos problemas con más detalle y durante un tiempo más prolongado hayan acabado por convencerse de que el comportamiento fraudulento está por demás extendido en el ámbito de la investigación. Hasta el momento, sin embargo, nadie ha expuesto método alguno que permita medirlo de un modo fiable. En consecuencia, no nos queda más remedio que basarnos en lo que se ha bautizado como *anecdata*.*

* De *anecdotal* («fundado en informes u observaciones poco científicos») y *data* («datos»). (*N. del t.*)

Al problema de la incidencia hay que sumar el de la definición. ¿Qué es, exactamente, lo que queremos medir? La descripción más corriente responde a las iniciales IFP: invención, falsificación y plagio. Por *invención* se entiende la adulteración de datos en su totalidad; es lo que los biólogos conocen como «trabajo de laboratorio en seco». *Falsificar* es manipular los datos obtenidos seleccionando sólo los resultados favorables, eliminando los que parecen contrarios a las conclusiones de un estudio concreto, presentando como significativos resultados que apenas sobrepasan los niveles de referencia, combinando lo mejor de dos experimentos en lo que se hace ver que es sólo uno o efectuando cualquiera de las demás permutaciones que pueda susurrar al oído del infractor el duendecillo de su perfidia. La definición de *plagio*, por último, es más amplia que la de la mera copia: se trata de la apropiación indebida de la propiedad intelectual, el hurto de ideas, métodos y resultados de otro, y acaso también de su expresión, al publicarlos bajo el nombre de uno mismo. A juzgar por los casos que han salido a la luz, el robo de la propiedad intelectual alcanza, en el ámbito científico, una extensión propia de epidemia, y los conflictos que de él se derivan resultan, a menudo, devastadores para el científico que aspira al desagravio. Hasta hace muy poco, la definición común iba más allá, pues a las tres citadas se añadía la siguiente cláusula general: «o cualquier otra desviación seria de las prácticas aceptadas a la hora de proponer, obtener o publicar los resultados».

Para algunos —entre otros, los más de los abogados—, la definición peca de muy imprecisa. Muchos científicos, no obstante, la defienden por ser breve, fácil de recordar y poco severa. Asimismo, son bastantes los que se han opuesto a la disposición relativa a «cualquier otra desviación seria», que consideran vaga hasta extremos desconcertantes y, en consecuencia, peligrosa; si bien algunos reconocen que refleja la realidad de que la ciencia es un proceso colectivo, comunitario, ya se han puesto en marcha los dispositivos burocráticos pertinentes para excluirla de la legislación federal. Los fallos pronunciados en las causas celebradas de forma reciente han dejado la definición de mala conducta científica en una situación más confusa que nunca. Cabe preguntarse, por ejemplo, si existe un límite que diferencie el fraude de la negligencia, o dicho de otro modo, si para incurrir en el primero es necesario que medie la intención del infractor.

Una cuestión esencial en lo tocante al problema de la mala conducta es la respuesta de las instituciones una vez estallan las acusaciones. De forma reiterada, el proceder de los científicos acreditados y los gobernantes se ha convertido en el modelo mismo de cómo no se debe actuar. De hecho, éstos han tratado, por lo común, de sofocar el incendio, protagonizando de este modo una reacción muy propia de este tipo de casos, cuyas raíces se sustentan en la psicología de grupo de los laboratorios y las instituciones que los amparan. Cabe mencionar, al hablar de esta respuesta, el trato que se dispensa a quien demuestra ser lo bastante audaz para denunciar las irregularidades: el que hace sonar la alarma. Huelga decir que en los casos bien llevados el público ni siquiera llega a saber de la existencia del fraude. En cambio, no siempre puede hablarse de buena gestión con respecto a los que han salido a la luz: casi sin excepción —y esto puede aplicarse por igual a los ámbitos industrial, gubernamental, eclesiástico, militar...—, a quienes tocan a rebato se les trata, aun cuando sus acusaciones estén justificadas, de un modo nada envidiable, a veces incluso brutal, que puede suponer la destrucción de sus carreras profesionales y el trastorno de sus vidas.

Luego llegamos a preguntas más generales y básicas: si la ciencia puede corregirse a sí misma —y en qué grado puede hacerlo—, aun cuando se haya llevado a cabo de un modo fraudulento un supuesto hallazgo, y si, de hecho, la comunidad científica puede ser autónoma y regularse a sí misma, libre de toda supervisión por parte de la burocracia y los legisladores del gobierno, por más que sea éste la fuente de su financiación. Las instituciones de autocorrección coinciden en gran medida con las de autogobierno. Algunas tienen carácter formal, y —aunque la nómina no esté completa— van desde la organización de la educación y el aprendizaje de los científicos —y toda una variedad de estructuras sociales de laboratorios, incluido el papel que representan los investigadores más jóvenes— hasta los organismos gubernamentales y las instituciones privadas encargados de las subvenciones, las prácticas de las publicaciones en las que dan a luz los científicos sus trabajos, las diversas asociaciones profesionales de investigadores de uno u otro ámbito o la Academia Nacional de Ciencias.

Más cercanos a la conducta, así como a la sustancia, se encuentran los mecanismos especiales por los que los científicos juzgan los trabajos de sus colegas: la «evaluación entre iguales» y el «arbitraje editorial». En un sentido estricto, el primero es el sistema por el que se nombra a un grupo anónimo de investigadores para que juzgue la calidad de las solicitudes en el campo de las becas y demás medios de financiación, y trate de colocar las más meritorias según un orden de valía. Los trabajos propuestos se evalúan, en consecuencia, puestas las miras en el futuro. La valoración retrospectiva, por su parte, está ligada al arbitraje —que, una vez más, suele ser, casi siempre, un proceso anónimo— de las investigaciones que se envían a las diversas publicaciones periódicas. En uno y otro caso, son científicos quienes evalúan a los científicos. Ambos son ejemplos de autogobierno en su forma más desinteresada y pura —al menos, en un principio y durante décadas en la práctica—, instituciones que se desarrollaron tras la segunda guerra mundial y sin las que la ciencia resulta inconcebible para la mayoría de los investigadores.

Medio siglo después, sin embargo, la evaluación entre iguales y el arbitraje editorial han comenzado a agonizar. Ambas prácticas se encuentran en decadencia, a menudo son ineficaces y están, en ciertos aspectos, adulteradas, corruptas por la política y demasiado sujetas a la tentación del plagio. La segunda afronta, además, dificultades particulares, generadas por la descomunal proliferación de publicaciones periódicas y por la creciente intensidad de la competitividad entre científicos. Ha habido que esperar a mediados de la década de 1990 para que se desarrollase una prometedora alternativa con la evolución de las publicaciones electrónicas, desarrollo que está adoptando formas muy diversas y protagonizando una clara aceleración. Sus efectos comienzan ya a notarse, y justifican el trillado adjetivo de *revolucionario*.

Existen otras estructuras sociales que, a despecho de su aspecto informal, pueden resultar más eficaces que el resto y tienen la potestad de mediar en las vidas e interacciones de los científicos en todos los sentidos, sin excepción de los más formales. Entre ellas se incluye el entramado de juicios por las que los investigadores evalúan a otros integrantes de sus comunidades, las jerarquías de respeto y consideración... o las de desconfianza. Las que más abarcan, no obstante, son los linajes científicos.

Porque la ciencia, a qué negarlo, tiene sus linajes. Saber con cuál se ha formado uno, con quién ha aprendido, permitirá a otros saber cuál es su especialidad, su posible calidad y sus actitudes con respecto al trabajo, a la organización colegial y a la competencia, así como en lo tocante a la integridad de la ciencia en general. El poder de los linajes se hace manifiesto en toda coyuntura. Por encima de todo, establecen los contextos de las prácticas diarias y los ejemplos tácitos —siempre más vinculantes que los preceptos— por los que los investigadores más jóvenes se inician en la ciencia. Niels Bohr, Thomas Hunt Morgan, Ernest Rutherford, Max Delbrück, Lawrence Bragg, Linus Pauling, Arthur Kornberg, André Lwoff...: las grandes estirpes se conocen por el nombre de sus grandes mentores. Sin embargo, junto con su desarrollo y una especialización cada vez mayor, los últimos años han sido testigo de la depreciación de los linajes, de la pérdida de valor que ha experimentado la figura del mentor.

Más profunda aún es la pregunta de si en la polémica relativa al proceder fraudulento, sea cual fuere su virulencia, pueden encuadrarse los intereses de la ciencia, la comunidad científica o sus integrantes en nuestro concepto tradicional de culpabilidad o inocencia del individuo. Para quienes se han educado en el ámbito de las tradiciones de la jurisprudencia angloamericana, las alternativas resultan poco menos que inconcebibles. Ni siquiera tenemos nombres con los que referirnos a ellas, y sin embargo, otras culturas legales sí emplean sistemas diferentes, sistemas que pueden adaptarse a las necesidades de las ciencias. Durante los últimos quince años se han dado, cierto es, aires de cambios en determinados ámbitos de la legislación civil estadounidense: de hecho, sólo en aquellos en los que las causas afectan a cuestiones técnicas y científicas de gran complejidad.

Y todavía hay que escarbar más hondo para llegar al inevitable final del crecimiento exponencial de las ciencias. Se trata de la doctrina de Malthus aplicada al mayor grupo de instituciones, la mayor empresa del intelecto y el espíritu humanos de que jamás tendremos noticia. La implacable transición a una situación de estabilidad exige décadas de trabajo, así como de condicionamiento, amenazas y sacudidas de todos y cada uno de los aspectos de la ciencia.

1

Una cultura invadida por el fraude

Parémonos ahora a pensar en el fraude. Al dejar atrás el final del último siglo (¿edad de oro, era de los magnates sin escrúpulos...?), nos hemos encontrado con que la imagen que tenemos de nosotros mismos y nuestra sociedad ha quedado alterada en ciertos aspectos nada gratos, siendo así que nos hallamos bombardeados, saturados, acosados por el engaño. Los ejemplos se multiplican día tras día, semana tras semana, en instituciones sociales de muy diversa índole, pertenecientes al mundo de las finanzas y la industria, las profesiones, las iglesias, los deportes, los medios de comunicación de masas, las ciencias... Ya no podemos seguir suponiendo que se trata de casos aislados que tienen lugar en el interior de sistemas que, en buena medida, tienen el poder de gobernarse y enmendarse a sí mismos. No podemos seguir eludiendo la consideración de las formas y los contextos en que se dan estos hechos fraudulentos.

Pero ¿por dónde empezar? Llegada la década de 1990, habíamos olvidado las lecciones de la historia. Tras más de doce lustros del gran crac de 1929, apenas quedaba con vida nadie capaz de recordar los espectaculares años veinte ni los escándalos y fraudes financieros que habían visto la luz tras estallar la «burbuja». ¿Quién reconoce, en nuestros días, los nombres de la Shenandoah Corporation o la Blue Ridge Corporation, consorcios de inversión especulativa creados en 1928 y 1929 por Goldman Sachs, o la sociedad que erigió y dirigió de forma fraudulenta Samuel Insull, que en su apogeo, a final de la década, poseía más de quinientas centrales eléctricas en Estados Unidos y cuyo capital se valoraba en más de tres mil millones de dólares de los de entonces? ¿Quién se acuerda hoy de Howard Hopson o el sueco Ivar Kreuger, el rey de las cerillas, que especularon, de un modo ilegítimo y a escala descomunal, con el dinero de otras gentes, o del Union Industrial Bank de Flint (Michigan), cuya dirección conspiró para malversar millones de dólares con los que comerciar en el mercado? Y sin embargo, los personajes y entidades citados no son sino los más conocidos de cuantos salieron a la luz a consecuencia del crac que los llevó a la ruina.[1]

El autor inglés decimonónico Walter Bagehot, director de *The Economist*, escribió en 1873: «Toda gran crisis revela la especulación excesiva de muchas empresas de las que nadie había sospechado con anterioridad».[2] Ignorantes de la historia, entramos en la estrepitosa década de 1990, que ahora reconocemos como un período de asombrosa exuberancia en los terrenos empresarial y comercial, tanto en Estados Unidos como en el resto del mundo. Los magnates de la industria y las finanzas, del derecho y la contabilidad, amasaron fortunas que superaban cualquier sentido de la avaricia, más allá de cualquier necesidad, de los lujos más extravagantes y aun de toda posibilidad de despilfarrarlas; fortunas de decenas, cientos e incluso miles de millones, en tanto que arrastraban, en su estela, a millones de agradecidos de menor importancia.

Acto seguido, muchos de ellos adquirieron una triste celebridad de forma instantánea, de tal modo que sus nombres se han grabado en nuestra memoria de forma indeleble.[3] Una de las compañías más opulentas de todas fue la empresa tejana de energía Enron, predilecta en Wall Street y considerada la quinta mayor de Estados Unidos, que se vio obligada a admitir una serie de prácticas contables por las cuales se habían excluido deudas colosales de sus balances, así como a volver a exponer los beneficios obtenidos entre 1997 y 2000, lo que hizo descender 1.250 millones de dólares su valor contable.[4] El 2 de diciembre de 2001, Enron se declaró en bancarrota. La suya fue, con diferencia, la mayor quiebra corporativa de la historia de la humanidad. Aquel insolente advenedizo, que pese a estar bien relacionado en lo político apenas si podía ser considerado parte de lo más selecto, podía haber parecido un depravado, una manzana que no por hinchada dejaba de estar podrida.

A continuación le llegó el turno a Global Crossing, compañía de telecomunicaciones que había instaurado una red mundial de líneas de fibra óptica.[5] Su caída tuvo lugar a finales de enero de 2002, cuando se descubrió que había inflado sus ingresos por mediación, una vez más, de prácticas contables de muy poca fiabilidad. Poco después, el 4 de abril de aquel mismo año, se supo que se había acusado a John Rigas, fundador de la compañía de televisión por cable Adelphia Communications, y a dos hijos suyos de haberse adueñado de más de 2.300 millones de dólares procedentes de préstamos bancarios avalados por su empresa, sin que de tales operaciones hubiese quedado constancia en los libros de contabilidad.[6] Tal vez todo esto se debiese a una garrafal falta de tino por parte de individuos trastornados a los que un agudo narcisismo había llevado a considerarse por encima de la ley, a convencerse de que jamás los descubrirían. Éste, sea como fuere, constituye un diagnóstico psiquiátrico común a quienes así actúan, aplicable también a Dennis Kozlowski, presidente de Tyco International, conglomerado de fábricas con doscientos cincuenta mil empleados cuyo capital se había multiplicado por quince desde 1992, fecha en que llegó a la presidencia. A finales de mayo de 2002, Kozlowski fue acusado de evadir gravámenes sobre ventas impuestos por la ciudad de Nueva York sobre cierto conjunto de obras de arte por valor de más de un millón de dólares.[7] La cifra parecía insignificante, aunque lo cierto es que piezas de arte y evasión fueron objeto de una subestimación nada baladí.

Después llegó el turno de WorldCom, empresa de telecomunicaciones con grandes ansias expansivas que gozaba de una notable reputación en Wall Street.[8] Durante la primavera de 2002, hubo de confesar que había manipulado sus cuentas con la intención de crear 3.800 millones de dólares de ganancias ficticias a lo largo de un período de quince años. En abril, Xerox, compañía a la que se había considerado por mucho tiempo un modelo de probidad, tuvo que pagar una multa de diez millones de dólares tras admitir que, en el transcurso de los cinco años anteriores, había exagerado de manera fraudulenta sus beneficios en 1.400 millones.[9] En esta maraña de corrupción se vieron envueltas otras sociedades, de las que tal vez merezca mención especial Qwest Communications, la cuarta red telefónica local de Estados Unidos, que había estado implicada con Enron, WorldCom y Global Crossing en enrevesadas tramas concebidas para inflar sus ingresos.[10]

Día tras día, semana tras semana, fueron extendiéndose los escándalos y las revelaciones, por más que recordemos sólo lo más destacado. La empresa de contabilidad Arthur Andersen había actuado de auditor de Enron, WorldCom, Global Crossing y otras compañías que habían ocultado sus deudas o exagerado sus ingresos.[11] La firma, que se hallaba desde hacía mucho tiempo entre las cinco más importantes de su sector, fue condenada por obstrucción a la justicia y expulsada del mundo empresarial. Los pasillos de las casas de corredores de comercio olían a podrido. Merrill Lynch, que aseguró no haber cometido delito alguno, pagó, sin embargo, multas por valor de cien millones de dólares con la intención de poner fin a la investigación del estado de Nueva York que pretendía determinar si sus recomendaciones bursátiles tenían por objeto favorecer a compañías bancarias o de inversión de cuyas riendas ansiaba apoderarse.[12] El 1 de octubre, Morgan Stanley fue objeto de censura y se avino a abonar medio millón a fin de acabar con los cargos presentados contra la empresa por la Comisión de Valores y Bolsas.[13]

Cada vez fueron surgiendo más datos acerca de los grandes. A mediados de julio de 2002, WorldCom se declaró en bancarrota; en agosto, Scott Sullivan, que en otro tiempo había sido jefe de finanzas de la empresa, fue acusado de estafa con títulos de valor y de declarar en falso ante la Comisión de Valores y Bolsas. Se declaró inocente, pero en septiembre reconocieron su culpabilidad frente a imputaciones similares dos ejecutivos pertenecientes a otra categoría del escalafón de WorldCom. El 13 de aquel mes, *The New York Times* recogía el siguiente titular: «Dos directivos de la Tyco, acusados de fraude por valor de seiscientos millones». La cifra, al cabo, no era tan insignificante. Quien acompañaba a Kozlowski en el banquillo de los acusados era Mark Swartz, antiguo director de finazas de la compañía. El día 24, se instruyó un proceso contra Rigas padre, sus hijos y otros dos ejecutivos de Adelphia. El 11 de octubre, Troy Normand y Betty Vinson, que también habían formado parte de WorldCom, reconocieron su culpabilidad ante los cargos de fraude y conspiración que se les imputaban —a esas alturas, la cantidad de gastos que habían tratado de ocultar ascendía a siete mil millones de dólares—. El día 1 del mes siguiente, *The New York Times* publicó una nueva noticia: «Andrew S. Fastow, ex director financiero de Enron, fue llevado ayer ante un jurado de acusación en Houston por 78 cargos de fraude, blanqueo de dinero, conspiración y obstrucción a la justicia». A mediados de noviembre, se informó de que Qwest había hinchado sus devengos en más de mil millones de dólares. Según las estimaciones elaboradas por *The Economist*, a lo largo de 2002 habían tenido que rectificar sus cifras doscientas cincuenta firmas, frente a las 92 de 1997.

A punto de salir malparado estuvo también el Comité Olímpico de Estados Unidos. La Nochevieja de 2002, *The New York Times* publicó un artículo de Jere Longman, breve y en páginas interiores, en el que se afirmaba que la entidad había abierto una investigación en torno a su director general, Lloyd Ward, del que se decía que se había servido de su posición para proporcionar un contrato a la empresa de su hermano.[14] Lo que salió de las indagaciones no fue más que una farsa. El movimiento olímpico estadounidense seguía tratando de hacer olvidar el escándalo surgido a causa de la adjudicación de los juegos de invierno de 2002 a Salt Lake City después de que se supiese que los empresarios de Utah habían asignado más de un millón de dólares en efectivo y otros obsequios a ciertos miembros del Comité Olímpico Internacional. Desde la publicación del citado artículo de Longman, fueron apareciendo, día sí y día también, noticias acerca de la lucha titánica —insensata, más bien— mantenida entre Ward y Marty Mankamyer, presidenta del comité estadounidense.[15] Aquél era el cuarto director general con que contaba la entidad desde 1999, y ésta, la tercera persona que ocupaba la presidencia desde 2000. Se hizo con el cargo en 2002, después de que su predecesor hubiese de dimitir tras descubrirse que había falsificado su currículum. El 13 de enero, el organismo anunció que, si bien Ward había admitido la existencia de un conflicto de intereses, su comisión ética lo había exculpado tras un leve rapapolvo, en tanto que la junta directiva había optado por mantenerlo en el puesto. Tan indulgente resolución propició la dimisión, el día 15, de uno de los integrantes del comité. Al día siguiente se sumó uno más a esta iniciativa, y al siguiente, viernes, fueron tres quienes renunciaron a su cargo. El lunes, Mankamyer emprendió una nueva investigación ética, y el martes, siete de los directivos del comité pidieron su dimisión. En la sala de prensa y la de juntas se sucedieron las invectivas, y cuando la semana tocaba a su fin, se supo que el presidente de deontología del organismo, Kenneth M. Duberstein, que había absuelto a Ward, pertenecía al grupo de presión de la General Motors, de cuya junta directiva formaba parte este último. El martes y el miércoles siguientes —estamos hablando ya de los días 28 y 29 de enero—, la Comisión de Comercio del Senado de Estados Unidos celebró una serie de vistas en torno al asunto. Entonces, Bill Briggs, periodista deportivo de *The Denver Post*, informó de que cierta agente de la propiedad inmobiliaria de Colorado Springs, ciudad en que tenía la sede el comité, aseguraba que Ward había comprado cierta extensión de terreno para construir una casa, y Mankamyer, que trabajaba de corredor para una empresa diferente, lo había «presionado para que renunciase a buena parte de la comisión que le correspondía». El martes, 4 de febrero, Mankamyer dimitió tras hacer frente a una moción de censura. La farsa, sin embargo, aún no había acabado: a finales de aquella semana, el comité despojó a Ward de una prima de ciento ochenta mil dólares. El viernes siguiente, el presidente de John Hancock Financial Services, patrocinador que había concedido más de cien millones de dólares a los juegos olímpicos, aseguró que el organismo deportivo había reconocido ante su persona haber presentado a Hacienda declaraciones de renta «irregulares y poco transparentes». El miércoles, 26 de febrero, Richard Sandomir, cronista de *The New York Times*, hizo saber que «Ward ... logró eludir anoche un intento de desbancarlo durante una acalorada conferencia de noventa minutos celebrada por el comité ejecutivo de la organización». El 1 de marzo de 2003, acabó por presentar su dimisión. El lunes, día 3 de aquel mes, el mismo diario publicó un resumen de setecientas palabras acerca de todo lo sucedido firmado por un periodista llamado Jayson Blair. Retengamos este nombre.

La epidemia se hizo extensiva a Europa: Royal Ahold, grupo internacional de empresas alimentarias y de venta al por menor con sede en los Países Bajos, había llegado a convertirse en la tercera firma de comestibles del mundo tras un número de costosas adquisiciones llevadas a cabo, sobre todo, en Estados Unidos.[16] En 1996, había pagado 2.900 millones de dólares por Stop & Shop; en 1998, 2.600 millones por la cadena de supermercados Giant Food; y en mayo de 2000, 3.600 millones por US Foodservice. El 24 de febrero, Royal Ahold reveló una serie de irregularidades contables de esta última compañía, que había inflado sus propias ganancias y las de la sociedad matriz en más de quinientos millones de dólares. Aquel mismo día dimitió Cees van der Hoeven, el presidente que había dirigido la expansión. No tardaron en seguir su ejemplo ocho directivos más de la empresa controladora, en tanto que se despidió a dos altos ejecutivos de US Foodservice. Llegados los primeros días del mes de mayo, las irregularidades habían alcanzado ya los 880 millones de dólares. El escándalo salpicó también a otras divisiones estadounidenses, y el *Financial Times* —diario londinense equivalente a *The Wall Street Journal*— no dudó en advertir que Europa se estaba enfrentando a «una hecatombe contable comparable a la de Enron».

Tampoco el sector sanitario era inmune a esta epidemia: el 19 de marzo de 2003, la Comisión de Valores y Bolsas acusó a HealthSouth, la mayor cadena estadounidense de hospitales privados de rehabilitación, de haber aumentado, a instancia de su director general, Richard Scrushy, sus beneficios en más de 1.400 millones de dólares hipotéticos desde 1999, y de haber inflado los activos de la compañía en ochocientos millones a fin de encubrir el fraude.[17] La comisión ofreció no pocos detalles acerca de las ocasiones en las que Scrushy había ordenado a sus empleados falsificar las cifras relativas al rendimiento de la empresa con la intención de mantener el precio de sus acciones, aun cuando, a la sazón, se estaban vendiendo por valor de doscientos cincuenta millones de dólares. La investigación no tardó en hacerse extensiva al fraude de Medicare, a otros negocios con los que estaba relacionado Scrushy a USB Warburg, banco de inversión de HealthSouth, y a sus contables, Ernst & Young. Así, se fueron declarando culpables uno tras otro de los socios de Scrushy —a finales de abril, ya sumaban nueve—. Scrushy fue despedido y, más tarde, inculpado de fraude y abuso de información bursátil privilegiada. Tras su declaración de inocencia, se fijó la fecha del juicio para mediados de agosto de 2004.

Las revelaciones no dejaron de sucederse, y así, en otoño de 2003, le llegó el turno al sector de los fondos de inversión mobiliaria de Estados Unidos.[18] Uno de quienes hicieron sonar la alarma denunció que algunas compañías estaban permitiendo a los grandes clientes efectuar transacciones fuera del plazo establecido, práctica irregular que podía proporcionar pingües beneficios a estos últimos al brindarles el acceso a los precios de apertura del día siguiente, en detrimento de los pequeños inversores, víctimas de la estafa. Más adelante, el 12 de enero, la Comisión de Valores y Bolsas anunció, tras examinar durante nueve meses a quince de las principales firmas de corretaje, que algunas de éstas estaban recibiendo ciertas cantidades de compañías de fondos de inversión inmobiliaria a cambio de recomendarlas a sus inversores. Para llevar a término los pagos se empleaban métodos diferentes, como el abono en efectivo o el desvío de su comercio de acciones a corredores condescendientes. Los incentivos no habrían sido ilegales si se hubiesen revelado por entero a los inversores; sin embargo, en muchos casos no se dieron tales condiciones.

Aquel invierno surgió en Italia un caso que los observadores no dudaron en comparar, como de costumbre, con el de Enron. Calisto Tanzi y sus socios habían convertido Parmalat, compañía sita en la ciudad italiana de Parma, en un gigante mundial de la industria de los productos lácteos y la alimentación en general, y si bien se trataba de una sociedad cotizada, lo cierto es que la familia Tanzi poseía el 51 por 100 de sus acciones.[19] El 24 de diciembre de 2003, Parmalat se declaró en bancarrota. La acusación alegó que la firma había establecido docenas de compañías en el extranjero con la intención de crear activos con los que encubrir deudas que podían alcanzar la friolera de once mil millones de dólares. Cuatro días después, un juez italiano ordenó el arresto de Tanzi. El escándalo se extendió a los Países Bajos, Brasil y Estados Unidos, a bancos de dentro y fuera de Italia, a Grant Thornton y Deloitte & Touche —auditores de la compañía en el pasado y en el momento de las revelaciones, respectivamente— y a la empresa jurídica externa con la que trabajaba. El 18 de enero de 2004, un abogado italiano afirmó, en representación de los inversores, que en la sucursal neoyorquina del Banco de América había depositados siete mil millones de euros (8.700 millones de dólares) de Parmalat, pero la entidad bancaria negó la existencia de cuenta alguna con tal cantidad. A mediados de marzo, se determinó que la deuda de la compañía ascendía a 18.300 millones de dólares. La acusación instó a que se procesara por la vía rápida a Tanzi y a otras 28 personas, así como al Banco de América y las empresas auditoras. El 24 de marzo, un juez de Milán rechazó tal petición aduciendo que no existían pruebas suficientes para justificar la omisión de las vistas preliminares, actuaciones que, por otra parte, pueden durar varios años en Italia. A finales de mayo, la acusación reiteró su solicitud.

Los escándalos surgidos con anterioridad siguieron dando de qué hablar en Estados Unidos durante los primeros meses de 2004:[20]

Enron: El 14 de enero, Andrew Fastow, antiguo director financiero, acusado de 78 cargos el 31 de octubre, se declaró culpable de dos de ellos y accedió a cooperar con la acusación. El 19 de febrero, Jeffrey Skilling, antiguo director ejecutivo, hubo de enfrentarse a 35 cargos de fraude, compraventa de acciones mediante información privilegiada y conspiración. El juicio había de comenzar, según se daba por hecho, el invierno siguiente. El 8 de julio, en Houston, la policía llevó esposado a Kenneth L. Lay, ex presidente de la compañía, al tribunal federal, en donde tendría que hacer frente a once cargos, entre los que se incluían los de uso fraudulento de las telecomunicaciones, falseamiento de la verdad en la compraventa de acciones y engaño a bancos. Se declaró no culpable.[21]

Adelphia y la familia Rigas: El día 1 de marzo, John Rigas, fundador de la empresa, sus hijos Michael y Timothy y Michael Mulcahey, ex tesorero adjunto, hubieron de comparecer ante el tribunal del distrito federal de Manhattan, acusados de conspiración y fraudes relacionados con la banca, la bolsa y las telecomunicaciones. La acusación sostenía que la familia había ocultado una deuda de dos mil trescientos millones de dólares y robado cien millones antes de solicitar protección por bancarrota en junio de 2002. El día 8 de julio, en Nueva York, después de 18 semanas de juicio, el jurado declaró a John Rigas y a su hijo Timothy culpables de un delito de conspiración, quince de fraude bursátil y dos de fraude bancario. Michael, el otro hermano inculpado, se vio absuelto de algunos de los cargos. El jurado fue incapaz de ponerse de acuerdo en el resto de los que se habían presentado contra él, de modo que al día siguiente, el juez declaró nulo el juicio y lo puso en libertad. El cuarto procesado, Michael Mulcahey, antiguo tesorero adjunto de la compañía, quedó absuelto de todas las acusaciones.[22]

WorldCom: El 3 de marzo, Bernard Ebbers, antiguo jefe de la compañía, apareció esposado en el tribunal del distrito federal de Manhattan, acusado de cometer fraude bursátil, conspirar y participar en la presentación de registros empresariales falsos ante la Comisión de Valores y Bolsas. Tras declararse inocente, quedó en libertad bajo una fianza de diez millones de dólares. A finales de mayo, la acusación sumó seis cargos más de fraude bursátil a los anteriores. Mientras daba principio el juicio, programado para el siguiente mes de noviembre, la sociedad, que, bajo nueva dirección, claro está, trataba de superar la bancarrota, cambió su nombre por el de MCI. A mediados de marzo, expuso de nuevo sus resultados financieros de los años transcurridos de 2000 a 2002, e hizo que el estado de Oklahoma —donde poseía una de sus sedes regionales, sita en Tulsa— retirase los cargos más graves, a cambio de la promesa de crear mil seiscientos puestos de trabajo y respaldar las acciones legales emprendidas contra antiguos ejecutivos, entre quienes se incluía el propio Ebbers.[23]

Tyco International: La causa instruida contra Dennis Kozlowski y Mark Swartz había girado en torno a la apropiación de seiscientos millones de dólares, robados a la compañía u obtenidos mediante la manipulación de su capital. Después de seis meses de proceso por 32 cargos diferentes, ochocientas páginas de pruebas, doce días de deliberación, sensacionalistas artículos de prensa que denunciaban la postura obstinada de un integrante del jurado que se negaba a coincidir con el resto en un veredicto que parecía evidente y una carta amenazadora enviada a la señora en cuestión, el juez decidió, el 2 de abril, declarar nulo el juicio. La oficina del fiscal del distrito de Manhattan no dudó en anunciar que haría cuanto estuviese en sus manos para que se reviera la causa. El 6 de mayo, la acusación y la defensa desplegaron toda su retórica durante el proceso de Mark Belnick, antiguo jefe de abogados de Tyco, acusado de robo de mayor cuantía y fraude bursátil de decenas de millones de dólares.[24]

Entre tanto, a modo de sórdido contrapunto, salían a la luz casos de corrupción contumaz y continuada en la Iglesia católica cuando se acusó a diversos sacerdotes de cometer abusos sexuales contra menores.[25] La naturaleza de estos delitos, de la respuesta que dio la institución y del modo como se revelaron resulta muy instructiva a la hora de estudiar las formas y los contextos del fraude. Del escándalo se habían dado vislumbres, aquí y allá, durante décadas. Sin embargo, las autoridades eclesiásticas habían podido tranquilizar a los fieles al garantizar que se trataba de casos aislados, protagonizados por individuos problemáticos. Según se supo después, habían ido trasladando de una diócesis a otra a los sacerdotes pederastas y comprando el silencio de los familiares.

Todo esto cambió en enero de 2002. El caso, tremebundo en especial, de un sacerdote de la archidiócesis de Boston que había vagado de parroquia en parroquia durante no pocos años y la terca resistencia demostrada por su arzobispo, el cardenal Bernard Law, a la hora de reconocerlo llevaron a quienes, de niños, habían sido víctimas del citado religioso y de otros —muchos otros— a alzar la voz llenos de vergüenza e indignación. Sólo en aquella archidiócesis se presentaron acusaciones contra 65 sacerdotes. La infamia se hizo mayor cuando las imputaciones se extendieron a otras diócesis de toda la nación. Así, día tras día, semana tras semana, fueron surgiendo casos en Saint Louis, Chicago, Milwaukee, Richmond, Tulsa, Kalamazoo, Louisville y Lexington (en Kentucky, hasta la fecha, se ha inculpado a cincuenta sacerdotes), Albany, Bridgeport, San Diego, Pittsburgh, Nueva York... También del otro lado del Atlántico llegaron noticias de obispos y seglares ingleses, irlandeses y alemanes enfrentados a acusaciones similares. No faltaron, huelga decirlo, voces cínicas que observasen que los chistes relativos a relaciones entre sacerdotes e integrantes menores del coro han existido desde hace siglos, desde tiempos de Rabelais e incluso en épocas más antiguas. Aun así, la cantidad de casos surgidos no deja de ser digna de estupefacción: en un bienio, *The New York Times* ha recogido referencias a casos de abuso sexual perpetrados por sacerdotes católicos en diez mil artículos. Antes de que transcurriese un año, el Vaticano obligó a Law a dimitir. Sin embargo, los pleitos no dejaron de multiplicarse en Boston y otras ciudades de Estados Unidos.

En todo este escándalo ha habido dos hechos que no podemos soslayar. Por un lado, destacan la resistencia, las vacilaciones y las retractaciones de muchos de quienes forman parte de la jerarquía eclesiástica, empezando por el mismísimo Vaticano, a la hora de reconocer el problema y tratar con los sacerdotes, las víctimas, los airados seglares... y lo que de todo ello se derivó. Por otro, en lo tocante a nuestro objetivo de analizar el fraude, la Iglesia romana, entidad de proverbial organización autoritaria y jerárquica, y no menos célebres dogmas en torno a la sexualidad y el celibato, pone de relieve, de un modo evidente, que el problema de los sacerdotes que abusan de niños es de naturaleza intrínseca. Cuando los testimonios relativos a la archidiócesis de Boston se hicieron aún más escabrosos, cierto religioso católico de Massachusetts trató de dar explicación a lo incomprensible. «Creo que, más que a la jerarquía —aseveró Robert Bullock durante una entrevista mantenida en la radio pública—, se estaba tratando de librar del escándalo a los sectores más elevados de ésta.» Cuando le preguntaron acerca de la cultura eclesiástica, definió el problema en estos términos: «Estamos hablando de clericalismo, y el clericalismo es un estado de secreto, de inmunidad, de privilegios, de ausencia de responsabilidades».[26]

Y lo cierto es que las pruebas, cuyo número es ingente y cuya variedad resulta pasmosa, llevan a reconocer, de modo obligado, que buena parte de los fraudes se debe a la estructuración social, y que se manifiesta en toda suerte de culturas institucionales caracterizadas por el secreto, el privilegio, la ausencia de responsabilidad... No deja de ser significativo que surja en instituciones y profesiones que se precian de ser autónomas, autorreguladoras. Las empresas contables observan, en teoría, un código de valores elaborado por comités profesionales. Para garantizar su acatamiento, se recurre a auditorías efectuadas, eso sí, por otras firmas contables. Como cabía esperar, aun ante la contemplación del derrumbamiento de Andersen, mientras el Congreso sopesaba la idea de una nueva supervisión federal, se recurrió a la influencia comprada con cuantiosas contribuciones de campaña para ejercer presión, debilitar la legislación propuesta y mantener a los más severos críticos de la profesión apartados de los organismos reguladores. La industria bursátil gozó de una autonomía considerable en la década de 1920. Sin embargo, a principios de la siguiente, el Congreso invistió al consejo de la Reserva Federal de nuevos poderes, fundó la Comisión de Valores y Bolsas y erigió toda una serie de barreras para evitar que los bancos actuasen de corredores y viceversa, barreras que en la década de 1990, y como no resultaba difícil predecir, se encargaron de echar abajo, al menos en parte, los más poderosos de unos y otros por medio de la presión. Por más que, en el terreno del derecho, como en el de la medicina y muchos otros, se defienda con ardor el ideal de las entidades autónomas y autorreguladoras, lo cierto es que éste se desmorona al analizarlo con detalle.

Las científicas se cuentan entre las grandes instituciones que tienen a gala su carácter autónomo y autorregulador. Y al cabo, desde la segunda guerra mundial, han gozado del mayor —y más dilatado— mercado en alza de todos los tiempos.

En Estados Unidos, antes de la década de 1940, apenas si se destinaban fondos gubernamentales a la ciencia. Excepción hecha de las disciplinas agrícolas y geológicas, la financiación de sus actividades provenía de fuentes privadas. En aquel tiempo, su falta de significación llegaba a extremos que no son fáciles de imaginar hoy día. Entre 1943 y 1944, fue posible reunir a la mayoría de los físicos teóricos y experimentales del país, junto con sus alumnos de ciclos superiores, y a muchos de los procedentes de Europa, afincados en él en calidad de refugiados, en cierto antiguo internado de muchachos varones establecido en una ciudad aislada sobre una meseta de Nuevo México llamada Los Álamos. A finales de la citada década, cuando comenzaron a florecer las investigaciones en torno a lo que se conocería como biología molecular, quienes tenían que ver con ésta no sumaban más de tres docenas en todo el mundo. Sin embargo, a finales de la segunda guerra mundial fue adoptándose un punto de vista diferente, radicalmente nuevo, por más que hoy pueda parecernos camino trillado.

El profeta de esta nueva vía fue Vannevar Bush, ingeniero eléctrico que, durante el período de entreguerras, había impulsado de un modo decisivo al Instituto de Tecnología de Massachusetts (MIT) por el sendero de la investigación fundamental. Desde 1941, ocupó el cargo de director de la recién fundada Oficina de Investigación y Desarrollo Científicos. Respondía directamente ante el presidente Franklin D. Roosevelt y supervisaba la explotación bélica de los avances alcanzados en el terreno de la ciencia y la tecnología civiles, incluidos, por ejemplo, la mejora del radar, la producción de cantidades ingentes de sulfonamidas y penicilina o la fabricación de la bomba atómica. Si bien todos estos logros tuvieron un carácter fundamentalmente tecnológico, él sostuvo en todo momento que a la tecnología le eran imprescindibles las materias primas suministradas por la investigación básica. Asimismo, llegó a persuadirse de que, tras la guerra, el gobierno federal tendría que seguir organizando y financiando los estudios científicos y la formación de nuevos investigadores. En noviembre de 1944, hizo cuanto fue necesario para que Roosevelt le encargase la elaboración de una serie de recomendaciones en lo tocante al papel que habría de representar el gobierno en el terreno de la ciencia una vez acabado el conflicto, cosa que se materializó, en julio del año siguiente, en el informe *Science —The Endless Frontier*, presentado a Harry Truman.[27]

El momento no podía ser más oportuno, ni estar el público en mejor disposición: los descomunales gastos de la guerra, que habían sacado al país de la Gran Depresión, habían hecho manifiesto, entre otras muchas cosas, en qué grado podía ser eficaz la tecnología cuando estaba pautada por la ciencia. Bush hizo de ello una presentación magistral: clara, razonable y convincente. Para formular los argumentos en favor de las ciencias fundamentales habló de amortización práctica y de «la guerra contra las enfermedades», la aparición de nuevos productos e industrias capaces de impulsar el empleo, la preparación militar, que llevaba aparejado el pronto desarrollo de nuevas armas... (aún no podía mencionar, claro está, la bomba atómica, que seguía en período de pruebas: quedaba un mes para que hiciese explosión la primera en Hiroshima). «Sin embargo, sin progreso científico, no habrá, en ninguna otra dirección, logro alguno que garantice nuestras salud, prosperidad y seguridad en cuanto nación del mundo moderno.» Aun antes de la guerra, la financiación privada de la ciencia había ido en disminución. Además, según sus palabras: «Ya no podemos contar con que Europa, asolada como está, siga siendo la fuente de conocimientos que ha sido hasta ahora». En consecuencia, se hacía necesario y conveniente el respaldo gubernamental. Debido al carácter prioritario de la búsqueda de personal con que sostener el empeño bélico, Estados Unidos había tenido que hacer frente a la mengua de unos ciento cincuenta mil licenciados en carreras científicas y tecnológicas, lo que en diez años provocaría un descubierto de tal vez 17.000 personas con estudios superiores. El gobierno, por consiguiente, debía crear becas y otras ayudas a fin de dar con la gente de talento necesaria y dotarla de formación académica. Para llevar a cabo esta empresa, Bush proponía la creación de la Fundación Nacional de Investigación, organismo único y civil que, sin efectuar estudio científico alguno por sí mismo, tendría por misión distribuir el dinero proporcionado por el Congreso entre «los diversos centros de investigación fundamental; es decir: universidades, colegios universitarios e institutos de investigación». Todas estas eran medidas sin precedentes.

Lo más persuasivo de la propuesta de Vannevar Bush era, no obstante, la amplitud de sus miras. No le cabía la menor duda de que las ciencias fundamentales aportarían beneficios prácticos, aunque aseguraba que era imposible predecir cuándo sucedería tal cosa o de dónde procederían éstos.

> Los descubrimientos que han resultado ser relevantes para el progreso de la medicina se han debido, a menudo, a fuentes insospechadas, y no puede negarse que así sucederá en el futuro. Es por demás probable que se verificarán avances en el tratamiento de las dolencias cardiovasculares y renales, el cáncer y demás enfermedades que hoy se nos resisten, merced a descubrimientos fundamentales efectuados en materias sin conexión alguna con ellas, y quizá de un modo totalmente inesperado para el investigador. Los adelantos futuros necesitan que el frente global formado por la medicina, y la química, la física, la anatomía, la bioquímica, la fisiología, la farmacología, la bacteriología, la patología, la parasitología y las demás disciplinas subyacentes se desarrolle con amplitud.
>
> *Los avances en la guerra contra las enfermedades se deben a descubrimientos realizados en campos remotos e inesperados de la medicina y las ciencias subyacentes.*

La cursiva constituye su obsequio a la comunidad científica. A continuación, dejaba constancia de un principio fundamental:

> El progreso científico llevado a efecto en un frente amplio es el resultado de la actuación libre de inteligencias libres que trabajan en materias de su propia elección y del modo que les dicta su propia curiosidad por la exploración de lo desconocido.

Después de todo, la administración del respaldo federal a la ciencia no llegó a centralizarse. En mayo de 1930, el presidente Herbert Hoover había hecho entrar en vigor una ley por la que se instauraba el Instituto Nacional de la Salud. En 1937, el Congreso aprobó la creación del Instituto Nacional del Cáncer, organismo sin ninguna vinculación con aquél y al que se concedió autoridad para otorgar becas externas de investigación. Huérfano de auxilio económico en el período de la Depresión, alcanzó un gran desarrollo a mediados de la década de 1940. En 1948, el Congreso añadió a éstos otros institutos, reorganizó el conjunto y los agrupó bajo la denominación, en plural, de Institutos Nacionales de la Salud. Entre tanto, las fuerzas armadas se habían reestructurado también, además de quedar centralizadas bajo el Departamento de Defensa, entidad que retenía toda la autoridad sobre la investigación armamentística. Hubo que esperar a 1950 para que el Congreso diese vida a la Fundación Nacional para la Ciencia, y aun entonces, ésta hubo de subsistir, en sus inicios, con financiaciones miserables.

Vannevar Bush predijo un período de crecimiento, aunque no debió de imaginar siquiera los extremos que éste alcanzaría. Cierto es que el dinero no siempre ha fluido de forma constante, y también que algunos años ha llegado incluso a haber drásticas reducciones. Sin embargo, durante medio siglo ha existido una tendencia al alza —en realidad, puede hablarse más bien de sesenta años—. El presupuesto destinado en 1995 a los Institutos Nacionales de la Salud fue de 67,1 millones de dólares, y el de 2004 llegó a los 27.900 millones. La Fundación Nacional para la Ciencia, por su parte, recibió 5.500 millones.[28]

Sirvan los siguientes datos estadísticos a manera de pequeña muestra de este crecimiento: si en 1953 la inversión nacional total en investigación y desarrollo, ciencias fundamentales y aplicadas e ingeniería sumaba 2,783 billones de dólares, en 2002 dicha cantidad se había multiplicado por 28 al alcanzar los 78,185 billones. El crecimiento de la investigación y el desarrollo industriales fue aún mayor, por cuanto los 2,247 billones de mediados de siglo —cantidad apenas inferior a la global citada arriba— se habían multiplicado por ochenta en 2002, con lo que llegaron a 180,769 billones. De cualquier modo, a la hora de hablar de cifras debemos tener en cuenta la inflación acumulada con el paso de los años. La Fundación Nacional para la Ciencia las ofrece en dólares de 1996. Teniendo esto presente, el gasto nacional destinado en 1953 a investigación y desarrollo debe considerarse equivalente a 5,273 billones de dólares, que se elevaron a 21,505 billones de dólares de 1996 en 2002, con lo que experimentaron un aumento cuádruple. Y si tenemos en cuenta este factor en lo tocante a la inversión industrial, el aumento fue 25 veces mayor.

Estos datos, por otra parte, pasan por alto el coste cada vez mayor de la tecnología necesaria en la mayoría de las disciplinas científicas. Las siguientes referencias pueden ser también significativas: entre 1980 y 2000, la tasa de crecimiento anual de la mano de obra civil fue en total del 1,1 por 100, en tanto que el número de quienes trabajaban para la ciencia y la ingeniería aumentó según una tasa media anual del 4,9 por 100. Conforme a las predicciones de la Oficina de Estadística Laboral del Departamento de Empleo, entre los años 2000 y 2010, la mano de obra total crecerá en un 15,5 por 100, mientras que la dedicada a las ciencias y la ingeniería lo hará en un 47 por 100. Según otro índice, en 1988 se publicaron en Estados Unidos 178.000 de los 363.000 artículos científicos y de ingeniería aparecidos en todo el mundo. En 2001 fueron 201.000, lo que supone un incremento del 12 por 100. Con todo, el aumento de las investigaciones llevadas a término en Europa, Japón y el resto de Asia hizo que el total mundial alcanzase los 530.000 artículos, con lo que se logró un salto del 46 por 100 en trece años, en tanto que la proporción de los que vieron la luz en Estados Unidos pasó del 38 al 30 por 100.

Veamos de otro modo el crecimiento del que estamos hablando: de todos los científicos que han existido en algún momento de la historia, ocho —si no más— de cada diez están vivos hoy día. La inmensa mayoría de los trabajos científicos que se han llevado a cabo y publicado alguna vez, con lo que han pasado a formar parte del acervo de conocimientos fidedignos de la humanidad, se debe a personas que siguen entre nosotros. Jamás han sido mayores el ritmo al que avanza la ciencia, su comprensión de cuestiones elementales ni su interés. Por otra parte, la influencia que ejerce en la vida diaria es abrumadora y no deja de crecer. Las ciencias constituyen la forma dominante de actividad intelectual y práctica de los últimos sesenta años, y no van a dejar de serlo. Asertos sorprendentes como éstos se han convertido en verdaderos axiomas.

Si dejamos a los científicos decidir cuáles son sus problemas, la investigación fundamental dará frutos en abundancia, si bien a largo plazo. Este optimista argumento de Vannevar Bush sigue siendo la doctrina a la que se aferran aquéllos. Aun así, su forma de trabajar se ha visto transformada por el crecimiento extraordinario que ha experimentado la empresa. Este cambio generalizado puede constatarse, por ejemplo, en su aspecto estructural: a medida que han aumentado el número de investigadores y sus objetos de estudio, las redes de relaciones entre los científicos de un campo determinado se han ido haciendo mayores y más intrincadas. La complejidad se ha incrementado de un modo formidable: diez desconocidos en una habitación necesitan 45 presentaciones en total para conocerse; pero si son veinte, el número de apretones de manos aumentará a ciento noventa. Y una estructura complicada supone no pocos cambios en el terreno de la competitividad, aun cuando se atenúe la transmisión de los valores éticos (a mayor presión, menos limitaciones).

Más radical aún ha sido la transformación de los modos de que disponen los científicos para dejar constancia —para sí mismos y para otros— de su obra mientras ésta se encuentra en progreso. Antes redactaban cartas y llenaban sus diarios con especulaciones y discusiones íntimas. Si los casos de Newton y Darwin fueron insólitos en este sentido, se debió sólo al volumen desmesurado de sus notas y —en el del último— su correspondencia. Sin embargo, estas prácticas se han visto hoy suplantadas, en buena medida, por reuniones, conversaciones telefónicas y hasta por mensajes de correo electrónico, en perjuicio de medios más permanentes. Asimismo, los datos que sí se confían al papel adquieren en nuestros días una condición más efímera, toda vez que aun las normas tradicionales, rigurosas, de elaboración de cuadernos de laboratorio, observatorio o campo se van distendiendo de manera considerable. ¿Dónde han quedado los gruesos volúmenes encuadernados de otro tiempo? A lo sumo, hoy se introducen datos en cantidad directamente en los ordenadores, con lo que no queda muestra alguna en papel.

Al igual que ocurre en otros ámbitos, y no sólo en el científico, un crecimiento tan exuberante y las transformaciones que conlleva sirven de telón de fondo y de marco al fraude.

Los peces gordos del mundo científico proclaman con cierta regularidad que el fraude es algo casi inexistente en su disciplina, así como que quienes lo cometen no pasan de ser individuos aislados que actúan en virtud de una psicopatología retorcida, e insisten, a modo de corolario, en que la ciencia es una entidad capaz de corregirse a sí misma.[29] Muy representativo de esta actitud es el arrogante aserto que hizo Roald Hoffman, profesor de química en la Universidad de Cornell, durante la reunión anual de la Sociedad Química estadounidense celebrada en 1996. A su entender, el fraude científico «no constituye un verdadero problema». «Se debe —afirmaba— a la psicología de quienes lo perpetran: la psicopatología del fraude.» De hecho, «en el sistema de la ciencia existen rasgos de autocorrección de una eficacia extraordinaria».[30] Él y quienes como él opinan presentan estas proposiciones como una cuestión de fe, y lo cierto es que no tendrían motivo alguno para mostrarse tan dogmáticos si hubiesen considerado las pruebas disponibles con las que respaldar conclusiones generales, positivas o negativas, en relación con la naturaleza y la incidencia del fraude científico. Sus afirmaciones en torno a la ciencia son, en resumidas cuentas, muy poco científicas.

Y este hecho no deja de ser infausto, ya que las actitudes fraudulentas dan lugar a no poca preocupación, y las proclamaciones surgen de un evidente interés propio. Las eminencias se encuentran divididas por necesidades opuestas, atribuladas por hallarse entre la espada y la pared. Por un lado, en todo el mundo son los gobiernos los que financian —de un modo abundante en exceso y casi en su totalidad— los estudios científicos más recientes. Lo único que varía en cierta medida de un país a otro son los métodos de asignación. En los casos en que la aportación de capital privado es considerable, como lo son el del Instituto Médico Howard Hughes en Estados Unidos —que había destinado a tal fin 12.500 millones de dólares a finales de 2003— y el de la Fundación Wellcome británica —que sólo en 2001 concedió becas por un valor total de unos seiscientos millones de libras, casi mil millones de dólares—, los patrocinadores actúan con total transparencia en lo tocante a exámenes y responsabilidades. Si quieren que la financiación se mantenga y crezca de un modo regular, los científicos deben obsequiar, apaciguar y no disgustar jamás a quienes sufragan sus estudios. En consecuencia, la subvención de sus proyectos tienen, de manera ineludible, un aspecto político, lo que implica, en todo momento, un riesgo —potencial o, en ocasiones, real— para la independencia y la autonomía de su disciplina (tal como demuestra, a guisa de modesto ejemplo, el uso de asignaciones para financiar proyectos concretos precisadas por los legisladores más que por los organismos becantes de costumbre, asignaciones que en 2002 alcanzaron en Estados Unidos un número sin precedentes). Y esta amenaza constituye, precisamente, la otra cara de la disyuntiva.

En suma, las comunidades científicas consideran que tienen derecho a la financiación pública y, al mismo tiempo, a no verse sometidas a ninguna clase de supervisión estatal. Los peces gordos, custodios de la ciencia, defienden el honor de ésta, y el fraude —aun cuando pudiera demostrarse que no pasa de ser excepcional e individual, tal vez accesorio a los modos como funcionan las instituciones científicas— engendraría desconfianza entre los legisladores y el público, y pondría así en peligro tanto la recepción de fondos como la autonomía.

Si el siglo XX no ha sido el siglo del fraude, sin duda podrá afirmarse que sí ha sido el de su revelación. En su transcurso se ha puesto en duda la obra de algunos de los más insignes científicos, como Isaac Newton, Gregor Mendel, Charles Darwin, Louis Pasteur, Sigmund Freud o Robert Millikan, quienes, con otras figuras prominentes, se han visto atacados por unos y defendidos por otros, con lo que se ha dado pie a una nutrida bibliografía y a un catálogo común de casos y controversias clásicos. Juntos, ponen de relieve toda una variedad de rasgos que dan una idea del modo como ha evolucionado la comprensión del fraude —y, más en general, las normas del comportamiento científico— a lo largo de trescientos años.

La lista más reciente tiene una lectura distinta. En 1974 principió, de un modo discreto, un cuarto de siglo de preocupación en torno a las actuaciones fraudulentas con William Summerlin y el caso de los ratones pintados. La nómina del descrédito se hizo mayor a final de aquella década con la inclusión de John Long, Elias Alsabti, Vijay Soman y Philip Felig. Entonces, en 1981, salió a la luz el caso de John Darsee, de importancia crucial por su alcance y por las implicaciones que tuvo para otros científicos en él envueltos. No tardaron en sucederse noticias semejantes, protagonizadas por nombres que los investigadores no olvidarán en mucho tiempo y entre los que se encuentran los de Robert McCaa, Stephen Breuning y Robert Slutsky. Los de más infausta memoria han sido el caso de David Baltimore y Thereza Imanishi-Kari, y el de Robert Gallo. Y no dejan de surgir muchos otros. La Oficina de Integridad Investigadora, del Departamento de Salud y Servicios Humanos, determinó catorce casos de mala conducta en el ámbito científico en 2001, entre los que se encontraban diez de invención o falsificación, tres de plagio con invención o falsificación y uno sólo de plagio. En 2002 se instruyeron 41 nuevas causas, el mayor número de que se tenía noticia desde 1995, y algunas de ellas seguían aún pendientes cuando el año llegó a su fin. De las falladas, suman trece las que obtuvieron veredicto de culpabilidad, todas por invención o falsificación de datos. Las cifras relativas a 2003 fueron muy similares, y en este caso fueron doce las sentencias por conducta delictiva.

Parece inherentemente improbable que el fraude sea casi siempre obra de individuos aislados y de intención sinuosa. Con todo, para entender este tipo de proceder debemos analizarlo en relación con el resto de la ciencia, y para empezar, con las normas de comportamiento establecidas por los propios investigadores, en cuanto tales, y las que las comunidades de científicos aplican o creen que deberían aplicar. Se trata de lo que se conoce, entre otros, con los nombres de *ética científica* o de *normas de la ciencia.* O por decirlo de un modo menos elevado: lo que impide hacer trampas.

Si bien a los científicos les podría resultar embarazoso emplear estos términos, lo cierto es que, cuando se han enardecido las discusiones en torno a los casos y sus remedios, éstas han versado, básicamente, sobre las normas de la ciencia. El que se plantea es uno de los problemas fundamentales abordados por la sociología de las ciencias desde que surgió en cuanto línea de investigación bien definida; es decir: desde que, en 1818, Max Weber pronunció en la Universidad de Múnich «La ciencia como vocación», conferencia que no por célebre ha gozado de demasiados lectores.[31]

Si hemos de dar una definición rápida de *sociología*, podríamos hablar del estudio de las instituciones —con lo que no nos referimos a organismos, sino a estructuras sociales— que hemos erigido en una u otra esfera de la acción humana y asimilado como tales, y que configuran nuestro comportamiento en dicha esfera. Para el sociólogo, las instituciones perdurables son como el hacha de Platón. El filósofo griego legó a sus epígonos intelectuales la que podía considerarse la esencia de esta herramienta, constituida por una exquisita pala de bronce enastada en un recio mango de madera de boj procedente del Cáucaso. Después de un tiempo, el astil se partió y fue reemplazado, esta vez con madera de roble. Tras pasar de una generación de pensadores a otra, llegó a Asia Menor, donde, en la época oscura del Occidente cristiano, los árabes oficiaban de custodios de la sabiduría filosófica y científica de Grecia. El metal acabó por corroerse debido al mal del bronce, o cloruro de cobre, un simple compuesto capaz de carcomer un antiguo penique inglés en sólo 24 horas. En consecuencia, hubo que sustituir también la pala, en esta ocasión con excelente acero de Damasco. Más tarde, una vez llegada al Nuevo Mundo el hacha de Platón, el mango comenzó a dar problemas de nuevo, por lo que acabaron por colocarle uno de nogal americano. En nuestros días, y tras ser objeto de otras reparaciones en el curso de sus 2.500 años de existencia, se encuentra en el sótano del Museo Metropolitano de Nueva York, donde tuve oportunidad de contemplarla no hace mucho. No ha perdido un ápice de su elegancia, y sigue estando afilada como la esencia del hacha que es. El director, por desgracia, no es consciente de lo que tiene en el edificio.

Lo que hay que preguntarse, claro está, es en qué grado ese valioso objeto es el hacha de Platón. Se trata de una cuestión de continuidad y cambio: la parábola ejemplifica el problema del estudio de las instituciones por parte del sociólogo. Si lo aplicamos, por ejemplo, a las jurídicas, cabe discutir en qué sentido es hoy el sistema de jurados del derecho criminal o civil estadounidense el que prescriben las enmiendas sexta y séptima de la Constitución de Estados Unidos, o en cuál son las instituciones de la ciencia más reciente, la ciencia de hoy, las mismas que las de 1918 o las de la década de 1940, anteriores al período alcista del mercado.

Para Max Weber, la ciencia en cuanto vocación significa más que la ciencia como elección de una carrera profesional. Él la concebía como algo a lo que había que dedicar la vida entera, con total entrega: empleaba el término *vocación* en el mismo sentido en que se usa en el ámbito religioso, y de hecho, tenía gran interés en compararla no sólo con la del creyente, sino con la del político o el artista. Para empezar, el trabajo científico tiene como rasgo exclusivo el de hallarse, en todo momento, sujeto a cambios y a la posibilidad de quedar suplantado. «La ciencia posee un rasgo fatal que la distingue de manera radical de la obra artística —afirmaba—. Ningún científico ignora que lo que consiga quedará anticuado dentro de diez, veinte o cincuenta años. Ésa es la suerte a la que está ligada, el verdadero *significado* del trabajo científico.» «Todo "logro" científico —seguía diciendo— suscita nuevas "preguntas", de modo que está *pidiendo* otros que lo superen y lo vuelvan trasnochado.» Y añadía: «No podemos trabajar si no tenemos la esperanza de que otros llegarán más allá que nosotros».

En segundo lugar, durante milenios y, hoy día, a pasos cada vez más agigantados, ha sido la ciencia la que ha dirigido «la racionalización y la intelectualización, y por encima de todo, ... el "desencanto del mundo"»; la que nos ha enseñado a eliminar lo sobrenatural de nuestra visión de las cosas.

En pocas palabras, las normas weberianas de la ciencia requieren la entrega total, la aceptación del cambio y del hecho de ser superado, y sobre todo la dedicación a la racionalidad y la desmitificación arriba citadas. Para él, la conclusión culminante que debe extraerse de todo esto es que religión y ciencia son incompatibles de raíz. Para él, «la característica decisiva del hombre realmente religioso» es lo que llama *das intellektuelle Opfer*, «el sacrificio intelectual» o sumisión del entendimiento al profeta o a la Iglesia. Respetaba a quienes podían llevar a cabo esta renuncia de forma auténtica, y expresaba su desdén y su conmiseración para con quienes, no siendo capaces de «soportar el hado de los tiempos», necesitaban «proporcionar a sus almas lo que podríamos llamar antigüedades genuinas garantizadas».

> Al hacerlo, recuerdan que la religión ha sido una de éstas, precisamente la que no poseen. Entonces, a modo de sustituto, juegan a decorar algo semejante a una capilla de andar por casa con diminutas imágenes sagradas venidas de todo el mundo, o crean sucedáneos a través de todo género de experiencias psíquicas a las que atribuyen la dignidad de la santidad mística con la que comercian en las librerías. Todo esto no son más que muestras de hipocresía o autoengaño.

Asimismo, advertía de que «entre las esferas de valor de "la ciencia" y "lo sagrado" se abre un abismo insalvable». Para Max Weber, la primera era una profesión elevada y ascética.

Lo arriba expuesto parece ajeno a lo que hoy entendemos por normas científicas. Y sin embargo, hemos de tener presente que quizá no lo es. Tal como se ha dicho, Weber establecía una clara distinción entre la ciencia y otras posibles vocaciones, compromisos, posturas mentales, etc. Y la diferencia común a todas las demás era, para él, aquella negativa a hacer el sacrificio intelectual. Las normas han dado lugar a un número considerable de estudios desde entonces, bien que la línea canónica es por demás exigua. Con posterioridad, los sociólogos se han centrado en las distinciones existentes en el interior de la empresa científica, o por decirlo de otro modo, en las actitudes psicológicas que, reforzadas por la comunidad, coadyuvan a crear buena ciencia en lugar de ciencia mala. Si para el individuo las normas promueven la obtención de nuevos conocimientos, para la comunidad hacen necesaria la protección de la integridad del corpus científico y los procesos de la ciencia. En esta afirmación abundaremos aún en diversas ocasiones.

La siguiente declaración, que ha sido punto de partida de la mayoría de las discusiones relativas a las normas científicas, se debe a Robert Merton, elegante progenitor de la moderna sociología de la ciencia.[32] Su linaje intelectual se remonta, más que a Weber, a Talcott Parsons, cuyo interés estuvo dirigido en todo momento hacia la dinámica de los sistemas sociales y su construcción, y que aseveró «que toda acción social se encuentra orientada hacia la norma, y que las orientaciones relativas a los valores plasmadas en ésta deben ser, en cierta medida, comunes a quienes participan en un sistema interactivo integrado de manera institucional. Es esta circunstancia la que convierte el problema de la conformidad y la desviación en uno de los ejes fundamentales del análisis social». (De hecho, el uso del fraude científico como medio para estudiar los procesos normales de la ciencia constituye una variante particular de noble abolengo en el ámbito de la sociología.)

En 1942, en su artículo «La estructura normativa de la ciencia» (publicado originariamente como «Science and technology in a democratic order»), Merton aseguró estar respondiendo a «incipientes ataques reales a la integridad de la ciencia». El objeto de ésta «es la extensión de los conocimientos certificados», es decir, «enunciados, confirmados empíricamente y coherentes desde el punto de vista lógico, relativos a regularidades (que no son otra cosa que predicciones)». Y seguía diciendo:

> La ética científica es aquel complejo de valores y normas armonizado en lo afectivo que se considera que debe ser de obligado cumplimiento en el científico. Las normas se expresan en forma de prescripciones, proscripciones, preferencias y permisos, y están legitimadas desde el punto de vista de los valores institucionales.

El autor celebraba «cuatro conjuntos de imperativos institucionales: universalismo, comunismo, desinterés y escepticismo organizado». El primero, por expresarlo con pocas palabras —si bien sus exposiciones son limitadas y a menudo sutiles—, conlleva que la ciencia evalúe sus resultados en virtud de «criterios impersonales preestablecidos», con preterición de límites nacionales, étnicos o ideológicos.

«La aceptación o el rechazo —proseguía— de las reivindicaciones enumeradas por la ciencia no debe depender de los atributos personales o sociales de quien las enuncia.» En resumidas cuentas: «La objetividad es incompatible con el particularismo». O por emplear la expresión de Joseph Needham, otro de los preclaros observadores del fenómeno científico, la ciencia moderna es ecuménica.[33]

El comunismo, en el sentido de propiedad común, era para Merton «la segunda de las partes integrales de la ética científica». Como quiera que «los hallazgos sustantivos de la ciencia son producto de la colaboración social —afirmaba—, la equidad del productor individual se ve limitada de un modo marcado». Los investigadores no son sino copropietarios de sus resultados. «En el ámbito de la ciencia, los derechos de propiedad quedan reducidos de forma gradual al mínimo por la lógica de la ética científica.» Es sistema social de la ciencia sólo retribuye la propiedad intelectual que se ofrece a cambio de nada. Las recompensas propias de los hombres de ciencia —otorgadas siempre, según mencionaba en el citado artículo y reiteraba de forma más extensa en otros escritos, por la comunidad científica, por sus iguales— son dos: el reconocimiento por su originalidad, que confiere, de un modo necesario, un alto valor a la prioridad, y la estima en que son tenidos por el resto de los investigadores. Huelga decir que entre ambas existe una dependencia recíproca.

El desinterés, la tercera de las normas planteadas por Merton, se sigue de la segunda, el comunismo, si bien va más allá: el científico debe conducirse como si el interés personal que pudiese tener en sus resultados estuviera supeditado al poder de la comunidad. El planteamiento que hace Merton de este imperativo revela con total claridad el modo como pensaba que debería funcionar la normativa científica. Tal como sostiene, se trata de «un patrón definido de verificación institucional del amplio repertorio de motivos que caracteriza el comportamiento de los científicos». Y sigue diciendo: «Porque, una vez que la institución imponga la actividad desinteresada, concierne a los científicos acatar las penas en forma de sanción y, en la medida en que se haya interiorizado la norma, de conflicto psicológico».

El escepticismo organizado, la cuarta norma, es la que recuerda de un modo más evidente a Weber y la negativa al sacrificio intelectual de la que habla el sociólogo alemán. También Merton reconoce el conflicto inherente, fundamental, que existe entre la ética científica y «otras actitudes respecto de los mismos datos cristalizadas y convertidas a menudo en ritual por otras instituciones». Con todo, la importancia central del escepticismo organizado radica en su condición de mecanismo capaz de hacer cumplir el resto de las normas, y en particular la del desinterés.

El proceder de algunos científicos ilustres hace pensar que han aceptado estos preceptos. En 1969, Max Delbrück recibió el Premio Nobel de Fisiología y Medicina junto con Salvador Luria y Alfred Hershey.* En el discurso que pronunció para la ocasión, comparó al científico con el artista, y reflexionó acerca de la vocación de aquél en términos que no pueden menos de recordar a Weber. En sueco y con grave cortesía, dijo, entre otras cosas:

> Los libros de los grandes científicos están acumulando polvo en los anaqueles de eruditas bibliotecas. Y con razón: el investigador se dirige a un auditorio infinitesimal de colegas compositores. Su mensaje no está desprovisto de universalidad, aunque ésta es incorpórea y anónima. Mientras que el mensaje del artista está ligado de manera perpetua a su forma original, la del científico se ve modificada, ampliada y fundida con las teorías y los resultados de los otros, y acaba por confundirse en la corriente de conocimientos e ideas que conforman nuestra cultura. Éste tiene sólo una cosa en común con aquél: no dispone de mejor refugio frente al mundo ni de vínculo más poderoso con él que de su obra.[34]

El artículo de Merton goza de un ascendiente tan grande como perdurable, y sin embargo, en nuestros días, las normas en él enumeradas se nos presentan, por desgracia, ingenuas, idealistas y anticuadas. Algunos, de hecho, acostumbran hablar, en son de mofa, de «normas mertonianas». Y cabe preguntarse si estos cuatro conceptos pueden

* Aquél fue el año en que el de Literatura correspondió a Samuel Beckett, cuya obra está muy acorde, al parecer de Delbrück, con las paradojas más profundas del empeño científico. Sin embargo, el escritor no acudió a Estocolmo, hecho que el biólogo lamentó siempre.

ser, en verdad, las pautas por las que se rigen los científicos en ejercicio. Hoy, hace falta dejar a un lado de forma decidida cualquier rastro de incredulidad para pensar que puedan haberlo sido siquiera durante la segunda guerra mundial y antes de Vannevar Bush, del principio de la financiación gubernamental a gran escala de las ciencias y del desarrollo exponencial de éstas. No ha habido ninguno de ellos cuya validez no se haya cuestionado en el transcurso de los últimos veinte años. ¿Universalidad? ¿Propiedad común de los resultados? ¿Desinterés y escepticismo organizado? En términos que hoy nos hacen menear la cabeza consternados, Merton escribe acerca de sus efectos como quien describe el mundo real, reparando en lo que considera una «ausencia total de fraude en los anales de la ciencia, que se nos presenta como excepcional al compararse con la historia de otras esferas de la actividad humana».

> Eso podría hacer pensar —prosigue— que los investigadores son seleccionados de entre aquellos que manifiestan un grado poco común de integridad moral. No existe, sin embargo, prueba satisfactoria alguna de que sea éste el caso: para encontrar una explicación más plausible, basta buscar en ciertas características distintivas de la propia ciencia. Al ir aparejada al carácter verificable de los resultados, la investigación científica se encuentra sometida al severo escrutinio de colegas expertos. Dicho de otro modo (y qué duda cabe de que la observación se presta a ser interpretada como delito de lesa majestad): las actividades de los científicos están sujetas a una vigilancia constante, en un grado que tal vez no tenga parangón en ningún otro campo.

Por más que con ello pueda ser yo quien incurra en tal delito, he de decir que la ciencia no funciona de este modo. Si bien los profanos hablan de «el método científico», cualquier investigador sincero nos dirá: «Que cada uno se las ingenie como pueda». Ni que decir tiene que muchas reglas particulares son objeto —en relación, por ejemplo, con el diseño de experimentos de control— de un gran rigor en la deducción estadística, como sucede también, en el ámbito de las pruebas clínicas, con el uso correcto del ensayo de doble ciego.* No obstante, tal como ya se ha apuntado, hay muchas clases de observación, llamadas en ocasiones experimentos naturales, que no son susceptibles de repetición deliberada. La aparición de una supernova o un púlsar; un terremoto; los daños cerebrales producidos en un accidente de tráfico que proporcionan, de forma inopinada, información valiosa en lo tocante al funcionamiento neurológico... Fenómenos como éstos se dan, claro está, sin que podamos intervenir en ellos, al ser demasiado remotos, impredecibles, desmesurados o prohibidos desde un punto de vista ético.

En el otro extremo de la escala se encuentra la investigación clínica: el estudio de la efectividad de productos farmacéuticos o procedimientos médicos concretos, o el de las consecuencias que tienen a largo plazo factores como el tabaco o la dieta. Sus formas pueden ser muchas, y van desde informes relativos a unas docenas de pacientes hasta extensos proyectos llevados a cabo con miles de personas, tal vez en lugares muy diversos y quizá durante un período de muchos años. A menudo, sin embargo, resulta difícil observar la recogida de datos clínicos. Por lo común, los resultados no son de los que se prestan a incorporarse en el siguiente paso, como sucede en el caso de la ciencia experimental: legítimos o fraudulentos, los resultados afectan sólo al tratamiento de futuros pacientes. Con todo, aun en el amplio espacio que queda entre uno y otro extremo, en el que, supuestamente, imperan los «resultados verificables», raras veces se reproducen con exactitud los experimentos o se revisan de forma directa los hallazgos publicados.

En la práctica, el proceso de verificación es más complejo y menos sólido y directo. Lo que sucede es, más bien, que cuando alguien publica un resultado interesante e inédito, su mayor competidor se golpea la frente al leerlo y exclama: «¿Por qué no habré pensado yo en eso antes?», para acto seguido parar mientes en lo que debe hacer a continuación: «Si eso es cierto, el siguiente paso debe de ser tal; así que ya estoy tardando en volver al laboratorio». La confirmación es,

* Prueba en la que tanto el investigador como los sujetos de estudio ignoran a cuáles de éstos se ha administrado placebo —lo que implica que pertenecen al grupo de control— y a cuáles la sustancia activa. (*N. del t.*)

por lo tanto, indirecta: si el nuevo hallazgo funciona, puede incorporarse al edificio.

Una variante más compleja de este proceso es la que ha recibido el nombre de *triangulación*. A menudo se verifican enfoques y resultados mediante el uso de otros independientes, aunque afines y convergentes, con lo cual no se hace otra cosa que triangular. Es lo que el filósofo e historiador de la ciencia decimonónico William Whewell denominó, con una frase tan satisfactoria como cabía esperar de tan altas cotas teóricas, «concurrencia de inducciones».[35] (El ejemplo más célebre y convincente de esta concurrencia, que no obstante, tal vez sea desconocido al público lector en general, procede de la historia de la física y no es otro que la determinación del número de Avogadro. Por increíble que pueda parecernos, hace sólo cien años, la existencia real de los átomos seguía siendo, para algunos científicos sobresalientes, objeto de disputa. Mucho antes, en 1811, el físico italiano Amedeo Avogadro había conjeturado que, en cantidades equivalentes de gases distintos sometidos a iguales condiciones de temperatura y presión, el número de las partículas de menor tamaño —átomos o moléculas— será siempre el mismo. La idea resultaba, en apariencia, imposible de demostrar. Sin embargo, años más tarde, en 1900, acabó por surgir aquel número de una serie de disciplinas que carecían de conexiones mutuas y que iban de la relatividad a la cristalografía. Su desmedida magnitud es de $6{,}02 \times 10^{23}$, o lo que es lo mismo, el número 602 seguido de 21 ceros, y sin embargo, todos los resultados se aproximaron a él en gran medida. E hicieron posible extraer la conclusión de que los átomos debían de existir realmente. La triangulación puede dar lugar a nuevos hallazgos, y permite hacer digno de reconocimiento al científico que se funda en los hipotéticos resultados de otro. Asimismo, proporciona métodos confluentes de verificación que tanto pueden robustecer una teoría como echarla por tierra.

Aquí, en el espacio existente entre los dos extremos citados, topamos, sin embargo, con tres tipos de hallazgo que no se compadecen con este modelo de confirmación indirecta ni casan tampoco con lo expuesto por Merton. En primer lugar, hemos de considerar los que se publican sin recibir atención alguna por parte de resto de investigadores. La cruda realidad es que son muchos, decenas de miles por año, los que corren esta suerte y quedan, por consiguiente, fuera del entramado que conforman los demás estudios, sin ser citados sino en raras ocasiones y tal vez por sus propios autores. Estas obras evanescentes no forman parte de la ciencia viva.

En segundo lugar, y en contraste con este hecho, se encuentra el de los artículos que, al ofrecer un avance técnico, un nuevo método o mecanismo, encuentran eco en los laboratorios de todo el mundo, donde los investigadores se apresuran a ponerlos en práctica. Trabajos así son los que más se citan, y aparecen recogidos en las notas finales de la sección de «métodos» de todo artículo relacionado con ellos. De hecho, los avances técnicos más importantes comportan, con muchísima frecuencia, la obtención del Premio Nobel por parte de su autor. Así, por ejemplo, William Lawrence Bragg y su padre recibieron el de Física en 1915 por su estudio de la cristalografía mediante rayos X; Theodor Svedberg, el de Química en 1926 por la ultracentrifugadora; Arne Tiselius, el de Química en 1948 por la electroforesis; y Archer John Porter Martin y Richard Laurence Millington Synge, el de Química en 1952 por la cromatografía sobre papel. Todos estos métodos consistían en separar e identificar cantidades pequeñas en extremo de moléculas casi idénticas de mayores dimensiones. Más casos: Frederick Sanger fue galardonado con el de Química en 1958 por secuenciar los aminoácidos en cadenas de proteínas, y con otro más en 1980, compartido esta vez con Walter Gilbert, por la secuenciación del ADN; David Baltimore y Howard Temin (junto con Renato Dulbecco), con el de Fisiología y Medicina en 1975 por demostrar la existencia de una enzima que ahora conocemos con el nombre de *transcriptasa inversa*, que lee secuencias genéticas de ARN y las traduce a ADN; Daniel Nathans y Hamilton Smith (con Werner Arber), con el mismo en 1978 por el descubrimiento de las enzimas de restricción, encargadas de cortar las cadenas de ADN. Tanto la retrotranscriptasa como las enzimas de restricción constituyen instrumentos moleculares fundamentales en el campo de la ingeniería genética. César Milstein, Niels Kai Jerne y Georges Köhler obtuvieron el de Fisiología y Medicina en 1984 por sus investigaciones acerca de los anticuerpos monoclonales; Ernst Ruska (junto con dos científicos más jóvenes), el de Física en 1986, cincuenta años después de haber inventado el microscopio electrónico (una longevidad rentable la suya, ya que el Premio Nobel no se concede de forma póstuma); el surfista californiano Kary Mullis, el de Química en 1993 por el estudio de la reacción en cadena de la polimerasa, que permite seleccionar muestras diminutas de ADN y multiplicarlas por un millón en cuestión de pocas horas.

Algunos de los logros enumerados fueron, sin duda, descubrimientos en un sentido convencional; pero todos pueden considerarse inventos con todas las de la ley. El comité encargado de conceder el Nobel premia obras así porque abren nuevas vías de investigación y permiten a los científicos plantear preguntas que con anterioridad se hallaban fuera de todo alcance. Durante una conversación mantenida hace algún tiempo en su despacho del Instituto Salk de La Jolla (California), Francis Crick señaló a quien esto escribe que la biología molecular del desarrollo y la diferenciación del último cuarto de siglo no se ha guiado por descubrimientos ni teorías dotados de grandeza: «Creo que lo que destaca de verdad es el ritmo con el que investigan nuevas técnicas».

Dejando a un lado los casos especiales, sin embargo, que alguien del ámbito de las ciencias experimentales repita una investigación publicada por otra persona constituye, a menudo, un indicio de que ésta se ha puesto en duda (y por ende, la práctica de duplicar todos los trabajos de interés antes de confiar en ellos que, según tengo entendido, empieza a ser común en algunas compañías farmacéuticas daría a entender que el problema del fraude se concibe como algo generalizado). Cuando un científico trata de verificar hoy día los resultados obtenidos por otro haciendo uso de la repetición directa, topa —por posible y relevante que pueda resultar el intento— con obstáculos nada baladíes. En un informe que hizo público en *The New England Journal of Medicine*, en 1987, cierto comité de científicos más un filósofo que analizaba un flagrante caso de fraude que acababa de descubrirse en la Universidad de California en San Diego, se apuntaba en estos términos el problema: «La repetición de los experimentos, que constituía en otro tiempo un factor importante de la ciencia, ha dejado de ser una fuerza disuasoria efectiva ante el fraude, toda vez que el nuevo sistema de estudios biomédicos está estructurado para evitarla, más que para asegurar que se ponga en práctica. Parece imposible obtener financiación para investigaciones destinadas, en buena medida, a repetir alguna de las existentes». El reconocimiento académico —y la consiguiente publicación, aunque no se mencione este aspecto— «tiende a reservarse a los nuevos hallazgos. Por otra parte, los intentos de reproducción de un experimento están llamados a detectar sólo resultados incorrectos, y no resultados correctos fundados en datos fraudulentos».[36]

En consecuencia, son tres las razones que hacen que los resultados relevantes de los laboratorios, por lo general, no se verifiquen. Dos de ellas son institucionales: por un lado, repetir el trabajo de otro científico no es empresa que suela ser objeto de subvención, y por el otro, las publicaciones periódicas apenas recogen resultados negativos. La tercera radica en los problemas prácticos que suele comportar la investigación en un laboratorio, y es que hay experimentos que no pueden repetirse. Son muchas las áreas de la ciencia en las que las condiciones experimentales son difíciles de reproducirse con total exactitud. En el ámbito de la biología, sobre todo, las circunstancias de un experimento dependen en gran medida de los proveedores de material, reactivos, animales, etc; de las aptitudes del técnico y de los procedimientos implícitos —o saber tácito— que varían de un laboratorio a otro. En el terreno de la inmunología, por ejemplo, es imposible, a menudo, reproducir con todo detalle y con seguridad las variedades de ratones empleados para los experimentos, las líneas celulares, los preparados de suero medicinal o anticuerpos monoclonales, etc. Los especialistas en la biología molecular clásica han desconfiado durante mucho tiempo de la inmunología a causa, precisamente, de estas dificultades. En este sentido, hay que tener en cuenta otro aspecto importante de las normas científicas: ¿qué hace que un experimento o aun una disciplina entera sean rigurosos en un grado aceptable? Y sin embargo, buena parte de las investigaciones puede responder a lo expresado, por razones que no tienen relación alguna con el engaño. A menudo se da el caso de trabajos significativos y originales que deben traspasar fronteras y dilatar los límites de lo que pueden producir sin error los métodos disponibles.

Durante las décadas finales del siglo XX, la idea de las normas científicas fue objeto de ataques procedentes de otra dirección: la de los nuevos usos de la sociología de la ciencia. La subversión principió con el libro *La estructura de las revoluciones científicas*, de Thomas Kuhn.[37] Para este físico convertido en sociólogo, la ciencia no cambia según un progreso constante, sino por períodos de «ciencia normal» interrumpidos de cuando en cuando por revoluciones. El más llamativo de los diversos componentes de su teoría es la afirmación de que éstas tienen lugar porque los conceptos, métodos e ideas preconcebidas dominantes acumulan anomalías que no pueden explicar... y acaban desmoronándose bajo el peso de éstas para quedar reemplazados en bloque por otros. Kuhn creó, para referirse a esta revolución de las ideas preconcebidas, la expresión de «cambio paradigmático».* Hace mucho que el estudio en profundidad de la historia de las revoluciones científicas ha demostrado que la hipótesis de Kuhn no se ajusta a la realidad. Sin embargo, este componente menor de su teoría, la idea de la ciencia normal, que él desdeñó al calificarla de mera «resolución de rompecabezas», ha ejercido una profunda influencia. Derribó de un golpe la empresa científica, rebajándola de la elevada vocación defendida por Weber a una ocupación cotidiana como muchas otras, bien que iluminada por ocasionales destellos de emoción.

Kuhn fue precursor de más cambios divisivos. Los intentos de analizar el mecanismo de la ciencia emprendidos por los sociólogos quedaron frustrados sin remedio a causa de agrios desacuerdos en torno a la cuestión de en qué grado puede sostenerse que las teorías científicas, o aun lo que la mayoría entiende por hechos científicos, se asientan de forma sólida en una realidad independiente de presupuestos y prejuicios pertenecientes a los propios investigadores. En las décadas de 1980 y 1990 surgió una camarilla de sociólogos de la ciencia que anunciaron tener por objeto demostrar que todas las ciencias, sus teorías o hipótesis, sus métodos y sus dispositivos, y los hechos mismos deben su existencia al consenso de los científicos —según la teoría

* La voz *paradigma* procede de la gramática clásica, donde se emplea para designar el modelo con el que se sistematiza la correcta disposición de los elementos de una lengua, como sucede con el singular de la primera declinación de los nombres latinos: *puella, puella, puellam, puellae, puellae, puella*. El término adoptado por Kuhn ha incurrido en un uso popular impreciso, como sucede con otros préstamos provenientes del vocabulario científico, como *epicentro* o *salto cuántico*.

más extrema, a nada más que a un acuerdo de éstos alcanzado a través de la negociación—, y que no puede demostrarse conocimiento alguno relativo a ninguno de los factores citados en una realidad supuestamente objetiva. El concierto de los investigadores, su consenso, no se basa, según los seguidores de esta doctrina, en la verdad, sino en la dominación social, las jerarquías, las relaciones de poder en un contexto capitalista más amplio, y en este sentido, para algunos, toda ciencia debe parecer fraudulenta. El movimiento que tal teoría defiende recibe el nombre de *construccionismo social*, y sus defensores se congregan en torno a departamentos y publicaciones periódicas que llevan la etiqueta de «estudios científicos y tecnológicos», y hablan de acabar con «la hegemonía mertoniana».[38] Tal como escribió, en 1995, uno de los activistas de más renombre: «El marxismo se encuentra en el origen de casi todo lo que de innovador tienen los estudios científicos en relación con la historia tradicional, la filosofía y la sociología de la ciencia». Por expresarlo en pocas palabras, la doctrina se compone de elementos de sociología, a menudo, de hecho, con rasgos marxistas, y aspectos de un movimiento al uso en los estudios literarios académicos conocido como *posmodernismo* o *teoría crítica*. Resulta curioso —aunque tal vez no se trate de una coincidencia— que el construccionismo social alcanzase su máximo esplendor en el preciso período en que se plantearon y multiplicaron los casos de fraude científico.

No cabe duda de que las diversas polémicas han conferido nuevo vigor a la atención prestada por los historiadores a cosas como la actividad efectuada en el laboratorio, el modo como dan forma a las cuestiones de los investigadores y a sus resultados los instrumentos, materiales y métodos empleados en la mesa de trabajo —pues no en vano hace uno lo que piensa poder llevar a cabo con los medios de que dispone—, la transmisión de saberes tácitos y métodos a los aprendices —es decir, de la información necesaria para hacer avanzar un experimento—, las relaciones políticas y jerárquicas existentes entre diversos laboratorios u otras instituciones científicas o en el interior de ellos, etc. Que se haya prestado la atención debida a factores como éstos es positivo, aunque justo es reconocer que ya gozaban de ella en gran medida antes de la aparición de los construccionistas, toda vez que no han dejado de ser jamás componentes esenciales del proceso científico. Sin embargo, en la citada corriente extrema del movimiento se asevera que son, asimismo, suficientes. Este aserto, este desafío radical en apariencia dio origen a lo que a mediados de la década de 1990 se conoció como *guerras científicas*, un conflicto intestino, generacional, académico y político verificado en Estados Unidos y Canadá, así como en el Reino Unido y la Europa continental, en el seno de la historia académica y la sociología de la ciencia. Los investigadores en activo, o más bien los que hicieron algún caso al construccionismo, hicieron patente su perplejidad, alarma y, en ocasiones, indignación. Hubo momentos de gran virulencia en los enfrentamientos entre estos sociólogos y los historiadores con ellos aliados, por un lado, y los científicos y los historiadores que se definían como defensores de la dignidad de la ciencia, por el otro. En estas guerras hubo polémicas inclementes y otras más benignas, lo que las convirtió en un ameno entretenimiento para quien las conoció en calidad de espectador.

Las prácticas científicas fraudulentas, sin embargo, bien podían responder a una construcción social. Al cabo, a duras penas les era dado aspirar a fundarse en la realidad. En consecuencia, no podemos zafarnos de una pregunta inquietante: ¿existe algún sentido significativo en el que quepa considerar el fraude como algo intrínseco a las instituciones científicas? Si de verdad hemos de considerar el fraude en relación con la ciencia legítima, necesitamos una base para contrastarlo. Necesitamos datos, estudios casuísticos.

2

Tipología del fraude científico

Las investigaciones científicas se hallan más expuestas que la mayoría de las demás a las arremetidas de los tramposos, y estoy convencido de que me haré merecedor del agradecimiento de todos aquellos que aman en efecto la verdad al exponer algunos de los métodos que emplean para engañar quienes pretenden obtener honores sin merecerlos, en tanto que la mera circunstancia de quedar al descubierto sus artes puede disuadir a futuros infractores.

CHARLES BABBAGE, 1830

No faltan casos dignos de mención. En el ámbito actual de las ciencias, la incidencia y el carácter del fraude cambia a lo largo y ancho del extenso repertorio de sus especialidades. Los fenómenos que estudiaremos tienen también una dimensión temporal, y han sufrido modificaciones con el transcurso de los siglos. Por sorprendente que parezca, salvo algunas excepciones, apenas se ha hecho nada por analizar las circunstancias, acusaciones y defensas de los diversos casos, clásicos o recientes, en busca de rasgos comunes o persistentes que permitan comenzar a elaborar una tipología del fraude.

El primero que trató de clasificar estas irregularidades fue Charles Babbage, físico británico decimonónico célebre en nuestros días por haber pasado buena parte de su existencia profesional intentando construir una computadora —mecánica, accionada tal vez con vapor—, a la que llamó «máquina diferencial» y que concibió como un artificio automático capaz de hacer más exactos el cálculo de cosas tales como las tablas logarítmicas o cierto tipo de cómputos complejos. Ejerció doce años de profesor de matemáticas en la Universidad de Cambridge, donde ocupó la cátedra fundada por Henry Lucas en el siglo XVII, templo de la física teórica, cuyo segundo ocupante fue nada menos que Isaac Newton y en la que hoy se sienta Stephen Hawking. Babbage estaba interesado en campos muy diversos, que iban desde la astronomía y la meteorología hasta la racionalización de la producción fabril y aun el estudio del clima de siglos pasados por mediación de los anillos de los árboles. La estadística y la probabilidad se hallaban entre las materias que más lo atraían, junto con disciplinas como el criptoanálisis, la lingüística y la ciencia actuarial. Se hallaba entre quienes fundaron la Sociedad Astronómica y la Sociedad Estadística de Londres, y ya antes de licenciarse había adquirido la convicción de que, en lo tocante a las matemáticas, el Reino Unido se encontraba muy rezagado con respecto a otros países, por lo que no había dudado en hacer campaña en favor de la adopción de mejoras al respecto. En la década de 1820, encabezó un movimiento que propugnaba la reforma, la modernización y el aumento de rigor en lo relativo a la educación en Cambridge, lo que suponía la creación de nuevas disciplinas y cátedras.

Babbage no perdió jamás su preocupación por la calidad de la ciencia en Inglaterra, y entendió que uno de sus aspectos era el fraude. Sus observaciones al respecto lo han convertido en toda una autoridad sobre el particular. En 1830, publicó *Reflections on the Decline of Science in England, and on Some of Its Causes*, en donde, con un lenguaje ora grave, ora desdeñoso, deploraba la ignorancia científica imperante entre los aristócratas y las clases gobernantes; la ausencia de financiación estatal, algo importante en particular para las ciencias puras; la escasez de incentivos para los jóvenes que carecían de medios para emprender carreras científicas; o la falta de recompensas con las que retribuir a los investigadores de éxito.[1] El asunto central del libro era el estado de la Royal Society, organismo fundado entre 1660 y 1662, bajo el reinado de Carlos II, y concebido como una asamblea de naturalistas destacados y hombres prácticos que tenía por objeto promover el conocimiento. En el siglo XIX, sin embargo, se veía corrupto por la indolencia, la ignorancia, el favoritismo y los mecenazgos. Babbage atacaba con mordacidad todo lo que iba del nombramiento de nuevos integrantes a la concesión de las diferentes medallas que otorgaba cada año la sociedad, y proponía una serie de reformas, como la de la fundación de la Orden del Mérito, con la que pretendía compensar el hecho de que la adjudicación de los títulos de sir y par recayera en hombres de armas.*

El quinto de los seis capítulos que conforman el libro estaba dedicado a «el arte de realizar observaciones y experimentos», y advertía en su principio de lo peligroso que puede resultar obsesionarse con la apariencia de la precisión. «La extrema exactitud requerida en algunas de nuestras investigaciones modernas tiene, en determinados aspectos, una influencia muy poco afortunada, pues favorece la opinión de que todo experimento carece de valor si sus mediciones no son por demás minuciosas y se compadecen unas con otras del modo más perfecto.» La exhortación no estaba exenta de clarividencia, toda vez que hoy el problema es tan serio como en su tiempo. Él se refería, a la sazón, a «los fraudes de los observadores» y ofrecía una clasificación que prefiguraba las definiciones actuales.

> En el terreno de la ciencia se han practicado diversos géneros de imposturas, conocidos sólo por los iniciados, bien que acaso sea posible hacerlos penetrables al entendimiento común. Para ello, cabe catalogarlos bajo los epígrafes de embuste, fingimiento, amaño y falseamiento.

Consideraba los embustes manifiestos con irónico regocijo, y exponía, a modo de ejemplo detallado, la noticia, proveniente de Nápoles, del hallazgo de un molusco de familia y especie desconocidas, descrito y dibujado «con gran prolijidad», sin olvidar estructura, concha ni forma y velocidad de movimiento. El descubridor había bautizado con su nombre a aquella nueva criatura, de cuya existencia había acabado por hacerse eco cierta enciclopedia francesa, que ofrecía en

* Federico el Grande de Prusia había establecido en 1740 la primera de esas órdenes *Pour le Mérite*, y la idea había sido adoptada por otros estados europeos. Sin embargo, el Reino Unido no siguió su ejemplo sino hasta 1902. Entre sus miembros, cuyo número está limitado a cuarenta personas nombradas por el monarca, ha habido novelistas, artistas, filósofos y, a buen seguro, científicos. Francis Crick es, en nuestros días, uno de ellos.

sus páginas toda la información disponible al respecto, dibujos incluidos. «Lo cierto, empero, es que tal animal no existe.» Quien de él había dado noticia había topado en el litoral siciliano con tres fragmentos de la concha de una especie conocida de molusco y, «descritas y representadas con gran pormenor estas valvas, había elaborado el resto de su descripción a partir de cuanto atesoraba en su imaginación. Resulta poco menos que impensable justificar fraudes como éste, sólo excusables cuando los académicos implicados han alcanzado la etapa de senilidad».

> El fingimiento —proseguía— se diferencia del embuste en la medida en que, en éste, se pretende que la mentira se prolongue por un tiempo, tras el cual quedará al descubierto para escarnio de quienes han creído en su veracidad, en tanto que el fingidor deja constancia, sin más objeto que el de hacerse con una reputación en el terreno de la ciencia, de observaciones que jamás ha llevado a efecto. ... Por fortuna, son escasos los ejemplos que pueden citarse de estas prácticas.
>
> El amaño consiste en eliminar, aquí y allá, pequeños detalles de las observaciones que difieren demasiado, por exceso, de la media para añadirlos a aquellas que lo hacen por defecto. Se trata de una suerte de «reorganización equitativa», tal como lo denominarían los radicales [es decir, en el marco político británico de la época, los que hacían campaña por una distribución más igualitaria de la riqueza], inadmisible en el campo de la ciencia.
>
> Esta práctica fraudulenta, sin embargo, no resulta quizá tan perniciosa (si no es para el carácter de quien la lleva a efecto) como la de falseamiento, a la que está dedicado el siguiente parágrafo, y tal se debe a que el promedio presentado por las observaciones es el mismo tanto si media como si no el amaño. Quien en ella incurre no alberga, al cabo, más objeto que el de sobresalir por la precisión de su labor. Aun así, por respeto a la verdad, o en virtud a una previsión prudente, no distorsiona la posición de los datos que obtiene de la naturaleza, razón por la que, por lo común, no resulta fácil desenmascararlo, y lo cierto es que tiene más prudencia, o un espíritu menos temerario, que el falseador.

Babbage extrae la mayor parte de los ejemplos aportados de ámbitos que le son por demás familiares, como las matemáticas, la física y en especial la astronomía (por lo que a menudo habla de «observadores»). El objeto de su estudio se hace sobre todo frecuente en el ramo de la biología, claro está, y en el de las ciencias sociales. Habla del «falseamiento» (*cooking*) como quien ofrece solemnes recetas o «receptas».

> Uno de sus numerosos procesos consiste en hacer una gran multitud de observaciones, de entre las que se seleccionarán sólo las que coinciden, por entero o en gran medida, con lo que se quiere demostrar. Así, si efectúa un centenar de ellas, muy mala suerte habrá de tener el fingidor para no recoger quince o veinte que sirvan a sus propósitos.
>
> Otra receta reconocida es la que se sigue cuando las observaciones que se pretende emplear no se hallan dentro de los límites de la precisión que, según se ha resuelto, tendrían que poseer. En tal caso, se calculan en virtud a dos fórmulas distintas. La diferencia que puede verificarse en las constantes empleadas en éstas tiene, en ocasiones, efectos por demás felices a la hora de promover la unidad entre medidas discordantes.
>
> ...
>
> Otras veces, sucede que las constantes que conforman las fórmulas ofrecidas por las más altas autoridades difieren entre ellas sin llegar por ello a compadecerse con los materiales. Éste es, precisamente, el punto en el que el artista despliega toda su destreza: al falseador experto no le resultará difícil superarlo de un modo triunfante.

De cualquier modo, el falseamiento no está libre de riesgos:

> Existe una serie de reflexiones que quisiera aventurarme a sugerir a quienes falsean sus observaciones, por más que acaso no reciban la atención que, en mi opinión, merecen, al no proceder de la pluma de un entendido en la materia.
>
> ...
>
> En todos éstos, y en muchos otros casos, podrá suceder, con toda probabilidad, que en aras de hacerse digno de una reputación temporal por su precisión sin par, el falseador haga peligrar su prestigio de forma permanente. Tampoco es impensable que todas sus observaciones en bruto [o datos sin refinar, que diríamos hoy] se tornen sin valor, siendo así que la parte del mundo científico cuya opinión goza de más ascendiente se muestra, por lo común, tan poco razonable que no du-

> dará en desatender todas las observaciones de aquellos en cuyo trabajo se ha descubierto, en una u otra ocasión, la mano del artista. De hecho, sucede a la reputación del observador lo que a la de la mujer: que queda destruida cuando se torna dudosa.

El fingimiento descrito por Babbage se corresponde, claro, con lo que hoy llamamos *invención*, en tanto que lo que él denomina *amaño* y *falseamiento* constituyen dos variantes distintas de falsificación. La diferencia resulta de utilidad, y el tono mordaz de su exposición, inimitable.

Los más prominentes de entre los fraudes clásicos ilustran, en toda su variedad, la tipología planteada por el estudioso inglés. En particular, reclaman nuestra atención ocho fraudes y un embuste. Éste es el del hombre de Piltdown; aquéllos, casos en los que se vio envuelto un buen puñado de nombres ilustres: Isaac Newton, Gregor Mendel, Charles Darwin, Louis Pasteur, Robert Millikan, Ernst Haeckel, Sigmund Freud y Cyril Burt.

Resulta inevitable considerar estos ejemplos desde un doble punto de vista, si bien son muchos quienes los mencionan sin advertir que este hecho puede influir en su dictamen. Por un lado, no podemos menos de evaluarlos conforme a los criterios actuales, lo que no implica que éstos sean, necesariamente, más elevados que los que rigieron en el pasado —si no es, tal vez, en la mente de los más ufanos de entre quienes los defienden a capa y espada—, ni tampoco, qué duda cabe, que se respeten con mayor asiduidad que éstos: simplemente, son más refinados a la hora de determinar si una investigación se lleva a efecto de un modo esmerado o negligente, honrado o fraudulento. Al mismo tiempo, sin embargo, hemos de juzgarlos con arreglo a las pautas vigentes en la comunidad científica o en la época en que se produjeron, así como al entorno más amplio en que tuvieron lugar. Ésta es, huelga decirlo, la labor principal del historiador. Así y todo, jamás es tan difícil imaginar el punto de vista de quienes vivieron en otro tiempo como en el caso de las ciencias.

Parece innecesario subrayar que el que se planteen dudas no constituye demostración alguna de culpabilidad. Y sin embargo, la consternación manifestada por quienes las exponen y revelan las pruebas existentes en lo tocante a estos ejemplos clásicos es universal y ostensible. A menudo, basta arañar apenas en el carácter de un científico para dar con una personalidad deliciosamente idealista. Pocos son los que no tienen héroes, y de hecho, son numerosos quienes tienen a la propia ciencia por su heroína, una joven —pues no en vano es sustantivo femenino en numerosas lenguas— cuyas inocencia e inmaculada reputación deben preservarse a toda costa. Cuando se ataca a los grandes científicos, los propios acusadores se lanzan a defender a los inculpados. Veamos el caso de Mendel («¿Mendel, el monje del huerto?»): algunos de sus datos eran demasiado perfectos. Claro, pero es que «Mendel fue el primero en contar segregaciones genéticas; sería esperar demasiado dar por hecho que debía conocer las precauciones que hoy sabemos que hay que adoptar para obtener datos totalmente objetivos». ¿Y Darwin? Sí: Darwin. Algunas de las instantáneas recogidas en *La expresión de las emociones en el hombre y en los animales* estaban manipuladas. Cierto; sin embargo: «En muchos sentidos, [su] publicación ... marcó el nacimiento de la fotografía empírica, de modo que es imposible que se ajustase a las normas de la fotografía científica, ya que fue parte de su creación». Tan poderosa es la compulsión que nos lleva a salvaguardar a los grandes hombres, a proteger la reputación de la ciencia misma, que la defensa se torna ad hóminem de un modo nada decoroso. ¿Qué sucede en el caso de Pasteur? (¿Pasteur, el héroe de tantas generaciones de escolares franceses e inspirador de incontables carreras científicas?) Lo recogido en sus cuadernos personales se contradice, de un modo significativo, con sus afirmaciones públicas relativas a la manera como había obtenido sus logros más reputados, incluida la inmunización contra la rabia. No, no, «eso es una memez»: quien de tal cosa lo acusa no está sino «tratando de encontrar pretextos para derribar a un gran hombre», a tiempo que se convierte a sí mismo en culpable de «conducta inmoral y reprobable al hurgar entre los cuadernos de Pasteur en busca de insignificantes muestras de un supuesto proceder censurable».

El caso del hombre de Piltdown surge en medio de graves acusaciones y serios análisis como un verdadero fraude, cierto es, aunque no exento de cierta comicidad.[2] Se trata de un embuste monumental de los que tanto habrían hecho disfrutar a Babbage. Durante una reunión celebrada por la Sociedad Geológica londinense en diciembre de 1912, Arthur Smith Woodward y Charles Dawson anunciaron el hallazgo, en una cantera de grava de Piltdown (Sussex), de la mandíbula de un hombre del Paleolítico y parte de su cráneo, junto con útiles de piedra y hueso. Aquél era paleontólogo y conservador de geología del Museo Británico; éste, jurista y científico aficionado. Pese a que, desde un principio, se hizo patente una serie de irregularidades en el ejemplar descubierto, la prensa y el público británicos se mostraron deseosos de aceptar su validez. Medio siglo antes, en agosto de 1856, una explosión efectuada en cierta cantera del valle del río Neander, en Alemania, había dejado al descubierto la calavera y no pocos huesos de lo que sin disputa era un ser humano, bien que distinto por completo al hombre de nuestros tiempos. El hombre de Neandertal impulsó la fundación de la paleontología de nuestra especie. Después, durante la primera década del siglo XX, fueron apareciendo por toda Francia y Alemania herramientas, pinturas rupestres y huesos paleolíticos. Por fin, el Reino Unido podía hablar de un prehomínido hallado en sus confines, uno que bien podía optar a convertirse en el «eslabón perdido» que buscaban quienes estaban tornando la biología evolutiva en un fenómeno popular.

Dawson murió de modo súbito en 1916, en tanto que Smith Woodward vivió hasta 1944. De forma póstuma, se publicó en 1948 una obra de difusión escrita por él que llevaba el sublime título de *The Earliest Englishman* y contenía, entre otras delicias, la descripción de un utensilio de hueso de gran tamaño hallado en la cantera de grava en 1914, que había sorprendido a los descubridores por el hecho de que «la mano del hombre había conferido al extremo labrado una forma similar a la de la punta de un bate de críquet».

El cráneo del hombre de Piltdown, tan semejante al de un ser humano, y su mandíbula, cuyo aspecto era más el de la quijada de un simio, no llegaron jamás a conformarse con la estructura de la evolución humana que comenzaba a dibujarse a partir de otros descubrimientos. En 1925, Raymond Dart y Robert Broom anunciaron la aparición en África de otro antepasado del hombre al que pusieron el nombre de *australopiteco* y que poseía un cráneo cercano al del mono, mientras que las mandíbulas y los dientes habían evolucionado hasta adoptar una forma casi humana. El ser hallado en el Reino Unido se convirtió, por ende, en un verdadero misterio, algo inexplicable que hubo que dejar de lado por falta de pruebas y, sobre todo, por falta de conexión alguna con el resto de vestigios prehistóricos encontrados. Entonces, en 1953, el antropólogo oxoniense Joseph Sydney Weiner empezó a preguntarse si las piezas del hombre de Piltdown pertenecían de verdad a una misma criatura. Las pruebas químicas que efectuó demostraron que, amén de provenir de seres distintos, todas eran modernas, y habían sido teñidas con diversos productos para simular mayor antigüedad. No fue difícil hacer patente que el resto de los hallazgos de la cantera de grava se había colocado allí de manera fraudulenta, y en consecuencia, aquel homínido pasó a ser «la inocentada de Piltdown».

Pero ¿quién había sido el burlador? Dawson era el candidato más obvio. El sacerdote jesuita Pierre Teilhard de Chardin, quien, además de místico, decía ser paleontólogo, estuvo en el lugar del supuesto hallazgo, y se vio involucrado en el fraude, cuando menos en calidad de incauto. Con todo, no pudo demostrarse nada. En otoño de 1978 surgió un nuevo sospechoso. Se trataba de William Sollas, quien ocupó, en la época del descubrimiento original y hasta su muerte, ocurrida en 1937, la cátedra de Geología en Oxford. Su acusador fue J. A. Douglas, sucesor suyo en el cargo, fallecido poco antes del citado otoño, que dejó una grabación magnetofónica efectuada diez años antes, tras su jubilación. El contenido de la cinta se hizo público por vez primera en un simposio de paleontólogos. Según exponía Douglas en ella, Sollas tenía tanto el móvil como los medios para llevar a cabo el engaño. En primer lugar, siempre había considerado a Smith Woodward un lerdo fatuo e ignorante, y en varios debates científicos mantenidos antes de la aparición del cráneo no había dudado en dejarlo en evidencia ante sus colegas. Asimismo, había tenido acceso al género de huesos adecuado para poner en práctica el embuste. De hecho, Douglas recordaba algunas ocasiones concretas en las que había cogido, por ejemplo, dentaduras de simio de algún departamento de la Universidad o conseguido cierta cantidad de uno de los productos químicos con que se había teñido la calavera de Piltdown.

En este caso, por más que sin responder a la fórmula habitual, la ciencia demostró ser capaz de corregirse a sí misma. Así y todo, vale la pena parar mientes en el modo como se llevó a término la rectificación, que, en cierta medida, se emprendió mucho antes de que se revelara el engaño. En el transcurso de los cuarenta años que mediaron entre su nacimiento y su muerte, se hizo evidente que el hombre de Piltdown era por demás anómalo: no casaba con nada. Y de nada hubiese servido que se hubiera aceptado sin reservas su autenticidad: a medida que fue configurándose el árbol genealógico de la especie humana, los restos encontrados en Inglaterra se fueron convirtiendo en algo aislado, irrelevante. La comunidad científica los dejó a un lado y prosiguió su debate en torno al cuadro de parentescos de los antepasados del hombre.

Newton y Mendel nos proporcionan variantes de amaño o falsificación. El ejemplo del primero está bien definido y aceptado, si bien hizo falta un cuarto de milenio para que quedase expuesto por entero. Se sabe que ajustó sus cálculos relativos a la velocidad del sonido y la precesión de los equinoccios, así como su obra anterior en torno a la órbita de la Luna, para hacer que guardasen una correspondencia más estrecha con sus teorías. Lo cierto es que, en lugar de ir de la observación a la tesis, siguió el camino inverso, al menos en los estadios finales. Es decir: empezó por lo que estaba persuadido de que debía de ser la verdad que habían de corroborar los datos. Su biógrafo Richard Westfall, aun fascinado por el intelecto y los logros incomparables de Newton, no ha podido menos de enfrentarse a lo evidente:

> Tras proponer la correlación exacta como criterio de la verdad, trató por todos los medios de presentar una correlación exacta, sin preocuparse de alcanzarla de un modo correcto. El carácter persuasivo de los *Principios* [*matemáticos de la filosofía natural*] se debe, en no poca medida, al fingimiento deliberado de un grado de precisión que se hallaba mucho más allá de lo que él podía garantizar. Si bien es cierto que la obra estableció el patrón cuantitativo de la ciencia moderna, no lo es menos que daba a entender una verdad igual de eminente: que nadie

puede manipular el coeficiente de desviación con tanta efectividad como el propio maestro matemático.[3]

Falseamiento deliberado con el objeto de simular una precisión extrema: precisamente el síndrome que describió Babbage, quien, al cabo, era uno de los sucesores de Newton. Volveremos a toparnos con este tipo de fraude, combinado, además, con la arrogancia de científicos de menor talento que tratan de hacer que los datos se compadezcan con lo que creen saber que quizás es de un modo determinado.

El caso de Mendel constituye el ejemplo más temprano —y sin duda el más controvertido y tentador— de una de las dificultades más frecuentes: la aparición de datos que parecen improbables desde un punto de vista estadístico.[4] En 1936, Ronald Aylmer Fisher, inglés irascible cofundador de la genética de población, abordó una serie de problemas relativos a los experimentos llevados a cabo por el religioso austríaco con guisantes y con los que estableció las bases elementales de los estudios genéticos.[5] El agustino, docente de disciplinas científicas, había comenzado sus observaciones en 1857, en un huertecito situado frente al monasterio de Brünn (hoy Brno), localidad situada en la provincia de Moravia, perteneciente a la sazón a Austria. Informó de los resultados obtenidos a los miembros de la sociedad de historia natural de la ciudad durante dos reuniones celebradas el 8 de febrero y el 8 de marzo de 1965. Un año después, su estudio apareció publicado en la revista de dicho organismo, que pese a su amplia difusión fue recibida, en esa ocasión concreta, con no poca indiferencia, tal como es de todos conocido. Con el cambio de siglo, mucho después de la muerte del autor, varios naturalistas redescubrieron las leyes de la herencia por él formuladas, así como su escrito, con lo que el investigador recibió el reconocimiento merecido.

La historia ha tomado el artículo de Fisher por una acusación contra Mendel por haber amañado parte de sus datos. Sin embargo, lo que él escribió era mucho más complejo, y hacía patente el respeto que profesaba al científico decimonónico. Así, al compararlo con investigadores más modernos, asevera: «Había examinado con empeño y rigor las consecuencias teóricas de su sistema, y en este sentido, sus ideas se hallaban mucho más avanzadas que las de la primera generación de genetistas que siguió a su redescubrimiento» (un comentario muy acertado, tal como demuestra la simple comparación de su artículo con los que publicaron quienes reivindicaron su importancia). En suma, alababa las observaciones de Mendel en cuanto poseedoras de «unos resultados concluyentes, una lucidez sin tacha en lo tocante a su presentación y una comprensión vital de no pocos problemas que siguen resultando de interés en nuestros días».

El religioso había ofrecido sus datos con una minuciosidad escrupulosa. Con todo, sus hallazgos pueden compendiarse con la suficiente sencillez para hacer comprensibles las imputaciones de Fisher. Para sus observaciones, eligió plantas de guisante que presentaban siete pares diferentes de caracteres o rasgos. Por ejemplo: las que tenían las flores repartidas a lo largo del tallo se oponían a las que las tenían arracimadas en la punta; las de vainas sin madurar de color verde, a las que las tenían amarillas; y así sucesivamente. Había descubierto que la herencia de uno de estos pares —el de vaina verde frente a vaina amarilla, pongamos por caso— era independiente de la de otro. Asimismo, había comprobado que, en cada uno de los pares, había un rasgo «dominante», tal como él lo llamó, frente a otro «recesivo»; es decir: las plantas que sabía que eran híbridas presentaban una sola de las alternativas de cada par (todas las flores estaban repartidas por el tallo, todas sus vainas eran verdes, etc.). Sin embargo, pese a no mostrarse en los ejemplares cruzados, el carácter recesivo no quedaba extinguido: al cruzar entre sí dos híbridos, aparecía en una cuarta parte de las plantas de la siguiente generación. Las que presentaban este carácter seguían manteniéndolo en generaciones sucesivas, dando pie, por ejemplo, a vainas siempre amarillas. Sin embargo, la progenie a que daban lugar cruces reiterados de plantas que poseían el rasgo dominante estaba constituida por un tercio de especímenes puros dominantes y dos tercios de híbridos. En consecuencia, la proporción global de 3:1 se tornaba en 1:2:1. Esta estructura constituye la esencia del hallazgo de Mendel. Estudiando los diversos pares de rasgos, llevó a cabo cruces de dos y tres caracteres, y observó que se seguía siempre una pauta coherente.

Demasiado coherente, tal vez. En 1911, diez años después de que se recuperasen sus leyes y su artículo, Fisher, estudiante de último año en la Universidad de Cambridge, paró mientes en este hecho. Durante una charla pronunciada ante la Sociedad de Eugenesia de su alma máter, dijo, entre otras cosas:

> Es curioso que los resultados originales de Mendel se encuentren, sin excepción, dentro de los límites del error probable. De repetir sus experimentos, las probabilidades contra la obtención de resultados tan perfectos girarían en torno a los 16 contra 1. Tal vez fuese una cuestión de suerte, o quizás el abad alemán, desconocedor del error probable, situó de forma inconsciente las plantas dudosas en el lado que más convenía a su hipótesis.

A mediados del siglo XIX, época en la que Mendel —quien jamás fue alemán y aún no era abad— cruzó sus guisantes, la ciencia de la estadística estaba evolucionando a pasos agigantados de la mano de hombres como Babbage o Francis Galton, primo de Darwin. «La prueba que determina la trascendencia de cuanto se desvía de lo esperado —escribió Fisher en 1936— ha sido práctica común entre los matemáticos al menos desde la mitad del siglo XVIII.» Y la verdad era que Mendel había estudiado matemáticas y física durante dos años en la Universidad de Viena —uno de los aspectos más importantes de su originalidad radica en el tratamiento estadístico que da a la herencia—. Sea como fuere, este proceso seguía siendo, en su tiempo, rudimentario y muy poco frecuente, y tal como también señala Fisher, la «confianza y falta de escepticismo» de Mendel domina todo su artículo.

La sensibilidad vigilante propia del científico en ejercicio permitió a Fisher examinar con detalle los experimentos en los que el religioso había invertido ocho años y miles de plantas de guisante. «No cabe ya, creo, duda alguna de que todo su estudio debe entenderse a la letra —escribió—, ni de que sus experimentos se pusieron en efecto del modo exacto como se describen y en el mismo orden que se detalla en su artículo.» Así y todo, la revisión a que lo sometió el británico lo lleva a pensar que muchos de los datos publicados por Mendel eran demasiado perfectos para ser ciertos.

No hay experimento real en que los resultados no se desvíen de lo ideal, por una simple cuestión de probabilidad —considerable en ocasiones, y más aún cuanto menor es la muestra—. Pese a que Mendel recogió los datos de miles de plantas en total, para muchas de sus observaciones concretas empleó un número insignificante. Valiéndose del método de análisis conocido como «prueba de ji cuadrado», Fisher tabuló la desviación que presentaban los datos expuestos por el austríaco con respecto a lo que podía esperarse en teoría, y comprobó así que las proporciones que recogía de caracteres dominantes y recesivos se acercaban, a menudo, de un modo sospechoso a los valores ideales pronosticados por las hipótesis. «Magnitudes tan reducidas —afirmaba el inglés en uno de sus análisis— sólo pueden verificarse, acaso, en una de cada dos mil pruebas. Es obvio que los datos reflejados en los últimos años de su experimento tienden demasiado a concordar con los que pretendía obtener.» Y aquí radica lo esencial de la cuestión: «Los datos ficticios raras veces soportan un escrutinio detenido, y dado que la mayoría de las personas infravalora la frecuencia con que surgen por casualidad desviaciones de relieve, por lo general se espera que aquéllos coincidan con lo presupuesto en mayor medida de lo que lo hacen en realidad los datos auténticos».

Fisher intentó, por todos los medios que fue capaz de imaginar, ofrecer una explicación a estas discrepancias. Su origen puede ser muy diverso. En primer lugar, la lectura detenida del artículo deja fuera de dudas que Mendel consiguió hacer funcionar su teoría ya en los primeros estadios de la investigación. Acaso mientras clasificaba guisantes por color y forma acusó cierta tendencia inconsciente a situar los casos dudosos de tal manera que las cifras se acercaran más a lo que él había esperado. Con todo, tal explicación no puede aplicarse a la mayor parte de los experimentos. Una vez más, el artículo de Mendel nos revela que su autor no siempre contaba todas las plantas de un cruce particular: quizá dejaba de hacerlo cuando se aproximaba al resultado ideal, o tal vez seleccionaba, simplemente, las de mayor robustez —cosa que debió de ser difícil de evitar—. Sea como fuere, algunas de las pruebas exigían que se tuvieran en cuenta todas las plantas. Retorciéndose en la estaca en que se había espetado sin la ayuda de nadie, Fisher propuso la original teoría del jardinero fantasma: «Pese a que apenas cabe albergar esperanzas de encontrar una explicación satisfactoria al respecto, no podemos descartar, entre otras, la posibilidad de que fuese víctima de engaño por parte de un ayudante que tuviese claro qué se pretendía demostrar con los experimentos».

El estigma con que se denota la santidad en el paraíso de la ciencia es el sufijo *-(i)ano*, partícula que se emplea con igual propiedad en el adjetivo *mendeliano* que en *copernicano*, *galileano*, *newtoniano*, *darwiniano* o *einsteiniano*. En las décadas que siguieron al estudio de Fisher, y dando muestras, en numerosos artículos y libros, de una ingenuidad cada vez mayor, los científicos e historiadores han tratado de zafarse de las anomalías presentes en las investigaciones del agustino. Sus optimistas defensores, a menudo ilustres expertos en genética, conforman una extensa nómina de frustración y desconcierto.

Quizá la explicación más sencilla sea la que propuso en 1966 Sewall Wright —genetista estadounidense que pertenecía a la generación de Fisher— en un breve escrito elaborado con ocasión de una reedición del artículo de éste.[6] Tras efectuar de nuevo los cálculos del británico, obtuvo, «en sustancia, el mismo resultado». Sin embargo, dio a entender que no había tomado en consideración en la medida necesaria el efecto acumulativo «de una ligera tendencia subconsciente a preferir los resultados más cercanos a lo deseado a la hora de hacer cuentas». «Mendel —seguía diciendo— fue el primero en contar segregaciones genéticas; sería esperar demasiado dar por hecho que debía conocer las precauciones que hoy sabemos que hay que adoptar para obtener datos totalmente objetivos.» Resulta sorprendente lo difícil que llega a ser efectuar cómputos repetidos. Wright cita un experimento llevado a cabo por cierto estadístico señalado «en el que quince observadores cualificados obtuvieron diferencias extraordinarias al contar los mismos 532 granos de maíz. Cuando uno comprueba las cuentas que no le convencen, y no las otras, puede acabar por inclinarse de forma sistemática hacia una cantidad convenida». En lo que respecta a la mayoría de los datos recogidos por Mendel, aun las más insignificantes variaciones en las cifras («menos de dos anotaciones erróneas sobre mil») pudieron desembocar en lo que Fisher tomó por discrepancias de consideración. El estadounidense reconocía que varios de los experimentos del religioso mostraban un grado de desviación mayor que ése. «Teniendo en cuenta todos los aspectos de la cuestión —concluía—, estoy convencido, no obstante, de que no hubo intento deliberado alguno de falsificación.»

Cincuenta años después de hacerse pública la tesis de Fisher, el genetista inglés Anthony W. F. Edwards elaboró un minucioso artículo acerca del debate por él abierto en el que examinaba todos los análisis y explicaciones anteriores, para inferir que «sólo Fisher (1936) podía resistir una crítica en profundidad».[7] Y seguía diciendo: «Durante años he supuesto que su análisis sería susceptible de censura ... Sin embargo, tras repasar con cuidado todo el problema, no he podido menos de persuadirme de que su "abominable descubrimiento" debe seguir vigente». Asimismo, aseveraba: «En cuanto al método preciso empleado para ajustar los datos, prefiero no especular, si bien tengo para mí que cualquier crítica dirigida al propio Mendel está por demás injustificada. Aun en el caso de que fuese responsable personalmente del carácter parcial de los cómputos, no debería juzgarse su proceder en virtud de las normas que rigen hoy día en lo que a la recogida de datos se refiere». Edwards puso punto final a la tesis de aquél. «Puede ser —escribió— que, a la postre, Fisher se acercara, hace 75 años, siendo aún estudiante universitario, a la solución correcta: "quizás el abad alemán, desconocedor del error probable, situó de forma inconsciente las plantas dudosas en el lado que más convenía a su hipótesis".»

El problema sigue siendo de difícil solución. Los defensores de Mendel que lo han abordado en fechas más recientes han optado por atacar los métodos estadísticos de Fisher, y por extensión los de Edwards, en lugar de justificar la conducta del primero.[8] Sus argumentos se han vuelto intrincados, abstrusos. En el debate han participado varios genetistas y teóricos de la estadística, y los artículos se han multiplicado, sobre todo en las páginas del *Journal of Heredity*. La prueba de ji cuadrado, sobre la que basó Fisher su teoría, constituye, cierto es, un método común en todo género de labor experimental. Sin embargo, las generaciones más jóvenes de detractores del investigador inglés aseguran que no resulta aplicable a los datos de Mendel del modo como él suponía. La genética de guisantes se ha convertido, en muchos sentidos, en algo más complejo de lo que pudo haber imaginado el religioso o tenido en cuenta Fisher. Tal vez la más definitiva de estas últimas revisiones sea la que publicó, en 1986, el botánico alemán Franz Weiling.[9] No obstante, resulta de difícil comprensión tanto en lo genético como en lo estadístico. Por su parte, Alain Corcos y Floyd Monaghan, genetistas de la Universidad Estatal de Michigan, publicaron en 1993 una excelente edición anotada del eminente trabajo de Mendel.[10] En un apéndice titulado «Where is the bias in Mendel's experiments?», escribieron, a modo de resumen, que Weiling «demostró que las conclusiones extraídas por Fisher estaban equivocadas, dado que las suposiciones sobre las que basaba la prueba de ji cuadrado no se habían satisfecho en las observaciones del monje. Es como si se hubiese justificado a Mendel».

Durante una conversación mantenida hace poco, Corcos aseveró que este juicio coincide con lo que hoy constituye la opinión común. Los diversos sitios dedicados al científico austríaco que existen en Internet serán el campo de batalla de cualquier controversia futura.

«No debería juzgarse su proceder en virtud de las normas que rigen hoy día.» Ésta es la defensa con que topamos a cada paso al considerar los ejemplos clásicos de fraude científico: Newton, Mendel, Darwin, Pasteur... Implícito en los casos del primero y el último de éstos, empero, hallamos un móvil que Babbage pasó por alto: el convencimiento, por parte del investigador, de saber con antelación la respuesta. Y de este hecho surge una segunda disculpa, muy diferente: «Estaban en lo cierto». Sus conclusiones científicas son intachables, y aun así, cabe preguntarse si de verdad debemos colegir que, en casos tales, la manipulación de datos y la simulación no tienen la menor importancia y merecen ser perdonadas. El argumento resulta plausible y, tal como tendremos oportunidad de comprobar, no son pocos quienes han recurrido a él para exculpar casos actuales de mala conducta. En cuanto a la variante de «Son grandes científicos», habría que cuestionarse si, a la postre, no convertirá este hecho la falta cometida en algo más imperdonable aún.

El análisis de la obra de Mendel elaborado por Fisher constituye el primer ejemplo de un fenómeno insistente. Cualquier taxonomía, clásica o actual, del fraude considera las anomalías estadísticas entre los signos más frecuentes de irregularidad. Por supuesto, en nuestros días, los científicos de toda índole son muy conscientes de que si hacen caso omiso de la relación existente entre sus datos y las pruebas estadísticas comunes es sólo bajo su propia responsabilidad.

Parece oportuno incluir aquí lo que me confió —lo que me mostró— Heinrich Matthaei durante una conversación que mantuvimos en Gotinga en 1976.[11] Antes de ponerlo por escrito, y habida cuenta del tema de este libro, he de hacer hincapié en que no se trata, en absoluto, de un ejemplo de fraude científico, sino, más bien, de una peculiar ilustración del modo como perciben los investigadores del género de problema sobre el que había llamado la atención Fisher. Matthaei, científico alemán alto, delgado y meticuloso, había participado en cierto descubrimiento de crucial relevancia, aunque no en la recepción del consiguiente Nobel. A finales de la década de 1950, la principal dificultad a que se enfrentaba la biología molecular consistía en descifrar el código genético, o lo que es igual, determinar qué secuencias de las unidades químicas que conforman una hebra de ADN especifica a cada uno de los aminoácidos de la cadena de proteínas.* Matthaei, joven y desconocido a la sazón, había estado colaborando con Marshall Nirenberg, bioquímico estadounidense no menos ignorado entonces, cuando éste obtuvo el primer codón: la tríada de bases que especifica al aminoácido fenilalanina.

Matthaei me mostró los cuadernos empleados durante los experimentos. Eran libretas clásicas —una especie rara en peligro de extinción—, de gran tamaño, encartonadas, con rígidas cubiertas de color gris desvaído y recias páginas llenas de anotaciones en tinta. «Yo llevaba el peso del trabajo, y he de decir que lo hacía de un modo riguroso y pulcro —aseguró mientras abría uno de los volúmenes—. Bastante pulcro —agregó en tono de disculpa a tiempo que pasaba las hojas—. Claro que mis... En fin, íbamos apurados de tiempo, así que no todas mis notas tienen tanta pulcritud...» Lo cierto es que todas estaban asentadas de un modo muy escrupuloso. Nirenberg y él habían

* El ADN y el ARN transportan secuencias de cuatro tipos de unidades químicas menores, llamadas *bases*, en tanto que los aminoácidos son veinte. Para especificar cada uno de éstos es necesaria una secuencia de tres bases, llamada *codón*.

trabajado en poco más que un rincón de uno de los bancos de lo que era entonces el Instituto Nacional de Dolencias Artríticas y Metabólicas. Aquél era un investigador de escasa experiencia, y la de Matthaei, becario de estudios posdoctorales de la OTAN, era aún menor. Tenían en mente toda suerte de experimentos (Nirenberg procedía sin apenas planificación: lo probaba todo y seguía adelante con lo que funcionaba), y Matthaei dejaba constancia en un cuaderno de todos los detalles de los procedimientos. Cuando ponía en ejecución uno de ellos, los resultados se recogían en otra libreta. A partir de publicaciones ajenas recientes, habían aprendido a crear en un tubo de ensayo una mezcla que, sin necesidad de células enteras, contuviese todos los componentes celulares necesarios para la síntesis de proteínas. Su intención consistía en proporcionar a este sistema libre de células algún género de hebra de ARN cuya secuencia les fuese conocida que indujera la síntesis de aminoácidos para determinar así la secuencia de éstos, es decir, descifrar su código. Habían ideado toda una variedad de ensayos no exentos de ingenio, como el de emplear ARN artificial, constituido en su totalidad por una sola base, con la intención de que produjese una cadena secuenciadora de un solo aminoácido. Por casualidad, Leon Heppel y Maxine Singer, colegas suyos de más veteranía, tenían ya lista parte de ese ARN, almacenada en un congelador.

«Marshall no era precisamente meticuloso en el laboratorio: era incapaz de pipetear con un margen de error del cinco por ciento.» Dicho de otro modo: no podía transferir con exactitud fluidos de un recipiente a otro por medio de la pipeta, un tubo de cristal graduado para hacer, asimismo, las veces de instrumento de medición. «Yo sí era muy riguroso.» Dicho esto, Matthaei buscó las páginas en las que, en mayo de 1960, había registrado la secuencia de experimentos que había culminado con la obtención de aquel primer codón, y habló de la inquietud cada vez mayor que le produjeron las semanas de trabajo constante y las noches en vela, así como de la sensación de triunfo con que amaneció, por fin, tras pasar en el laboratorio toda la del sábado, día 28. Nirenberg había pasado la última semana en Berkeley, visitando otro centro de investigación.

Matthaei retrocedió algunas páginas, y recordó el día que, varios meses antes de que efectuasen el experimento decisivo, Nirenberg entró en la sala para echar un vistazo a algunos de los resultados más recientes que había obtenido aquél siguiendo una senda distinta. «Me dijo: "Se acercan demasiado a lo que habíamos dado por supuesto: nadie se lo va a creer. Son demasiado buenos". Entonces, sacó un bolígrafo y, después de tachar algunos de los datos, los sustituyó por cifras más alejadas de las ideales.» Mientras esto refería, Matthaei dio con la página concreta. «Me dijo: "A ver cómo queda así".» Y lo cierto es que sobre varias de las impecables anotaciones allí recogidas podían leerse cantidades escritas con letra más descuidada, que sin embargo, no había hecho ilegibles las originales. Matthaei las había vuelto a apuntar en trozos de papel del tamaño de un sello para pegarlas, con cinta adhesiva, como diminutas solapas dispuestas con gran esmero. En consecuencia, los datos iniciales no se habían perdido. Con todo, según recordó mientras, atónito, volvía a mirar la página, aquel experimento en particular jamás dio lugar a artículo alguno.

De poco más que de pecadillo cabe calificar, a lo sumo, el siguiente caso de Charles Darwin, que nos ofrece un ejemplo clarísimo de conducta susceptible de ser defendida con la excusa de que «no debería juzgarse su proceder en virtud de las normas que rigen hoy día». En noviembre de 1872, trece años después de la primera edición de *El origen de las especies*, vio la luz *La expresión de las emociones en el hombre y en los animales*, el primer tratado dedicado a la evolución de los rasgos de comportamiento. Fue uno de los primeros libros científicos que se sirvieron de fotografías, y de hecho, las que en él se incluyeron han adquirido un renombre considerable. Representaban rostros de personas que expresaban lo que, a su juicio, eran emociones universales: dolor, alegría o exultación, ira, desprecio, indignación, sorpresa, miedo, terror, vergüenza... A pesar de que todos los retratados eran europeos, el texto aseveraba que en los grupos humanos de todo el mundo podían verificarse las mismas expresiones faciales vinculadas a dichos estados de ánimo. (Y otro tanto aseguraba de los animales, dado que el suyo era un estudio sobre la evolución. Entre otros ejemplos, citaba uno especialmente conmovedor: el de los elefantes, que lloran tras ser inmovilizados, capturados o heridos de gravedad.)

El interés del autor por las emociones no decayó jamás, tal como atestiguan las numerosas apostillas que llenan los márgenes de su ejemplar del libro o las ideas que esbozó en sus cuadernos. En 1889, muerto el naturalista, su hijo Francis Darwin incluyó algunas de éstas en la segunda edición de la obra, y más tarde, en 1998, al emprender la tercera con un planteamiento erudito en extremo, Paul Ekman, psicólogo social y darwinista de la Universidad de California, en San Francisco, añadió el resto de los escritos inéditos del autor sobre el particular, así como frecuentes comentarios relativos al estado en que se encontraban, en aquel momento, los fenómenos y cuestiones por él planteados. También dio con instantáneas que Darwin no había publicado, por más que se mencionasen en su libro, y con los originales de muchas de cuantas ilustraron la primera edición.

Ekman advertía que algunas de aquellas célebres fotografías habían sido modificadas. Darwin había encontrado no pocas dificultades a la hora de obtener imágenes satisfactorias, por cuanto las placas fotográficas no eran lo bastante rápidas para capturar expresiones fugaces, como las de un recién nacido al pasar del miedo al llanto. En ningún momento había ocultado que algunos de quienes en ellas aparecían estaban posando, ni que ciertas placas habían sido modificadas. Sin embargo, Ekman descubrió en los archivos y la correspondencia del naturalista que las alteraciones eran más significativas de lo que hasta entonces se había sabido. En consecuencia, agregó, a modo de apéndice, un artículo escrito al respecto por Phillip Prodger, especialista inglés en historia del arte.[12] El fisiólogo Guillaume-Benjamin Duchenne de Boulogne, que había trabajado a mediados de siglo en La Salpêtrière, hospital parisino dedicado a indigentes, había ingeniado un modo de estimular con electrodos diversos grupos de músculos faciales a fin de forzar distintas expresiones. Duchenne había publicado un libro acerca del sistema muscular con fotografías de pacientes sometidos a este tratamiento, y Darwin se sirvió de ocho de ellas. A partir de algunas, hizo elaborar grabados en los que, sin modificar las expresiones, se eliminasen los electrodos. También mandó retocar instantáneas de otras procedencias, a las que, por ejemplo, añadió líneas para hacerlas pasar por arrugas frontales. El fotógrafo londinense Oscar Rejlander desplegó una habilidad especial a la hora de lograr los gestos deseados por el científico. La primera imagen recogida en *La expresión de las emociones*, y la más famosa, es la de un niño de pecho que llora. Pese a estar basada en una fotografía, resulta ser, en realidad, un dibujo al que Rejlander confirió aspecto de tal. Éste también posó en varias ocasiones ante su propia cámara, tal como tuvo oportunidad de comprobar Prodger, y su esposa brindó al investigador una mueca de desprecio harto convincente en otra de las instantáneas.

El problema que surge de todo esto no es baladí. «Darwin aspiraba a presentar un estudio objetivo en torno a la expresión, mediante el empleo de fotografías a modo de testimonio de las menudencias del comportamiento expresivo», escribió Prodger, quien añadió a continuación:

> Darwin y Rejlander han sido objeto de numerosas críticas por haber amañado las ilustraciones, y si bien buena parte de ellas puede justificarse en virtud de los criterios contemporáneos, no deja de ser juicioso recordar el contexto histórico en que se publicó el libro. La distinción entre *prueba* e *ilustración* queda entonces oscurecida por el hecho de que apenas existían precedentes para la aceptación de instantáneas en calidad de datos científicos. Las normas tocantes a la objetividad fotográfica no existían aún, en parte porque a los fotógrafos les era, en ocasiones, necesario manipular su obra a fin de realzar el atractivo y la claridad de sus imágenes. En muchos sentidos, la publicación de *La expresión de las emociones* marcó el nacimiento de la fotografía empírica, de modo que es imposible que se ajustase a las normas de la fotografía científica, ya que fue parte de su creación. Antes de él, las instantáneas se juzgaban por lo reales que pudiesen parecer, y no por la escrupulosidad con que se hubieran tomado. Después, cuando los investigadores comenzaron a emplear este medio para dejar constancia de acontecimientos que quedaban fuera del alcance del ojo desnudo, el público empezó a exigir pruebas de la veracidad de las fotografías. ... *La expresión de las emociones* surgió en el punto culminante de este cambio de actitud.

Exacerbados por casos en los que se habla de fraude, en los últimos tiempos se han multiplicado los debates en torno a la relación entre los cuadernos de los científicos y su obra publicada. Hay quien concibe el asunto como un rompecabezas legal, relacionado con la identidad de quien sufraga la investigación y posee en realidad los cuadernos. Para otros, se trata de una cuestión filosófica que tiene que ver con la epistemología, o el estudio del modo como conocemos lo que decimos conocer. El desconcierto se torna más acusado cuando se descubre que las notas personales de un científico divergen de lo que ha publicado, cuando no lo contradicen.

Los logros de Louis Pasteur no fueron pocos, ni escasa fue su importancia. En conjunto, son el orgullo de todo francés, de todo escolar de Francia. Fue él quien abanderó la campaña de la teoría bacteriana de las enfermedades; quien dirigió e hizo públicas las pruebas que desautorizaron la creencia de que la vida puede surgir por generación espontánea. Hoy pasteurizamos la leche que bebemos —con lo que apenas importa que sus estudios sobre la fermentación no hiciesen nada por mejorar la calidad de las cervezas galas—. Junto con su leal equipo de camaradas científicos, Pasteur halló vacunas contra el cólera de las gallinas —una verdadera pesadilla para los granjeros de su país, sin relación alguna con la dolencia homónima que ataca a los humanos— y el carbunco, aunque su éxito más memorable se produjo en 1885 con la de la rabia. Se convirtió en un modelo heroico del científico severo y precavido, trabajador incansable, metódico hasta lo implacable y de gran brillantez intuitiva, personificación del lema que tantas veces repitió: «El azar favorece sólo a las mentes despiertas». Para sus compatriotas, Pasteur es el método científico hecho hombre. Además, fue un polemista dominante en una época en que la ciencia se entendía como conflicto, y un amante de los golpes de efecto aficionado a organizar desafíos públicos relacionados con su trabajo y ganarlos con audacia. En una época en la que los sentimientos nacionalistas se hallaban muy encendidos, se convirtió en paladín de la ciencia francesa tanto en sustancia como en estilo, en particular cuando de combatir con Alemania se trataba, ya fuera contra Robert Koch, en Berlín, ya contra Justus von Liebig, de la Universidad de Giessen. En 1887, ocho años antes de su muerte, Auguste Lutaud afirmó al respecto: «En Francia, uno puede ser anarquista, comunista o nihilista, pero jamás antipasteuriano. Lo que debería ser una mera cuestión de ciencia se ha trocado en cuestión de patriotismo».

Es de imaginar, por lo tanto, la consternación y el oprobio que provocó, en el otoño de 1995, la publicación de *The Private Science of Louis Pasteur*, de Gerald Geison, experto en historia de la ciencia de la Universidad de Princeton, muerto en verano de 2001.[13] Había consagrado doce años al estudio de los cuadernos de laboratorio del investigador francés, que sumaban un total de 102: unas diez mil páginas de experimentos detallados con un afán obsesivo y transcritos con caligrafía difícil y estilo críptico. Ningún historiador, ningún biógrafo ni científico había sido capaz de hacerlo con anterioridad. Pasteur había sido una persona muy reservada: en toda su vida no había dejado a nadie, ni siquiera a sus más íntimos colaboradores, contemplar sus anotaciones. De hecho, por deseo expreso a su familia, habían quedado a buen recaudo de cualquiera tras su muerte. En 1964, el último descendiente directo varón del científico cedió los volúmenes a la Biblioteca Nacional de Francia como parte de un archivo inmenso sin catalogar. Con todo, hubo que esperar a 1971 para que estuviesen disponibles al público.

Entre muchas otras cosas, Geison aseguraba que, durante las dos demostraciones más relevantes y aclamadas de su obra —la vacunación del ganado lanar contra el carbunco y la del niño Joseph Meister para protegerlo de la rabia—, el investigador galo había engañado de un modo significativo a científicos y profanos en lo referente a las vacunas empleadas, el método utilizado para prepararlas y los ensayos previos con los que había comprobado su seguridad y eficacia.

No faltaron científicos eminentes que montasen en cólera, y no sólo entre los franceses. Max Perutz, por ejemplo, publicó una reseña en *The New York Review of Books*. (Aunque este cristalógrafo de dilatadísima experiencia, merecedor del Premio Nobel de Química por elucidar la estructura molecular de la hemoglobina, no lo mencionase en su escrito, de niño había considerado a Pasteur un héroe.) Ebrio de ira, aseveró que el biógrafo se estaba erigiendo en juez de un científico cuya obra no había logrado entender. «Él, y no Pasteur —rezaba el artículo—, es quien peca, en mi opinión, de conducta inmoral y reprobable al hurgar entre los cuadernos de Pasteur en busca de insignificantes muestras de un supuesto proceder censurable para hincharlas después hasta hacerlas exceder toda proporción.»[14] En resumidas cuentas, tal como hizo saber a un servidor durante una conversación telefónica, el libro era «una memez», y su autor estaba «tratando de encontrar pretextos para derribar a un gran hombre».

Quienes así opinan parecen no haber entendido cuál era la intención de Geison, ni cuáles fueron sus logros. Lo que más le interesaba no era desenmascarar un proceder fraudulento, sino escribir historia, y en este sentido, los biógrafos recientes ya habían arrojado sombras más oscuras al retrato de Pasteur. Geison aseguró en su libro, e hizo saber de viva voz a quien estas líneas suscribe, que darse cuenta de lo que se recogía en los cuadernos le había producido una gran aflicción. Con todo, llegó al convencimiento de que el mito que había tomado forma en torno al investigador francés, cuidadosamente perpetuado a lo largo de todo un siglo, debía, pese a haber brindado un servicio nada despreciable a Francia y al ámbito científico en general de muy diversos modos —en cuanto emblema para los patriotas, modelo para los investigadores e inspiración para los jóvenes—, reemplazarse en el presente por una biografía más compleja, más sutil y aún por escribir. De la tensión existente entre la conducta de Pasteur, sus diversas motivaciones y sus excepcionales logros, cuya validez no cabe negar, brota una figura nueva, un científico mucho más interesante. «La transformación que resulta de la historia de Pasteur también puede ser muy útil para nuestros tiempos y los que están por venir.» La nueva versión de su persona hace mayor, en opinión de Geison, nuestra comprensión del modo como funciona realmente el proceso científico.

El incidente relativo al carbunco es el más leve de los dos. Tuvo lugar en 1881. Se calcula que la enfermedad, mortal en las ovejas, había llegado a suponer en Francia pérdidas de entre veinte y treinta millones de francos anuales. Pasteur había concebido una teoría general —o mejor dicho, una idea formulada a bulto— de la inmunidad, y con ella, una relativa a las vacunas, según la cual los cultivos vivos de un organismo patógeno habrían de verse atenuados de manera progresiva mediante una exposición prolongada al oxígeno presente en el aire. Sus rivales acogieron con escepticismo tal suposición, aun cuando, un año antes, había probado con éxito el método con la vacuna contra el cólera de las gallinas. En febrero de 1881, anunció en un artículo que había elaborado una inyección contra el carbunco gracias a aquel método, que describía con detalle. Había otros científicos tratando de hacer lo mismo desde enfoques diferentes, incluido Charles Chamberland, uno de los colaboradores de Pasteur, quien atenuó sus propios cultivos con dicromato de potasio, un antiséptico.

Pasteur propuso un desafío público. En una granja cercana a París, había establecido con sus colegas un rebaño de cincuenta ovejas. El 5 de mayo hizo inocular a 25 de ellas la vacuna que había creado, y repitió la operación el día 17. El 31 contaminó a las cincuenta con una cepa de carbunco por demás virulenta, y vaticinó que los 25 ejemplares vacunados sobrevivirían, en tanto que los otros 25 morirían a causa del carbunco. Dos días después, el jueves, 2 de junio de 1991, congregó en el corral a más de doscientos empleados públicos, políticos, periodistas y granjeros —multitud que Geison describe con gran viveza—. Él y sus colegas llegaron, escoltados por un grupo de funcionarios, a las dos en punto. Se sucedieron los aplausos y las felicitaciones: 23 de las ovejas que no habían sido inmunizadas estaban muertas, y las otras dos se hallaban agonizantes. En cambio, de las vacunadas quedaban sanas 24, mientras que una hembra preñada se encontraba moribunda. «Pasteur provocó no poca emoción al predecir resultados tan decisivos en lo que, a la postre, no fue sino la primera prueba pública del mundo de una vacuna creada en laboratorio.»

Cada vez que, durante las semanas, los meses y los años siguientes, hubo de describir aquella demostración, el científico francés dio a entender, si bien jamás llegó a afirmarlo de forma directa, que había preparado la vacuna empleada sirviéndose del método de atenuación por contacto con el aire. Geison, sin embargo, descubrió en sus cuadernos que, en realidad, tanto para la más debilitada como para la que lo estaba menos había recurrido al procedimiento del dicromato de potasio ideado por Chamberland. Tanto aquí como en el resto de episodios referidos en su libro, el biógrafo aportaba reproducciones fotográficas de las páginas más relevantes de los cuadernos.

«De esto sólo puede extraerse una conclusión: Pasteur engañó de forma deliberada al público, y en especial a los científicos que estaban más familiarizados con cuanto había publicado [entre quienes se incluían los colegas que habían mantenido con él una estrecha colaboración de largo], respecto de la verdadera naturaleza de la vacuna que había empleado en Pouilly-le-Fort.» Aun así, se preguntaba en qué grado había que conceder importancia, a fin de cuentas, a este hecho, y lo cierto es que se mostraba por demás benigno. No en vano era la tenacidad uno de los rasgos dominantes de la personalidad del francés: «El mismo cuaderno que revela el secreto de Pouilly-le-Fort pone de manifiesto que Pasteur había comenzado a obtener resultados cada vez más satisfactorios con las vacunas atenuadas con oxígeno, incluso durante la ejecución de aquel experimento». Un mes después de tan aclamado triunfo, probó las nuevas vacunas con un rebaño de 75 cabezas. «Estos ensayos y los que los siguieron se culminaron con un éxito concluyente.»

Geison llevaba aún más allá su análisis a fin de lograr que el lector entendiese todo el contexto de las intensas hostilidades, despiadadas en ocasiones, que poblaban el ámbito profesional en que investigaba Pasteur, así como el carácter colosal de la oposición con que toparon sus ideas tanto en Francia como, en especial, en Berlín, donde se hallaba su más enconado rival: Robert Koch. En suma:

> Pasteur conocía bien a sus enemigos. Al cabo, no deja de ser sintomático de la importancia que se atribuye a la originalidad en el mundo científico moderno —y del entorno competitivo en el que vivió él— que se introdujese un falseamiento tan significativo como importante en el experimento público más célebre de uno de los más grandes héroes de la historia de la ciencia.

Eso no es «derribar a un gran hombre». De hecho, entre otras muchas cosas, el autor reconoce el doble punto de vista desde el que observamos el comportamiento de los investigadores del pasado.

Cuatro años después, el 26 de octubre de 1885, Pasteur anunció ante la Academia de las Ciencias de Francia que el mes de julio anterior había tratado con éxito, empleando microorganismos atenuados mediante un nuevo procedimiento, a un niño, por nombre Joseph Meister, que había recibido mordeduras graves de un perro rabioso, y que en aquel momento estaba curando a un segundo paciente de heridas aún mayores, un joven llamado Jean-Baptiste Jupille. Días después, se había convertido en un héroe nacional e internacional, y bastaron unos meses para que surgiesen en no pocos países centros de tratamiento basados en su método. En el transcurso de un año, sólo en el área de París, se había aplicado a más de dos mil víctimas de mordedura.

La rabia posee dos características que hacen muy difícil analizar en qué grado se ha culminado con éxito su tratamiento con vacunas. En primer lugar, el período de incubación que precede a los síntomas y signos puede ser largo y prolongarse, en ocasiones, durante muchos meses; y por otra parte, aun sin que medie tratamiento alguno, la inmensa mayoría (tal vez un 85 por 100) de los animales o los humanos mordidos por perros rabiosos no desarrolla jamás la enfermedad. En el estudio del 26 de octubre, Pasteur aseguraba que, antes de tratar a Meister, había inmunizado ya contra la rabia a cincuenta cánidos sin un solo resultado negativo. «Puedo garantizar —seguía diciendo, según la traducción ofrecida por Geison—, con total certidumbre, que la cincuentena de perros que empleamos no había recibido mordedura alguna antes de hacerla inmune a la rabia. Sin embargo, tal objeción no tenía cabida entre mis preocupaciones, habida cuenta de que, en otros experimentos, ya había hecho yo inmunes a numerosos perros después de ser mordidos.»

Pero volvamos al contenido de sus cuadernos. En ellos aparece cierta cantidad de discrepancias de las que se extraen conclusiones que están en desacuerdo con la leyenda. En el curso de los cuatro años que siguieron a la demostración de la vacuna del carbunco, Pasteur había probado varios modos de producir cepas de rabia virulentas en extremo y otras convenientemente debilitadas. Sacrificó incontables conejos y perros, así como no pocos monos, antes de decidirse por un método de atenuación consistente en secar al aire la médula espinal de los conejos que habían muerto a consecuencia de los más malignos. Para esta última operación necesitó varios días, tantos más cuanto mayor pretendiese que fuera la atenuación. Así había preparado, según comunicó a los miembros de la Academia, las vacunas que curaron a Meister. Pasteur —o más bien un médico cualificado bajo supervisión suya— inyectó al muchacho una serie de trece dosis repartida entre otros tantos días, bajo la piel del vientre. Cada una de ellas consistía en medio centímetro cúbico de material procedente de médulas puestas a secar durante quince días —la más débil—, catorce, doce y once —las siguientes—, y así sucesivamente hasta la del día 13.º, la última, un preparado maligno en grado sumo. El auditorio, claro está, dio por supuesto que aquél era el método que había empleado con los cincuenta perros y con aquel gran número de cánidos inmunizados «después de ser mordidos».

> La primera conclusión de relieve que se deriva del estudio detallado de los cuadernos de laboratorio de Pasteur —señalaba Geison— es que cuando hablaba de «numerosos perros» se refería, en realidad, a un grupo que apenas llegaba a la veintena. Y lo que es más importante: mientras inmunizaba a los animales que habían recibido mordeduras (y que, según mis cuentas, no eran más de dieciséis), Pasteur perdió a diez de los que recibieron el tratamiento al mismo tiempo y con los mismos métodos.

Los ensayos efectuados con perros heridos se llevaron a cabo entre el 13 de abril y el 22 de mayo. «Además, la tasa de éxito verificada en los que fueron tratados tras ser mordidos por animales rabiosos no difería, en esencia, de la de supervivencia de perros semejantes a los que se dejó sin tratamiento tras sufrir las mordeduras.» Y aún cabe decir más: durante su experimentación con la vacuna de la rabia, Pasteur empleó escasos controles, si es que llegó a emplear alguno. Hasta aquí, la investigación de Geison demostraba, en resumen, que el científico francés carecía de toda base justificable desde el punto de vista estadístico para asegurar que había creado una vacuna eficaz. Y sin embargo, nadie sino él pudo haberlo sabido, dado que no publicó ninguno de estos datos.

El primer problema consiste en los procedimientos de que se había servido en relación con los 26 perros heridos. Los cuadernos muestran que las inyecciones fueron administradas conforme a una secuencia inversa a la que usaría, dos meses después, con Meister. Con arreglo a la teoría sobre la inmunidad que había concebido aquella primavera, comenzó con una vacuna preparada a partir de las médulas de conejo más dañinas, para después emplear, de forma progresiva, muestras más atenuadas. En cursiva, Geison concluye: «Sólo los cuadernos de laboratorio de Pasteur revelan que ninguno de aquellos 26 perros, incluidos, claro, los 16 que sí se tornaron inmunes a la rabia, fue tratado con el método que después se aplicaría con el joven Meister».

El segundo inconveniente está relacionado con los ensayos con los cánidos que no habían recibido mordeduras. Éstos no comenzaron hasta el 28 de mayo, cuando puso la primera inyección a un grupo de diez animales. El 3 de junio hizo otro tanto con diez más; el 25 de aquel mes, con otros diez, y dos días después, el 27, con otros diez. Los perros sometidos a inoculación fueron, por lo tanto, cuarenta, y con ellos sí utilizó el procedimiento del que no tardaría en valerse para curar a Meister; es decir: empezó con el preparado más atenuado, menos virulento, para ir administrándoles día a día vacunas cada vez más malignas. El 6 de julio, cuando principió el tratamiento del niño, los cuarenta estaban sanos. Sin embargo, a ninguno de ellos lo había mordido un animal rabioso. No cabe duda de que las inoculaciones podían haber causado la rabia más que prevenirla; sin embargo, aún no habían transcurrido seis semanas desde que se habían efectuado las primeras, y de las más recientes los separaban sólo diez días. «Ninguno de los perros había sobrevivido aún treinta días desde la última inyección, la que poseía una carga mortal en extremo.» No se había demostrado, por ende, la inmunidad de éstos ni, en consecuencia, la eficacia del método. Y lo cierto es que Meister no presentaba síntoma alguno. «Ante lo dicho, no es de extrañar que Pasteur jamás desvelase en público en qué estado se hallaba la experimentación con animales del "método Meister" en el momento en que decidió comenzar el tratamiento de aquel muchacho. De hecho, hasta hoy jamás se ha revelado en publicación alguna.»

Una vez expuestas tales circunstancias, Geison dejaba a un lado las cursivas para investigar los que, a su parecer, constituían los interrogantes de más relieve, los que lo habían llevado a estudiar los cuadernos en un principio: cuál fue el contexto histórico en que desarrolló Pasteur su labor; qué relación mantenía con sus principales colegas; qué cuestiones o dudas plantearon los críticos del momento ante la célebre comunicación del 26 de octubre de 1885; cuáles fueron, de hecho, las prácticas científicas que se pusieron en acto en su laboratorio; y qué cambios experimentó su teoría de la inmunidad durante aquel período crucial. Su exposición se desenvuelve de un modo claro y con profundidad, dada la complejidad del asunto que lo había llevado a escribir el libro. Las tergiversaciones de Pasteur constituyen un descubrimiento con el que topó en el camino, y que pese a su carácter perturbador, no dejan de ser interesantes, por cuanto permiten que nos acerquemos a su persona de un modo único y valiosísimo. El científico que surge de todo esto es una mente sinuosa y llena de sombras, impenetrable en ocasiones aun para sí misma, movida por una extraordinaria amalgama de ambición, lucidez, intuición, nociones tácitas —que ni siquiera aparecen formuladas en aquellas notas privadas— y suerte; o por decirlo de otro modo: esa veleidosa combinación que llamamos *genio*.

Hablemos, una vez más, de cuadernos de laboratorio. En esta ocasión, se trata de los de Robert Millikan, cuyo caso, sin embargo, suscita cuestiones diferentes y nos lleva a plantearnos más en profundidad el modo como trabajan en realidad los científicos y, por lo tanto, los matices de los problemas que conlleva el fraude. Para entenderlos, necesitamos toda una serie de detalles: la ciencia de los cuadernos, de lo que afirman sus obras publicadas y de su inserción en el panorama de la física internacional, escindido por teorías y personalidades rivales, así como por no pocas polémicas.

Millikan recibió el Nobel de Física en 1923 por una serie de logros. El primero de ellos, en el que estriba sobre todo su renombre, consistió en medir la carga del electrón, valor que se designa con la letra *e* (diferente, claro está, de la que representa a la energía en la fórmula einsteiniana $E = mc^2$). Comenzó a trabajar en ello en 1907, en la Universidad de Chicago. En 1909 publicó un primer artículo, rudimentario, sobre el particular, y llegado 1913, había demostrado que *e* tenía el mismo valor en todos los electrones y había determinado con gran precisión cuál era éste. Se trata de una constante esencial en física. De hecho, en 1917 lo calificó de «*la más fundamental de las constantes físicas o químicas, al tiempo que una de las de mayor importancia para la solución de los problemas numéricos de la física moderna*» (sentía debilidad por la cursiva).

Su determinación y sus bastardillas se debían a una controversia más amplia y acerba. Y es que cierta camarilla conformada por físicos, en su mayoría europeos y algunos eminentes, se empestillaba en negar la idea de que la materia estuviese hecha de átomos. Millikan se opuso directamente a las teorías de uno de ellos, Felix Ehrenhaft, quien sostenía que debía considerarse la electricidad como algo análogo a un líquido, constituido por partículas («subelectrones») cuya carga variaba de forma continua dentro de una amplitud considerable. Según esto, *e* no era sino un promedio de valores. Especificar —con tanta precisión, además— el valor de *e* se convirtió en un golpe maestro, no exento de polémica, de Millikan —quien por otra parte no ignoraba este hecho—; y un golpe maestro sustancial a la hora de establecer la teoría atómica.

Tras probar diversos enfoques experimentales, Millikan y uno de sus ayudantes construyeron una cámara con dos placas metálicas horizontales entre las que podía activarse o desactivarse un poderoso campo eléctrico, al objeto de observar el comportamiento individualizado de gotas de aceite microscópicas con carga eléctrica. Observó cada una de éstas merced a un microscopio de corto alcance con el ocular graduado. Tras cinco años de trabajo, mejoró este aparato de forma notable, logrando así mantener con una constancia rigurosa la temperatura y la presión del aire. Llegó incluso a filtrar los rayos infrarrojos del haz de luz con que iluminaba las partículas de aceite a fin de evitar el calor que producen. Las gotas, que caían con lentitud, disminuían aún más su velocidad al activarse el campo eléctrico y, tras evaporarse levemente, permanecían en reposo durante un lapso de entre diez y quince segundos antes de comenzar a elevarse. Un haz de rayos X le permitía modificar la carga de las gotas, y cuando tal cosa sucedía, el comportamiento de éstas cambiaba de un modo abrupto, lo que demostraba, de un modo espectacular, que la carga se producía en unidades discontinuas. Cronometró el movimiento de cada una de ellas (el experimento comporta una gran dificultad, aun cuando hoy se emplee como demostración en cursos de introducción a la física), y fue anotando en sus cuadernos los resultados de los cientos de observaciones que efectuó. Calculó la carga de cada una de las gotas, y determinó, en consecuencia, que constituían siempre múltiplos de un valor mínimo determinado e irreducible: *e*. Desde 1910, publicó una serie de artículos acerca del experimento de la gota de aceite.

En 1978, Gerald Holton, físico e historiador de la ciencia en Harvard, dio a la prensa una colección de estudios titulada *La imaginación científica*, cuyo segundo capítulo estaba dedicado a la disputa entre Millikan y Ehrenhaft.[15] Holton conocía la obra de los físicos continentales, entendía sus planteamientos filosóficos y había visitado los archivos del Instituto Tecnológico de California con la intención de estudiar los cuadernos del primero. El centro, fundado en 1891 como Instituto Politécnico Throop, recibió en 1920 el nombre con que se conoce en la actualidad. Millikan se trasladó a sus instalaciones un año después, tras prestar servicio a su gobierno durante la primera guerra mundial, para convertirse, en palabras de su biógrafo, en «el verdadero presidente de la escuela». A él se debe el crecimiento que experimentó la institución comúnmente conocida como Caltech a lo largo de aquellas décadas de formación, razón por la que aún lo veneran quienes allí investigan.

El estudio de Holton, que vio la luz 17 años antes que el que dedicó Geison a Pasteur, puso muy alto el listón a los sucesivos intentos de analizar e interpretar la obra de los científicos a través de la relación existente entre sus cuadernos y los trabajos publicados. Su objetivo principal consistía en contrastar dos de los que él llamaba *thémata*: «el concepto temático del continuo, más que ... del atomismo». Al examinar las notas de Millikan, pudo comprobar, sin embargo, que el científico había desechado un buen número de las observaciones relativas a las gotas de aceite a la hora de calcular *e*, hecho que se verifica en toda la sucesión de artículos que elaboró en torno a la determinación de dicha constante. En 1913, época en la que contaba ya con aparatos y técnicas sofisticados, el investigador publicó en *Physical Review* el escrito definitivo de la serie. En él se daba razón del estudio de 58 gotas diferentes. «*Cabe hacer hincapié, asimismo* —anunciaba con su estilo habitual, plagado de cursivas—, *en que no estamos hablando de un grupo selecto de gotas, sino de todas las que formaron parte del experimento en el curso de sesenta días consecutivos*, durante los cuales se desmontó varias veces el equipo para instalarlo después nuevamente.» La oración se repite en su autobiografía, con el siguiente añadido: «Estas gotas representan a todas las que se estudiaron en sesenta días consecutivos, sin omitir una sola».

Los cuadernos, no obstante, dan fe de que se obviaron muchas de las gotas cuyo comportamiento se analizó durante el citado período. Mientras apuntaba las diferentes lecturas, Millikan hizo cálculos aproximados y anotó su parecer acerca de cada uno de los ensayos. Tal como refirió Holton, en muchas de sus páginas podían leerse comentarios como: «Ésta ha sido casi CORRECTA por entero. ¡¡La mejor que he obtenido!!»; «Hay que publicar esta Hermosura»; «Correcta: ni más ni menos»; o «Perfecta. Publicar». En otras muchas, en cambio, encontramos: «Muy bajo. Hay algo mal»; «Poca correspondencia. No va a dar buenos resultados»; «*La gota vacila*, como si fuese asimétrica»; o «No: ha fallado el termómetro». El libro de Holton ofrece reproducciones fotográficas de dos hojas consecutivas del cuaderno. La primera tiene por encabezamiento: «Viernes, 15 de marzo de 1912», y está constituida por columnas de datos y cálculos. Abajo, a la izquierda, el investigador escribió: «¡Qué belleza! ¡¡Hay que *publicar* esta *hermosura*!!». El principio de la segunda reza: «Viernes, 15 de marzo de 1912. Segunda observación: 17.00». Las columnas son más breves, y los cálculos, menos numerosos. El ensayo acabó a las «*17.35*». A la derecha, leemos: «*Error alto*. No va a servir.». Más tarde —según puede colegirse por la letra y la fecha— añadió: «Tal vez desarrollándolo funcione, aunque no tiene mayor importancia. Saldrá bien con tiempo. 22 agosto». Holton lo denominó de «resultado poco válido», para añadir a continuación: «En realidad, no hay resultado de ningún tipo».

Las 58 gotas de las que Millikan dio cuenta en el artículo de 1913 constituyen una selección de un total de ciento cuarenta, según la cuenta de Holton. Tal como lo habría expresado Babbage, el físico demostró ser un falseador redomado, pues eligió, de entre todas las observaciones efectuadas, las que debían darse a conocer con objeto, una vez más, de alcanzar un alto grado de precisión. Sin embargo, Holton se muestra mucho más benigno con él al considerar el contenido de los cuadernos como parte de la intimidad del científico, su «ciencia privada». Su interés estaba dirigido, sobre todo, al modo como había descubierto el experimento correcto —a las venturosas circunstancias que lo habían llevado a topar con él—; a cómo parecían proceder sus pensamientos y su imaginación, un momento tras otro, a medida que, en comunión con el equipo experimental, efectuaba y evaluaba las observaciones; al hecho de que sus conclusiones se estuviesen viendo respaldadas por investigaciones diferentes llevadas a término en otros lugares, entre las que cabe destacar las que estaba poniendo por obra Ernest Rutherford en el Reino Unido para calcular la carga de las partículas alfa; a las diversas conclusiones a que podría haber llegado Ehrenhaft de haber tenido acceso a las páginas de aquel cuaderno que habían quedado omitidas... Detrás de todo esto, Holton veía justificada su propia teoría explicativa: el poder verificador de los conceptos preconcebidos de los *thémata*; el atomismo frente al continuo. De una de las ágiles anotaciones de Millikan («*e* = 4,98, lo que implica que podría no haber sido una gota de aceite»), Holton escribió:

> El comentario constituye una nueva ilustración de que los resultados de Millikan y de Ehrenhaft dependían en gran medida del tratamiento que hiciesen de los datos, y antes de eso, de la decisión que tomasen respecto de cuáles eran los aspectos relevantes, o aun cruciales, del diseño experimental, cuáles eran discordantes o dudosos y cuáles podían desestimarse conforme a un criterio de plausibilidad. Tal como suele suceder antes de que los resultados de una investigación pasen a formar parte del conjunto de conocimientos canónicos, la selección de la porción relevante de lo observado de entre una variedad infinita en principio está guiada por una hipótesis que, a su vez, cobra solidez, por encima de todo, merced al éxito logrado a la hora de tratar esa porción «relevante», así como al presupuesto temático que ayuda a centrar la atención en ella.

No falta quien haya interpretado de un modo diferente el retrato de Millikan que presenta Holton. Si se considera de forma aislada, hablar, como hace él, de «selección de la porción relevante de lo observado de entre una variedad infinita en principio» constituye una delicia para los partidarios del construccionismo, movimiento que, precisamente, resultaba detestable al historiador, quien participó de manera muy activa en la polémica surgida a su alrededor.

De un modo más general, las respuestas que suscitó la revelación del falseamiento de Millikan se han agrupado en torno a dos polos opuestos. Quienes defienden la actitud del físico aducen que estaba llevando a cabo sus ensayos en el marco de un proyecto de investigación de envergadura descomunal —la física cuántica y su afirmación de que la energía se da en paquetes discretos—, y se acogen a su excelsitud en cuanto científico experimental, dotado de la intuición propia de los grandes a la hora de determinar lo que funcionaba y lo que no. Por su parte, los críticos alegan que se dejaba influir en demasía por sus ideas previas, lo que lo llevaba a desestimar sin motivo los datos que no eran de su agrado, una proporción nada despreciable de ensayos que se vio excluida, en consecuencia, de la redacción definitiva de sus artículos. En su opinión, por tanto, con preterición de su carácter de genio, lo que importa es que mentía repetida y descaradamente. En un análisis tan extenso como astuto aparecido en 1995, en el número inaugural de la revista *Science and Engineering ethics*, Ullica Segerstråle, integrante del Instituto Tecnológico de Illinois, escribió: «Lo más interesante del caso es que, según el autor, el de Millikan se nos presenta, bien como un ejemplo de mala conducta científica, bien como paradigma de buen juicio investigador».[16]

El más minucioso de sus defensores ha sido Allan Franklin, físico, filósofo y experto en historia de la ciencia de la Universidad de Cornell, quien, tras volver a examinar en 1984, en *The American Journal of Physics*, los cuadernos de Millikan con diversas cuestiones en mente, matizó lo que se había dicho con anterioridad.[17] Según su recuento, las notas tomadas para el artículo de 1913 hablaban de un total de 177 gotas. Franklin dividió y subdividió los ensayos. Tomando sólo las omitidas por Millikan, estudió las observadas antes de la fecha de la primera que reflejó aquél en su trabajo definitivo, y contó 68. Resolvió que los datos relativos a las 15 primeras de éstas se recogieron durante la puesta a punto del equipo, con lo que quedaban 53. A renglón seguido, Franklin acometió algo que, por extraño que resulte, no había hecho Millikan: calcular *e* a partir de éstas. Y el resultado debió de sorprender a los detractores de éste, por cuanto era «más preciso que cualquier medida expresada con anterioridad». Supuso entonces que Millikan no había dado cuenta en su artículo de las gotas observadas antes de quedar satisfecho con el funcionamiento del equipo y su dominio de los componentes que lo integraban. Y así, la gota 69 se convirtió en la número 1 (la realización de un período de prueba —de experimentación con el experimento, por así decir— constituye un paso universal en todo trabajo experimental original y, en consecuencia, es completamente normal volver a numerar los ensayos).

Quedaban aún, llegados a este punto, 107 gotas en los cuadernos, y sin embargo, Millikan sólo hizo constar en su obra escrita 58. Franklin efectuó una nueva subdivisión sobre las 49 que habían quedado sin publicar. De éstas, el Nobel de Física hizo caso omiso de 22, pero sí que calculó las otras 27. Franklin las analizó una a una: 21 de ellas presentaban valores que, aunque apenas se alejaban de las expectativas del investigador, habían quedado excluidas: 19 por no satisfacer las condiciones del experimento y 2 «por ningún motivo evidente; es de suponer que porque no eran necesarias».

Las 6 que quedaban sin justificar sí quedaron al margen por alejarse demasiado de lo que se esperaba del experimento, aun cuando 5 de ellas no lo hacían por más de un dos por ciento. A estas alturas de su argumento, Franklin había logrado restituir a Millikan su reputación, al hacer ver que, en lugar de en un falseamiento de gravedad, no había incurrido más que en un *amaño* sin relevancia, empleada la palabra en el sentido estricto que le dio Babbage, con la intención, al parecer, «de sobresalir por la precisión de su labor». La sexta gota sí se apartaba de lo deseado por más de un 40 por 100, si bien el resultado pudo deberse al deterioro de las condiciones normales de experimentación.

Por desgracia, otros de los que se han erigido en paladines del investigador dan muestras de un abandono considerable a la hora de defenderlo. Así, David Goodstein, físico del Caltech, afirmaba en un artículo pomposo, descuidado y anodino publicado en la revista literaria trimestral *The American Scholar* que «Millikan no se limitó a descartar las gotas que no le gustaban, cosa que hubiese constituido un fraude para cualquier científico».[18] Él también había examinado sus cuadernos, y de hecho, según aseguraba, se había servido de ellos, y en especial de sus comentarios relativos a la calidad de diversas observaciones, en sus clases de física dirigidas a estudiantes universitarios. «Para desechar una de ellas —aseveraba—, había de dar con algún error que invalidase el resultado.» Como parte de la defensa que esbozaba en su escrito, afirmaba —a modo, por extraño que resulte, de exculpación— que «en su caso, cualquier error podía entenderse como una confirmación del argumento de Ehrenhaft». A guisa de conclusión, indicaba con gran sensatez: «Millikan no estaba cometiendo fraude alguno, sino haciendo uso de su juicio científico».

Sobra todo comentario. Y sin embargo, cabe preguntarse cómo hemos de entender el que Goodstein tolerase tan alegremente la posibilidad de que las gotas que dejó fuera Millikan hubiesen servido de ayuda a Ehrenhaft. Por fortuna, el análisis de Franklin excluye tal contingencia.

Holton había dicho, de un modo explícito, que la decisión de no informar de los ensayos fallidos tomada por Millikan era «inaceptable para la moral científica de nuestros días». Así y todo, a su entender, aquel pecado, si de tal puede tacharse, se reduce a poco más que eso. Durante la primavera de 1996 volvió a tratar sobre el particular en *Daedalus*, publicación periódica dedicada a la intelectualidad más selecta, donde, en parte, escribió:

> Hasta la fecha, no ha debido de haber un solo científico experimental que no tuviese, en particular al trabajar con equipos de reciente invención, clara conciencia de si las circunstancias externas —las fluctuaciones de voltaje, los cambios de temperatura y las turbulencias en la cámara, en este caso— podían interferir en los presupuestos sobre los que se funda el experimento. Galileo, de hecho, topó con problemas similares con su nuevo telescopio. Hoy, las estrategias que empleamos para afrontar los datos discordantes son muy diferentes, y a la luz de las normas, mucho más severas, por las que nos regimos en nuestro tiempo, resulta por demás tentador, si volvemos la vista al pasado, acusar a Millikan de malicia.

A estas alturas, no nos son desconocidos argumentos como éste cuando de defender a científicos de otras épocas se trata.

Más allá de estas opiniones específicas relativas al caso de Millikan, debemos distinguir dos cuestiones respecto de la práctica científica y los cuadernos de laboratorio. En primer lugar: ¿cómo hemos de entender la idea de *private science* («ciencia privada» o intimidad científica), introducida por Gerald Holton y elaborada —tal como pone de relieve el título de su libro— por Gerald Geison? La pregunta puede aplicarse también a casos recientes. La lectura detenida de los cuadernos de laboratorio de grandes investigadores se ha convertido en una especialidad por derecho propio. Stillman Drake y cierto número de estudiosos italianos han examinado a fondo los escritos de Galileo, y son innumerables los historiadores que han escarbado en los cuadernos de Newton y Darwin. Frederic Lawrence Holmes, de Yale, gozaba de no poco reconocimiento por su laboriosidad en este campo.[19] Comenzó su dedicación en 1974, con un libro consagrado a los más pequeños detalles de las investigaciones del venerado fisiólogo francés decimonónico Claude Bernard, y prosiguió con estudios no menos minuciosos de la relación entre los escritos privados y públicos del químico galo dieciochesco Antoine Lavoisier (1985) y del bioquímico Hans Krebs, ganador del Nobel dedicado a la investigación del metabolismo (dos volúmenes: 1991 y 1993). Para esta última obra, celebró numerosas entrevistas con Krebs para discutir cada uno de los apartados de sus cuadernos y de los trabajos publicados a partir de ellos.

Geison, que tuvo cuidado de dejar claro lo que *no* afirmaba de Pasteur, dijo de estos libros, así como de otros de los dedicados a los cuadernos de laboratorio de los científicos, como los de Holton o los suyos propios:

> Si bien es mucho lo que queda aún por hacer en esta línea de investigación, no puede negarse que, hasta el momento, cada vez que se han estudiado a fondo anotaciones científicas «privadas», se han hecho perceptibles discrepancias de uno u otro tipo entre éstas y los informes publicados a partir de ellas. Aun los mejores científicos desestiman a diario datos no deseados por considerarlos aberraciones debidas a un «ensayo erróneo», lo que implica que deben omitirlos u «ocultarlos» a la hora de hacer públicas las conclusiones. De cuando en cuando, los experimentos confusos se transforman en resultados decisivos; a veces, se invierte el orden en que se ejecutaron, y tampoco es infrecuente que se simplifiquen, condensen y, en general, se «limpien» la naturaleza o la dirección reales de la investigación. En raras ocasiones puede decirse que haya algo de siniestro en prácticas como éstas, o intención alguna de engaño. De hecho, su existencia se reconoce de largo. Ya en el siglo XVII, Francis Bacon apuntó que «no hay conocimiento que se haya dado jamás al público en el mismo orden en que

> fue inventado», en tanto que Leibniz hizo constar su deseo de que «los autores nos otorguen la historia de sus descubrimientos y los pasos que han tenido que seguir para dar en ellos». De trecho en trecho, desde entonces, los científicos y otros investigadores, entre quienes se encuentra el influyente sociólogo estadounidense de la ciencia Robert K. Merton, han concedido una atención renovada a esta «deficiencia de los trabajos publicados, incapaces de hacer público el curso actual de la investigación científica».

Al abordar la obra de Holmes, Geison afirmaba que jamás «da a entender que los sujetos históricos de su estudio incurriesen de forma deliberada en prácticas engañosas».

> Por el contrario, mantiene que Lavoisier, Bernard y Krebs adoptaron, de un modo sencillo y sabio, las prácticas establecidas y las estrategias retóricas que siempre intervienen entre los informes privados del laboratorio y su presentación, efectiva y persuasiva, al dominio público.
>
> Visto así, debería quedar claro que Pasteur no estaba cometiendo «fraude científico» alguno cuando el curso de sus investigaciones difiere, según sus cuadernos personales, de lo que se afirma en su obra publicada.

Vaya y pase. Con todo, esta justificación no tiene validez en lo tocante a ciertas prácticas potenciales. ¿Qué sucede, por ejemplo, si las anotaciones de los cuadernos se han inventado o falsificado? No faltan casos muy divulgados en los que haya surgido tal afirmación, que, por otra parte, se ve agravada por un factor del que más de un científico puede no ser consciente: por extravagante que resulte, hay quien sostiene que, dadas las regulaciones vigentes hoy en el ámbito de la financiación federal de la investigación en Estados Unidos, el contenido de los cuadernos y otros datos no pertenecen a científico individual alguno, sino que son, conforme a derecho, propiedad de la institución investigadora que sufraga los experimentos. En tal caso, cabe preguntarse si, hoy día, podemos considerar los cuadernos parte de la intimidad del investigador en ningún sentido significativo.

Más allá todavía va la idea, implícita en algunas defensas de Mendel y explícita en muchas de las de Millikan —aunque no en la de Holton—, de que la conducta reprobable que subyace a la publicación inmediata de determinados datos puede quedar justificada si las investigaciones posteriores —obra del mismo autor o de otros— demuestran que los resultados falseados o difundidos de un modo parcial eran correctos. El aserto de que el fraude de hoy puede, aun cuando deje sin fundamento las supuestas conclusiones aparecidas en un artículo, quedar excusado mañana caso de confirmarse éstas con posterioridad también ha aparecido en los debates surgidos en torno a ciertos casos recientes. Se trata, sin duda, de una idea seductora que marca, en el presente, una de las mayores divisiones que se dan entre los científicos en activo.

Veamos ahora tres ejemplos clásicos de lo que Babbage entendía por fingimiento —es decir, invención integral—, proporcionados por Ernst Haeckel, Sigmund Freud y Cyril Burt.

Se ha descubierto, de forma reciente, que el biólogo alemán Ernst Heinrich Haeckel era un fingidor, y que sus supercherías tuvieron engañados a los embriólogos y los biólogos de la evolución durante décadas. En 1874 publicó una serie de dibujos de embriones vertebrados que, según aseguró, había elaborado a partir de la observación directa de diversos especímenes, a los que representaba en tres estadios sucesivos de desarrollo. Con ellos pretendía demostrar que, en momentos análogos de su formación, los embriones de criaturas muy diferentes —pez, salamandra, tortuga, polluelo, cerdo, ternero, conejo, hombre, etc.— eran casi idénticos; ilustrar lo que había anunciado como una ley universal de la evolución, según la cual «la ontogenia recapitula la filogenia», o lo que es lo mismo, que los embriones de los vertebrados superiores, como son los mamíferos, incluidos los humanos, y las aves, pasan, durante su desarrollo a partir de la célula huevo, por todas las formas propias de sus antecesores más primitivos, de las que sólo se distinguen en etapas posteriores mediante la adición de nuevos estadios. La idea de la recapitulación y lo pegadizo de la frase gozaron de no poco ascendiente y de una vida por demás prolongada. Los dibujos embrionarios de Haeckel fueron recogidos por George John Romanes, uno de quienes se consagraron a popularizar la teoría de la evolución tras la muerte de Darwin, y durante décadas se reprodujeron por costumbre en los manuales de la materia.

Pese a su influencia y su amplia divulgación, aquellas ilustraciones eran una invención. De hecho, hace ya mucho que los biólogos evolucionistas han desechado la ley formulada por Haeckel. Casi desde la aparición de los dibujos, los darwinistas, incluido Adam Sedgwick, amigo del autor de *El origen de las especies*, los consideraron dignos de sospecha. Tanto es así que, en su día, Haeckel se había visto obligado a reconocer, tras no pocas presiones, que los había elaborado de memoria y con bastante libertad —confesión que, no obstante, no tardó en caer en el olvido—. A mediados de la década de 1990, llamaron la atención de Michael Richardson, embriólogo que a la sazón pertenecía a la Escuela de Medicina del hospital londinense de Saint George, ya que no casaban con lo que sabía acerca del ritmo con el que desarrollan sus rasgos característicos los vertebrados durante la etapa embrionaria. En consecuencia, emprendió, junto con cierto número de colegas de Australia, Canadá, Francia y Estados Unidos, su propio estudio comparativo, y publicó los resultados, ilustrados con fotografías, en verano de 1997.[20] Los embriones «presentaban a menudo un aspecto tan diferente que no podía menos de causar sorpresa». Entre otras muchas cosas, Haeckel había dejado al margen un buen número de detalles, como el esbozo de las extremidades de los fetos humanos, y añadido otros, como la curvatura de la cola de un embrión de polluelo para que se asemejara al de un hombre. Había dibujado todos los especímenes como si tuviesen el mismo tamaño, aun cuando algunos eran la décima parte de otros. «Da la impresión —escribió Richardson— de que ésta se va a convertir en una de las imposturas más famosas de la biología»; a lo que añadió poco después: «Las ilustraciones alteradas respaldan teorías que no hubiesen encontrado fundamento alguno de haberse dibujado conforme a la realidad».

No faltan cuestiones que mancillen la reputación de Sigmund Freud y el psicoanálisis. Un siglo después de los primeros planteamientos al respecto, las violentas disputas surgidas a su alrededor parecen no tener fin. Las teorías que presentan al médico austríaco como un defraudador se basan en un conjunto de acusaciones que, pese a su carácter reciente y poco numeroso, ha logrado dinamitar la peana sobre la que se erigía su heroica estatua.

Ya en los inicios, los críticos habían puesto en tela de juicio la validez que reivindicaba el maestro para su método en cuanto ciencia real; que el modelo intelectual que presentaba al tratar de las enfermedades mentales, así como los que elaboró a continuación y los de sus epígonos, intérpretes y detractores, guardase alguna relación con la realidad; la tortuosidad esencial de razonamientos como el que se verifica en la defensa frente a las censuras basada en la idea de que «vuestra resistencia demuestra que el método es verdadero»; etc. Asimismo, llamaban la atención sobre los sórdidos rumores referentes a las pésimas relaciones que mantenía con sus seguidores, aderezados con el proceder de los psicoanalistas de renombre, que se dejaban guiar por planteamientos ideológicos y concebían su disciplina casi como un objeto de culto, así como sobre la incorregible fascinación por las ideas freudianas de que daban muestras en algunas escuelas de crítica literaria. Además, planteaban la cuestión, no por práctica insignificante, de si el método era o no capaz de curar. En la década de 1980 y los primeros años de la de 1990, se renovaron en gran número los ataques, contundentes y sistemáticos.

De entre los de mayor importancia, merecen mención especial tres. El primero estuvo protagonizado por Adolf Grünbaum, profesor de filosofía y de investigación psiquiátrica de la Universidad de Pittsburgh. En *The Foundations of Psychoanalysis: A Philosophical Critique*, publicado en 1984, analizaba los fundamentos epistemológicos de la teoría clínica de Freud, así como de sus variantes, y ponía de relieve que no puede demostrarse su validez.[21] En 1991, Malcolm Macmillan, entonces profesor de psicología de la Universidad Monash de Australia, dio a luz un trabajo de erudición monumental y meticuloso titulado *Freud Evaluated: The Completed Arc*, en el que recorría con paciencia la evolución histórica del psicoanálisis y examinaba las prácticas y reivindicaciones metodológicas de Freud y sus seguidores.

> ¿Debemos —se preguntaba, a modo de resumen parcial, después de seiscientas páginas de exposición— extraer de lo dicho la conclusión de que el psicoanálisis es una ciencia? Lo que aquí hemos planteado

> demuestra que la teoría de Freud no ha generado, en ninguna de las diversas etapas de su evolución, explicaciones adecuadas. Desde el principio, buena parte de lo que se ha tenido por una teoría no es otra cosa que descripción, una descripción pobre, además.[22]

«En cada una de las tesis posteriores que ha resultado ser crucial para su desarrollo —seguía diciendo Macmillan—, Freud fue dando por hecho lo que había de ser explicado.»

La tercera de las críticas aludidas se debe a Frank Sulloway, quien en 1979 había defendido de un modo persuasivo en *Freud, Biologist of the Mind: Beyond the Psychoanalytic Legend* la obra de juventud del neurólogo desde el punto de vista de un científico —lo que lo hizo merecedor de jubilosos elogios por parte de los freudianos, así como de un premio concedido por la Sociedad de la Historia de la Ciencia—.[23] Sin embargo, apenas había tocado a su final la década de 1980 cuando este erudito implacable, obsesivo incluso, había repudiado sus propios argumentos en diversos artículos y en una nueva edición del libro.

Un manual imprescindible en lo tocante a estas controversias es *The Memory Wars: Freud's Legacy in Dispute*, que reproduce una serie de artículos de Frederick Crews aparecidos entre 1993 y 1994 en *The New York Review of Books*, junto con el áspero intercambio de cartas al director a que dieron lugar sus escritos.[24] Crews echó por tierra toda la obra freudiana reseñando de forma meticulosa —aunque no conforme al uso, dados su condición de polemista jocoso y su travieso estilo irónico— más de una década de escritos de seguidores y detractores. Mientras esto hacía, llamaba la atención de un público lector intelectual sobre los datos que había falsificado y ocultado Freud.

El padre del psicoanálisis insistió siempre en que sus teorías y métodos se fundaban en las investigaciones que había llevado con casos reales, en su experiencia con pacientes concretos. Tal fue su actitud desde un principio. A principios de la década de 1890, en lo que constituyeron los falsos albores de la disciplina, Freud desarrolló la hipótesis de que las mujeres aquejadas de histerismo habían sido víctimas, durante su infancia, de seducción sexual real por parte de un adulto.

Durante una conferencia pronunciada en Viena en la primavera de 1896 ante un auditorio de neurólogos y psiquiatras, aseveró que su teoría había quedado confirmada en «unos dieciocho casos» de dicha enfermedad, que había tratado con un éxito considerable. Tal como reza la monumental historia del movimiento, un año después de aquella charla, Freud abandonó esta tesis de la seducción real para hacer recaer la responsabilidad de la dolencia sobre las propias afectadas, quienes, de niñas, habían concebido la fantasía de seducir a sus padres, engendrando así sueños reprimidos y no reconocidos que se convertían en causantes de sus síntomas neuróticos una vez alcanzada la edad adulta. El deseo infantil de conquistar al progenitor del sexo contrario se convirtió, junto con el mecanismo de represión, en el principal dogma de la teoría psicoanalítica. Grünbaum, Macmillan, Sulloway y otros sostienen, sin embargo, que esta hipótesis y las modificaciones posteriores eran arbitrarias y carecían de todo fundamento científico.

Todo esto, no obstante, es camino trillado. Lo verdaderamente nuevo es el descubrimiento de que los casos expuestos por Freud son falsos desde el principio hasta el final. De las actividades que llevó a cabo durante la etapa crucial que va de 1887 a 1904 tenemos constancia, sobre todo, por las cartas que dirigió a Wilhelm Fliess, amigo íntimo y colega que ejercía la medicina en Berlín. Hasta 1950 no se dio al público parte de esta correspondencia, en una edición alemana obra de tres de sus seguidores, entre quienes se incluía su hija, Anna, también dedicada al psicoanálisis. Éstos sometieron los escritos a una estricta censura, tal como se demostró en 1985, después de que un editor diferente los diese a la prensa en su forma íntegra. La tergiversación de los casos y sus resultados comenzó en fechas muy tempranas. Tanto es así que, en la misma época en que se dirigió a los profesionales en Viena, reconoció en una de sus misivas a Fliess haber tratado a trece mujeres histéricas sin obtener resultados satisfactorios con ninguna de ellas.

A éstos siguió el espeluznante caso de Emma Eckstein. Fliess era más que un confidente para Freud: en efecto, ejerció una influencia tan extraña como decisiva sobre sus convicciones en lo tocante al tratamiento de los pacientes. Aquél había elaborado una teoría que asociaba los genitales con la nariz, de tal modo que las dolencias sufridas en ésta podían causar desórdenes psicosexuales, o «neurosis de reflejo nasal», síndrome cuya cura se fundaba en aplicaciones de cocaína en los huesos esponjosos de las fosas nasales. Freud no dudó en adherirse a tan extravagante tesis, y a principios de 1895 le envió a una paciente joven y atractiva llamada Emma Eckstein, a quien Fliess operó para extraerle algunos huesos. Cuando la muchacha regresó a Viena, sufrió una grave infección y una hemorragia que a punto estuvo de acabar con su vida. Según el diagnóstico de Freud, Eckstein estaba «sangrando por amor» a él. En realidad, si se salvó fue porque se descubrió que, durante la intervención quirúrgica, Fliess había dejado olvidado medio metro de gasa. Aun así, la joven quedó desfigurada para siempre.

En el contexto de la cronología freudiana, incidentes como éstos constituyen embarazosas obras de juventud anteriores al psicoanálisis. El que se hayan ocultado durante noventa años hace que puedan considerarse un verdadero arquetipo de encubrimiento. Las historias clínicas sobre las que basó Freud el psicoanálisis, sus teorías y sus aseveraciones relativas a las curas que decía haber efectuado fueron escasas en grado sorprendente. Frank Sulloway, que las evaluó en un artículo publicado en 1991, no contó más de ocho.[25] Basten, para valorarlas, los dos ejemplos expuestos a continuación.

El primero de cuantos casos publicó Freud vio la luz en 1905, si bien databa de 1900. Se trataba de la historia de la paciente a la que llamó *Dora*, reproducida bajo el título de «Fragmento del análisis de un caso de histeria». Los más ortodoxos lo han considerado durante mucho tiempo dechado del «análisis clásico de la estructura y la génesis» de la enfermedad, tal como lo describió, en una fecha tan tardía como 1962, Erik Erikson, eminente psicoanalista teórico y práctico. En nuestros días, nadie duda que el de Dora constituye un caso palpable de negligencia médica. Resulta difícil exagerar la enormidad de los hechos que se resumen a continuación. Quien se escondía tras el pseudónimo era Ida Bauer, joven de dieciocho años de edad que se había visto atrapada en una red nada agradable de relaciones de adultos. Su padre, no obstante presentar los síntomas propios de los estadios más avanzados de la sífilis, había estado manteniendo durante varios años una aventura con cierta atractiva mujer a la que se conoció como *señora K*. Ésta contaba con el cariño de Ida, quien, de hecho, no ignoraba el trato amoroso existente entre ella y su progenitor. El señor K, por su parte, era amigo de los Bauer, y obsequiaba a menudo con regalos a la muchacha, por quien mostraba un evidente interés sexual. Ida recordaba con repugnancia el beso que, contra su voluntad, le había dado él cuando ella sólo contaba catorce años. Dos años después, el señor K efectuó, durante un paseo por el campo, insinuaciones a las que ella respondió asestándole una bofetada antes de echar a correr asqueada. Puso el incidente en conocimiento de su padre, y cuando éste fue a pedir explicaciones al responsable, el señor K lo negó todo. La joven le pidió con vehemencia que rompiese la relación con el matrimonio, pero él optó por ponerse del lado de la señora K y proseguir su trato carnal con ella. Ida desarrolló entonces una serie de síntomas y signos entre los que se incluían ataques de tos que se prolongaban durante semanas, leucorrea, enuresis nocturna y pensamientos de suicidio. El señor Bauer la puso en manos de Freud para que la curase de esto último, así como de su carácter díscolo, y la muchacha comenzó a acudir de mala gana a su consulta.

El tratamiento duró sólo tres agitados meses, tiempo que, así y todo, permitió al neurólogo interpretar de un modo aproximado varios de los sueños de Ida Bauer y elaborar un diagnóstico. En resumidas cuentas, trató de convencerla de que, de forma inconsciente, estaba enamorada de la señora K. Se persuadió de que el flujo blanco y la incontinencia urinaria eran pruebas de un hábito masturbatorio —práctica que él consideraba malsana—, por más que la muchacha lo negase. La repulsión a la que se había referido al hablar del beso forzado no hacía sino enmascarar la excitación sexual, clitorídea, que había sentido —y que, a su parecer, constituía la única respuesta saludable de una púber—. La urgencia con que había instado a su padre a poner fin a toda relación con el señor y la señora K pretendía encubrir el amor homosexual que sentía tanto por su madre como por la amante de su padre, en cuanto sustituta de aquélla, y los celos que despertaba en ella la aventura de su progenitor. Y así sucesivamente. Según hizo saber Freud a Fliess, había sido una verdadera lástima que la joven decidiese interrumpir las sesiones, toda vez que estaba a punto de convencerla de cuánto erraba en sus hábitos.

Resulta ofensiva la arrogancia con que intimidó a su paciente, así como el modo como exculpaba la pederastia del señor K a tiempo que bailaba el agua a su padre. Sin embargo, no es éste el lugar más apropiado para tratar de estas cuestiones: ya se han escrito libros enteros en los que se denuncia el caso de Dora. Macmillan lo analizó de un modo por demás minucioso en quince páginas bien condensadas, y demostró que no es otra cosa que fraude científico —deslindado en la medida de lo posible de lo que constituye una turbia negligencia— lo que hay tras su desestimación, sistemática y ágil hasta extremos sorprendentes, del modo como entendía Ida Bauer los hechos y de sus reacciones y asociaciones reales, siempre en interés de una tesis preconcebida —que presentó como el primer triunfo de la nueva ciencia que había creado—.

Con todo, el más insigne de los logros y curas de que dio noticia el neurólogo austríaco fue el caso de Sergei Pankejeff (Serguéi Pankéiev), o *el Hombre de los Lobos*, quien sufría postradoras depresiones desde su más tierna infancia. Se trataba de un hombre consumido por la ansiedad y obsesivo, que sufría una fobia con respecto a los lobos desde cierta pesadilla que tuvo a la edad de cuatro años. Freud lo sometió a intensas sesiones de psicoanálisis desde 1910 y a lo largo de cinco años. Ésta fue, precisamente, la época en que edificó su ambiciosa teoría y habló por vez primera de la llamada «escena primordial», que tiene lugar la primera vez que el niño contempla a sus padres copulando; del complejo de Edipo y el miedo a la castración, y de la estructura tripartita de la mente, dividida en ello, yo y superyó. Como nadie ignora, Freud convirtió el temor a ser emasculado y el complejo de Edipo no sólo en causa de neurosis, sino también en el motivo indispensable y universal de la formación del superyó de cada individuo, y por lo tanto, en un factor de vital relevancia en la represión y el dominio de los impulsos primitivos —o lo que es lo mismo, en la subsistencia de la civilización—. El tratamiento psicoanalítico de Pankejeff desempeñó un papel central en la creación de todo esto, amén de proporcionar buena parte de las supuestas pruebas que lo demostraban.

Freud dio a la luz el caso en 1918, con el título de «Historia de una neurosis infantil». Aseguraba haber curado por completo a su paciente tras liberarlo de todas sus fobias y obsesiones. Sin embargo, mentía. Es más: aquellos recuerdos cruciales de la primera infancia de Pankejeff no provenían, en realidad, de éste, sino que había sido Freud quien se los había impuesto. Lo cierto es que el Hombre de los Lobos pasó casi setenta años frecuentando los divanes del padre del psicoanálisis y varios de sus seguidores, ingresando en una institución tras otra y viendo empeorar su situación hasta el día de su muerte. Le instaron a guardar silencio y le pagaron una pensión de forma intermitente. En la década de 1970, la periodista austríaca Karin Obholzer dio con él y logró que le concediera una extensa entrevista. Pankejeff le confió desesperado: «Todo me parece tan catastrófico... Estoy en el mismo estado en que estaba cuando recurrí a Freud, pero ahora él ya no está aquí».

Sulloway puso de manifiesto que no había, entre las historias clínicas referidas por Freud, ninguna que no hubiese perdido toda su validez por causa de intolerables invenciones y falsificaciones. «Las teorías freudianas de la personalidad y la neurosis —sintetiza Frederick Crews—, derivadas de precedentes engañosos, vacuas metáforas pseudofísicas y una larga concatenación de erradas deducciones que no pueden someterse a revisión empírica, no pasan de ser castillos en el aire.»

Cyril Burt se encuentra en la frontera que separa los fraudes clásicos de los modernos.[26] Su obra presenta todo un surtido de rasgos significativos en el contexto de la tipología del fraude. De entrada, revistió una gran relevancia política, en especial en Estados Unidos, en donde se empleó para respaldar argumentos racistas y elitistas. No es de extrañar, por lo tanto, que su carácter doloso provocara, al quedar en evidencia, encendidas polémicas que aún no han sido aplacadas. Habida cuenta de este hecho, resulta cuando menos asombroso que sus evidentes imperfecciones pasasen inadvertidas a lo largo de una trayectoria investigadora que abarcó medio siglo y lo colmó de honores. Su proceder a la hora de publicar resultados debió haber despertado sospechas, y nos sirve, sea como fuere, de advertencia acerca de la función crucial que, como tendremos oportunidad de ver, desempeñan las publicaciones en los procesos científicos. En el caso de Burt, nos encontramos, una vez más, con la reveladora presencia de anomalías estadísticas, o más bien, de irracionalidades estadísticas al alcance de la vista de cualquiera. De cualquiera que hubiese estado dispuesto a mirar, claro.

Este psicólogo inglés de la educación ejerció, durante la primera mitad del siglo XX, un enorme influjo en lo concerniente al estudio de la inteligencia, tanto de la superdotada como de la subnormal. Era especialista en determinar la capacidad intelectual infantil, así como en la genética de la inteligencia —o su naturaleza hereditaria—. Nadie tenía tanta experiencia como él en los métodos estadísticos empleados en tales estudios, y pocos sabían presentar con igual habilidad sus conclusiones ante un auditorio general. Durante décadas, desde tiempos de la primera guerra mundial, fue el principal psicólogo del sistema escolar del Gran Londres. Entre 1909 y 1975, publicó más de cuatrocientos trabajos científicos, capítulos de libros, entradas de enciclopedias, volúmenes monográficos, artículos de divulgación, etc. —por no hablar de sus intervenciones radiofónicas—, que iban desde análisis técnicos hasta estudios sobre, pongamos por caso, las experiencias paranormales que decía haber vivido Carl Jung (pues, por extraño que parezca, Burt abrigó, durante toda su vida, un gran interés en las investigaciones psíquicas).

Los estudios con gemelos demostraron revestir una importancia particular para los estudios del carácter hereditario de la inteligencia. Él fue, precisamente, quien inventó el método, y también quien lo dominó en mayor grado. Éste consistía en hallar parejas de gemelos monocigóticos —es decir, idénticos, procedentes de la misma célula huevo— y parejas de gemelos dicigóticos o fraternos, con la intención de determinar los niveles de ciertos rasgos psicológicos y resolver si aquéllos guardan entre sí una mayor semejanza en este sentido que éstos. De ser afirmativa la respuesta, se deduciría que dichos rasgos son heredados en grado mensurable. Especial interés revisten los gemelos idénticos que se han separado poco después de nacer y han crecido de manera independiente y con familias distintas, pues de su comparación con los que sí se han criado juntos se podría deducir un modo de distinguir las similitudes heredadas de las debidas al entorno.

El rasgo en el que se centra la obra de Burt es, claro está, la inteligencia. El puesto que ocupaba en Londres le brindaba acceso a los niños y a sus expedientes escolares, y ya en 1913 debió de comenzar a reunir gemelos. Los primeros datos que publicó al respecto vieron la luz en 1943, en un artículo que llevaba por título «Ability and income», y que, según aseguraba, estaba basado en 62 parejas de gemelos idénticos, 15 de los cuales habían crecido por separado, y 156 de gemelos fraternos. La correlación que existía entre los cocientes intelectuales de los monocigóticos que habían convivido era de un 0,86; la de los segundos, de un 0,77, y la de los terceros, de un 0,54. Expresadas así las magnitudes, tanto el 1 como el 0 son valores muy elevados: una correlación de 1,00 significa que dos acontecimientos o fenómenos están siempre vinculados: conociendo uno de ellos, se conoce el otro. En cambio, en una de 0,00 la vinculación no se da nunca, lo que la convierte en una aseveración igual de categórica. Dos fenómenos independientes que coincidan la mitad del tiempo tendrán una correspondencia de 0,5. Salta a la vista que los resultados de Burt indican que la inteligencia —o lo que de ella puede decirnos el cociente intelectual— tiene un componente genético nada desdeñable. De cómo y cuándo encontró a los gemelos, jamás dijo nada. De hecho, tampoco publicó los datos en los que se basó.

En 1946 obtuvo el título de sir, y en 1947 fundó, junto con su colega Godfrey Thomson, el *British Journal of Statistical Psychology*, una nueva publicación periódica que contaba con el patrocinio de la Sociedad Psicológica británica y que nunca llegó a tener más de un centenar de suscriptores. Thomson murió en 1954, de manera que Burt quedó como único editor. Sus páginas acogieron buena parte de su obra posterior, artículos prolijos y aburridos que dio a la prensa sin someterlos a la revisión previa de ningún colega.

En 1955 volvió a sus estudios con gemelos con un artículo titulado «Evidence for the concept of intelligence». El número de parejas había aumentado, y Burt hacía constar su agradecimiento a Jane Conway, quien lo había ayudado a encontrarlas. Sea como fuere, las correlaciones de que en él se daba noticia eran semejantes a las de 1943. Un año después, incluyó en su revista un extenso trabajo elaborado en colaboración con Margaret Howard. Las correspondencias relativas a los gemelos que habían vivido separados aparecían calculadas con cuatro decimales, si bien apenas se aportaban detalles y se omitían, una vez más, los datos originales. El estudio concluía que un 87 por 100 aproximado de las discrepancias en el cociente intelectual tenía origen genético, en tanto que el 13 por 100 restante se debía a diferencias del entorno.

Un año más tarde, en 1957, se encargó de pronunciar el discurso anual que organizaba la Sociedad Psicológica en el hospital Bingham Memorial. En «The inheritance of mental abilities» no ofrecía cifras precisas en lo que respectaba a las parejas de gemelos que conformaban cada uno de los grupos estudiados, aunque aseguró haber estudiado a «más de treinta» pares de gemelos idénticos criados en ámbitos diferentes. Las correlaciones, sin embargo, eran las mismas que las del artículo de 1955. Entre los asistentes se hallaba Arthur Jensen, psicólogo estadounidense de la educación y admirador de Burt.

Entre 1958 y 1959, la revista publicó dos trabajos sobre gemelos, firmados por Jane Conway, en los que el número de las parejas de monocigóticos que habían crecido por separado había aumentado a 42, el doble de las observadas sólo tres años antes. Luego, en 1966, Burt elaboró en solitario un nuevo artículo que vio la luz fuera de su propia publicación. Los pares de gemelos univitelinos criados con independencia que se habían tenido en cuenta eran ya 53, y el número de los grupos restantes también había cambiado. No obstante, muchas de las correlaciones que integraban los artículos eran idénticas a las aparecidas en artículos anteriores, aunque se expresaban con tres decimales.

En aquella época, no faltaron especialistas en psicología de la educación que advirtiesen ciertas anomalías, bien que apenas se hizo nada al respecto. Los estudios de Burt, sus datos estadísticos, el número de parejas que integraban las diferentes categorías de gemelos y sus tablas de correspondencias fueron empleados como datos por otros investigadores que estaban llevando a término observaciones similares con gemelos. Aun así, sus cálculos y conclusiones se tornaron cada vez más polémicos desde el punto de vista político. Algunos comentaristas conservadores del Reino Unido —como el conductista Hans Eysenk— y Estados Unidos —como Arthur Jensen y Richard Herrnstein— se sirvieron de sus trabajos y de otros afines para demostrar que las diferencias de cociente intelectual entre blancos y negros tenían una evidente naturaleza innata, heredada, por lo que resultaba inútil esperar que éstos alcanzasen el nivel de aquéllos mediante la educación. En 1969, Jensen dedicó 123 páginas a abundar en esta tesis en su artículo «How much can we boost I.Q. and scholastic achievement?», publicado en la *Harvard Educational Review*, y para el cual se fundó en los estudios con gemelos efectuados por Burt y en otros, incluidos algunos propios.

Richard Lewontin, reputado experto en genética demográfica, activista político de convicciones marxistas, fue el primero en pronunciarse, desde Harvard, contra las ideas de Jensen. En el número de marzo de 1970 del *Bulletin of the Atomic Scientists*, lo atacó con dureza y rechazó sus tesis por no pocos motivos.[27] Para empezar, los gemelos que habían vivido existencias separadas habían crecido, por lo general, con familias de condición socioeconómica, étnica, religiosa o educativa similar, lo que hacía pensar que la contribución del entorno a su inteligencia había quedado enmascarada. Con todo, el punto central del análisis de Lewontin, tanto en aquel momento como en años de sucesivas polémicas, lo ha constituido el aserto de que, provengan de donde provengan, los datos de los estudios relativos a la herencia en el interior de grupos particulares no se prestan a comparaciones significativas entre unos y otros de éstos. Hubo quien consideró esta observación demasiado técnica y sutil, amén de poco racional. Sin embargo, está en lo cierto, y da al traste con las citadas argumentaciones políticas.

Burt murió el 10 de octubre de 1971, con 89 años y cargado de honores. Su reputación apenas había comenzado aún a desmoronarse. El primero en atacarla directamente —pues Lewontin se había rebelado contra Jensen— fue Leon Kamin, sociólogo de izquierdas de la Universidad de Princeton, quien celebró, en abril de 1972, en el Departamento de Psicología, una modesta conferencia acerca de la naturaleza hereditaria de la inteligencia. En septiembre de aquel año amplió el ataque durante una conferencia pública que dio en la Universidad de Pensilvania, así como en otras apariciones que hizo en diversos centros universitarios aquel otoño y el invierno siguiente, y que culminaron en un discurso pronunciado ante la Eastern Psychological Association en mayo de 1973.[28] En octubre del año siguiente, publicó un análisis monográfico de la cuestión titulado *Ciencia y política del cociente intelectual*.

Los diversos trabajos de Burt adolecen de no pocas contradicciones, una falta de información casi total acerca del modo como se habían recogido los datos —de los grupos de los que se habían obtenido— así como de innúmeros errores de menor consideración. Así y todo, la causa predominante de las sospechas que despertaron en sus críticos fueron las coincidencias, imposibles desde el punto de vista estadístico, de las correlaciones expuestas por Burt a lo largo de los años, que no parecían verse afectadas siquiera por el hecho de que las parejas de gemelos se hubiesen multiplicado por dos o más. La cantidad de grupos de gemelos que componían cada una de las tres categorías cambiaba de artículo a artículo, pero las correspondencias —y hasta los decimales— seguían siendo las mismas —había veinte coincidencias de un total de sesenta—. Kamin expuso algunas de ellas en la siguiente tabla:

Fecha del artículo	1955	1958	1966
Pares de gemelos idénticos criados por separado	21	más de 30	53
Correspondencia del cociente de inteligencia	0,771	0,771	0,771
Pares de gemelos idénticos criados juntos	83	no se especifica	95

«Las cantidades omitidas por el profesor Burt no merecen, simplemente, que les prestemos la menor atención científica por el momento», añadía Kamin, quien sin duda se quedó más que corto.

Uno de quienes más se escandalizaron con estas revelaciones fue Arthur Jensen, quien había conocido bien a Burt durante los veranos de 1970 y 1971, y se había servido con profusión de sus datos en la elaboración de su propia obra. Trabajaba en la Universidad de California en Berkeley, lugar inestable en lo político en las décadas de 1960 y 1970, y había estado en el centro de la terrible polémica desatada en Estados Unidos en torno a las relaciones entre raza e inteligencia (*the I.Q. wars*). Los estudiantes habían organizado manifestaciones en contra de su persona y abarrotaban sus clases para abuchearlo. De hecho, hubo un tiempo en el que no se movía por el campus sin un guardaespaldas de la universidad. Con todo, Jensen era un hombre recto, y no dudó en viajar a Londres para examinar en persona el material. «Las correlaciones no tienen la menor validez a la hora de probar hipótesis alguna», fue su veredicto.

Un tiempo después, el 24 de octubre de 1975, el periodista médico británico Oliver Gillie puso en conocimiento del público general las pruebas cada vez numerosas que se estaban reuniendo en contra de Burt y planteó nuevas acusaciones con un artículo aparecido en *The Sunday Times* londinense bajo sensacionales titulares que denunciaban la falsificación de datos decisivos por parte de un distinguido psicólogo.[29] Entre otras muchas cosas, aseguraba que tan asombrosas correspondencias sólo podían explicarse suponiendo que, siguiendo el proceso inverso al que se espera de un científico, Burt había inventado los datos para que coincidieran con sus hipótesis. En realidad, Gillie estaba haciendo explícito lo que, de un modo inevitable, se infería de los hallazgos de Kumin, Jensen y otros autores. La más sorprendente de sus imputaciones era la de que sus dos ayudantes, Margaret Howard y Jane Conway, autoras y coautoras de trabajos sobre gemelos, no habían existido jamás.

El debate duró meses, sin perder intensidad. En los últimos años no han faltado autores dispuestos a restituir a Burt su reputación, aunque todos han fracasado.

Estos ejemplos clásicos nos hablan de grandes personajes que tal vez se han extraviado; por eso han salido a la luz, y por eso nos resultan tan interesantes. Aun así, nuestro juicio al respecto no puede ser objetivo: para ello, nos faltaría conocer toda una serie de casos de los fraudes —cotidianos, podríamos llamarlos— cometidos en esos tiempos por figuras menores dedicadas a investigaciones menos extraordinarias. Cierto es que, aun en las fechas que precedieron a la segunda guerra mundial, las empresas científicas tenían una envergadura menor hasta extremos casi inimaginables; pero tampoco nos es dado dudar de que tales casos ocurrieran. Es más: el modo como se nos ha informado de los ejemplos clásicos apenas nos permite hacernos una idea de los escenarios en que trabajaron, sea en el laboratorio, sea en lugares más amplios. De Newton a Burt, casi siempre se nos ha presentado a los científicos como seres solitarios. Entre las excepciones cabe destacar la exposición que hace Geison del caso de Pasteur, pues si bien no duda en hacer hincapié en su natural reservado, nos presenta al investigador dentro de su entorno de un modo revelador. En este sentido, también se apartan de lo anterior, en cierto grado, las acusaciones relativas a Darwin y Freud, por más que se trate de ejemplos diametralmente opuestos.

La tipología elaborada por Babbage, que nos ha ayudado a encauzar el problema de la anatomía del fraude, no ha perdido vigencia. Él consideró que lo que mueve a los investigadores es el deseo de aparentar una gran exactitud en su obra, y aunque no podamos adivinar cuál fue el móvil de cada uno, es cierto que esta tendencia al exceso de precisión se nos presenta a menudo —piénsese en Newton, Millikan o Burt— como una señal aciaga. Huelga decir que el del hombre de Piltdown fue un caso evidente de embuste, si bien, por desgracia, se descubrió en fechas demasiado tardías, con lo que quien lo perpetró no pudo regodearse a medida del deseo. Haeckel, Freud y Burt cometieron fingimiento, y Newton —y Mendel, si así puede considerarse—, amaño; en cambio, Pasteur y Millikan se nos presentan como expertos falseadores. Con el paso de los siglos, los cuadernos han quedado como elemento probatorio, mientras que las normas éticas han ido evolucionando. Prodger defiende *La expresión de las emociones*, de Darwin, en cuanto obra surgida «en el punto culminante [del] cambio de actitud» que llevó a considerar las fotografías más como demostraciones que como datos. Al abordar, respectivamente, los casos de Newton y Millikan, Westfall y Holton reconocen que los actos que ninguno de los dos se atreve a condenar de forma categórica constituirían, hoy día, casos reprobables.

Lo que no parece haber evolucionado es la defensa del buen juicio científico. Si los actos de falseamiento, sistemáticos y considerables, de genios de la ciencia, como Newton o Millikan, deben excusarse en cuanto correcto ejercicio de aquél, habremos de afrontar una serie de cuestiones mucho más engorrosas en lo tocante a la labor cotidiana de investigadores de menor renombre. El recurso al buen juicio es, en efecto, algo ineludible y necesario, a cada paso, en la ciencia diaria; pero ¿cuándo degenera en fraude? ¿Cómo se aprenden las normas éticas del buen juicio? ¿Varían de un campo a otro? ¿No estaremos reconociendo, a fin de cuentas, que los medios fraudulentos son correctos si corroboran las conclusiones deseadas?

Esta última es una pregunta que se repite con frecuencia. De hecho, podríamos calificarla de universal. Cuando un científico de prestigio da con una respuesta correcta, y en especial si se trata del trabajo que lo ha hecho grande, lo veneramos. Sin embargo, si con el tiempo se descubre que ha mentido para lograrlo, nos tornamos por demás ambivalentes. Formulémosla de otro modo: ¿hay alguna diferencia entre dejarse llevar por la intuición y mentir? ¿Nos lleva el análisis detallado de casos así a apreciar de un modo más complejo los matices del trabajo científico?

3

Patrones de complicidad: casos recientes

A la hora de juzgar los casos excepcionales que han salido a la luz, sólo se me ocurre calificarlos de episodios psicopáticos provocados por mentes de muy poco juicio (cuestiones éticas aparte); mentes que, al menos en este sentido, pueden considerarse trastornadas.

Testimonio de PHILIP HANDLER,
presidente de la Academia Nacional
de Ciencias, ante el Congreso (1981)[1]

En los ejemplos clásicos de fraude, los responsables actuaban en solitario. Al menos, así es como se nos ha presentado en narraciones que tal vez se correspondan de un modo demasiado sospechoso con la imagen arquetípica del genio solitario que hace —¿falsifica?— un descubrimiento innovador. Los casos más recientes son muy distintos: aunque en casi todos, qué duda cabe, se hace recaer la culpa sobre un individuo concreto, lo cierto es que resulta imposible exponerlos siquiera como anécdotas sin dar cuenta de las relaciones existentes entre las muchas personas del laboratorio y el marco institucional en que éste se incluye. Están constituidos, en resumidas cuentas, de toda una maraña de complicidades.

Éstas se ajustan a cierto patrón, y aun puede hablarse de síndromes —o conjuntos de síntomas reveladores— predecibles. ¿Cuáles son sus nombres? La forma dominante es la del *investigador prodigioso*, aunque tampoco hemos de olvidar las del *mentor seducido*, la *psicosis compartida* y la *arrogancia del poder*. Éstas no se circunscriben, ni mucho menos, a las ciencias; de hecho, el fraude que se expone a continuación pertenece a un ámbito bien diferente, si bien constituye un ejemplo por demás detallado del síndrome más común: el del investigador prodigioso. Se trata del desvergonzado acto de engaño y plagio cometido por el periodista Jayson Blair, que mancilló la reputación de *The New York Times* al destaparse en mayo de 2003.

El viernes, día 2 de aquel mes, se reconoció por vez primera aquel desastroso hecho en la primera plana del diario, donde podía leerse en titulares: «Reportero del *Times* dimite después de que se cuestione uno de sus artículos».[2] Jayson Blair había renunciado a su empleo la víspera, después de que se hubiese descubierto que la noticia aparecida en las páginas del periódico el sábado anterior, en torno a la familia de un joven soldado tejano desaparecido en combate en Iraq, comprendía pasajes de otra que había publicado con anterioridad el *San Antonio Express-News*. Aún no se había determinado cuánto había —si es que había algo— de original en su escrito. La información iba acompañada de una sobria «Nota de los directores» por la que se pedía disculpas a los afectados y se aseguraba que la redacción estaba investigando la obra de Blair.[3]

Ha de reconocerse que el *Times* supo reaccionar con su mejor arma: el reportaje múltiple rápido y de grandes proporciones. Nueve días después, el domingo, 11 de mayo, podía leerse en la primera plana: «Enmiendas a lo publicado: el periodista dimitido deja tras de sí un largo rastro de mentiras».[4] La noticia, que iba encabezada por los nombres de siete autores, estaba constituida por un total de 7.397 palabras, e iba acompañada de otra de 7.023 en la que se detallaban los engaños y plagios que se habían descubierto en los escritos firmados por Blair desde finales de octubre de 2002. En aquella época, siendo aún novato en la profesión, lo habían trasladado de forma temporal a la redacción de Washington, donde habría de sumarse a quienes estaban informando de los ataques producidos por un francotirador en cierta zona residencial de la ciudad. La idea fue de Howell Raines, director ejecutivo, y Gerald Boyd, director editorial, responsables del funcionamiento de la redacción. El primero lo había calificado de «tipo ambicioso».

La autoinculpación del *Times* ocupó cuatro planas completas. Blair había sido muy prolífico: en menos de cuatro años se habían publicado unos setecientos artículos suyos, 73 de los cuales habían visto la luz en los seis meses últimos (sólo en el mes de abril había dado quince a la prensa). Tras un párrafo de dos oraciones en las que se le acusaba de «frecuentes actos de fraude periodístico», la exposición del diario afirmaba:

> El reportero, Jayson Blair, de 27 años, ha estado engañando a lectores y compañeros del *Times* con despachos que pretendían proceder de Maryland, Tejas y otros estados, cuando en realidad los redactó estando lejos de allí, por lo común en Nueva York. Inventaba comentarios y escenarios, y plagiaba material de otros periódicos y agencias de noticias. Seleccionaba detalles de fotografías a fin de crear la falsa impresión de haber estado en un sitio concreto o con alguna persona determinada.
>
> Haciendo uso de todas estas técnicas, escribió falsos informes sobre momentos conmovedores de nuestra historia reciente, desde los ataques homicidas del francotirador de Washington hasta la angustia experimentada por las familias que lloran a los seres queridos muertos en Iraq.

En el momento de publicar la noticia, quienes llevaban a cabo las labores de investigación habían «topado con problemas en al menos 36» de los citados 73 artículos. Estudiando al azar otros escritos de los firmados por Blair los años anteriores, habían dado, además, con «otras posibles mentiras». Su método no estaba exento de ingenio. «Empleaba para sus engaños un teléfono móvil y un ordenador portátil, lo que le permitía ocultar su paradero real, así como acceder a cualquier hora a bases de datos de noticias de las que robar información.» Su campo de acción se hizo mayor con la invasión de Iraq. Y así, publicó historias basadas en entrevistas a combatientes heridos del Centro Médico Naval Nacional de Bethesda; familiares de desaparecidos residentes en un barrio del norte de Baltimore y en Cleveland, e incluso parientes de la soldado de primera Jessica Lynch, que había caído en manos del enemigo —y sería rescatada con posterioridad—. Los artículos ofrecían, a menudo, una notable profusión de detalles visuales y conmovedoras citas, lo que parecía justificar la confianza que habían depositado Raines y Boyd en el joven. Sin embargo, no dejaban de suscitar problemas. Las revelaciones relativas al modo como se estaba procediendo con respecto a los sospechosos del caso del francotirador aparecidas en primera plana, por ejemplo, llevaron a la acusación a convocar conferencias de prensa para denunciarlos. A cada paso, se descubrían nuevos errores en los artículos, lo que hizo que se granjease una fama cada vez mayor de descuidado. Con todo, su actividad era impresionante: «Entre las primeras noticias del francotirador, llegadas a finales de octubre, y los últimos días de abril, el señor Blair aseguró estar enviando información desde veinte ciudades repartidas en seis estados diferentes».

A continuación, el *San Antonio Express-News* los acusó de plagio, y a partir de ahí fueron desenmarañándose sus fraudes. Entre otras muchas mentiras, se descubrió que no había estado en el hospital de Bethesda, visitado a la familia del norte de Baltimore ni aparecido siquiera por Cleveland. Había escrito cinco artículos a partir de conversaciones que decía haber mantenido con la familia de Jessica Lynch, cuando, según se supo después, lo más seguro era que jamás hubiese estado en Virginia Occidental. «Blair sacaba sus pormenores de la nada.» Y así, escribió que el padre de la secuestrada «se quedó sin voz allí, de pie en su porche con vistas a los campos de tabaco y los pastos para el ganado». Sin embargo, desde el soportal del supuesto entrevistado «no se ve nada semejante». Asimismo, la casa, que aseguró que se erigía en lo alto de una colina, «se encuentra en un valle», y nadie de la familia recordaba haber hablado con él. Según se descubrió, la mayor parte del tiempo estuvo enviando sus crónicas por correo electrónico sin moverse de Nueva York. «Durante los meses finales —escribían los encargados de la investigación—, sus mentiras se fueron haciendo más atrevidas semana a semana, lo que hace pensar en la obra de un joven trastornado abocado a su autodestrucción profesional.»

La exposición de *The New York Times* no escatimaba detalles, cautivadores en su mayoría y rayanos incluso en lo absurdo; y aunque también prodigaba golpes de pecho por parte del diario, lo cierto es que su análisis se quedó corto. El síndrome del investigador prodigioso presenta síntomas muy reveladores: quien lo comete es una persona encantadora y, en apariencia, digna de confianza. Blair trabajó por vez primera para el *Times* durante el verano de 1998, en calidad de alumno en prácticas de la Universidad de Maryland. Con anterioridad, había ejercido como tal en *The Boston Globe*, propiedad del mismo periódico, y contaba con «fervorosas recomendaciones y un historial extraordinario». Cuando, un año más tarde, regresó dispuesto a formar parte de la plantilla, se hizo notar por su afabilidad. «Tenía un don de gentes fuera de lo común», aseguró uno de sus compañeros a los investigadores. Otro de los síntomas característicos es la asombrosa capacidad para trabajar largas horas, sin descanso, y de un modo por demás productivo, creando obras impresionantes y de gran significación... en apariencia. Sin embargo, el atrevimiento se torna en descuido, y el sujeto acaba, a menudo, por volverse negligente, imprudente incluso. Se trata de la tendencia a la autodestrucción de que se habla en el artículo del *Times* en relación con Blair.

Basta preguntarse cómo puede llegar a pasar algo así para caer en la cuenta de que el síndrome tiene otra cara interesante en el marco profesional en que aparece. Por lo general, los problemas ponen de relieve la falta de un examen detenido previo del entorno: con demasiada frecuencia, las investigaciones posteriores sacan a la luz interpretaciones erróneas o dificultades no resueltas con anterioridad. El artículo del *Times*, por ejemplo, informaba, citando otra fuente periodística —ya que el resto de diarios no dudó en emprender investigaciones propias en cuanto surgió el escándalo—, que mientras trabajaba en *The Boston Globe*, «el señor Blair mintió al asegurar que había entrevistado a Anthony Williams, alcalde de Washington». Cuando regresó, en 1999, al *Times*, hizo creer a todos que había acabado su carrera en la Universidad de Maryland, aunque en realidad aún le faltaba más de un año para culminarla.

También durante el proceso del fraude suele haber signos de que algo no va como es debido, aunque nadie les concede la atención que merecen, debido, en ocasiones, a lo que tiene trazas de ser una ceguera voluntaria. En el caso de Blair, este hecho se hizo realidad de un modo extremo: a lo largo de varios meses y aun de años, no faltó, entre quienes ocupaban las categorías intermedias del escalafón del *Times*, quien acabase por desconfiar de su labor al considerarla muy poco esmerada. Y así, en efecto, según afirmaciones del propio diario, en abril de 2002 «Jonathan Landman, director metropolitano, envió un mensaje de correo electrónico de dos frases a los responsables de la redacción que rezaba: "Hay que hacer que Jayson deje de escribir para el *Times*. Ahora mismo".». Sin embargo, aquel otoño, Raines y Boyd, que no ignoraban que Blair había tenido problemas, lo ascendieron y lo enviaron a Washington, sin que nadie advirtiese de ello a su nuevo jefe, Jim Roberts, director nacional.

Tal como expone el artículo del *Times*, se fracasó tanto a la hora de supervisar como a la de comunicar lo sucedido. El problema es mucho más grave: detrás de todo lo dicho se extiende, en este caso de fraude y en la mayor parte del resto, todo un entramado de relaciones de poder entre las personas que ocupan puestos intermedios y superiores y han estado en contacto con el culpable. Y la naturaleza de ésas se determina en lo más alto de la jerarquía. Para comprender la etiología del fraude, el caso de Jayson Blair ofrece una ventaja fundamental: la franqueza con que informó del asunto el propio diario. Arthur Sulzberger hijo, editor del *Times*, Raines y el resto de la plantilla reconocieron que no tenían otra opción.

Tres días después de publicadas las cuatro planas del artículo, Raines convocó una reunión del personal de noticias. Al día siguiente, 15 de mayo, el diario participó lo que en ella se había hablado. El encuentro se celebró a puerta cerrada, y el encargado de informar al respecto fue Jacques Steinberg, quien no había asistido a ella de un modo deliberado. Las protestas habían sido ásperas, y se había desatado una gran ira. El siguiente pasaje basta para dar una idea de cuáles fueron los problemas planteados y las respuestas de Raines:

> El señor Raines dejó claro que consideraba que aquella sesión era algo más: un debate sobre los veinte meses que había ejercido de responsable de la redacción. Durante este tiempo, el periódico ha recibido ocho premios Pulitzer (seis de ellos por la labor informativa desplegada en torno a los ataques terroristas del 11 de septiembre de 2001), pero también ha sido testigo de no pocas disensiones. Cada vez han sido más los empleados que han expresado su preocupación por lo que consideran un estilo de gestión jerárquica que, en su opinión, podría haber contribuido a permitir que el señor Blair haya actuado como lo ha estado haciendo durante tanto tiempo sin ser descubierto.

«Me consideran una persona inaccesible y arrogante —afirmó el señor Raines, mientras tachaba uno de los elementos de la lista que había elaborado a partir de las entrevistas mantenidas con sus subordinados pocos días antes—. Piensan que la redacción está sometida a una estructura demasiado jerárquica, de tal manera que mis ideas se llevan a cabo mientras que del resto se hace caso omiso. Me han dicho que están ustedes convencidos de que he instituido un *star system* por el que elijo a mis favoritos para elevarlos.

»El miedo —añadió— constituye un problema tal que, según tengo entendido, hay redactores que temen traerme malas noticias.»[5]

Aseguró que no tenía intención alguna de dimitir, y Sulzberger, que se hallaba presente, hizo saber que no pensaba aceptar su dimisión en caso de que la presentara.

Sea como fuere, el asunto de Jayson Blair difiere, en cierto aspecto, de los casos de fraude científico que tendremos oportunidad de conocer a continuación. Y es que tres semanas después, el día 5 de junio, Howell Raines y Gerald Boyd renunciaron a sus respectivos cargos.[6]

He aquí, presentados de un modo sucinto o detallados en grado sumo, según proceda, 18 de los numerosos ejemplos de fraude cometidos en el ámbito de la ciencia durante los pasados treinta años. Nueve de ellos se produjeron en Estados Unidos. Con todo, la ciencia tiene, hoy día, carácter internacional, y no menos puede decirse del fraude. Los otros nueve proceden de la India, el Reino Unido y Alemania. Podrían incluirse otros tantos, aunque he elegido éstos por muy diversas razones. Pertenecen a distintas disciplinas, bien que la mayoría proviene del terreno de la biología. Ilustran formas diferentes de invención, falsificación y plagio, y permiten exponer los síndromes a los que ya nos hemos referido: los variados patrones de la construcción del fraude... y su desenmascaramiento.

De todos estos casos se deriva otra consecuencia: por acumulación, han hecho que el problema general se torne visible, y su resolución, urgente. Han llegado a traspasar las fronteras de la comunidad científica para atraerse la atención de organismos de financiación, cuerpos legislativos y periodistas. Muchos han tenido repercusiones duraderas, y en este sentido destaca el escándalo de John Darsee, que, curiosamente, acabó también vinculado al de David Baltimore. Puede decirse que los casos más recientes de fraude llegaron a oídos del público a partir de la primavera de 1974, con el de William Summerlin —en quien reconocemos el síndrome del investigador prodigioso— y sus ratones pintados.[7]

William T. Summerlin era jefe de inmunología de trasplantes del Instituto Sloan-Kettering de Investigación sobre el Cáncer, parte integrante del Sloan-Kettering Cancer Center, organismo que también posee un célebre hospital dedicado a dicha enfermedad en el Upper East Side de Manhattan. Era un hombre agradable y persuasivo, y estaba llevando a cabo investigaciones de gran importancia. Había asistido a la Universidad de Emory (Atlanta), centro en el que había permanecido como estudiante de medicina después de licenciarse. Tras empezar en Tejas su etapa de residente especializado en cirugía, había pasado cuatro años en la Universidad de Stanford para hacer la residencia en dermatología. Allí comenzó a investigar los aspectos bioquímicos de la piel hasta que, el verano de 1971, se trasladó a la Universidad de Minnesota a fin de entrar a formar parte del laboratorio de Robert Good, inmunólogo arrojado y poderoso, polémico a menudo por sus ideas teóricas y su estilo resuelto.

Summerlin obtuvo resultados sorprendentes. Los animales rechazan los injertos de tejidos extraños cuando el donante no posee una constitución genética idéntica —o casi idéntica— a la del receptor. De hecho, la inmunología moderna se encuentra anclada, en gran medida, en la labor llevada a cabo durante la segunda guerra mundial y poco después de su final, labor que sentó los fundamentos genéticos del rechazo de los injertos de piel en el tratamiento, por ejemplo, de pacientes con quemaduras. Summerlin, sin embargo, dio razón de una serie de experimentos que demostraban que tal reacción inmunológica podía evitarse si el material trasplantado se trataba durante varias semanas con una forma de cultivo de tejido antes de la operación. Había trabajado con humanos, aunque sobre todo había empleado ratones y conejos, a los que había injertado córneas, determinadas glándulas y, en especial, piel sin respetar siquiera, en ocasiones, las barreras que separan a una especie de otra. De haberse corroborado y hecho extensivos, estos resultados habrían transformado tanto la inmunología básica como la cirugía de transplantes.

En enero de 1973, Good se trasladó a Nueva York y se hizo con la presidencia del Instituto Sloan-Kettering, con lo que se convirtió en la principal autoridad en lo tocante a las investigaciones del centro. Estaba subordinado a Lewis Thomas, a quienes los profanos conocían por sus elegantes ensayos y que ejercía de presidente del Memorial Sloan-Kettering Cancer Center, complejo que abarca tanto el hospital como el instituto. Este último había visto menguar, a un tiempo, sus actividades científicas y su reputación, y la considerable presión a la que, en consecuencia, estaba sometido aquel organismo se hizo aún mayor a causa del carácter de Good. En abril, éste se encargó de que Summerlin entrase a formar parte de la nómina de investigadores del centro. No obstante, en el curso de los seis meses siguientes comenzó a cuestionarse su labor: tanto en Estados Unidos como en el extranjero se alzaron voces de científicos incapaces de reproducir los experimentos que había efectuado en Minnesota con ratones y conejos. Entre ellos se encontraba John Ninnemann, colega de su propio laboratorio del Sloan-Kettering. Avanzado el año, Good instó a este último y a Summerlin a elaborar un artículo en torno al problema para la revista *Transplantation*. El 26 de marzo de 1974, Summerlin había de reunirse con Good para tratar con él del particular, y con objeto de demostrarle que los experimentos estaban dando frutos, llevó consigo un carro con las jaulas de 18 ratones blancos que habían recibido, en el lomo, injertos de piel de ratones negros. En el ascensor, el investigador sacó un rotulador de este color y oscureció con él las zonas supuestamente trasplantadas de dos de los animales.

El desenmascaramiento tuvo lugar de un modo casi instantáneo. Después de encontrarse con Good, Summerlin devolvió a los ratones a la sala a ellos destinada, donde, un mes después, según el informe elaborado por una comisión de evaluación, «James Martin, ayudante superior de laboratorio, observó, al volver a colocar las jaulas en su lugar correspondiente, algo extraño en el aspecto de los supuestos injertos negros de los ratones blancos. Al aplicar alcohol sobre la zona, descubrió que podía eliminarse sin dificultad el color que presentaban». El hallazgo no tardó en recorrer todo el escalafón en dirección a la cúspide, y así, Martin se lo comunicó a un técnico superior de investigación, y éste, a un investigador agregado, quien a su vez puso al corriente a un colega de Ninnemann que trabajaba en el laboratorio de Summerlin. A las once, aproximadamente, la noticia había llegado a oídos de Lloyd Old, y a través de él, a los de Good. Y aunque el autor del fraude insistió en que había actuado de un modo irreflexivo, e hizo constar su arrepentimiento, a mediodía ya había sido expulsado de su cargo. Una semana después, Good nombró a seis científicos del centro para que examinasen su labor y las posibles tergiversaciones a que se hubiese visto sometida. La comisión actuó con rapidez y eficacia: realizó las llamadas telefónicas oportunas, entrevistó a 17 personas y obtuvo declaraciones juradas y exposiciones presentadas por escrito ante notario. Asimismo, sus integrantes mantuvieron una reunión de unas ocho horas con Summerlin.

Se plantearon entonces más dudas sobre su trabajo. De los ratones que habían recibido con éxito injertos de piel procedente de otra variedad distinta en Minnesota sólo había sobrevivido uno, y los análisis de sangre revelaron que se trataba de un híbrido de las dos, que, por lo tanto, no tenía por qué rechazar el trasplante. La comisión de evaluación descubrió que, cuando no se habían perdido, los datos de buena parte de los experimentos eran demasiado vagos o estaban demasiado desordenados para que pudiesen analizarlos. Summerlin había ofrecido explicaciones contradictorias en las solicitudes de beca, y en tanto que en una de ellas aseguraba que «las implantaciones de tejido extraño se aceptan por lo común, sin que exista rechazo alguno», en otra declaraba que tal cosa sucedía «en un 50 por 100 de los animales observados durante un período de cinco meses». Había enviado a *The Journal of Experimental Medicine* —revista de considerable nombradía entre los inmunólogos editada por la Universidad Rockefeller— un artículo en el que se recogía una tabla cuyas cantidades absolutas en lo que a los ratones se refería no coincidían con los porcentajes que presentaba de aceptación de injertos de piel. Como quiera que aún estaba sin publicar, Good hizo que se retirase con el consentimiento de Summerlin.

Así y todo, los asertos de Summerlin con respecto a los trasplantes de córnea eran aún peores. Sirviéndose de un par de técnicas quirúrgicas diferentes, llevadas a cabo por colegas oftalmólogos de Minnesota, el investigador había sometido a esta operación a cierto número de conejos. Los donantes eran tanto ejemplares de la misma especie como conejillos de Indias, gallinas y humanos. En un *abstract* (o sinopsis elaborada, en este caso, para dar noticia de un artículo de mayor extensión aún por publicar) aparecido en mayo de 1973, Summerlin había aseverado que las córneas preparadas por cultivo de tejidos se habían mantenido con vida y en funcionamiento durante seis meses, en tanto que los injertos de control habían sido objeto de rechazo al cabo de dos semanas. Pese a que ésta no era la única de estas síntesis que aseguraba tal cosa, la comisión averiguó que ninguna de las implantaciones procedentes de conejillo de Indias ni de humanos había durado más de cuarenta días; que algunas —no todas— de las que provenían de gallinas habían tenido una vida algo mayor, si bien ninguna había superado los seis meses, y que incluso los injertos de conejo a conejo habían acabado por ser rechazados. Además, sus colegas de Minnesota hicieron saber a quienes investigaban su caso que no tenían claro que el cultivo de tejidos supusiera diferencia alguna.

Y con esto no se agotan todas las dudas que surgieron con respecto a su trabajo. El 20 de mayo, la comisión informó a Lewis Thomas de que Summerlin había tergiversado sus resultados de manera desmedida. Los datos de la investigación se hicieron públicos durante una conferencia de prensa convocada cuatro días después. A Summerlin le ofrecieron una baja por enfermedad, tras la cual no podría regresar a su puesto.

El escándalo guarda una similitud total con el que provocó Jayson Blair, si bien a Robert Good no se le ocurrió siquiera la idea de dimitir. En 1985, cuando contaba 63 años, fue nombrado jefe médico del All Children's Hospital de Saint Petersburg (Florida) y profesor investigador de la Universidad del Sur de Florida. Murió en junio de 2003.

En marzo de 1981, la subcomisión investigadora del Comité de Ciencia y Tecnología de la cámara de representantes celebró una serie de vistas a instancia de su presidente, Albert Gore hijo, demócrata de Tennessee que ni era aún conocido como *Al* ni gozaba de la condición de senador. Lo había llevado a tomar tal determinación la alarmante sucesión de casos de fraude científico surgidos el año anterior y que desde entonces habían pasado a formar parte del canon de la mala conducta, la lista del deshonor.

Veamos el de John Long, quien había comenzado su carrera profesional en calidad de residente en el hospital general de Massachusetts, sito en Boston, a orillas del río Charles, y mantenía una estrecha colaboración con Paul Zamecnik, prominente experto en bioquímica y biología molecular, en torno al tipo de cáncer conocido como enfermedad de Hodgkin.[8] Llegó a ser profesor agregado, y recibió becas de los Institutos Nacionales de la Salud (NIH) que ascendían a 759.000 dólares. En 1979, comenzó a colaborar con David Baltimore, quien trabajaba al otro lado del Charles, en el Instituto Tecnológico de Massachusetts (MIT). Sin embargo, a principios de 1980, un colega de menor posición lo acusó de haber falsificado ciertos resultados, imputación que él reconoció como cierta durante un encuentro con el jefe de su departamento y que lo llevó a dimitir. Al examinar el resto de su obra, se descubrió que, de las cuatro líneas independientes de células cultivadas de Hodgkin que había establecido, tres se derivaban en realidad de un simio procedente de Suramérica, en tanto que la cuarta, siendo humana, pertenecía a un paciente que no estaba aquejado de dicha dolencia. En el momento de su dimisión, había gastado 305.000 dólares de los concedidos por los NIH. Lo que supuso su fraude, traducido en dinero y en tiempo de quienes se basaron en su trabajo o emplearon sus líneas celulares, echando así a perder carreras enteras, es incalculable.

Otro de estos casos fue el de Elias A. K. Alsabti (o al-Sabtī), iraquí que aseguró poseer la ciudadanía jordana, la carrera de medicina y un doctorado, y que en el curso de tres años se granjeó diversos puestos de investigación en universidades y hospitales de Filadelfia y Houston, así como en un hospital de Roanoke afiliado a la Escuela de Medicina de la Universidad de Virginia y en otro asociado a la Universidad de Boston.[9] Apenas había mediado la veintena cuando contaba ya con una lista de sesenta artículos publicados, casi todos —tal vez todos— plagiados. Había copiado trabajos aparecidos en revistas poco conocidas y, tras cambiarles el título y consignar su propio nombre, al que de cuando en cuando añadía los de algún que otro colaborador inexistente, los había enviado, sin más modificaciones, a publicaciones no menos modestas de Japón, Checoslovaquia, Suiza o Gran Bretaña. Al menos en una ocasión había robado del buzón de un departamento el manuscrito de un artículo enviado por cierta revista a fin de que fuera sometido a arbitraje editorial, para retocarlo levemente a continuación y remitirlo a Japón, en donde apareció antes de que llegara a publicarse el original. El plagio, tal como tendremos oportunidad de ver en otros casos de mayor complejidad, se encuentra en uno de los extremos del repertorio de fraudes, pues es, por lo general, más simple, menos creativo y más solitario que otros. Alsabti carecía del respaldo de un superior, y de hecho, el fantasma de la sospecha y el desenmascaramiento lo había perseguido de institución en institución. Con todo, ninguno de sus engaños salió a la luz pública hasta 1980. Después de aquello, se descubrió que su título de medicina era falso, así como que su doctorado no era oficial. El burlador no tardó en esfumarse.

Un tercer caso: el de Soman y Felig.[10] Aquel verano de 1980 se destapó un enredo por demás intrincado en el que se vieron envueltos tres científicos y cierto número de miembros de la administración, los directores de dos revistas, tres instituciones —las escuelas de medicina de Yale y Columbia, y los NIH— y las tres formas de fraude de la definición canónica: invención, falsificación y plagio. El caso da mucho que pensar acerca del arbitraje editorial de originales, y también, en menor medida, sobre quienes hacen saltar la alarma y sobre la respuesta brindada por parte de la administración.

Todo comenzó en otoño de 1978, a causa de un espectacular conjunto de coincidencias que acabó por involucrar a no pocas personas. Philip Felig, quien contaba a la sazón 44 años, era vicepresidente del Departamento de Medicina de Yale y dirigía un laboratorio situado en un edificio que apenas se hallaba a dos manzanas de su despacho. Entre quienes trabajaban en él se encontraba Vijay Soman, prometedor profesor auxiliar de 37 años procedente de la ciudad india de Puna, científico trabajador y de excelente reputación que había colaborado con aquél en cierto número de artículos.

Helena Wachslicht-Rodbard, de 29 años, trabajaba en el Instituto Nacional de la Artritis y las Enfermedades Metabólicas de Bethesda, a las órdenes de Jesse Roth, quien dirigía las investigaciones relativas a la diabetes. Figuraba, junto con Roth y otros científicos, como autora de un artículo que trataba sobre los receptores de insulina en pacientes con anorexia nerviosa, trastorno alimenticio que hace que quienes lo padecen desarrollen una delgadez patológica. El 9 de noviembre de 1978, envió el original a *The New England Journal of Medicine*, publicación dirigida por Arnold Relman. Como tenía por costumbre, la revista remitió el artículo a dos investigadores para que elaborasen sendas reseñas anónimas.

El mundo de una especialidad científica definida suele ser, en ocasiones, un pañuelo; y así, uno de aquéllos fue Felig, quien a su vez puso la tarea, y el original, en manos de Soman. Éste había recibido, dos años antes, la aprobación pertinente para llevar a cabo un estudio idéntico al de Wachslicht-Rodbard, aunque no llegó a elaborar un artículo al respecto. Las reseñas —con los ejemplares del escrito inédito— llegaron a la redacción de la revista, y el director de ésta, al comprobar que una de ellas, la de Felig, era negativa, remitió el artículo a un tercer árbitro. Felig no reveló a la publicación que el verdadero autor del informe era Soman, ni que éste había planeado, hacía tiempo, emprender una investigación similar. Ignoraba, por otra parte, que este último había aprovechado la oportunidad para copiar el trabajo de Wachslicht-Rodbard. A finales de enero, con casi tres meses de retraso, Relman escribió a la autora para comunicarle que una de las tres reseñas había sido negativa, por lo que le era imposible aceptar su obra si no quedaba sometida a una revisión. Como es común en estos casos, no reveló la procedencia del informe adverso.

Entre tanto, hacia finales de diciembre, seis semanas más o menos después de recibir el original de Wachslicht-Rodbard y otros, Soman había remitido un artículo sobre insulina y anorexia a *The American Journal of Medicine*, revista de la que Felig —que firmaba el trabajo como coautor— era director asociado. Los responsables de la publicación, como de costumbre, sometieron el escrito a la opinión de expertos externos, y dio la casualidad de que uno de los ejemplares fue a parar a Jesse Roth, quien a su vez lo hizo llegar a Wachslicht-Rodbard. Ésta reparó enseguida que se trataba de un calco casi exacto del suyo; de hecho, no faltaban fragmentos redactados en su propio estilo. Ni

Plauto ni Shakespeare podrían haber imaginado una comedia tan simétrica.

El desarrollo y el desenlace de todo esto, pese a ser inevitables, se dieron de un modo laberíntico y prolongado. Las reacciones de los protagonistas eran predecibles, y su suerte no tuvo nada de envidiable.[11] Al final, se descubrió que Soman había inventado no pocos resultados, y cuando se le pidieron cuentas al respecto, fue incapaz de presentar datos originales sustanciales relativos a la información que ofrecía en éste y en otros muchos artículos; de modo que se vio obligado a desdecirse, dimitir y regresar a la India. Helena Wachslicht-Rodbard abandonó los NIH a tiempo que el mundo de la investigación. Felig, por su parte, había comenzado a ejercer, en 1980, de jefe del Departamento de Medicina —el puesto más elevado de cualquier escuela de esta disciplina— del Colegio de Médicos y Cirujanos de la Universidad de Columbia. A finales de julio, llegaron a ésta noticias del asunto, y Paul Marks, vicerrector de ciencias de la salud, no dudó en constituir de inmediato una comisión de profesores. Pese a que nadie acusó directamente a Felig de fraude, sus integrantes redactaron un total de siete páginas de acusaciones. En esencia, se aseveraba que había actuado en todo momento de un modo inadecuado e incorrecto, y sobre todo al aceptar la labor de reseñar el artículo de Wachslicht-Rodbard y —lo que juzgaban aún peor— no haber informado del particular a todos los miembros de la Universidad de Columbia. El 1 de agosto de 1980 exigieron su dimisión, y el día 8, el escándalo protagonizaba la primera plana de *The New York Times*.

Ninguno de los casos expuestos fue baladí, y la publicidad cada vez mayor que se les otorgó fue lo que precipitó las vistas convocadas por el Congreso.

Apenas ocho meses después, el 31 de marzo de 1981, Philip Handler, presidente de la Academia Nacional de Ciencias, se mostró obstinado hasta el engreimiento durante su comparecencia ante el subcomité de investigación de Gore. «La falsificación de datos —sostuvo— no tiene por qué ser, a mi juicio, una cuestión que ataña al común de la sociedad. De hecho, se trata más bien de un problema relativamente menor que se genera en el seno de ese pequeño segmento de la sociedad que llamamos "comunidad científica", y que se resuelve, normalmente, de un modo eficaz dentro de sus propias fronteras.» Asimismo, apeló al carácter «efectivo, altamente democrático y capaz de enmendarse a sí mismo» del método científico, y en particular del sistema por el que unos investigadores evalúan la obra de otros. «A la hora de juzgar los casos excepcionales que han salido a la luz —seguía diciendo—, sólo se me ocurre calificarlos de episodios psicopáticos provocados por mentes de muy poco juicio (cuestiones éticas aparte); mentes que, al menos en este sentido, pueden considerarse trastornadas.» Handler presentó su testimonio siete semanas antes de que se destapara el caso de John Darsee.

John Darsee era un verdadero prodigio, y estaba desarrollando su labor investigadora en uno de los mejores laboratorios de una institución de no poco renombre. Su desenmascaramiento atrajo, por ende, el interés de todos los medios de comunicación. Asimismo, el caso se convirtió en una clara demostración de la arrogancia del poder, y dio pie a no pocos análisis sobre la complicidad de los coautores. Hasta la primavera de 1981, Darsee había sido un hombre admirado y envidiado en su campo en cuanto científico joven, capaz y de prodigiosa fecundidad: a sus 33 años, había publicado más de 125 artículos de investigación, capítulos de libros y reseñas mientras ejercía en la Escuela de Medicina de la Universidad de Emory, primero, y después en la de Harvard. Se había especializado en las causas del daño sufrido por el músculo cardíaco durante un ataque al corazón, así como en las posibilidades de recuperación según la gravedad de la lesión. Darsee se había trasladado de Emory a Harvard en 1979, invitado por Eugene Braunwald, cardiólogo de excepcional autoridad tanto en el ámbito de la investigación como en el de lo administrativo que, a sus cincuenta años, había visto ya su nombre en unos seiscientos artículos. Ocupaba la cátedra Hersey de Teoría y Práctica de la Medicina y formaba parte de la comisión que dirigía el Departamento de Medicina de la Escuela de Medicina de Harvard. Asimismo, era jefe médico del Brigham and Women's Hospital, asociado a ésta. Aquella primavera de 1981, Braunwald tenía bajo su responsabilidad a una veintena de investigadores y más de tres millones y medio de dólares en becas de los NIH repartidos en dos laboratorios: uno en el Brigham and Women's y el otro en el Beth Israel, a un par de manzanas de distancia. Darsee trabajaba en el primero, y a esas alturas, había firmado junto con él cierto número de artículos, amén de un capítulo de su monumental manual de cardiología, obra definitiva de dicha disciplina. Estaba a punto de verse ascendido a profesor agregado, impulsado por Braunwald, quien más tarde lo defendería diciendo de él que jamás había conocido a un subordinado más brillante, creativo y trabajador. Los dos hablaban de ciencia como colegas de idéntica posición, tal como sucede a menudo en la relación que se establece entre el protegido prolífico, inteligente y digno de encomio y su mentor. Éste es, huelga decirlo, el género de vínculos que, por lo común, impulsa la carrera profesional del más joven —y no sólo en el ámbito científico— y fomenta la investigación científica de calidad.

El desenmascaramiento de Darsee aparece referido en una meticulosa relación escrita por William J. Broad que vio la luz en la revista *Science* el siguiente mes de enero, así como en los informes de tres investigaciones independientes y en una sinopsis de lo sucedido que se distribuyó entre el profesorado de la Escuela de Medicina de Harvard.[12] Tres de los colegas que mantenían contacto diario con él —un becario de estudios posdoctorales llamado Edward Brown, otro doctorado y un técnico— habían ido albergando dudas cada vez más sólidas sobre él en el transcurso de varios meses. El 18 de mayo de 1981, los tres se dirigieron a Robert Kloner, superior inmediato del laboratorio, para anunciarle que Darsee estaba completando una reseña con el fin de publicarla a modo de anticipo de un trabajo sobre ciertos experimentos con perros que tenía intención de presentar durante cierto encuentro que se celebraría en otoño, y comunicarle sus sospechas de que estaba inventando todos los datos de la investigación. Kloner, que no podía dar crédito a la acusación ni evitar sentirse alarmado —pues él también había firmado con Darsee algunos de sus artículos—, quiso ver la información que estaba empleando para el escrito, y Darsee le aseguró que le presentaría parte de lo que había investigado. El jueves, 21 de mayo, en el laboratorio, comenzó a tomar notas experimentales con un perro, y a medida que obtenía los resultados, los fue agrupando sucesivamente bajo los epígrafes de: «Día 1», «Día 2»..., haciendo ver así que los había ido recogiendo a lo largo de un período de dos semanas. Y lo hizo a la vista de sus colegas, que no podían menos de observarlo atónitos.

Desde un punto de vista psicológico, la revelación del fraude no deja de ser, cuando menos, extravagante, y lleva a preguntarse si no habría alcanzado Darsee, como sucede en ocasiones a quienes cometen un crimen tras otro, el extremo en que comienzan a desear que los atrapen. Sea como fuere, lo cierto es que cuando Kloner le pidió explicaciones, aseguró haber tenido que inventarse los datos tras haberse deshecho de los originales en favor de los avances que, supuestamente, había llevado a cabo de forma reciente. Darsee sostuvo, en aquel momento y en los meses sucesivos, que aquéllos habían sido los únicos de su cosecha. Al día siguiente, viernes, Kloner puso a Braunwald al corriente de lo acaecido, y no hubo de pasar mucho para que Brown y el resto le participaran sus sospechas de que Darsee había mentido de forma habitual en sus artículos.

Las autoridades de Harvard actuaron, a un tiempo, con celeridad y con lentitud, dando muestras de la clásica respuesta institucional ambivalente: «¡Parece imposible! Un muchacho con tanto talento... Hay que hacer algo, pero ¿habrá algún modo de contener el escándalo?». A Darsee lo relegaron de sus cargos académicos y clínicos, en tanto que sus planes de ascenso se frustraron sin remedio. Braunwald y Kloner comenzaron a examinar su labor de investigación. En junio, la Escuela de Medicina puso fin a la beca de los NIH que recibía, sin mencionar, no obstante, su mala conducta. En ningún momento se le prohibió dejar de publicar, y así, a finales de mayo, la revista *Circulation* admitió diez nuevas reseñas suyas referentes a artículos que pensaba presentar aquel otoño. Asimismo, se le permitió seguir trabajando en proyectos de investigación de envergadura.

Hubo que esperar cinco meses para que, a finales de octubre, Braunwald y Kloner afrontasen el alcance de sus invenciones, que ni siquiera habían cesado tras el 21 de mayo. Hasta el día 3 de noviembre no comenzaron a retirarse los escritos de Darsee que quedaban por publicar. Ese mismo mes, por fin, creó Daniel Tosteson, decano de la escuela, una comisión formal encargada de investigar los hechos. Lo hizo, eso sí, por todo lo alto: tres de sus integrantes pertenecían a otros departamentos del centro; otros dos, respectivamente, a las facultades de Artes y Ciencias y de Derecho de la universidad, y tres más, a instituciones ajenas a ésta. Para presidirla eligió a uno de los peces gordos de la profesión: Richard Ross, decano de la Escuela de Medicina de la Johns Hopkins. Braunwald, por su parte, aguardó hasta mediados de mes para poner al corriente a las autoridades de Emory y advertirlas de la necesidad de inspeccionar a fondo la labor de Darsee en aquel centro. En diciembre, el Instituto Nacional del Corazón, los Pulmones y la Sangre emprendió una investigación al respecto, y más tarde aún habría de hacer otro tanto la Universidad de Emory.

La lentitud con que se enfrentó Braunwald al problema no deja de ser sospechosa. Desde el día que supo de las invenciones de Darsee hasta que Kloner dio razón al citado instituto cardiológico, durante una reunión celebrada en Bethesda, de lo que habían descubierto transcurrieron cinco meses. Durante este tiempo, el falseador siguió trabajando en el laboratorio de aquél. Broad deja claro, a cada paso de la detallada exposición del caso publicada en *Science*, que tal retraso despierta no pocas dudas (el contraste con la actuación de Robert Good, que despidió a Summerlin el mismo día que confesó haber pintado los ratones, no puede ser mayor). Al decir de Broad, Tosteson aseguró que la demora se debió a que Braunwald deseaba «hacerse con la situación» en primer lugar, y si bien el autor del artículo no necesita hacer hincapié en ello, lo cierto es que la expresión parece un eufemismo por *encubrir*. De hecho, el director de otro departamento del Brigham, que como integrante del comité ejecutivo de la institución estuvo en posición de tener noticia del escándalo según se desarrollaba, hizo saber con una indignación aún no apagada a quien estas líneas escribe: «Al principio, Braunwald trató de esconder debajo de la alfombra todo lo que iba barriendo». Fue algo que me reveló en un extenso mensaje de correo electrónico y me repitió durante una conversación telefónica mantenida en marzo de 2004, con la petición expresa de que no mencionase su nombre. «Quizá —me dijo— lo más alejado de la ética profesional de cuanto hizo Braunwald fue ocultar a los colaboradores de Darsee [entre quienes se incluían al menos cuatro personas de otros departamentos] el peligro que corrían.» Y así, «algunos de ellos siguieron trabajando con Darsee durante aquel verano», uniendo sus nombres al de él en diversos artículos.

La investigación que abrió el Instituto Nacional del Corazón, los Pulmones y la Sangre (organismo perteneciente a los NIH) en diciembre de 1981 se tradujo, catorce meses después, en un informe que criticaba duramente a Harvard en general, y a Braunwald y Tosteson en particular, por el modo negligente con que habían llevado el caso. La presión a que estaba sometido el laboratorio de Braunwald no correspondía a la escasa supervisión que ejercían los científicos de mayor posición. El moroso examen que habían llevado a cabo él y Kloner «pecaba de poco riguroso y distaba de ser definitivo». En su lugar, debería haberse constituido una comisión independiente de investigadores con la mayor prontitud; los Institutos Nacionales de la Salud deberían haber notificado el caso de inmediato, y la Universidad de Emory tendría que haber revelado la información al respecto con mayor prontitud. Los NIH negaron a Darsee la recepción de beca alguna durante un lapso de diez años, y exigieron la devolución, por parte de Harvard, de los 112.371 dólares que había recibido para uno de los estudios que se habían malogrado a causa de sus invenciones. James Wyngaarden, director de los NIH, adoptó una medida sin precedentes: sometió al laboratorio de Braunwald a un período de prueba de un año para asegurarse de que el registro de datos y la supervisión de éstos fuesen adecuados antes de que pudiese autorizarse la concesión de más dinero federal.

Al cabo de las diversas investigaciones, se supo que Darsee había inventado datos para numerosas publicaciones de una y otra institución. De los artículos afectados, 109 se habían escrito en colaboración con otras personas. El total de los coautores, procedentes siempre de Emory o Harvard, ascendía a 47. En ningún momento se ha planteado que ninguno de ellos pudiese ser parte implicada en los fraudes de Darsee, aunque aún quedaba por dilucidar por qué nadie se dio cuenta.

Esta pregunta provocó la atención y la intervención de dos de los personajes más extraños de cuantos pueblan la historia actual del fraude científico: Walter Stewart y Ned Feder.[13] Ambos ejercían de investigadores en lo que era entonces el Instituto Nacional de la Artritis, la Diabetes y las Enfermedades Digestivas y de Riñón, uno de los Institutos Nacionales de la Salud establecidos en Bethesda (Maryland), que con el tiempo perdió su carácter global para dividirse en dos: uno especializado en alergia y enfermedades contagiosas —pues una y otras guardan relación con la respuesta del sistema inmunológico— y otro consagrado a la diabetes y las dolencias renales y digestivas. Los dos científicos mencionados estaban investigando diversos casos de mala conducta, no por encomienda oficial, sino movidos por una simple curiosidad particular que acabó por convertirse en pasión.

La primera impresión que recibió quien esto escribe al conocer a Walter Stewart fue la de la viveza jovial de su voz y su recibimiento, y acto seguido, la velocidad de su discurso y el modo como brotaban, en todas direcciones, unas palabras tras otras cuando hacía hincapié en un punto concreto relacionado con la ciencia o el fraude. Aquel hombre de cabello oscuro y espeso, piel pálida, frente baja, mandíbula recia, boca amplia y labios gruesos se había licenciado en Harvard con la calificación de *summa cum laude* y había comenzado a trabajar en la Universidad Rockefeller antes de trasladarse a los NIH, sin llegar jamás a obtener el doctorado. En su época de sabueso de fraudes, era normal encontrarlo pasando el tiempo en el laboratorio —dotado de aire acondicionado—, vestido con pantalones cortos, camisa ajustada y sandalias, practicando con un manipulador telegráfico el alfabeto morse —utilísimo código en cuyo manejo estaba tratando de adiestrar a sus hijos mientras los enseñaba a leer—. Si alguna vez llevaba chaqueta y corbata, le resultaba imposible escapar a cierto aire de hombre de Neandertal trajeado. Ni siquiera los científicos que lo detestaban y aborrecían su obra ponían en duda su elevada capacidad intelectual, y aun sus amigos y aliados habían de reconocer su excentricidad y una buena dosis de fanatismo contumaz.

Ned Feder era —amén de 18 años mayor— más delgado, alto y tranquilo que él. Era de los que no lo tienen difícil para confundirse con la multitud. Había nacido en Minneapolis, y se había licenciado en química orgánica por Harvard. Tras culminar también la carrera de medicina, ejerció de profesor en su escuela, si bien en lugar de hacerse fijo se trasladó, en 1967, a los NIH. Stewart había sido alumno suyo —un estudiante «bueno e insólito», según lo definió—. Aunque su voz era más suave que la de su discípulo, y mayor su don para el sarcasmo, Feder mantenía con respecto a la probidad científica una actitud tan obstinada —intransigente, dirían algunos— como la de Stewart. La relación que mantenían los dos era tan estrecha como inusitada, y hacía pensar, en cierta medida, en la que se da entre un padre y un hijo: la firme determinación del mayor servía de puntal en lo estratégico y lo administrativo al genio impulsivo del más joven, para quien, en no pocas ocasiones, actuaba en calidad de ayudante personal.

De día, Feder y Stewart investigaban juntos en el laboratorio las leyes genéticas que determinan la forma de las células nerviosas de los caracoles. Habían hablado mucho del caso de Darsee y habían compartido una creciente indignación mientras estudiaban aquellos moluscos. Huelga decir que sus 109 trabajos estaban al alcance de todo el que tuviese algún interés en buscarlos en las diversas publicaciones en que habían aparecido. En el desarrollo de las tres investigaciones que se habían efectuado por separado había salido a la luz abundante información acerca de Darsee, sus artículos y sus colegas, y dado que el asunto de los caracoles no avanzaba con demasiada rapidez, durante la primavera de 1983 Stewart decidió, alentado por Feder, de cuya ayuda se sirvió para dar con los escritos y reproducirlos, examinar con detenimiento el contenido de éstos en busca de todo indicio en que hubiesen de haber reparado sus coautores aun cuando no hubieran tenido conocimiento de su conducta fraudulenta.

No tardaron en encontrar anomalías. Muchas de ellas —como la falta de concordancia entre cierto valor numérico consignado en el texto y la tabla en la que se exponían los mismos datos— no eran, ni mucho menos, incontestables. Con todo, aun éstas podían haber llamado la atención de cualquier colaborador vigilante. Otras eran más serias. Stewart y Feder hicieron constar por escrito cuanto habían descubierto, e informaron de errores «tan evidentes que ofenden al sentido común». El ejemplo más notorio se encontraba en un artículo procedente de Emory en el que Darsee y quienes con él lo firmaban habían expuesto «un llamativo linaje que representaba a cierta familia con una alta incidencia de una forma muy poco común de enfermedad cardíaca».

> Si se analiza el árbol genealógico ... puede observarse que un varón de diecisiete tenía cuatro hijos, de ocho, siete, cinco y cuatro años. (No es probable que la edad del progenitor se deba a un error de imprenta, toda vez que aparece en dos lugares distintos del texto.) En consecuencia, el padre debía de tener ocho o nueve años (ocho, probablemente) cuando fecundó a la madre de su primer vástago, y nueve o diez cuando hizo otro tanto con la del segundo. Este hecho singular, que bien podría haber puesto en duda la validez de todo el trabajo, pasó inadvertido, al parecer, a coautores y revisores, como sucedió también con las siguientes series inverosímiles de edades: su hermana vio nacer a su primer hijo cuando contaba dieciséis años, y su hermano y un primo carnal, con quince; además, tres de las mujeres que conformaban la generación anterior habían dado a luz por última vez a los cuarenta y uno, a los cuarenta y cinco y a los cincuenta y dos.

A continuación, señalaban una docena de discrepancias más sólo en aquel artículo: datos que diferían entre el resumen y el texto y una tabla, en tal grado que «su simple lectura sugiere que los dos conjuntos de cifras no pueden ser válidos de forma simultánea», o entre el escrito definitivo y la reseñas previas publicadas con anterioridad (en éstas se hablaba de tres familiares vivos que, según el texto, habían muerto antes de que se diese principio al estudio).

En otro de los trabajos que analizaron de la época en que Darsee había trabajado en Emory se sumaban a la suya las firmas de cinco coautores. En él se daba cuenta de los resultados de cierto procedimiento quirúrgico realizado con cinco pacientes. «Casi todos los datos incluidos en este artículo se recogen en tres gráficas que resultan ser incompatibles entre sí.» Asimismo, los resultados que en ellas se reflejaban carecían de toda verosimilitud estadística y no guardaban correspondencia alguna con los datos diseminados en el texto. En la sección introductoria del escrito se hablaba de cuatro de los pacientes como casos «sin complicaciones», aun cuando en el texto se afirmase que uno de ellos había sufrido serios empeoramientos. En la descripción de estos mismos afectados ofrecida en dos reseñas previas, se ofrecían datos que hacían que cada uno de los tres informes variase de forma significativa de cada uno de los otros. Según el estudio de Stewart y Feder, entre los 18 artículos de investigación inspeccionados, «los había con nada menos que 39 errores y discrepancias. La media de éstos llega a la docena por trabajo. De los 22 científicos que los firmaron con él, 19 fueron coautores de al menos uno que contenía diez o más errores o discrepancias».

Después de aquello, los dos centraron su interés en la labor de las distintas comisiones de investigación, y dieron con un excepcional rosario de negligencias y cosas peores. En la mayoría de los casos, los coautores no habían conservado los datos experimentales o clínicos que habían servido de base a los artículos. Cuando Stewart y Feder quisieron averiguar cuál había sido la participación real de los coautores durante la investigación o la redacción de los diversos trabajos que llevaban sus nombres, toparon con que una de cada tres veces, la relación que mantenían con los resultados era tan exigua que sólo podía hablarse de ellos como autores honorarios, entendida ésta como una expresión peyorativa. Y aún podía decirse más: «Los trece artículos en los que figuraba el nombre de al menos un autor honorario contenían más errores y discrepancias que los otros cinco».

Los trabajos publicados durante su estancia en Harvard versaban en su mayoría sobre experimentos con perros, y en ellos, claro está, se incluían animales que formaban parte del grupo de control. Pese a que en ninguno de ellos se especificaba, había muchos casos en los que los mismos cánidos se empleaban para tal fin en diversos artículos, aun cuando los experimentos en los que aparecían se hubiesen llevado a efecto con meses de diferencia. Stewart y Feder admitían que prácticas como ésta, por más que no fuesen ejemplares, resultan justificables en ocasiones, ya que, entre otras cosas, permiten reducir el número de animales necesarios. Lo que censuraban era el hecho de que no se informase en ningún momento al lector, a quien, en consecuencia, se negaba la posibilidad de evaluar el procedimiento real del experimento. Y aún había más: uno de los trabajos aseguraba que todos los perros sujetos a determinada operación experimental habían muerto tras sufrir una sobredosis de barbitúricos, tras lo cual «se les extirpó de inmediato el corazón para colocarlo en hielo». Sin embargo, algunos de esos mismos animales volvían a aparecer en informes que daban razón de experimentos posteriores. «Damos por supuesto —escribieron— que ninguno de los dos coautores de este ejemplo se percató de esta anomalía en el momento de la publicación.» El aire de suspicacia, el sutil tono socarrón de sus asertos tienen un efecto acumulativo demoledor.

Estos integrantes del grupo de control no eran los únicos elementos que se aprovechaban al máximo: en varias ocasiones, Darsee había aumentado su lista de publicaciones recogiendo los mismos datos en trabajos de investigación distintos, sin hacer constar remisión alguna. No fueron pocas las veces que dio a la prensa la misma reseña previa en diferentes revistas. «De los 88 *abstracts* que firmó, sólo 47 se publicaron en una sola ocasión: el resto apareció dos o tres veces.» De cuando en cuando modificaba parte del contenido, aunque tampoco era extraño que cambiase sólo el título. Así, por ejemplo, el de «Anomalías miocárdicas persistentes surgidas tras breves períodos de oclusión coronaria temporal sin necrosis» también vio la luz como «Anomalías prolongadas metabólicas, funcionales y ultraestructurales después de una isquemia transitoria sin infarto». Los autores eran los mismos, y el texto y los datos numéricos, idénticos.

En pocas palabras y sin adorno alguno, Stewart y Feder ofrecían las siguientes alternativas a modo de conclusión:

> Los testimonios aquí presentados apuntan a una incidencia alta hasta extremos sorprendentes de desviaciones de la norma establecida. Una de las explicaciones posibles hace pensar en la complicidad con Darsee de los coautores de las publicaciones que hemos estudiado, inducidos tal vez por él a actuar de un modo poco propio de ellos. La segunda posibilidad consiste en que quienes firmaron con él los artículos no fuesen personas representativas de sus respectivos ámbitos de estudio; la tercera, que el apartamiento de lo establecido sea algo excepcionalmente común en la especialidad propia de dichos científicos, en la investigación clínica en general o en los estudios llevados a cabo por las escuelas de medicina o por los médicos (pues a tal profesión pertenecía la mayor parte de los coautores de los artículos que hemos analizado y en tales centros se efectuaron todos los procedimientos que en ellos se describen). Aún queda una cuarta opción, mucho más preocupante: que dicho alejamiento sea más frecuente entre los especialistas en biomedicina de lo que por lo común se supone.

La intervención de Stewart y Feder en este caso tuvo una consecuencia singular y en extremo impredecible: la concatenación de acontecimientos que culminó con la revelación del asunto de Baltimore.

El caso de Mark Spector responde al patrón del *mentor seducido*.[14] Todo el que conocía a este prodigio lo consideraba una persona por demás inteligente, encantadora y de grandes dotes en muy diversos campos. Pintaba, escribía poesía y era un verdadero virtuoso en el banco de trabajo. Efraim Racker, mentor y amigo íntimo suyo, escribiría de él: «Cierto científico joven que lo observó experimentando en los Institutos Nacionales de la Salud aseguró una vez que era como ver a Beethoven tocar el piano». «Sus conferencias —seguía diciendo— eran propias de los oradores más deslumbrantes, hasta el punto de que antes de llegar a licenciado había recibido invitaciones para hablar en lugares muy diversos, incluidos los NIH. También era un profesor excelente.»[15] Spector entró a formar parte del laboratorio de Racker, sito en la Universidad de Cornell, en 1980, con carácter de estudiante de licenciatura. Quien con el tiempo se convertiría en su protector hacía tiempo que era sexagenario. Se había formado en Viena, su ciudad natal, de donde había huido a Estados Unidos antes de que estallase la segunda guerra mundial. Estaba especializado en las interacciones bioquímicas de la adenosintrifosfatasa sodio-potasio, enzima localizada en la membrana de las células y que controla funciones metabólicas esenciales. Desde la década de 1920, época que coincide con la era clásica de la bioquímica, los científicos saben que las células cancerosas actúan de un modo ineficaz, y la enzima de Racker tiene mucho que ver en este particular.

Un año después de su llegada, Spector ya la había purificado, y en el curso de los meses siguientes desarrolló las pruebas que demostraban que, en las células cancerosas, su eficiencia menguaba por la acción de una secuencia de otras tres enzimas, ignoradas por la ciencia hasta entonces. Poniendo toda su energía en el empeño, lo que a menudo comportaba permanecer hasta bien entrada la noche en el laboratorio, logró identificarlas y aislarlas merced a métodos comunes. Según su propio testimonio, introdujo fósforo radiactivo en su sistema bioquímico a medida que éste construía la proteína. El producto consistía en una solución de muchos tipos de moléculas desconocidas suministradas en cantidades diminutas. Separó la enzima por medio de la electroforesis: aplicó una línea de la solución sobre uno de los bordes de una placa de gelatina para, a continuación, crear un campo magnético de escasa intensidad que provocó la migración de las moléculas hacia el otro extremo. Algunas quedaron más cerca de éste que otras, con arreglo a las diminutas diferencias existentes entre la carga eléctrica de los distintos tipos. Acto seguido, dispuso el gel resultante sobre una placa fotográfica de rayos X, de modo que las manchas así obtenidas identificasen las moléculas radiactivas. Los geles se convirtieron en una prueba elegante en grado sumo, y las placas, en convincentes ilustraciones para sus artículos y diapositivas para sus conferencias. Llevando más allá sus experimentos, demostró que sus enzimas estaban relacionadas con la genética de las células cancerosas.

Las posibilidades que tal hallazgo abría electrizaron los ánimos de la comunidad bioquímica internacional. La investigación era de primer orden. Con el paso de los años, los estudios clásicos sobre los que Racker había construido su propia trayectoria científica habían propiciado tres premios Nobel. Llegada la primavera de 1981, él y Spector habían escrito diversos artículos en colaboración, y si bien aún no eran muchos los que habían culminado el proceso de publicación, los autores habían podido distribuir ya varias ediciones previas y estaban dando charlas en todas partes ante nutridos auditorios. Spector, además, comenzó a recibir ofertas para ejercer la docencia en diversos centros.

Algunos de sus colegas, sin embargo, dieron signos de escepticismo: el sistema enzimático de aquel joven no acababa de casar con otros datos existentes. Su fecundidad resultaba demasiado asombrosa: en el curso de dos años, había culminado trabajos comparables a descubrimientos clásicos para los que habían hecho falta cuatro lustros. Aun así, algunos científicos habían sido incapaces de duplicar sus resultados, cosa que, curiosamente, no sucedía cuando Spector proporcionaba el material necesario y participaba en los experimentos. Las anomalías eran cada vez más sospechosas, y en determinado momento,

Volker Vogt, experto en virología tumoral perteneciente al mismo departamento de la Universidad de Cornell, exigió, tras verse incapaz de repetir uno de los ensayos de Spector, que se le mostrasen los geles de éste. Mientras los examinaba, colocó por casualidad una placa de vidrio sobre una de las muestras, y pudo reparar en que uno de los monitores seguía detectando actividad, cuando las radiaciones del fósforo deberían haber sido demasiado débiles para atravesar el cristal. La verdad era que los preparados enzimáticos de Spector no contenían, como elemento radiactivo, fósforo sino yodo. Racker no tuvo más remedio que enfrentarse a lo evidente.

Al referir lo sucedido en el artículo que publicaría en *Nature* siete años después, calificó el de su protegido de ejemplo sobresaliente del verdadero fraude «profesional». Según se supo, Spector había manipulado sus experimentos de diversos modos a fin de provocar los fenómenos que respaldarían sus afirmaciones. En consecuencia, se vio expulsado del laboratorio, y Racker hubo de retirar los originales que estaban por editar y desmentir los artículos que sí habían sido publicados. Cuando se investigó su caso, salió a la luz que Spector jamás había llegado a licenciarse, así como que, en cierta ocasión, había sufrido condena por falsificar cheques. Compungido, Racker confió más tarde a un viejo amigo que había tratado a aquel joven como a un hijo.

El suceso que se expone a continuación también responde al arquetipo del mentor seducido, a tiempo que proporciona un ejemplo del castigo que sufren, de cuando en cuando, quienes hacen saltar la alarma en un caso de fraude.[16] Robert Sprague conoció a Stephen Breuning en 1979. El primero era un psicólogo de 48 años que llevaba quince estudiando en la Universidad de Illinois los efectos de los neurolépticos, género de tranquilizantes que se empleó de forma amplia con pacientes afectados de retraso mental grave dados a provocarse lesiones —golpeándose, por ejemplo, la cabeza contra una pared—. Estos sedantes los calmaban, pero su uso prolongado podía provocar cierto efecto secundario de gravedad, conocido como *discinesia tardía*, que se manifiesta a través de contorsiones y sacudidas espasmódicas, relativamente inofensivas en ocasiones y raras veces mortales, aunque siempre angustiosas. Breuning apenas había cumplido los treinta, y hacía dos que había completado su doctorado en psicología en el Instituto Tecnológico de Illinois, sito en Chicago. A Sprague lo sorprendió aquel «joven tan capaz y elocuente», inteligente y productivo. En aquella época, Breuning trabajaba en el Centro Regional de Coldwater (Michigan), residencia consagrada al tratamiento de personas con retraso mental en la que operaban también otros psicólogos noveles. Sus intereses coincidían en parte con los de Sprague, quien, necesitado de colegas y pacientes, trasladó su beca de investigación a aquel organismo durante el verano de 1979. Respaldado con esta financiación, Breuning comenzó a escribir un artículo tras otro para remitirlos a su nuevo mentor y amigo. A éste le parecían «estudios soberbios, en los que se empleaba una metodología excelente aplicada a un número considerable de individuos», tal como aseguró durante un coloquio celebrado en abril de 1992. Asimismo, «daban cuenta de resultados muy importantes».[17]

Los escritos del joven eran tan buenos y numerosos que, tras dos años de colaboración, Sprague no pudo menos de empezar a desconfiar de él. «Sabía que, seguramente, a mí me sería imposible producir la clase de estudios que él estaba llevando a cabo ... Cuanto más pensaba en esto, más evidente se me hacía que, si yo no era capaz de hacerlo, posiblemente él tampoco.» Por consiguiente, se dispuso a comprobar todos sus trabajos.

A principios de 1981, Breuning se trasladó al Western Psychiatric Institute, prestigioso organismo perteneciente a la Universidad de Pittsburgh. Obtuvo su propia beca, concedida por el Instituto Nacional de Salud Mental y administrada a través de la universidad. Sin embargo, aquello no supuso el fin de su colaboración con Sprague, con quien seguía manteniéndose en contacto por teléfono y a través del correo, así como merced a las visitas que se hacían cada par de meses. Este último, no obstante, había empezado a sospechar que algunos de los avances que se atribuía el joven eran de todo punto imposibles.

Cuando 1981 tocaba a su fin, Breuning le entregó un ejemplar de su primer informe anual, en el que aseguraba haber llevado a término siete estudios durante aquel período. Sprague sabía que éstos tenían que haberse desarrollado, por necesidad, de forma consecutiva y no simultánea, y no ignoraba que el joven jamás pisaba el laboratorio en sábado, domingo ni festivo. Así y todo, el número de días que, según aquel escrito, había empleado para efectuar aquellos experimentos ascendía, según sus cuentas, a un total de 273, aun cuando el año no poseía más de 263 laborables. «En el mundo real —añadía en su exposición—, las personas se indisponen, el equipo falla, los ayudantes, de cuando en cuando, manejan el instrumental de forma poco correcta... Todo esto quiere decir que, hasta en las condiciones más favorables, no hay investigador que aspire a más de un 80 o un 85 por 100 de eficacia, habida cuenta de la complejidad de este tipo de estudios.»

La teoría principal de Breuning sostenía que, a menudo, los neurolépticos estaban haciendo más mal que bien a los pacientes, y sus experimentos respaldaban tal hipótesis. Uno de ellos llegaba incluso al extremo de demostrar que se había duplicado el cociente intelectual de los sujetos a los que se habían dejado de administrar los fármacos. El haber alertado a la comunidad psiquiátrica de estos riesgos —y el modo como estaba influyendo, por ende, en el cambio de las prácticas clínicas— lo había hecho merecedor de no pocos elogios. Sprague, empero, no hacía sino ver crecer sus recelos. Uno de los problemas técnicos a los que se enfrentaba quien abordase este tipo de estudios era el que se planteaba a la hora de cuantificar los tipos y la gravedad de los movimientos espasmódicos de los pacientes. Las enfermeras que los observaban necesitaban una escala de valoración que permitiese unificar sus informes. Sin embargo, como es de esperar, el uso de ésta hacía muy difícil que aquéllas coincidiesen en sus mediciones, y así, en efecto, durante la investigación que había acometido con otro colega en Minnesota, Sprague apenas había conseguido que la concordancia entre los datos recogidos por unas y otras superase el 78 por 100. En septiembre de 1983, durante una visita a Pittsburgh, la novia del joven reparó en cierta irregularidad a este respecto, «ya que se estaban alcanzando coincidencias del cien por cien entre las lecturas de las distintas enfermeras de las salas a su cargo. Poco me faltó para caerme del sillón cuando me reveló esta circunstancia, pues en aquel instante tuve la certeza de que Breuning estaba mintiendo: por excelente que pueda uno ser en cuanto investigador, es imposible que obtenga mediciones idénticas cuando hay varias personas efectuando evaluaciones tan difíciles como aquéllas».

Sprague pasó los tres meses siguientes analizando la obra de su protegido. Como quiera que, a finales del verano de 1983, tenía pensado organizar un simposio sobre la discinesia tardía, pidió a los participantes que le enviasen reseñas de sus ponencias, y en noviembre recibió la de Breuning. En ella se refería a un artículo que había publicado con otros para dar razón de un estudio de dos años realizado con 57 pacientes en Coldwater y que había culminado avanzado el año de 1980. El joven tenía la intención de exponer el seguimiento de 45 de ellos durante un período de dos años a partir de la fecha en que se había trasladado a Pittsburgh. Según aseguraba, había examinado a cada uno a razón de dos veces por año, lo que hacía un total de ciento ochenta reconocimientos. Sprague telefoneó a Neal Davidson, psicólogo que había trabajado en Coldwater durante la estancia de aquél y después de su traslado a Pittsburgh. «Davidson me dijo que era imposible que Breuning hubiese llevado a cabo tal investigación, toda vez que no había dejado ayudantes ni regresado jamás a Coldwater.» El mentor llamó entonces a su protegido para instarle a que le enviase, en el plazo de 48 horas, los datos obtenidos de esas ciento ochenta evaluaciones. «Mi petición pareció alarmarlo: era la primera vez que lo notaba inquieto, perturbado, incapaz de expresarse.» Tres días después, recibió «24 hojas de papel correspondientes a otras tantas exploraciones, y aun algunas de éstas resultaban sospechosas, ya que en ninguna se especificaban las iniciales de quienes las habían llevado a cabo. Las fechas, además, no coincidían con la cronología que conocíamos», y éstos no eran los únicos aspectos dudosos. «Lo que importaba, por encima de todo, era que todo aquel que asegure haber efectuado ciento ochenta reconocimientos y no sea capaz de presentar los datos relativos a 24 de ellos está mintiendo.» El 20 de diciembre de 1983, Sprague informó de la conducta de su amigo al responsable de supervisarlo desde el Instituto Nacional de Salud Mental en una carta de ocho páginas a espacio sencillo con 44 de apéndices.

El proceso que siguió fue largo y muy complejo. Presionada por el Instituto Nacional de Salud Mental, la Universidad de Pittsburgh creó una comisión de profesores en febrero de 1984. Breuning confesó ante ella haber inventado los datos de Coldwater, razón por la que dimitió al mes siguiente. Sin embargo, a despecho de la documentación presentada por Sprague en lo tocante a los continuos fraudes consumados por el joven en Pittsburgh, la comisión investigadora no fijó su atención en ninguno de ellos. De hecho, en julio de 1984, el decano de la Escuela de Medicina de la universidad escribió a los NIH asegurando no tener «motivos para emprender acción alguna» contra Breuning.

Entonces, el sistema se volvió contra Sprague. El director en funciones del Instituto Nacional de Salud Mental nombró a un investigador cuya primera acción consistió en pasar dos semanas inspeccionándolo a él. Aún habrían de pasar más de dos años para que volviera a hacerse algo con respecto a la Universidad de Pittsburgh. Luego, cuando Sprague salió a la luz y comenzó a generar publicidad —lo que supuso incluso la redacción de un artículo para *Science*—, hubo de sufrir, como primera consecuencia, la interrupción de las becas federales de que venía beneficiándose desde hacía 17 años. En 1988 hubo de testificar tres veces ante sendas comisiones del Congreso. El 12 de abril compareció ante la Subcomisión de Negligencias e Investigaciones de John Dingell para prestar testimonio en relación con el caso, y tuvo que hablar asimismo del acto de encubrimiento en que había incurrido la Universidad de Pittsburgh (durante un largo día de declaraciones comparable al que tendría lugar, más adelante, con respecto al asunto en que se vieron envueltos Baltimore e Imanishi-Kari). Sprague no tardó en recibir de George Huber, vicepresidente y abogado de la división médica de la universidad, una carta sobrecogedora en la que lo amenazaba con denunciarlo por difamación. El destinatario remitió el documento a la subcomisión, y Dingell, quien siempre ha actuado con prontitud y firmeza cuando de proteger a los denunciantes se trata, escribió a Wesley Posvar, rector de la universidad, quien acabó por pedir disculpas a Sprague.

El caso de Robert Slutsky era, en sí mismo, relativamente poco complicado y se manejó de un modo expeditivo y eficaz. El síndrome, cierto es, no nos es desconocido; con todo, la importancia del asunto radica en el profundo análisis, de gran originalidad, a que dio pie su revelación. Slutsky era un médico joven, residente de radiología y profesor clínico agregado —cargo este último no remunerado— del departamento correspondiente de la Universidad de California en San Diego. Parecía una persona calificada y sin lugar a dudas fructífera, tal como hacían pensar los 137 artículos y reseñas por él firmados que habían visto la luz en 34 revistas diferentes, de mayor o menor tirada, en el curso de siete años. A principios de 1985, estaba a punto de ser ascendido a profesor agregado de radiología de la Escuela de Medicina, y como era costumbre, se instituyó una comisión para evaluar su labor y determinar si reunía los requisitos necesarios para el puesto. Cuando uno de sus integrantes reparó en que Slutsky había repetido los datos de dos de sus trabajos publicados, se nombró una segunda comisión. Quienes la conformaban examinaron con detenimiento todos sus artículos, incluidos los inéditos, así como sus cuadernos, e interrogaron al personal del laboratorio y a los becarios de estudios posdoctorales. El problema se hizo mayor, pues todo indicaba que los tres últimos originales que había firmado describían experimentos que jamás habían llegado a hacerse. Además de exhortar al autor a retractarse de los dos artículos en los que se repetían los datos, solicitaron una investigación aún más minuciosa. Slutsky dimitió un mes después de presentados contra él los primeros cargos. Con todo, las indagaciones siguieron su curso. Mientras tanto, su abogado pidió a ocho revistas, en las que el científico había publicado un total de quince trabajos, que diesen noticia de que «el doctor Slutsky ha venido recientemente en conocimiento de cierta información que arroja dudas sobre algunos de los resultados».

En noviembre de 1987, *The New England Journal of Medicine* recogió en sus páginas un análisis del caso firmado por Robert L. Engler, James W. Covell, Paul J. Friedman, Philip S. Kitcher y Richard M. Peters.[18] Todos habían formado parte de alguna de las comisiones encargadas de investigarlo, a excepción de Kitcher, filósofo y experto en historia de la ciencia —que a la sazón también pertenecía a la Universidad de California en San Diego y hoy trabaja en la de Columbia— a quien el resto pidió que participara en el escrito. Tal como aseguraban los autores, «una comisión de diez profesores se ocupó de investigar toda la bibliografía generada por Slutsky». De los artículos examinados, «77 se consideraron válidos; 48, cuestionables, y 12, fraudulentos». Entre las irregularidades cometidas se incluían «numerosos experimentos que jamás se llegaron a ejecutar», mediciones que no se efectuaron y descripciones de análisis estadísticos que nunca se habían llevado a término. La comisión investigadora presentó informes de algunos de los coautores de Slutsky —que habían sido noventa y tres en total— y entrevistó a los profesores más antiguos del departamento a fin de determinar «cómo había pasado tanto tiempo antes de que se detectasen las invenciones de un investigador joven como él».

Los autores del estudio publicado en *The New England Journal* reconocieron lo que ellos llamaban «publicación excesiva». De hecho, los científicos que tenía Slutsky por modelo también habían dado a luz una cantidad ingente de artículos. «Su increíble productividad (un trabajo cada diez días mientras ejercía, a la vez, de residente y profesor clínico adjunto de radiología) no hizo saltar la alarma», y esto se debió, sobre todo, a dos factores:

> En primer lugar, sus escritos aparecían en toda una variedad de revistas pertenecientes a tres especialidades, de tal modo que nadie que estuviese vinculado a alguna de las tres los leyó todos. Además, Slutsky se encargó de aparentar una alta fecundidad en artículos con colaboradores, uniendo al suyo los nombres de colegas y estudiantes en trabajos en los que, si habían contribuido, no había sido en gran medida.

Aducían ejemplos descarados y aun extravagantes. Algunos de los coautores ni siquiera supieron de su supuesta colaboración hasta que la comisión investigadora los interrogó. Slutsky había falsificado sus firmas en los impresos relativos a los derechos de autor. Y ahí no quedaba la cosa:

> Una investigadora en prácticas recién asignada al laboratorio recibió a su llegada el obsequio de una publicación en la que se le nominaba en calidad de coautora. Algunos colegas y alumnos se sentían demasiado halagados o cohibidos para pedir que se retirasen sus nombres de los trabajos en los que no habían contribuido. ... Por otra parte, había profesores que daban por hecho que se les mencionaría como co-

> autores aun cuando sólo hubiesen proporcionado las instalaciones necesarias para acometer un proyecto, sin participar en él de forma sustancial ni tener siquiera conocimiento de su validez. Muestras así de coautoría regalada no eran, en realidad, sino un modo de fingir un volumen de trabajo que jamás podría haber firmado una sola persona.

Este hecho hacía más difícil la detección de errores, amén de constituir «un acto reprobable de tergiversación deliberada».

Si Slutsky salió impune de sus fraudes durante tanto tiempo fue, entre otras razones, porque quienes trabajaron codo a codo con él y sospecharon de la validez de ciertos originales, de su productividad o de la despreocupación con que abordaba algunos experimentos «optaron por no comunicar sus preocupaciones al responsable del departamento, el vicedecano de la Escuela de Medicina o cualquier otro supervisor».

No resulta difícil cuadriplicar el número de ejemplos similares de bajezas que han salido a la luz desde que se hizo público el engaño de Summerlin. Con todo, el caso de Slutsky se distingue de los demás por la calidad de aquel informe surgido en *The New England Journal*. Aquellas seis páginas anotadas son pródigas en hechos y recomendaciones, a veces obvios y a veces sutiles, aunque siempre prácticos y apasionantes. Es imposible no detectar en ellas la mano de Philip Kitcher, el filósofo e historiador, quien debió de proporcionar a sus colegas un estilo y unos horizontes diferentes de razonamiento.

Parece, sea como fuere, que las lecciones no quedaron bien aprendidas. Seis años después de que Philip Handler presentase su obtusa declaración ante la subcomisión investigadora de Gore, Daniel E. Koshland hijo, director de *Science*, escribió un artículo de opinión para el número del 9 de enero de 1987, dedicado al fraude científico.[19] Koshland, que llevaba dos años ocupando el puesto, no había dejado de ejercer de bioquímico en la Universidad de California en Berkeley, de uno de cuyos departamentos había obtenido la presidencia no hacía mucho. Además, antes que la citada revista, había dirigido *Proceedings of the National Academy of Sciences*. Era, en resumidas cuentas, un científico de gran reputación.

Pese a que el caso de Baltimore aún no había salido a la luz, el de Darsee acababa de centrar la atención del público, y como hemos visto, empezaban a divulgarse otros. La alarma comenzaba a cundir entre los científicos, entre los miembros del congreso que tenían relación con la ciencia y su financiación, y entre los periodistas. En su escrito, Koshland hablaba de cosas que no por sensatas dejaban de ser evidentes; sin embargo, otras podían decirse, a lo sumo, impregnadas de un afanoso optimismo. «Las buenas intenciones no bastan —aseguraba—. Los experimentos descuidados y los estudios desidiosos están condenados al fracaso. El fraude categórico es intolerable.» A lo que añadía, no obstante: «La naturaleza acumulativa de la ciencia garantiza un desenmascaramiento inevitable, por lo general en un lapso de tiempo más bien corto». Y tras admitir la existencia de hechos preocupantes, concluía: «Hemos de reconocer que el 99,9999 por 100 de los trabajos de investigación son rigurosos y veraces, así como que se mueven, a menudo, entre límites que avanzan con rapidez y en los que resulta difícil la recogida de datos». Lo único que cabe suponer es que Koshland pensó que debía proteger a la comunidad científica. El mundo de la ciencia en tiempos de Babbage era reducido y abierto, y sus elementos estaban muy unidos. Tal vez pueda justificarse su confianza. Sin embargo, en el aserto de Koshland todos vieron enseguida una atroz necedad para la que era imposible buscar fundamento.

Tampoco puede decirse que actos fraudulentos como los expuestos sean exclusivos de la ciencia estadounidense, tal como demuestran los casos denunciados en Australia, Gran Bretaña, Francia, Alemania, la India, Polonia, Suecia y otros muchos países. No es sencillo, huelga decirlo, establecer comparaciones capaces de franquear las fronteras nacionales, ya en lo tocante a su revelación —o su encubrimiento— a lo largo de la investigación, ya en lo relativo a su adjudicación y su remedio. Los científicos y los laboratorios de fuera de Estados Unidos son menores en número, y reciben, por lo general, financiaciones menos cuantiosas. Asimismo, existe una diferencia más sutil, y es que, en Europa, los proyectos de investigación suelen concebirse y sufragarse a más largo plazo. En consecuencia, son distintas tanto las cuestiones que intervienen como las presiones. La organización de las diversas ciencias es, en todos los sentidos, más jerárquica, y otro tanto cabe decir de los laboratorios. Los de investigación son, con frecuencia, independientes de las universidades, por lo que carecen de las cáfilas de estudiantes sin licenciar —esclavos que, sin embargo, realizan así su período de prácticas— de que disponen los científicos en Estados Unidos. En Alemania, por exponer sólo una de las incontables diferencias, existen muchos laboratorios que se aferran a la tradición por la que en todo artículo se recoge, de forma automática, el nombre del profesor en calidad de coautor, si bien hay que decir que tal práctica está perdiendo prestigio. Los casos de fraude, por otra parte, han sido objeto de una publicidad mucho menor, y las respuestas institucionales tienden a ser mucho más avasalladoras. Los franceses, por ejemplo, poseen una tremenda habilidad a la hora de encubrir este tipo de escándalos; lo que implica, por otra parte, que las contadas ocasiones en que alguien tira de la manta, el hedor de la corrupción es tal que puede sacudir gobiernos enteros. Así y todo, si se examinan con precaución, hay casos que presentan intrigantes rasgos comunes.

Uno de los más escabrosos salió a la superficie en abril de 1989, cuando *Nature* publicó un artículo escrito por John Talent, paleontólogo australiano experto en la geología del Himalaya, y en particular en su estratigrafía y sus fósiles. Llevaba por título «El caso de los fósiles ambulantes», y trazaba la historia de 25 años de publicaciones —más de trescientas— que daban cuenta de extraordinarios hallazgos fósiles, «una verdadera avalancha de datos paleontológicos», efectuados en una extensión considerable de las altas estribaciones de dicho sistema montañoso, desde Cachemira hasta la oriental Bután, pasando por la zona más septentrional de la India y por Nepal.[20] «La India —apuntaba— es célebre por una larga tradición de excelencia en el ámbito de lo geopaleontológico, amparada por más de un siglo de trabajos escritos acerca de los estudios geológicos allí efectuados.» Los nuevos descubrimientos ofrecían «incorporaciones sorprendentes desde un punto de vista biogeográfico» a la nómina de especies animales presentes en la región en épocas remotas. Una de las series de artículos que analizaba informaba de ejemplares, procedentes del noreste indio y Nepal, de un tipo bien conocido de conodontos —restos diminutos de forma cónica y aspecto brillante, semejantes a dientes, de criaturas por lo demás en descomposición— que hasta entonces sólo se había encontrado en una cantera del norte del estado de Nueva York. A su lado habían aparecido muestras de amonites —molusco fósil emparentado con el nautilo— idénticas a ciertos especímenes frecuentes en Marruecos. Estos descubrimientos afectaban asimismo a no pocas correspondencias estratigráficas consolidadas, lo que ponía patas arriba la geología y la paleontología del Himalaya. Todo esto fue obra de un hombre: Viswat Jit Gupta, profesor de la Universidad Penjabí de Chandīgarh, quien había estado salpicando aquel vasto territorio en forma de cuarto menguante de ejemplares extraídos, a todas luces, de colecciones didácticas. Es imposible calcular el tiempo y el sudor que han sido necesarios para poner en orden todo el caos originado por él, como difícil va a ser abordar sin sombra de duda trabajos posteriores.

Los científicos y directores de revistas del Reino Unido, que habían observado la larga serie de casos estadounidenses de fraude con cierto engreimiento, vieron frustrada su complacencia por el asunto de Malcolm Pearce.[21] En agosto de 1994, el *British Journal of Obstetrics and Gynaecology* recogió un artículo de este especialista en tocología del Saint George's Hospital londinense en el que aseguraba haber tratado con éxito un embarazo extrauterino merced a un método radicalmente nuevo que había permitido a la paciente alumbrar a una hija sana. El trabajo de Pearce, que era uno de los editores de la revista, suscitó un interés inmediato de los obstetras de todo el mundo. Este tipo de gestación, en el que el embrión se implanta fuera del útero, por lo común en una de las trompas de Falopio, se malogra siempre y comporta un grave peligro para la encinta, que corre el riesgo de morir desangrada. Esta anomalía, cuyo primer síntoma suele ser un intenso dolor abdominal, es motivo de ingreso en los hospitales estadounidenses de unas cien mil mujeres al año. Pearce afirmaba haber tratado a la paciente X, a la que describía como una africana de 29 años con un embrión ectópico de cinco semanas, retirando éste del oviducto en la mesa de operaciones para después enviarlo por medio del cuello del útero a la matriz, donde se implantó sin complicaciones. «La paciente recibió el alta cuatro días después de la intervención.» Como coautores del estudio figuraban el profesor Geoffrey Chamberlain, director del departamento de Saint George's al que pertenecía Pearce, presidente del Real Colegio de Obstetras y Ginecólogos y director de la revista, y el médico Isaac Manyonda.

En aquel mismo número, Pearce publicó otro artículo en el que aseguraba haber llevado a término un ensayo de doble ciego y asignación aleatoria durante un período de tres años con un grupo de 191 mujeres con antecedentes de aborto y ovarios poliquísticos a las que se había administrado, bien una hormona llamada *gonadotropina coriónica humana*, bien placebo. Según el escrito, que firmaba junto con Pearce otro de los médicos a él subordinado, por nombre Rosoel Hamid, las que habían recibido la hormona mostraban una menor propensión a perder el feto.

La afección por la que declara Pearce que fueron tratadas estas pacientes no es precisamente común. Stephen Lock, a la sazón director del *British Medical Journal*, diría más tarde en relación con el conflicto que con toda seguridad se planteó a Chamberlain: «En este caso, un editor más desinteresado habría puesto en duda el hecho de que Pearce pretendiese haber examinado, en un período de más de tres años, a 191 mujeres con un síndrome tan poco frecuente que en los centros de referencia de relieve apenas si se veían uno o dos casos nuevos por mes. Por si eso fuera poco, se había sometido a todas ellas a una serie de pruebas muy complejas que incluían el cariotipo [o imagen cromosómica] de ellas y sus parejas».

Tan extraordinaria cantidad no levantó sospechas entre los colegas del Saint George's Hospital sino después de publicado el artículo de Pearce. De los otros médicos que trabajaban en el centro, ninguno había oído hablar antes de aquel estudio, ni tampoco —lo que les chocó más aún, dada su importancia, caso de confirmarse— del éxito logrado con el embarazo extrauterino de la paciente X. Cuando Chamberlain ordenó emprender una investigación, Pearce fue incapaz de presentar notas de seguimiento, autorizaciones firmadas por las pacientes ni ningún otro documento del ensayo con hormonas. Asimismo, los archivos informáticos relacionados con el embarazo ectópico habían sido objeto de falsificación: la paciente había abortado. Pearce aseguró entonces a Chamberlain que la madre había sido, en realidad, una tal paciente Y, quien temía que se descubriera un aborto sufrido con anterioridad. Sin embargo, ésta también había sido fruto de una invención, fraguada sin duda a la carrera, toda vez que el ordenador reveló que había nacido en 1910 y fallecido en el momento de la innovadora operación.

En el Reino Unido, la entidad encargada de establecer los requisitos y hacer cumplir las normas éticas en lo tocante a la profesión médica es el Consejo Médico General, que posee la nómina de facultativos cualificados para ejercer y dispone de un comité disciplinario. A principios de junio de 1995, en el plazo de nueve meses, este organismo declaró a Pearce culpable de «mala conducta profesional seria» y lo excluyó del registro médico. El infractor se vio expulsado tanto del hospital como de su puesto en la revista. Chamberlain dimitió en cuanto presidente del Real Colegio de Obstetras y Ginecólogos y director de la publicación, aunque conservó el cargo de director de departamento en el Saint George's. Él y los dos subordinados de Pearce fueron objeto de reprensión por haber firmado un artículo en colaboración sin analizar su contenido. Según refirió a Owen Dyer, periodista médico que no dudó en dar noticia del caso en el *British Medical Journal* apenas salió a la luz: «Si accedí a firmar el artículo fue por cortesía y porque me pidió que lo hiciera en calidad de director del departamento».[22] En noviembre de aquel año, el *British Journal of Obstetrics and Gynaecology* desmintió el contenido de cuatro artículos de Pearce. De dos de ellos, incluido el estudio sobre el aborto, se alegó que «no se ha encontrado indicio alguno» de que se hubiesen llevado a cabo. En cuanto a los otros dos, «carecen de corroboración, por lo que debe dudarse de su veracidad». Chamberlain, cuya prosapia inglesa se hace incontestable con sólo oír su acento, hizo saber a Dyer: «Malcolm se ha comportado de un modo muy estúpido en esta ocasión. Sin embargo, en el pasado ha hecho mucho bien».

En un comedido artículo de opinión aparecido en el *British Medical Journal*, Stephen Lock extrajo la siguiente lección inexorable del asunto: «El Reino Unido debería abandonar, aunque sea ya a destiempo, la actitud relajada que mantiene en lo relativo al fraude científico».

> La semana pasada —seguía diciendo—, el ginecólogo británico Malcolm Pearce se vio excluido del registro médico por su proceder fraudulento tras publicar en el *British Journal of Obstetrics and Gynaecology* dos artículos en los que describía investigaciones que jamás había llegado a efectuar. Como quiera que sólo han transcurrido nueve meses desde que saltó la alarma hasta que se han tomado medidas contra él, los observadores extranjeros podrían dar por sentado que, igual que sucede en otros países, en el Reino Unido se han establecido métodos para prevenir, detectar y manejar los casos de mala conducta investigadora. Sin embargo, estarían equivocados. Que el asunto de Pearce se haya llevado con eficacia no es sino una excepción: el director de su escuela de medicina sabía lo que tenía que hacer y estaba resuelto a hacerlo, con rapidez y sin dejar por ello de garantizar los derechos del acusado y el denunciante. En la mayoría de las instituciones médicas del país no habría sucedido nada de esto: el fraude se habría encubierto, y quien lo hubiera denunciado habría acabado por perder su empleo de uno u otro modo.
>
> Pese a lo que puedan decir los informes del Real Colegio de Médicos, el Reino Unido ha aprendido muy poco sobre cómo enfrentarse al fraude científico desde que se planteó por vez primera la gravedad del asunto cuando surgió el caso de Darsee en Estados Unidos.

De hecho, el de Pearce no fue un ejemplo aislado: a mediados de la década de 1990 salieron a la luz otros casos. En febrero de 1994, cierto documental de televisión acusó a Peter Nixon, cardiólogo de Londres, de cometer fraude en una serie de artículos y de tratar de manera inadecuada a algunos de sus pacientes. Él presentó una querella por difamación, y en mayo de 1997, ante los tribunales, hubo de reconocer que había inventado los resultados de un número determinado de estudios y efectuado a sus enfermos pruebas de diagnóstico no exentas de riesgo para su salud y aun para sus vidas. Retiró por entero la demanda, y el tribunal lo conminó a pagar a la cadena de televisión 750.000 libras —más de 1.100.000 dólares de entonces— en concepto de costas.[23]

John Anderton, experto en enfermedades renales asentado en Edimburgo, dirigió un ensayo clínico en torno a la eficacia de cierto medicamento con el patrocinio de Pfizer, el laboratorio fabricante.[24]

El estudio duró quince meses y costó 42.000 libras —70.000 dólares—, si bien Anderton no extrajo provecho personal alguno de esta cantidad. Uno de quienes revisaron las pruebas en la empresa detectó errores en el informe del médico, lo que hizo que Pfizer recurriese a Medicolegal Investigation, compañía privada establecida por Frank Wells —antiguo director médico de la Asociación de la Industria Farmacéutica Británica—, junto con un inspector jefe de la policía retirado. Se descubrió así que Anderton había falsificado los datos de las ecocardiografías y resonancias magnéticas practicadas a los pacientes, amén de hacer que su ayudante inventara información y testificase en falso en relación con las autorizaciones de los pacientes. Durante la investigación, aseguró haber recibido los datos falsificados de un tal doctor Shaffick, quien, al parecer, no existía. En julio de 1997, Anderton quedó excluido del colegio de médicos.

A esas alturas, la empresa de indagaciones de Wells había comunicado al Consejo Médico General otros 17 casos de mala conducta, todos graves, y estaba trabajando en otros doce.

En febrero de 1998 llegó a una conclusión similar el de Mark Williams, profesor de medicina de la Universidad de Bristol. En 1994, se unió a las sospechas suscitadas por los datos estadísticos que había recogido en la reseña de un trabajo que pensaba presentar durante una conferencia en Suiza el descubrimiento de que había mentido al asegurar que poseía un doctorado por la Universidad de Cambridge. Cuando Williams achacó el falso título a un error de mecanografía y reconoció que los cómputos ofrecidos en el artículo resultaban ambiguos, Stephen Frankel, catedrático del departamento, lo dejó correr. En septiembre de 1995, sin embargo, volvió a albergar recelos al leer los datos que había preparado aquél para un escrito que pretendía enviar al *British Medical Journal*. Tal como refirió Frankel a Clare Dyer, corresponsal legal de la revista (y madre de Owen Dyer): «Nos encargamos de repetir los análisis, y eso trajo consigo toda una serie de consecuencias. Lo pusimos al corriente de nuestra desconfianza, y él confesó lo que había hecho. En cuanto tuve la primera sospecha de lo que podía haber ocurrido, comenzamos a mirar con siete ojos toda su labor anterior».[25] Entre otras cosas, conocieron que había falsificado los títulos que presentó en 1991, año en que entró a trabajar en la universidad, y dos años después, cuando fue ascendido. Dimitió y entró a trabajar como médico interino en otra ciudad, cargo que hubo de abandonar, claro está, cuando lo expulsaron del colegio profesional.

El siguiente caso, procedente de Alemania, constituye un ejemplo de connivencia —algo que, en contraste con lo que sucede en el mundo del comercio, puede considerarse una rareza en el ámbito científico— de magnitudes épicas. Friedhelm Herrmann y Marion Brach, biólogos moleculares germanos, compartían una carrera profesional de notable prosperidad. Su colaboración comenzó en Harvard, donde además convivían. Él rondaba los 35 años, y ella tenía once menos. Regresaron a Alemania, a la Universidad de Friburgo, y en 1992 se trasladaron a Berlín. Herrmann adquirió no poco prestigio por sus intentos de desarrollar la terapia génica. Asimismo, encabezaba un grupo de investigación creado en el Centro de Medicina Molecular Max Delbrück, organismo instaurado en la zona oriental de Berlín tras la reunificación. Brach, por su parte, dirigía uno de los cuatro grupos a él subordinados. Ella era especialista en el tratamiento del cáncer, y en particular en la lucha contra la enfermedad mediante sustancias celulares llamadas *citocinas*, una de las cuales es el factor de necrosis tumoral, que parece tener un gran potencial terapéutico. A principios de 1996 volvieron a cambiar de universidad, esta vez para entrar a formar parte de la de Ulm, en la zona occidental del país. Poco después, pusieron fin a su relación, y Brach aceptó el puesto de profesora de la Universidad de Lübeck, cerca de Hamburgo, así como la dirección de un Instituto de Medicina Molecular recién fundado en la ciudad.

En los inicios del año 1997, Ebergardt Hildt, joven científico que había trabajado en el Delbrück, afirmó en público que los datos de algunos de los artículos de allí salidos eran falsos. Él y otros compañeros de igual posición no ignoraban tal hecho, aunque habían preferido no revelarlo por miedo. Herrmann y Brach, que habían amenazado durante mucho tiempo a los alumnos con arruinar sus carreras científicas a fin de protegerse el uno al otro, comenzaron, rota ya su relación, a dirigirse mutuos reproches. En marzo se emprendieron pesquisas en Ulm, Lübeck y el centro Delbrück. Brach no tardó en reconocer que, estando en Berlín, había falsificado el material que sirvió para elaborar cuatro trabajos de investigación. Uno de ellos había aparecido, en 1995, en el *Journal of Experimental Medicine*, publicación de grandes prestigio y crédito. En él se recogía una supuesta autorradiografía que mostraba la respuesta de las células cancerosas ante el factor de necrosis tumoral. En realidad, Brach había creado aquella ilustración con el ordenador, manipulando fragmentos de tres radiografías diferentes empleadas en otro estudio. Herrmann, coautor de los cuatro escritos, insistió, sin embargo, en no tener conocimiento del fraude. La primavera de aquel año, el director de uno de los institutos de la Sociedad (*Gesellschaft*) Max Planck, sito en Múnich, comunicó a varios periodistas lo que le había confiado Hildt, y a mediados de mayo, un diario local y el semanario alemán *Focus* —que pese a tener sólo tres años de existencia se estaba desenvolviendo con gran fortuna— se encargaron de hacer público tan turbio asunto, y el corresponsal jefe de *Nature* en Europa, Alison Abbott —periodista enérgico y de buen sentido común, establecido en Múnich—, hizo que se conociera en el resto del mundo.[26]

El escándalo creció con la inexorabilidad con que avanza un río de lava. Al cabo de pocas semanas, los responsables de los diversos centros instituyeron una comisión conjunta en Bonn ante la que volvió a declarar Brach. Herrmann, que seguía defendiendo su inocencia con uñas y dientes, se negó a comparecer. Una de las dificultades que planteaba su caso era el modo como habría que castigar a la pareja en caso de demostrarse su culpabilidad, dado que en Alemania los profesores universitarios son funcionarios civiles contratados por los distintos estados o *Länder*. La Sociedad Max Planck, que posee unos ochenta institutos de investigación especializados en diversas ciencias de la naturaleza y del hombre por toda Alemania, independientes, en su mayoría, de universidades, había constituido una comisión el año anterior con objeto de recomendar una serie de normas para hacer frente al fraude. Su presidente, Albin Eser, especialista perteneciente al Instituto Max Planck de Derecho Criminal Internacional, sito en Friburgo, anunció que estaba resultando difícil elaborar procedimientos compatibles con las leyes alemanas. La financiación de Herrmann y Brach, sea como fuere, no provenía de esta sociedad, sino de cierta fundación nacional contra el cáncer y de la Deutsche Forschungsgemeinschaft o Asociación Alemana de Investigación, entidad que constituye el principal conducto por el que distribuye el gobierno las becas universitarias. Una y otra emprendieron también sus propias pesquisas.

A finales de verano, Brach había dimitido de su puesto docente, y a Herrmann lo habían suspendido. Según se dijo, los artículos en que se recogía información fraudulenta superaban la treintena. Su *modus operandi* consistía, por lo común, en generar datos verosímiles con el ordenador y publicarlos en revistas de prestigio mediocre —el que ocupó varias páginas de *The Journal of Experimental Medicine* constituía una ambiciosa excepción—. La Universidad de Friburgo, en donde una y otro habían trabajado antes de trasladarse a Berlín, había abordado sus propias pesquisas, dirigidas por Eser, el especialista de la sociedad Max Planck, pues también se habían juzgado dudosos doce artículos de aquel período. El jefe del departamento clínico del centro, Roland Mertelsmann, había participado en 25 de los que habían caído bajo sospecha, y si bien la comisión de Eser no lo acusó de complicidad, sí le atribuyó parte de la responsabilidad de los casos de fraude ocurridos en la sección a su cargo. La primera semana de septiembre, Herrmann anunció que, arruinada su carrera, tenía intención de querellarse contra el decano de la Escuela de Medicina de Ulm y todos los grupos de investigación, a los que reclamaba diez millones de marcos alemanes, o lo que es igual, 5.600.000 dólares. Su abogado manifestó que la falsificación había sido obra exclusiva de Brach. A finales de noviembre, el número de artículos fraudulentos había crecido a no menos de 47. Brach no se cansaba de asegurar que Herrmann no sólo había estado al corriente de todo, sino que la había incitado a hacer trampas. Y así, en abril de 1998, escribió a *Nature* a fin de denunciar su condición de chivo expiatorio.

> Ya he admitido de muy buen grado que estuve implicada en la falsificación de trabajos científicos, algo de lo que no estoy, precisamente, orgullosa —declaraba en parte—. Sin embargo, no puedo menos de afrontar contrariada el hecho de que, al ser la única persona que ha admitido sus errores en un estadio temprano de la investigación, las entidades oficiales hayan creído oportuno dar por supuesto que soy la úni-

> ca responsable, o cuando menos, la mayor culpable de los datos falsos que han aparecido en numerosos artículos, entre los cuales hay algunos de los que ni siquiera soy coautora.[27]

En septiembre, Herrmann renunció al puesto de profesor y se estableció como médico privado en Múnich. Se creó entonces un nuevo grupo de trabajo con la misión de escudriñar 347 artículos aparecidos en varias docenas de revistas, así como más de ochenta capítulos de libros, escritos por Herrmann y Brach (en colaboración o por separado) y sus colegas.[28] En junio de 2000 se publicó un informe al respecto. En opinión de los encargados de la investigación, los trabajos cuyos datos habían sido manipulados sin lugar a dudas o de forma muy probable eran 94. De éstos, 53 estaban suscritos por Herrmann y Brach, y 59 incluían a Mertelsmann en calidad de coautor. Este último había puesto su nombre en todos los trabajos salidos de su laboratorio, en virtud de la inveterada tradición alemana que, sólo con este escándalo, quedó desprestigiada por completo. El grupo de trabajo examinó asimismo cinco artículos firmados por Mertelsmann pero no por Herrmann, y descubrió que al menos uno de ellos, recogido en la revista *Blood*, contenía indicios de que «los datos se habían tratado de un modo muy poco correcto». Lothar Kanz y Wolfram Brugger, científicos de la Universidad de Tubinga, habían participado también en la elaboración de este último, razón por la que la Deutsche Forschungsgemeinschaft decidió investigarlos también a ellos. El único que salió incólume del escándalo fue Eberhardt Hildt, autor de la denuncia inicial, quien tras dirigir un equipo de investigación en la Universidad de Múnich, acabó por trasladarse al Instituto Robert Koch de Berlín.

Dos años después de publicarse el informe, la revista *Nature* sondeó a 29 publicaciones periódicas que habían recogido entre sus páginas los artículos en cuestión. De éstas, sólo respondieron veinte. Catorce de ellas no habían desmentido el contenido de ninguno de aquellos trabajos. De hecho, «siete aseguraron ignorar que se hubiese emprendido investigación alguna, en tanto que otras cuatro no sabían que se había completado».[29]

Al igual que sucedió en Estados Unidos y en el Reino Unido, una vez hecho público un caso de fraude de relevancia, no tardaron en propalarse otros. El de más envergadura tuvo lugar en el Instituto Max Planck de Cultivo Vegetal, establecido en Colonia. A principios de marzo de 1998 dimitieron una de las técnicas del centro, Inge Czaja, y Richard Walden, director de su laboratorio.[30] Aquélla reconoció haber inventado datos en determinado artículo relativo a una de las enzimas que participan en el crecimiento de las células vegetales, después de que algunos de sus compañeros de laboratorio experimentasen no pocas dificultades a la hora de reproducir sus ensayos. A finales de mayo, había sucedido otro tanto con al menos otros seis trabajos. Las sospechas se extendieron, en total, a una treintena de éstos, y los investigadores comenzaron a hacerse a la idea de que se hubiesen estado falseando resultados durante un período de seis años o más. Al contrario de lo que era habitual en el caso de Herrmann y Brach, Walden había hecho ambiciosas afirmaciones en revistas de gran prestigio.

Durante la primavera de 1999, en San Francisco, la Universidad de California llevó a los tribunales a la sociedad anónima Genentech por violar la patente de producción de hormonas humanas del crecimiento por medio de técnicas genéticas. En un artículo publicado en *Nature* en 1979, los científicos de la compañía habían anunciado la producción, por vez primera, de una de estas secreciones purificada; y aquel trabajo se hallaba en el centro del litigio. Durante el proceso, Peter Seeburg, director de una de las divisiones investigadoras del Instituto Max Planck de Investigación Médica de Heidelberg, declaró, los días 20 y 21 de abril, haber tergiversado los datos en cuanto coautor de aquel escrito.[31] En mayo, en respuesta a las noticias que se habían dado de su deposición, Seeburg escribió a *Science* y a *Nature* para asegurar, sin desmentir por ello el falseamiento, que se trataba de un detalle técnico de escasa significación.[32] La Sociedad Max Planck instituyó una comisión para analizar el caso, y al final, todo quedó en un tirón de orejas: los investigadores pusieron de relieve que la censurable conducta que había confesado Seeburg había tenido lugar veinte años atrás.[33] En consecuencia, no recibió castigo alguno.

Añadamos, a modo de cómica nota a pie de página, la serie de pesquisas que acometió, en octubre de 1999, la Universidad Humboldt —antigua Universidad de Berlín— en torno a una acusación de dolo ante un artículo de publicación reciente firmado por Holger Kiesewetter, quien afirmaba que la ingestión de píldoras con una alta concentración de ajo durante un lapso de cuatro años puede retardar la acumulación de placa aterosclerótica e incluso propiciar su regresión (no son pocos los alemanes que creen fervientemente en las extraordinarias propiedades terapéuticas de la citada planta). Se creó una comisión para husmear el asunto, pero aún no han llegado a airearse sus conclusiones.[34]

Pero volvamos atrás para analizar con profundidad los rasgos característicos de los casos recientes. La empresa requiere no poca cautela, pues las que se han expuesto son historias de comportamiento idiosincrásico derivadas de informes que varían enormemente en lo relativo a los detalles y el punto de vista. Aun así, no cabe dudar de que muchos de estos fraudes tienen rasgos en común. Baste comparar los ejemplos de Summerlin, salido a la luz en 1974; Soman, en 1980; Darsee y Spector, al año siguiente; y Breuning, en 1983. En todos aparece, como sucede a menudo, un mentor estricto, prolífico y exigente con numerosos subordinados y poco tiempo para supervisar su obra, o —como sucedió con los casos de Spector y Breuning— deslumbrado por el modo como se ajustan a sus propias expectativas los hallazgos de su protegido, y un científico joven, inteligente, encantador y, en apariencia, digno de confianza, con un vasto haber de publicaciones e investigaciones interesantes llevadas a cabo en otros centros, al que aquél ampara y con el que tal vez llega incluso a entablar gran amistad. El que Racker tratase a Spector como a un hijo no debe considerarse una excepción, sino más bien un extremo reiterado en la relación que se establece entre el mentor y su discípulo prodigioso. Asimismo, puede constatarse en muchos de estos casos la existencia de una autoría compartida, honoraria, que constituye algo más que un indicio de complicaciones, toda vez que impide detectar errores y es en sí una tergiversación. También es común que las discrepancias de datos pasen inadvertidas, por evidentes que puedan ser. Todas estas son propiedades genéricas o rasgos diagnósticos.

El modo como se descubre el fraude también tiene características comunes en los distintos ejemplos expuestos. A menudo es un colega

—un competidor, en el caso de Soman— quien sospecha tras topar con alguna dificultad. De cuando en cuando, hay quien no logra reproducir un experimento cuyo éxito se ha garantizado, o quien descubre que los datos estadísticos pecan de ingenuos. En ocasiones, el falsificador es víctima de su propio exceso de confianza (resulta difícil calificar de ingenuo a Cyril Burt) o imprudencia, lo que a veces hace pensar que tal vez deseaba, en el fondo, ser desenmascarado. También puede ser que alguien repare en la publicación doble de un artículo, en que hay datos que faltan o se conservan de un modo negligente, o en que los originales y los trabajos editados contienen incoherencias —internas o en relación con otros— que no por ser, en muchos casos, evidentes han pasado menos inadvertidas durante mucho tiempo hasta que se descubren. En este momento, por lo general, se echa de ver que los problemas llevan años sucediéndose. Aun así, en vista de lo extraordinarios que han resultado ser estos fraudes, lo que parece de verdad alarmante es que su descubrimiento dependiera de casualidades o accidentes fortuitos. Todo parece apuntar a que, hoy por hoy, no existen salvaguardias eficaces. La evaluación entre iguales, por ejemplo, pese a ser objeto de no pocos elogios por parte de los paladines de la empresa científica, no ha servido de nada a la hora de detectar los problemas existentes en los casos citados.

Uno de los indicios que advierten de que hay algo que no marcha como es debido lo constituye, sin lugar a duda, la existencia de una productividad demasiado excelente para ser real. Alsabti había visto publicados sesenta trabajos cuando apenas mediaba la veintena, y Darsee, a los 33 años, más de 125 —la semana misma de su desenmascaramiento, la revista *Circulation* aceptó las reseñas de diez artículos que tenía intención de presentar en el curso de los meses siguientes—. De Spector hay quien ha dicho que antes de cumplir los treinta había firmado una cantidad de escritos que bien podían atribuirse a un consorcio entero de profesores. Slutsky, por su parte, publicó 137 trabajos en siete años. Además, no debemos olvidar que los resultados cuya excelencia resulta sospechosa adoptan otras formas, como sucede en el caso de Summerlin, autor de hallazgos sorprendentes y aun revolucionarios que no hallaban corroboración alguna en la obra de otros científicos.

¿Debemos, por lo tanto, considerar sospechoso el éxito en sí, los logros en apariencia excepcionales? No cabe dudar de que invitan al asombro: «¡Qué maravilla! ¿Cómo lo habrá hecho?». Cuando analizamos casos como éstos después de descubierto el fraude, la insólita productividad de sus autores se convierte, simplemente, en el rasgo más conspicuo del complejo marco social que hemos estudiado. La competitividad cada vez mayor que caracteriza a las comunidades científicas de nuestro tiempo sirve, a la vez, de objeto común de censura y de explicación acostumbrada ante los ejemplos de conducta reprobable. Sin embargo, esta competitividad puede ser, cuando menos, de dos clases: una estructural —lo que quiere decir que puede verificarse en la financiación, los mercados de trabajo, las categorías profesionales, la elección de problemas, las estrategias de publicación y los procedimientos propios de las revistas y los mecanismos de recompensa— y otra personal —con lo que nos referimos a la presión a que dan lugar tanto la actitud y el comportamiento del director del laboratorio como la atmósfera existente entre los técnicos, estudiantes y doctorados—.

Detengámonos a considerar la fecundidad —o simplemente la actividad— del jefe, el mentor, el ejemplo que debe ser emulado y, mediante la emulación, propiciado; parémonos a reflexionar sobre el hecho elemental de la magnitud de su empresa. A su muerte, Robert Good había firmado, en solitario o con otros autores, más de dos mil artículos y escrito o editado medio centenar de libros. Eugene Braunwald, bajo cuyo patrocinio se hallaba Darsee durante su época de Harvard, había visto figurar su nombre en más de seiscientos trabajos. Dirigía dos laboratorios en sendos hospitales diferentes dedicados a la investigación. Ninguno de estos hombres se vio implicado de forma pública en fraude alguno, y ambos gozaban de toda una reputación de superiores estrictos, severos, exigentes... aunque lo cierto es que apenas necesitamos describir su condición en cuanto a la personalidad cuando las cifras, por cruda medida que sean, hablan con tal elocuencia de la naturaleza de sus ambiciones, sus valores en lo tocante a los éxitos obtenidos, sus preocupaciones y su capacidad o su disposición para supervisar de cerca a sus subordinados. Robert Sprague constituye una excepción, no sólo porque su producción se midiera en una escala bien diferente, sino, claro está, porque de todos los casos mencionados —y de hecho, de casi todos los que se han dado en el ámbito científico—, el suyo es el único en que el investigador de posición más elevada denunció el proceder fraudulento de uno de sus subalternos, cuando podría decirse que la actitud más universal es la diametralmente opuesta.

Los errores, huelga decirlo, pueden ser honrados, producto de un comportamiento negligente o deliberados. Las distinciones, que en un principio parecen obvias, no están exentas de dificultades en la práctica. Los primeros de los mencionados forman, claro está, parte integral y necesaria de la ciencia —y a ellos se recurre, por supuesto, cuando de defenderse ante una acusación de fraude se trata—. Los investigadores a los que preocupan estas cuestiones suelen quejarse de que los intentos de definir y revelar los casos de mala conducta corren el riesgo de ahogar la actividad científica al penalizar este tipo de errores. Howard Schachman, por ejemplo, especialista en biología molecular de la Universidad de California en Berkeley y elocuente defensor de la libertad de las ciencias, ha tratado con especial ahínco de dejar claro que «la "mala conducta científica" no incluye factores intrínsecos al proceso investigador como los errores, la existencia de datos contradictorios o las diferencias de interpretación o juicio en lo tocante al diseño experimental o la información obtenida».

Sea como fuere, protestas como ésta parecen, a menudo, desproporcionadas con respecto a los riesgos reales. Dan, en efecto, la impresión de estar formuladas, en parte, con objeto de oponer resistencia a las medidas que podrían amenazar a la autonomía de las ciencias. El problema real, sin embargo, hay que buscarlo en otra parte. La verdadera falsificación, el fraude en sí, lleva consigo, al igual que otros delitos de gravedad, el factor de la premeditación. Debe demostrarse que ha sido deliberada, y en el ámbito científico, este hecho no sólo puede ser difícil de probar, sino que resulta irrelevante en lo que se refiere a la protección del proceso y sus resultados.

Entre el error cabal y el malintencionado se encuentra la negligencia, y ésta adolece de una profunda ambigüedad. Max Delbrück advirtió, con no poco tino, que cuando uno ignora lo que está buscando, puede darse el caso de que surjan resultados útiles de lo que él llamó, sin duda con una ceja enarcada, «el principio de la desidia limitada». También se invoca a menudo la dejadez como defensa, tal como sucedió en el caso de Imanishi-Kari. Sin embargo, sólo como recurso desesperado, ya que los ejemplos más graves de ésta —conforme a lo que aseguraban los autores de la investigación de Slutsky— no constituyen tanto una defensa como una seria acusación, y en cuanto tal, soslayan por entero la dificultad de demostrar que ha habido premeditación. Una definición de mala conducta que propugnase la culpabilidad de quien comete una negligencia grave gozaría de gran solidez.

Al analizar el caso de Spector junto con otros, después de transcurrido cierto tiempo, Efraim Racker ofrecía una distinción más entre quienes perpetran un fraude de manera deliberada.

> ¿Qué tenían en común todos estos científicos? Todos poseían una inteligencia sobresaliente, gozaban de una sólida formación en el terreno de sus investigaciones y sabían bien cuáles eran los interrogantes que, en caso de resolverse, convertirían su estudios en algo innovador. Eran expertos en el ámbito de la experimentación, y formaban parte de laboratorios punteros en un campo concreto de investigación, dirigidos, además, por científicos de integridad incontestable. ... Éstos son rasgos característicos de los «profesionales», y no pueden considerarse universales. Los «aficionados», que publican, por ejemplo, datos relacionados con pacientes que no existen, corren, por lo general, un peligro mayor de ser descubiertos por colegas y estudiantes.

Los autores del informe elaborado con motivo del caso de Slutsky, que trataban de situar el fraude en su contexto psicológico y social inmediato, ubicaron los problemas en el conflicto surgido entre los dos géneros de móvil que impulsan a los científicos: «Por lo general, los investigadores se dejan llevar en parte por motivos intelectuales (entre los que destacan la curiosidad y el deseo de adquirir y difundir nueva información), aunque no por ello debamos hacer caso omiso de las motivaciones personales (el anhelo de fama y fortuna, en muy diverso grado, o de hacer progresar una causa determinada)». Cuando unos y otras están en armonía, su cohesión «resulta beneficiosa tanto para la sociedad como para el investigador. La negligencia y el fraude aparecen cuando se desmorona esta feliz congruencia».

De esto se sigue, a su entender, que las dos explicaciones que se dan con más frecuencia acerca del fraude son insuficientes en igual medida. «Resulta tentador —afirman— recurrir a la teoría de la "manzana podrida" a fin de explicar los ejemplos de tergiversación dolosa: el científico que en ella incurre ha subordinado los fines intelectuales a sus motivos personales como resultado de ciertas imperfecciones de carácter.» De hecho, éste es el diagnóstico favorito de los investigadores situados en puestos de relevancia. Se hace difícil no recordar aquí a Philip Handler, quien insistía en el carácter extraordinario de los casos de fraude, que debían ser juzgados, en su opinión, como «episodios psicopáticos provocados por mentes ... que, al menos en este sentido, pueden considerarse trastornadas».

Con todo, el razonamiento complementario tampoco resulta convincente:

> Por otra parte, la idea del «sistema podrido» achaca la responsabilidad a la organización de las instituciones científicas. A nuestro parecer, ninguna de estas teorías deja de ser simplista en exceso: los factores sociales generales pueden generar situaciones en las que los motivos personales entren en conflicto con los intelectuales, y las características individuales de los científicos determinan la prioridad relativa concedida a los fines de naturaleza personal y los medios que pueden emplearse para alcanzarlos.

Ante la lectura de tal afirmación, nos viene a la cabeza el caso de Robert Merton, quien albergaba la esperanza de que el sistema social de la ciencia fuese capaz de imponer una actitud honrada a quienes la practican. A la temblorosa luz de los numerosos ejemplos y tipos de proceder fraudulento surgidos durante el último cuarto de siglo, una creencia como ésta parece ingenua hasta extremos conmovedores. Los encargados de considerar el caso de Slutsky prefirieron dar la vuelta al argumento, de modo que se extrajese la lección de que el laboratorio, su jerarquía y el marco institucional en que se inserta —factores susceptibles de análisis, anticipación y tal vez modificación—

pueden hacer más o menos probables tales conflictos entre las motivaciones intelectuales y personales del individuo.

Cuando el fraude se verifica en la investigación clínica, las víctimas potenciales son, en primer lugar, los propios pacientes cuyos tratamientos pueden verse alterados por la publicación de datos falaces. El ejemplo más lamentable de cuantos aquí se han descrito lo proporciona la invención, por parte de Breuning, de pruebas que pretendían demostrar que los neurolépticos empleados con los deficientes mentales que se infligían daños a sí mismos hacían más mal que bien. ¿Qué sucedería si se cometiera un fraude así en relación con un cáncer común, por ejemplo, y nadie lo descubriese? Entre los perjudicados se encuentran, asimismo, los colegas de quien mantiene una conducta dolosa. En cada uno de los casos analizados, los coautores han salido malparados con independencia de su posición.

> Los investigadores jóvenes que estaban recibiendo su formación en aquel laboratorio en el momento en que se cometió el fraude —seguían diciendo los encargados de considerar las implicaciones del caso de Slutsky— han tenido que eliminar de sus bibliografías los artículos publicados en colaboración con él, amén de vivir con la responsabilidad de haber trabajado con un falseador. Entre los más vulnerables se hallaban los integrantes más jóvenes del claustro que ejercían a la sazón de investigadores independientes sin que sus carreras profesionales hubiesen llegado aún a consolidarse. Por su parte, los profesores de más antigüedad pudieron haber visto comprometidas las posibilidades de obtener en el futuro una posición concreta o una financiación determinada.
>
> En consecuencia, el fraude perpetrado en el ámbito de la investigación afecta a la trayectoria profesional de los coautores con distintos grados de responsabilidad o culpabilidad.

Todo esto es aplicable, por supuesto, a casi todos los casos recientes de los que hemos hecho mención. En definitiva, el fraude y sus consecuencias no pueden entenderse si no se abordan el mecanismo social de la vida en el laboratorio y, acto seguido, su situación en el seno de las comunidades más amplias, siempre en evolución, de la empresa científica.

La pregunta que suscita lo expuesto hasta ahora es cómo debería prevenirse, anticiparse, descubrirse y tratarse el fraude científico. De entrada, habría que plantearse hasta dónde se ha extendido, si podemos medir su incidencia y si es siquiera posible definirlo de tal suerte que haga posible una respuesta eficaz.

El problema no tiene visos de ir a desaparecer. El 22 de mayo de 2002, *The New York Times* comunicaba: «Los laboratorios Bell crean un equipo de expertos para estudiar atribuciones de mala conducta investigadora».[35] La empresa citada —antigua división de AT&T que hoy pertenece a Lucent Technologies— ha sido, durante décadas, una de las instituciones privadas de investigación más productivas del mundo. Su actividad ha dado lugar a la concesión de seis premios Nobel destinados a once científicos. Y todo parecía indicar que se estaba gestando uno más, a juzgar por la labor que estaba llevando a término Jan Hendrik Schön en el ámbito de la nanoelectrónica —es decir, a escala molecular—, ante el asombro de los físicos de todo el mundo. Según el periodista del *Times* Kenneth Chang, en aquellos momentos se estaba cuestionando «la validez de algunos experimentos recientes que han causado gran impresión y entre los que se incluye la creación, el otoño pasado, de un transistor cuyo conmutador electrónico está constituido por una simple molécula».

Al día siguiente, Chang ofreció más detalles de un caso que poseía los rasgos clásicos de síndrome del investigador prodigioso:

> Lo que hace pocos meses se anunció a bombo y platillo como un avance sensacional en la electrónica molecular se presenta ahora como un caso no exento de dudas, y uno de los científicos más prometedores de los laboratorios Bell se ha convertido en objeto de sospecha después de que se hayan encontrado indicios de que manipuló de un modo indebido los datos recogidos en varios artículos de investigación que publicó en prestigiosas revistas especializadas.
>
> Las acusaciones, provenientes de científicos que carecen de conexión alguna con la investigación, han salido a la luz esta semana, cuando los laboratorios instituyeron una comisión independiente al objeto de estudiarlas. Ayer, los científicos afirmaron que sus preocupaciones se centran en una serie de gráficas cuyo contenido es casi idéntico,

> pese a haber aparecido en artículos diferentes y representar datos procedentes de distintos dispositivos. En algunas de ellas coincidían con exactitud hasta los diminutos garabatos debidos a fluctuaciones puramente azarosas.

La comisión, conformada por científicos no vinculados al laboratorio, estaba presidida por Malcolm R. Beasley, profesor de física aplicada de la Universidad de Stanford. Los laboratorios Bell le habían remitido cinco artículos para que los sometiese a revisión.

> El autor principal de los cinco es el doctor J. Hendrik Schön, físico de 31 años perteneciente a la sucursal de Bell en Murray Hill (Nueva Jersey), quien ha elaborado un buen número de trabajos durante los últimos dos años y medio, incluidos siete artículos publicados en *Science* y otros tantos en *Nature*.

Aquella misma semana, estas dos revistas se apresuraron a dar cuenta de los hechos con gran detalle.[36] Las primeras sospechas de fraude habían surgido en el mes de abril, cuando Lydia Sohn, física de la Universidad de Princeton, comparó las gráficas de dos artículos aparecidos el año anterior en ambas publicaciones y suscritos por Schön y dos de sus compañeros. La investigadora, especializada también en nanoelectrónica, pudo comprobar que los contenidos de una y otra eran idénticos, aun cuando representaban a dos experimentos diferentes. A continuación, Paul McEuen, colega de Sohn afincado en Cornell, buscó escritos anteriores de Schön y dio con una gráfica tan similar a las otras que incluso las líneas onduladas identificadas como ruido, supuesto producto de azarosas fluctuaciones de fondo, coincidían. Sohn y McEuen no dudaron en exponer sus dudas a Schön, a sus superiores de los laboratorios y a los directores de las citadas publicaciones periódicas. El autor de los artículos aseguró haber incluido por error las gráficas equivocadas en algunos de ellos, y lo cierto es que la excusa lo ayudó a conservar su puesto de trabajo. Como es común en estos casos, cuando Sohn examinó otros de sus trabajos topó con más duplicaciones de datos que procedían, presuntamente, de experimentos distintos. El número de artículos sospechosos aumentó, así, de cinco a siete, y después a once. A continuación, fueron a sumarse a la lista tres más, los tres que, según daban todos por hecho, le depararían el Nobel de llegar a verificarse.

Llegado el 31 de mayo, el número de trabajos con gráficas sospechosas había ascendido a trece. En palabras de Chang, «la investigación ha hecho que se ponga en duda toda la labor científica del doctor Schön. Durante los dos años y medio últimos ha firmado más de setenta artículos, lo que supone un rendimiento más que prodigioso». En 2001 había publicado, de media, uno cada ocho días.

El aspecto más insólito del caso fue la prontitud y franqueza con que respondieron a las acusaciones los laboratorios Bell y las dos revistas. Un mes solo medió entre las primeras sospechas de Lydia Sohn y el momento en que la prensa dio la noticia. La comisión presidida por Beasley presentó su informe el 25 de septiembre de 2002. En él se determinaba que los artículos basados en datos manipulados y aun inventados sumaban un total de 17. Los veinte investigadores que habían firmado con él en calidad de coautores quedaron exonerados por entero. Aquel mismo día, los laboratorios Bell despidieron a Schön.

Típica, sin embargo, fue la conclusión institucional. «Se trata de un caso aislado protagonizado por un individuo particular —refirió a Chang el presidente de los laboratorios—, un individuo que no estaba a la altura de la integridad que requiere la empresa científica.» Sea como fuere, los descubrimientos que decía haber hecho eran extraordinarios, merecedores sin duda de escrutinio, y las discrepancias presentes en algunos de los artículos se hacían obvias al examinarlos con detenimiento. El gran parecido que guarda el caso con el de John Darsee resulta innegable.

Parece oportuno cerrar esta retahíla y somero análisis de fraudes científicos representativos con otro ejemplo extraído del mundo del periodismo. El 6 de enero de 2004, Jack Kelley, reportero del *USA Today*, dimitió tras 21 años de trabajo —tenía 43— para el diario —a cuya plantilla se había sumado el año de su fundación—, y después de haber pasado los diez últimos en calidad de corresponsal en el extranjero, cargo que lo había hecho merecedor de un prestigio considerable.[37] Este profesional bien parecido de expresión sincera y actitud confiada había suscrito artículos rayanos a menudo en el sensacionalismo: un encuentro personal con cierto terrorista suicida en Jerusalén, la persecución de Osama bin Laden (Usāma bin Lādin) y una entrevista con un dirigente de la resistencia de Afganistán mantenida en una aldehuela de la frontera con Paquistán, entre otras. El periódico lo había propuesto en cinco ocasiones como candidato para el Pulitzer, premio en el que había quedado finalista en 2002. Así y todo, hacía tiempo que habían comenzado a sumarse las sospechas acerca de su labor, y sus compañeros se habían quejado varias veces a la dirección de algunas discrepancias. Finalmente, tras estallar en el *Times* el escándalo de Jayson Blair, cierta denuncia anónima dio origen a una investigación en torno a su persona. El 19 de marzo, la primera plana del diario proclamaba: «Antiguo periodista de *USA Today* falsificó reportajes de relieve».[38] Con aquel artículo y dos páginas completas en el interior, el rotativo anunciaba que Kelley había estado inventando con regularidad no pocos artículos, incluidos muchos de los que lo habían hecho célebre, y plagiando «docenas» de escritos de *The Washington Post* y otros periódicos de una nómina que ascendía a al menos diez. El escándalo se fue haciendo mayor, hasta convertirse en una réplica casi exacta del caso Blair. El modo como abordó el diario la noticia, habida cuenta de sus recursos, lo honra y lo sitúa, en este sentido, a la altura del *Times*. En efecto, el escrutinio de sus relaciones de gastos, por ejemplo, puso de relieve que Kelley no pudo haber visitado los lugares que se describían en algunos de sus artículos —como aquel villorrio de la frontera paquistaní—. El 20 de abril dimitió Karen Jurgensen, director del periódico desde 1999.[39]

Jane Austen señala en *Orgullo y prejuicio* que no existen «límites para la insolencia de un hombre insolente». En marzo de 2004, Jayson Blair publicó sus memorias bajo el título de *Burning Down My Father's House: My Life at «The New York Times»*.[40]

—— 4 ——

Incidencia y definición del fraude científico

No faltan las anécdotas ni dejan de multiplicarse los casos. La mayoría de quienes han abordado con extensión el asunto están convencidos de que el fraude se halla mucho mas generalizado de lo que estaría dispuesta a reconocer buena parte de la comunidad científica. Aún no hemos dado con un modo de conocer su incidencia real, pues al igual que otros actos encubiertos que deben considerarse vergonzosos —como, por ejemplo, ciertas conductas sexuales—, el fraude es un hecho difícil de medir: la ausencia misma de datos accesibles al público permite a los científicos influyentes que se erigen en defensores del sistema desestimar los casos salidos a la luz calificándolos de anomalías desafortunadas. Entre los investigadores serios, por otra parte, ha imperado siempre la tendencia instintiva a evitar la alarma entre los colegas y los miembros del Congreso restando importancia a la gravedad y frecuencia de los casos de mala conducta.

Definir la deshonestidad científica, el fraude, ha resultado ser un empeño difícil y por demás controvertido. Una de las razones fundamentales radica en que cualquier explicación cabal lleva aparejada toda una serie de teorías sociológicas al respecto. Con todo, aún hay otra más profunda: una exposición así supone una ineludible amenaza para la intocable autonomía de las ciencias. El fraude constituye un delito grave, y sólo la más superficial de sus definiciones puede hacer que las necesidades de la comunidad científica entren en contradicción con el sistema legal estadounidense (o británico), por conflictivo que pueda ser éste, tal como sabemos todos, al centrarse en la culpabilidad o la inocencia del individuo. Cualquier definición seria del fraude científico debe conciliar los hábitos de la ciencia y los procedimientos y presunciones de la ley, que nadie duda de que pueden ser desproporcionados. Por ende, una descripción así estará invocando, necesariamente, al fantasma de la injerencia, la supervisión y la regulación gubernamental. Que nadie se engañe: la disputa ha sido por demás áspera.

La ignorancia camina de la mano de la incredulidad en todas estas controversias. Con la posible excepción de algún que otro encontronazo con el plagio, pocos han sido los científicos que han conocido de cerca un número considerable de casos. La experiencia de los jefes de departamento, decanos y otros responsables de la administración que han tenido que enfrentarse a cargos de proceder deshonesto se ha circunscrito, casi siempre, a una sola institución. Como quiera que el gobierno federal costea la mayoría de las investigaciones del ámbito de las ciencias de la naturaleza y buena parte de las que se llevan a cabo en el de las humanidades, se han establecido mecanismos de intervención en lo tocante a los casos más graves. Sin embargo, el responsable de ponerlos en práctica de un modo minucioso es el personal, relativamente poco numeroso, de la Oficina de Integridad Investigadora, perteneciente al Servicio de Salud Pública del Departamento de Salud y Servicios Humanos, amén de un número aún más escaso de integrantes de la Oficina del Inspector General de la Fundación Nacional para la Ciencia.

Así y todo, no falta quien se haya convertido ya, de uno u otro modo, en una eminencia en la materia. Algunos de los que practican el periodismo científico también han hecho del fraude su especialidad, y en este sentido cabe hacer mención especial de John Crewdson, del *Chicago Tribune*, y Nicholas Wade, de *The New York Times*. Entre los directores de publicaciones periódicas, Stephen Lock —quien tenía a su cargo el *British Medical Journal*— fue el primero en reconocer que la plaga no podía considerarse un problema exclusivo de Estados Unidos y en examinar, por lo tanto, las implicaciones que tenía para con la ciencia británica. Su sucesor, Richard Smith, actual director de la revista, ha defendido de un modo enérgico y persistente la necesidad de reformar el modo como se aborda en el Reino Unido el fraude y, en particular, el conflicto de intereses existente en el terreno de la investigación.

Entre quienes han analizado con mayor profundidad el problema y la manera de afrontarlo descuellan dos académicos de excepcional vigor, rigor y claridad intelectual. C. K. Gunsalus (Tina) fue durante algunos años rectora asociada de la Universidad de Illinois en Urbana-Campaign. Su padre gozaba de un notable renombre en el ámbito de la química, y sus hermanos están también dedicados a la ciencia. Sin embargo, ella es abogada de formación, y de hecho trabaja hoy en la Facultad de Derecho de la mencionada Universidad. Gunsalus era la persona ante la que se presentaba toda acusación de mala conducta que surgiese en el ámbito universitario, ya estuviera relacionada con las humanidades, ya con las escuelas profesionales, en el terreno de las letras o en el de las ciencias. De hecho, es célebre en toda la nación como principal experta en los problemas y las reformas de la respuesta institucional a tales acusaciones.

Sin embargo, hoy, al igual que en las últimas dos décadas, la figura más implacable, original y eficiente a la hora de llegar a las causas esenciales del fraude y otros géneros de conducta deshonesta —en muy diversos ámbitos, aunque sobre todo en el de las ciencias biomédicas— es Drummond Rennie, quien opera desde una posición estratégica privilegiada: la de subdirector de *JAMA, The Journal of the American Medical Association*. Este hombre alto y corpulento de andar torpón, gafas, cabello y barba blancos y hablar lúgubre fue en su juventud un alpinista destacado —y tan solicitado como todos los médicos que tienen habilidad para la escalada—, que soñaba con ascender al Everest hasta que quedó renco tras un rescate en el que hubo de transportar a un compañero desde lo alto de una montaña. De todas sus investigaciones, las que tiene en mayor estima son sus minuciosos estudios acerca de la fisiología de la hipoxia —o déficit de oxígeno— sufrida en altas cumbres como las de los Andes, los Alpes, el Yukón y Alaska o el Himalaya. Nació en el norte de Inglaterra, y tras obtener la licenciatura de medicina por la Universidad de Cambridge, ejerció durante un breve período en el Colegio Médico Rush de Chicago antes de convertirse, en 1977, en subdirector de *The New England Journal* *of Medicine*. Asimismo, era profesor asociado en la Escuela de Medicina de Harvard y trabajaba en el Brigham and Women's Hospital. Tuvo sus primeros contactos con el fraude científico en 1979, cuando llegaron a la revista las primeras noticias del caso de Felig y Soman; en 1980, año en que fue descubierto John Long, residente del hospital general de Massachusetts, y en 1981, cuando salió a la luz el asunto de Darsee, en el Brigham. Su traslado a *JAMA* tuvo lugar durante el otoño de 1983. George Lundberg, su director, se había embarcado en un proceso tan largo como arduo con el que lograría transformar aquella publicación debilitada e intrascendente en el punto de referencia sólido y comprometido que es hoy. En nuestros días, Rennie trabaja en la Universidad de California en San Francisco, cuya Escuela de Medicina se cuenta entre las más prestigiosas. Allí, entre otras muchas cosas, actúa de codirector del Cochrane Center, parte de una red internacional de personas y grupos que lleva a cabo escrupulosas evaluaciones y análisis estadísticos de la bibliografía biomédica existente en relación con dolencias particulares, con el objetivo de poner a los médicos al corriente de qué tratamientos se han establecido como favoritos en virtud de las mejores pruebas. Se diría que Rennie es incapaz de vivir a gusto si no trabaja en varios sitios a la vez, no viaja sin cesar ni escribe o habla sobre ensayos clínicos, integridad investigadora, autoría, publicaciones electrónicas, labor científica en equipo y evaluación editorial entre iguales (*peer review*, véase el capt. 6), asunto sobre el que ha organizado una serie de conferencias internacionales, de las cuales la primera se celebró en Chicago, en 1989, y la quinta está programada para septiembre de 2005.* Rennie y Gunsalus, viejos conmilitones, mantienen una estrecha relación transatlántica con Stephen Lock y Richard Smith, con quienes forman un sólido equipo en torno al primero.

Cuando menos, sí podemos estar seguros de que la incidencia varía enormemente según las disciplinas. El fraude debería ser algo imposible en el terreno de las matemáticas, y sin embargo, también en él

* El congreso tuvo lugar, en efecto, entre los días 16 y 18. (*N. del t.*)

huele a podrido de cuando en cuando.[1] En algunas de sus áreas, las demostraciones se han convertido en algo tan complicado en el transcurso de los últimos 25 años que sólo es posible llevarlas a cabo con ordenadores de alta velocidad capaces de repetir miles de pasos. Estas comprobaciones no tienen, además, muy buena prensa: son feas, y muchos matemáticos se ufanan de abordar su labor con cierto sentido de la estética. Aún hay algo peor: ni siquiera después de publicados todos los pasos resulta fácil verificarlos. De trecho en trecho, acaban por retirarse cuando el autor o cualquier otra persona repara en un error o un eslabón de la cadena demasiado débil. Hace un tiempo, cierto matemático de poca edad —su nombre o nacionalidad no son relevantes— fue objeto de sospecha tras haber publicado una descomunal demostración obtenida por medios informáticos con la que pretendía respaldar una conjetura no exenta de polémica. Sin embargo, el artículo se retiró tras unas semanas, sin que jamás haya vuelto a publicarse. Corrió entonces el rumor de que el autor había sido consciente, en todo momento, de que su comprobación contenía errores, y que si había seguido adelante no había sido sino para poder jactarse de haber acometido tan difícil empresa. Y es que, a veces, la ambición científica adopta formas insólitas.

En la investigación clínica, que es quizás el terreno más alejado, en este sentido, del de las matemáticas, los ejemplos de fraude han adquirido una frecuencia espeluznante, tal como da a entender la serie expuesta en páginas anteriores. En otoño de 1988, Patricia Woolf, socióloga vinculada a la Universidad de Princeton, publicó un estudio sobre la mala conducta en las ciencias modernas.[2] Entre otras muchas cosas, enumeraba 26 casos salidos a la luz entre 1980 y 1987. Sin dejar de advertir de la evidente imposibilidad de formar conceptos generales a partir de una muestra tan reducida, que seguramente ofrecía una visión poco fidedigna de la realidad, señalaba que «el rasgo más sobresaliente que emerge de su análisis es que todos menos cuatro proceden de la medicina o están relacionados con los fines de ésta». Asimismo, «22 de los implicados tenían el título de médico o vinculaciones con escuelas de medicina, hospital o instituciones de investigación médica». La mayor parte de «las investigaciones supuestamente erróneas» se efectuó en escuelas de medicina de prestigio u hospitales célebres, y muchos de los responsables habían obtenido su formación en lugares de similar reputación.

Todos estos problemas no son, ni mucho menos, exclusivos de Estados Unidos —al fin y al cabo, la ciencia es algo universal—. El Reino Unido ofrece el entorno investigador más abierto de cuantos pueden hallarse en el extranjero, y su experiencia resulta muy instructiva. En las décadas de 1980 y 1990, los científicos, directores de revistas y funcionarios civiles de ese país comenzaron a percatarse de que no podían cometer el engreimiento de dar por sentada su superioridad ética con respecto a sus colegas del otro lado del charco. En octubre de 1988, el Consejo de Editores de Biología, organismo internacional, convocó en la Academia Nacional de Ciencias de Washington un congreso sobre la ética en el ámbito de la investigación científica. Al dirigirse a los directores de publicaciones allí congregados, Stephen Lock declaró, entre otras muchas cosas: «En el Reino Unido resulta más difícil emprender un estudio sobre la mala conducta profesional que en Estados Unidos. En particular, nosotros no disponemos de ninguna Ley del Derecho a la Información, y sí de una legislación muy estricta en lo tocante al delito de difamación. La reducida extensión de nuestro territorio implica que no hay acusación que no tarde en conocerse en todas las escuelas de medicina, un hecho que acarrea serias consecuencias». Según aseguró, si intentaba traer a la memoria casos recientes documentados de conducta fraudulenta en el terreno biomédico, no lograba contar más de cinco —uno de ellos era el del consumado plagiario Elias Alsabti—.

> Puede que existan razones —seguía diciendo— por las que, en el Reino Unido, el patrón sea diferente del que se verifica en Estados Unidos. Los médicos británicos se refieren en sus conversaciones privadas al ritmo ajetreado a que están sometidas las investigaciones de sus colegas estadounidenses, demasiado preocupados siempre por obtener resultados positivos, e insinúan que las exigencias, más civilizadas y relajadas, que existen en el Reino Unido hacen que las negligencias sean menos probables. Y sin embargo, un servidor no puede menos de sobrecogerse cuando tras hablar en, pongamos por caso, centros universitarios acerca de los fraudes en el ámbito de la investigación médica, se le acerca algún médico de forma furtiva para ponerlo al corriente de

algún caso que no ha trascendido a la prensa, aportando en algunas ocasiones bastantes detalles. Los facultativos que trabajan en empresas farmacéuticas o mantienen algún vínculo con éstas suelen emplear un tono particularmente cínico.

Diez años más tarde, en el número del 6 de junio de 1998, el *British Medical Journal* inauguró una sección especial sobre el fraude científico. En el artículo de presentación, Richard Smith escribió:

> La comunidad de investigadores médicos del Reino Unido trata de decidir a la carrera cuál debe ser su respuesta al proceder fraudulento de los científicos. Ya nadie se pregunta: «¿Tenemos un problema?», sino: «¿Cómo podemos afrontarlo?». El *BMJ*, en consecuencia, ha encargado cinco respuestas a la cuestión (p. 1726), dos de ellas a profesionales de fuera del Reino Unido que gozan de una dilatada experiencia en el particular. ...
>
> Las respuestas aparecen publicadas durante una semana en la que nos hemos visto obligados a retractarnos de un artículo más a causa de la posibilidad de fraude (p. 1700), después de que uno de sus autores haya sido inhabilitado por el Consejo Médico General por su conducta irregular. Entre otras cosas, había mentido en lo relativo a sus títulos académicos. Partiendo de la inevitable asunción de que todo el resto de su obra es fraudulento hasta que se demuestre lo contrario, Cameron Bowie, coautor del trabajo, ha llegado a la conclusión de que no puede garantizar que aquél haya completado la investigación que dice haber llevado a cabo. Bowie describe tan lamentable experiencia desde un punto de vista personal, y se retracta de un artículo que había captado no poca atención y gozado de una influencia considerable en la política de desarrollo (p. 1755).[3]

El principal artículo de la sección —que era también el más extenso— llevaba la firma de Drummond Rennie. Su perdurable indignación con respecto a las investigaciones fraudulentas tiene mucho de personal: fue él quien, en calidad de subdirector, hubo de actuar en un principio ante la carta enviada por Helena Wachslicht-Rodbar a *The New England Journal of Medicine*, en febrero de 1979, para acusar de plagio a Vijay Soman y Philip Felig. Al año siguiente se produjo el escándalo de John Long. En aquel preciso instante, se acababa de cerrar el número de la revista, que había entrado en prensa con un artículo firmado por él junto con dos colegas. Rennie hubo de eliminarlo y pasar un ajetreado fin de semana buscando otro escrito que pudiese arreglar para ocupar con él las páginas que habían quedado libres. Pidió a los dos coautores que rehicieran su estudio por entero y eliminasen cualquier aportación de Long. Un año más tarde, se publicó, por fin, el artículo revisado, precisamente en un número de *The New England Journal of Medicine* encabezado por un trabajo de investigación de John Darsee y que contenía también un artículo de opinión de Robert Gallo. Rennie guarda aquella revista como oro en paño.

Pero volvamos a su colaboración de 1998 para el *British Medical Journal*.

> Una acusación de fraude científico —decía a los británicos con su estilo característico de párrafos ondulantes— puede arruinar la carrera profesional del denunciado y también la del denunciante, dividir a claustros enteros, interrumpir las actividades de las instituciones investigadoras, hacer relamerse de placer a los medios de comunicación y, cuando la comunidad científica no está preparada, propiciar su pérdida de confianza en la tarea investigadora. Sin embargo, pese a que no dejan de sucederse los casos que demuestran la verdad de lo dicho, los científicos siguen remisos a hacer frente a tan desagradable problema. Hace tres años, durante un encuentro sobre mala conducta investigadora organizado por el *BMJ*, advertí de que serían necesarios muchos incidentes embarazosos que afectasen a numerosas instituciones para que alguien comenzara a actuar en el Reino Unido, y tengo para mí que se ha corroborado mi opinión. En un congreso de la Comisión de Ética Editorial celebrado en Londres, no pude menos de abatirme al comprobar que apenas había nadie que hubiese prestado la menor atención a la experiencia, bien documentada y muy instructiva, de Estados Unidos, donde se había hecho un esfuerzo enérgico para afrontar la situación.[4] Tamaña estrechez de miras puede acabar por condenar al Reino Unido a repetir los mismos errores que ya han cometido otros.
>
> Para el observador estadounidense, las noticias llegadas de nuestro país en torno a los incidentes relacionados con el fraude en el terreno de la investigación son lo que Yogi Berra, el filósofo más insigne del béisbol, denominaría un «*déjà vu* de nuevo».

Y seguía diciendo:

> La idea de que la situación vivida en Estados Unidos es excepcionalmente grave suena a falso ante los numerosos casos que se están dando en el Reino Unido, Alemania y otros muchos países. Se ha demostrado que los científicos británicos no son muy diferentes de los estadounidenses, y la negación institucional que se da en el Reino Unido ha dejado de ser una opción sensata.

Claro está que se han hecho intentos de analizar la incidencia del fraude. Sin embargo, los resultados no pueden calificarse de concluyentes. Los más provocadores han interrogado a los científicos pidiéndoles no que reconozcan haber cometido ninguno de los actos de mala conducta establecidos, sino que declaren si han observado a algún colega incurriendo en ellos. Las limitaciones de este método saltan a la vista. Por más que se les garantice el anonimato, muchos se mostrarán renuentes a responder por falta de tiempo, desagrado, preocupación o sentimiento de culpa. Entre los científicos de determinado organismo que respondan, puede que haya algunos cuyos relatos coincidan en parte y ejemplos que se repitan en varios testimonios. Sea como fuere, de empeños como éstos no podemos extraer conclusiones sólidas acerca de la incidencia de este tipo de acciones, sino sólo, a lo más, sobre el conocimiento que se tiene de su existencia.

Éstas son las limitaciones psicológicas de la significación real de las estimaciones. Por otra parte, los resultados de los análisis variarán en gran medida según la definición de mala conducta. Podemos trazar una línea de referencia aproximada en lo tocante al fraude considerado en un sentido estricto; es decir: invención, falsificación y plagio. El Servicio de Salud Pública y la Fundación Nacional para la Ciencia tienen a su cargo la cuantiosa financiación federal de los programas de investigación y desarrollo no militares. Durante la década anterior a 2002, las dos entidades se ocuparon de más de doscientos casos, a razón de unos veinte o treinta por año. Éstos son sólo, claro está, los más graves de cuantos no lograron resolver —u ocultar— las instituciones investigadoras. Si los científicos becados son, pongamos por caso, doscientos o trescientos mil, podemos hablar de una incidencia de uno de cada cien mil, y sin embargo, nadie de cuantos conviven con el problema cree que la proporción sea tan insignificante. Los estudios en los que los declarantes afirman haber observado algún caso de mala conducta hacen pensar, más bien, en uno de cada cien. Y todo apunta a que buena parte de los casos no llega a denunciarse.

Ian Saint James-Roberts, profesor de la Universidad de Londres, elaboró, en 1976, una tosca versión de este enfoque que vio la luz en el semanario británico *New Scientist*.[5] A principios de septiembre de aquel año, publicó un breve artículo sobre el particular en el que se preguntaba si podía confiarse en los científicos. Lo completaba con un cuestionario de once preguntas acerca de las «desviaciones intencionales» —sarcástico eufemismo— en el ámbito de la investigación, e invitaba a los lectores a enviarle sus respuestas. Doce semanas más tarde, dio a la prensa un análisis de los resultados (entre tanto, *The Sunday Times* recogió entre sus páginas el desenmascaramiento de Cyril Burt por parte de Oliver Gillie). De las 204 encuestas recibidas, Saint James-Roberts excluyó cinco por considerarlas inservibles: «Una estaba firmada por una rata de laboratorio; otra, por un inspector de consistencia de una tarta de crema». Entre las preguntas, había incluido varias destinadas a examinar la plausibilidad general de la distribución de respuestas. Casi dos tercios de los encuestados superaban los treinta años, en tanto que el 36 por 100 había cumplido ya los cuarenta. El 23 por 100 pertenecía al profesorado, y el 12 por 100, al alumnado. En cuanto a las disciplinas en que trabajaban, el 30 por 100 provenía del ámbito de las ciencias biológicas, y había un 8 por 100 dedicado a las médicas.

«Qué duda cabe de que la muestra resulta parcial», señalaba con sosegada franqueza. Sea como fuere, el 92 por 100 de quienes respondieron había topado, de forma directa o indirecta, con casos de errores deliberados. Un 52 por 100 había tenido oportunidad de conocer alguno de primera mano. Sólo un 7 por 100 hablaba de invención íntegra de datos. La manipulación de éstos sí era más frecuente, ya que suponía un 74 por 100 del total. Tal vez lo más interesante del artículo fuera el desglose de los diversos modos como se descubrían los casos de conducta reprobable. Una tercera parte de éstos salía a la luz después de que alguien detectase la existencia de datos dudosos, mientras que una cuarta parte se debía a las dificultades que se planteaban a la hora de reproducir los experimentos. En un 17 por 100 de los casos, el infractor había sido descubierto en flagrante delito, y un 14 por 100 se había desvelado cuando el responsable había reconocido el engaño o se había jactado de él. Por otra parte, cuatro de cada cinco encuestados opinaban que los transgresores habían salido impunes.

En 1988, Stephen Lock se mostró impresionado por el «magistral estudio» de Patricia Woolf. En cuanto director del *British Medical Journal*, se encontraba en situación de sacar partido a sus excepcionales conexiones para emprender por su cuenta una investigación similar. Hizo saber a los editores de biología reunidos en el congreso de Washington que había llegado a la conclusión de que los conocimientos sobre el fraude científico que se tenían en el Reino Unido estaban a la sazón «más lejos de los que se poseían en Estados Unidos hace una década». Asimismo, apuntó que la escala relativamente menor a la que se estaba efectuando la investigación biomédica en el Reino Unido «da lugar a una sociedad médica muy unida, a cuyos miembros no resulta difícil congregar a fin de interrogarlos acerca de su experiencia en lo tocante a la mala conducta de los colegas. En consecuencia, me serví de esta feliz circunstancia para llevar a cabo un análisis no demasiado sistemático».

Lock escribió a un profesor de medicina y a otro de cirugía de cada una de las 29 instituciones médicas británicas, así como a cinco académicos o facultativos de los que sabía que habían tenido algún contacto con el fraude científico, a los editores de quince revistas de medicina y a dos científicos pertenecientes al ámbito de la administración de investigaciones médicas. El total ascendía a ochenta personas, a las que preguntó si podían añadir algún caso de conducta reprobable en el Reino Unido a los que ya se conocían. Asimismo, quiso saber si sus respectivos organismos contaban con algún procedimiento establecido para actuar frente a ellos. Anexó a su carta una copia del artículo de opinión que había escrito tras la aparición del informe sobre Slutsky en el *New England Journal*, y añadió un sobre libre de gastos de envío para la respuesta.

Recibió contestación de 79 de los 80 (el único que no lo hizo era profesor de cirugía). Como todos aportaban numerosos detalles, pudo ir tomando nota de las repeticiones. 46 de los remitentes sabían de algún ejemplo de proceder investigador censurable. En total, se refirieron 64 diferentes. La mayoría de ellos había llegado a su conocimiento «de primera mano, si bien existía una minoría considerable de casos de los que se tenía noticia a través de fuentes indirectas pero fiables, y tampoco faltaban los rumores». Las cantidades correspondientes a estos tres grupos eran, respectivamente, 41, 26 y 4.

> Los más de los informes estaban relacionados con episodios ocurridos en el Reino Unido (41), aunque también los había sucedidos en Estados Unidos (7), Australia (4) y otras naciones (7). En 13 de los casos no se explicitaba el país. Uno de los rasgos más notables era la sorprendente proporción de investigadores de cierta posición (18 de los 43 casos en los que se mencionaba la categoría de los implicados ...). En más de la mitad de los casos referidos se habían publicado los resultados, aunque sólo seis de ellos habían sido desmentidos posteriormente, y siempre en términos demasiado vagos a la hora de indicar la naturaleza de la infracción.

De las 29 instituciones médicas consultadas, sólo tres dijeron tener mecanismos con los que investigar estos casos. «No siempre se ha referido la suerte que han corrido los responsables —escribía Lock—, aunque sí que a algunos se les invitó a dimitir, en tanto que otros vieron anulados sus títulos o fueron objeto de ostracismo por parte de sus colegas. No es infrecuente que los investigadores de grado intermedio se hubiesen trasladado ya a otro departamento cuando salió a la luz su infracción.» En tales ocasiones, era extraño que en su nuevo destino adoptasen medida alguna.

> Soy consciente de que el carácter informal de mi sondeo se presta a críticas. Cierto es que apenas tenía modo de comprobar muchas de las afirmaciones, y sin embargo, no carecían, por muchos motivos, de visos de verdad. En primer lugar, conocía a la mayor parte de los encuestados (de hecho, estoy en situación de dirigirme a la mitad de ellos por su nombre de pila); en segundo lugar, cinco de los casos quedaron corroborados de manera independiente por distintas respuestas, y en

tercer lugar, dadas las circunstancias de mis pesquisas, los remitentes no tenían nada que ganar ni perder con sus contestaciones.

Como quiera que sea, Lock creía que, «en todo caso, los resultados subestiman el número real de casos». Entre los motivos que lo llevaban a esta conclusión citó las dificultades a que han de enfrentarse los denunciantes, los problemas de superproducción y los de autoría conjunta. De todos éstos se estaba teniendo noticia en el Reino Unido, y Lock mencionaba las similitudes existentes, en este sentido, con Estados Unidos. «La autoría ya no comporta las responsabilidades que debería llevar aparejadas: la capacidad de justificar intelectualmente el contenido íntegro de un artículo.»

A continuación, se preguntaba si no debía hacerse algo al respecto. «En primer lugar —señalaba—, el fraude es un delito. En segundo lugar, son muchas las infracciones de este género que han quedado sin prevenir, sin investigar o aun sin detectar, y este hecho puede alentar a otros a probar fortuna con ellas.» Y por último, añadía una consideración importante: «Si la medicina y la ciencia en general han dejado de llevar el sello que distingue a una profesión, esto es, la facultad de enmendarse a sí misma, es probable que sean otros organismos oficiales externos quienes tengan que enderezarlas». Una vez más, lo sucedido al otro lado del Atlántico constituía una pavorosa advertencia.

A finales de 1993 apareció un artículo escrito por Judith Swazey y dos colaboradoras con visos de ser un intento concienzudo y refinado de estudiar la incidencia del fraude, si bien empleaba, en esencia, el mismo método de que se habían servido Saint James-Roberts y Lock.[6] La autora principal había estudiado historia de la ciencia en Harvard. En 1984 fundó el Instituto Acadia, organismo sin ánimo de lucro con sede en Bar Harbor (Maine). Melissa Anderson y Karen Seashore Louis, que suscribían con ella el escrito, pertenecían a la Escuela de Educación de la Universidad de Minnesota. Las tres distribuyeron, con la promesa de respetar el anonimato de los encuestados, un cuestionario entre dos mil doctorandos y otros tantos profesores pertenecientes a 99 de «los mayores departamentos universitarios de química, ingeniería civil, microbiología y sociología». El impreso recogía trece preguntas destinadas a unos y otros, más dos adicionales para los profesores.

> Nuestros resultados no pretenden medir la frecuencia real de las infracciones, sino las tasas de *revelación* de lo que se percibe como mala conducta: demuestran que problemas como éstos son más habituales de lo que se cree desde dentro de la comunidad científica. Asimismo, hemos dado con diferencias significativas entre las distintas disciplinas, en lo referente a la asiduidad y al género de los comportamientos cuestionables observados.

«¿Ha sido usted *testigo* —rezaban las instrucciones— de alguno de los siguientes tipos de conducta reprobable o conoce *indicios directos* de su existencia? Por favor, indique el número de estudiantes o profesores universitarios de cuyo proceder fraudulento tenga experiencia.» A los miembros del profesorado se les pedía, asimismo, que circunscribiesen sus respuestas a los cinco años anteriores y al departamento al que estuviesen adscritos en aquellos momentos. Todas las preguntas estaban incluidas en tres amplias categorías: fraude, lo que comprendía casos de invención, falsificación y plagio; prácticas de dudosa integridad, como el registro negligente de resultados, la ocultación de métodos o conclusiones o la autoría honoraria, y otra serie de transgresiones que iban desde el acoso sexual hasta el quebrantamiento de disposiciones gubernamentales, comportamientos no exclusivos de las ciencias y «sujetos, por lo general, a la aplicación de penas legales y sociales».

De los cuatro mil encuestados, respondieron unos dos mil seiscientos —un 72 por 100 de los profesores y un 59 por 100 de los estudiantes—. Para ser un estudio elaborado por medio de correspondencia directa, y tocar, además, un asunto por demás delicado, se trata de una proporción elevada en extremo. La mitad de los profesores y el 43 por 100 de los estudiantes universitarios dijeron tener conocimiento directo de más de una clase de conducta censurable. Un 8 por 100 de los primeros y el mismo porcentaje de los segundos aseguraban conocer a algún profesor que hubiese cometido plagio. Los alumnos plagiarios resultaron ser más, dado que un tercio del profesorado y un quinto del alumnado afirmaban haber observado, cuando menos, un caso de tal delito. El 6 por 100 de los profesores decía tener conocimiento directo de falsificación de datos por parte de compañeros de claustro, proporción que en el caso de los estudiantes ascendía al 8 por 100. El 13 por 100 de aquéllos y el 15 por 100 de éstos sabían de alumnos que hubiesen hecho otro tanto.

Los análisis variaban de forma considerable según las especialidades. Las denuncias de plagio fueron más numerosas entre ingenieros y sociólogos que en el resto de disciplinas: más de un 40 por 100 de los profesores lo habían detectado entre los aspirantes a doctores, y el 18 por 100 de los integrantes del cuerpo docente de ingeniería civil sabía de colegas que habían incurrido en tal infracción. El 12 por 100 de los alumnos de microbiología informó de falsificación de datos por parte de los miembros del claustro. Éstos, por su parte, aseguraban haber visto inventar datos a un 15 por 100 de aquéllos, porcentaje idéntico al que correspondió a los estudiantes de química.

En cuanto a las prácticas investigadoras cuestionables aunque no fraudulentas, el 22 por 100 de los profesores en general daba noticias de otros docentes que hacían la vista gorda ante el uso descuidado de datos experimentales, en tanto que el 15 por 100 afirmaba conocer a compañeros que habían eliminado información que contradecía sus investigaciones previas. Con respecto a otra cuestión delicada, casi un tercio del profesorado decía conocer casos en los que la autoría de los trabajos de investigación se había asignado de un modo inapropiado.

El informe de Swazey ha sido objeto de mordaces ataques, y no sólo por parte de quienes pretenden defender la integridad de los científicos, sino procedentes también, precisamente, de algunos de los que más interés han mostrado por conocer el verdadero alcance de las prácticas irregulares. Uno no puede sustraerse a la sospecha de que entre quienes rellenaron el cuestionario pudiese haber más personas con casos para denunciar que entre los que no lo hicieron. Por otra parte, la investigación no permitía detectar qué casos habían sido referidos por más de un observador, error que afecta, sin lugar a dudas, al cómputo final de éstos. «Aun la más benévola interpretación del estudio de la doctora Swazey —señalaba uno de sus detractores, perteneciente a cierta universidad estatal de gran nombradía del Medio Oeste— debe reconocer que sus datos dependen por entero de lo que hayan querido consignar los encuestados en lo relativo a la observación de conductas censurables. Carece de prueba alguna de la fiabilidad y validez de los testimonios que ha recogido.»

Hemos de decir, en honor a la verdad, que Swazey y sus colaboradoras advertían en todo momento de las limitaciones de que adolecía su enfoque. «Dado que los cuestionarios —avisaban— no pedían a los destinatarios que distinguiesen entre lo que creían que eran ejemplos de mala conducta y los casos que habían quedado confirmados por algún tipo de investigación, oficial o extraoficial, los recogidos en las respuestas deberían considerarse como episodios "altamente sospechosos".» También reconocían el problema que suponía la posibilidad de computar el mismo caso en más de una ocasión, aunque lo soslayaban mediante una juiciosa interpretación:

> No se puede colegir, de los datos que aquí presentamos, el porcentaje de profesores o alumnos de un departamento dado o de las cuatro disciplinas analizadas que puedan estar implicados en una clase particular de práctica irregular o cuestionable. Nuestra intención, nacida del objetivo principal del proyecto (el análisis del modo como influyen los departamentos y las disciplinas en la educación y socialización de los estudiantes universitarios), consistía, más bien, en documentar en qué medida están expuestos alumnos y profesores a lo que consideran conductas erradas desde el punto de vista ético o problemáticas en sus departamentos.

En consecuencia, pese a sus defectos, la investigación también gozaba de un punto fuerte peculiar: las infracciones eran tan frecuentes y estaban tan generalizadas que valía la pena plantearse, más allá de los tipos particulares de mal comportamiento, preguntas como: ¿Qué efectos puede tener este hecho en quienes lo presencian, y sobre todo en los estudiantes universitarios? ¿Qué repercusión puede tener en sus valores éticos, su sentido de lo que debe ser una conducta aceptable... o un proceder del que puedan salir impunes? ¿En qué grado influye en la moral de los alumnos y el profesorado una atmósfera semejante?

De estas consideraciones se deduce un nuevo problema: el de la tutoría inversa o negativa.

Si bien ha habido más intentos de abordar el problema de la incidencia, hay que decir que su número resulta sorprendente por lo escaso. Nicholas Steneck, historiador que, pese a ejercer en la Universidad de Michigan, pasa varios meses al año en la Oficina de Integridad Investigadora, ha elaborado una lista de siete estudios publicados en el cuarto final del siglo XX.[7] La nómina, encabezada por el artículo de Saint James-Roberts, deja fuera el de Stephen Lock, aunque incluye dos de menor extensión procedentes de Noruega y que tal vez no se presten con tanta facilidad a compararse con los casos estadounidenses. Sin duda, quien más sujetos incluyó en la muestra analizada fue Swazey —no en vano fueron cuatro mil los encuestados—, cuyo sondeo recibió también la respuesta más multitudinaria. En función de las preguntas, los estudios que abordaban episodios de invención, falsificación y plagio presentaban incidencias de entre el 3 y el 30 por 100, una variación demasiado amplia para no levantar sospechas. Siguiendo un enfoque diferente, hay quien ha revisado los datos sobre los que se basaban los artículos publicados sobre ensayos clínicos. Tras analizar estos estudios, Steneck escribió en 2000 que «han demostrado ser "problemas significativos" o "desviaciones considerables" que igualan o superan el 10 por 100». Con todo, estos resultados no guardan correspondencia con el fraude propiamente dicho, «puesto que no tienen en cuenta si las discrepancias se deben a acciones deliberadas».

Puede que no tardemos en disponer de estudios más rigurosos y esclarecedores. Steneck ha emprendido una serie de proyectos de investigación en la Oficina de Integridad Investigadora, y en verano de 2004 estaba a punto de culminar uno que giraba en torno a la incidencia de las infracciones en el mundo de las ciencias.

Las definiciones predominantes de fraude científico y otras prácticas irregulares intolerables son las de la Fundación Nacional para la Ciencia (NSF) y los Institutos Nacionales de la Salud —o, mejor dicho, el Servicio de Salud Pública, del cual forman éstos la mayor parte—. Las dos son casi idénticas, y al igual que las de Babbage, parecen simples enumeraciones a primera vista. No se redactaron hasta la década de 1980, como respuesta al número cada vez mayor de casos que salía a la luz. Así rezaba la de la Fundación Nacional para la Ciencia:

> *Infracción* quiere decir 1) invención, falsificación, plagio o cualquier otra desviación seria de las prácticas aceptadas a la hora de proponer, obtener o publicar los resultados de actividades financiadas por la NSF, o 2) toma de represalias de cualquier clase contra quien haya informado acerca de presuntas infracciones sin actuar de mala fe.

Y así, la del Servicio de Salud Pública:

> *Infracción* o *infracción científica* quiere decir invención, falsificación, plagio o cualquier otra práctica que constituya una desviación seria de las comúnmente aceptadas en el seno de la comunidad científica a la hora de proponer y efectuar una investigación o informar de sus resultados. No se incluyen en esta definición el error cabal o las diferencias legítimas de interpretación o valoración de datos.

Téngase en cuenta, sin embargo, que la disposición relativa a «cualquier otra desviación seria» se ha eliminado de forma reciente de ambas. Más adelante volveremos a tratar de este punto no exento de controversia.

La invención coincide con el fingimiento de Babbage, o con lo que los biólogos llaman «trabajo de laboratorio en seco». Ocurre, por decirlo de otro modo, cuando los datos son de la cosecha del investigador. La falsificación comprende el amaño de Babbage, esto es, la alteración de datos o la selección tendenciosa de lo que debe darse al público. Hace un tiempo, cierto biólogo veterano refirió a quien estas líneas escribe un ejemplo mínimo pero emblemático. Tras gozar de una dilatada carrera internacional en el campo de la inmunología, el científico en cuestión ha estado ejerciendo de director de investigación para una modesta compañía de reciente fundación en el norte de California que está explorando medicinas tradicionales chinas a fin de ver si alguna contiene ingredientes activos que puedan tener una eficacia real. Uno de los grupos de laboratorio se hallaba reunido cuando decidió entrar en la sala y sentarse en la última fila. Cierta investigadora joven estaba presentando los datos obtenidos de una serie de experimentos de los que pensaba dar cuenta en un artículo. Los resumió en forma de puntos de una gráfica y ofreció su interpretación. La distribución de los resultados parecía correcta y se ajustaba a lo esperado... a excepción de uno de ellos, que se alejaba tanto de los otros como de las conclusiones. La muchacha puso de relieve este hecho, y la jefa de laboratorio —quien por casualidad también era mujer— la exhortó a excluir aquel dato de la gráfica y del artículo. El director de investigación se levantó entonces airado y gritó: «¡No!». Ni siquiera cuando, semanas después, hablaba del episodio podía evitar levantar la voz ni torcer el gesto por la aflicción y el desconcierto. «Les dije: "¡Eso nunca! Se pueden volver a examinar las condiciones del experimento o repetirlo por completo para ver si ha salido algo mal. También se pueden hacer otras pruebas diferentes para buscar una explicación al resultado. Y si aun así no se resuelve el problema, no queda más remedio que hacer cara a la anomalía en la sección correspondiente del artículo. Lo que no se puede hacer es ocultar un resultado". —Meneando la cabeza, añadió—: Es algo que deberían saber.» Y sin duda está en lo cierto. Sin embargo, la eliminación de este género de datos anómalos, llamados *valores atípicos*, no es, ni mucho menos, infrecuente. De hecho, hay quien la defiende en virtud del buen juicio investigador, como parte del arte de descubrir. El ejemplo más clásico de esto lo constituye, huelga decirlo, el caso de Robert Millikan.

Por lo común, identificamos el plagio con la copia, contra la que tanto nos prevenían en el colegio. No obstante, en su definición se incluye cualquier modo de representar como propio el trabajo de cualquier otro, delito que se conoce, de manera oficial, como *robo de la propiedad intelectual*. Es, como la invención y la falsificación, un fraude, y sin embargo, mantiene con los otros dos una curiosa relación en lo tocante a objetivos, métodos, incidencia y efectos. Al cabo, cuando alguien sale impune tras falsear datos o sacárselos de la manga, no hace sino contaminar sus anotaciones científicas con algo que sabe que no es cierto; pero a nadie se le ocurriría birlar a otro un trabajo de cuya autenticidad duda. De cualquier modo, lo que pueda faltarle de bajeza le sobra de ubicuidad. Raro es el científico estadounidense de cierta veteranía que no lo haya sufrido en carne propia. Muchos aseguran haber topado con casos de plagio en el proceso de evaluación entre iguales de solicitudes de beca, si bien, tal como ya hemos visto, cosas así resultan muy difíciles de demostrar. Sin duda es más frecuente el robo de ideas, y aun de datos y expresiones, durante el arbitraje editorial de artículos de investigación. Cierto científico de dilatada experiencia perteneciente a la Universidad de Stanford aseveraba mientras avanzaba por uno de los pasillos de la facultad: «Se dan casos; pero si uno es prolífico apenas si afecta a su trabajo».

«Cualquier otra desviación seria de las prácticas aceptadas»: la disposición parece postiza a las definiciones. No faltan los científicos y juristas que la consideren vaga, y algunos la encuentran incluso amenazadora. Ha dado pie a controversia, aunque basta analizarla con detenimiento para eliminar cualquier motivo de polémica.

Los intentos de mejorar la definición comenzaron a principios de 1989, cuando los casos de conducta irregular se estaban haciendo cada vez más visibles. La Academia Nacional de Ciencias se embarcó entonces en una serie de prudentes discusiones acerca del particular.[8] La Comisión de Ciencia, Ingeniería y Políticas Públicas, su órgano más elevado, había necesitado varios meses para acordar el carácter ineludible de un estudio al respecto, y aún iban a hacer falta siete más para encontrar a alguien que aceptara presidir el grupo de trabajo. El siguiente escollo, no menos difícil de salvar, consistió en dar con personas dispuestas a integrarlo que careciesen de vínculos significativos con científicos destacados envueltos en la polémica —sobre todo en lo relativo a los casos de Baltimore y Robert Gallo y sus socios del laboratorio de que disponía en el Instituto Nacional del Cáncer, acusados de robo de propiedad intelectual—. Hasta la primavera de 1990 no estuvo constituido el equipo. Lo conformaban 22 personas: además de once científicos universitarios de varias disciplinas y dos procedentes de la industria, había administradores, expertos en ética, un abogado, un historiador y el editor de una publicación periódica.

Desde un principio cundieron las disensiones, según puede colegirse de los informes. El equipo requirió dos años para elaborar un estudio poco comprometido que hizo público en 1992. Sus integrantes se resistieron a pronunciarse acerca de la cuestión de la incidencia, aduciendo, con razón, que nadie la había medido. Circunscribieron la definición de las infracciones científicas a los casos de invención, falsificación y plagio, y solicitaron a la Fundación Nacional para la Ciencia y al Servicio de Salud Pública la eliminación del añadido referente a «cualquier otra desviación seria». El carácter prudente y neutro del informe no impidió a dos de los científicos del equipo discrepar de su contenido, pues entre otras cosas, exageraba, en su opinión, la importancia de las prácticas irregulares mencionadas.

Uno de ellos era Howard Schachman, biólogo molecular retirado de la Universidad de California en Berkeley que ha pasado buena parte de su vida defendiendo con porfía y de un modo inteligente la ciencia de lo que él considera el peligro mortal de la injerencia del gobierno. Ya había expuesto sus argumentos ante diversas comisiones del Congreso, y no dudó en repetirlos en los debates del grupo de trabajo de la Academia Nacional de Ciencias. De hecho, siempre ha hecho campaña en favor de ellos, en público o en privado, siempre en tono pugnaz, ante todo el que esté dispuesto a escucharlo. En julio de 1993, en un artículo de la revista *Science*, publicación que goza de un número elevado de lectores, escribió:

> Como sucede con buena parte de nuestra sociedad, en el ámbito de la ciencia no faltan personas ambiciosas, acaparadoras, oportunistas, egoístas, competidoras, polémicas, beligerantes y arrogantes. Sin embargo, eso no significa que sean criminales. Resulta imprescindible distinguir entre el fraude investigador y los patrones de conducta irritantes o descuidados por parte de los científicos, por censurables que puedan ser. Tenemos que diferenciar a los delincuentes de los majaderos.
>
> ... Lo que me preocupa es el carácter impreciso de la expresión «prácticas científicas irregulares» y las distintas interpretaciones que puedan dar a una supuesta infracción personas de orientación diferente.
>
> Todos coinciden, a la hora de definir estas «prácticas científicas irregulares», en hablar de invención, falsificación y plagio, mientras que los científicos han hecho hincapié en que no deben considerarse como tales factores intrínsecos a los procesos de la ciencia como son los errores, las variaciones en los datos o las diferencias de interpretación de resultados o procesos experimentales.[9]

Schachman daba especiales muestras de indignación con respecto a la referencia a «cualquier otra práctica que constituya una desviación seria de las comúnmente aceptadas en el seno de la comunidad científica a la hora de proponer y efectuar una investigación o informar de sus resultados» que incluía la definición del Servicio de Salud Pública, en estos términos:

> El lenguaje en que se expresa peca de vago e invita, además, a una interpretación amplia en exceso. Su inclusión, asimismo, puede tener el efecto de disuadir a los investigadores de la adopción de enfoques poco ortodoxos y muy innovadores, de los que propician avances científicos de consideración. Los experimentos más brillantes, ingeniosos y renovadores suponen una desviación de las prácticas comúnmente aceptadas por la comunidad científica.

El autor del artículo llegaba entonces a una conclusión apocalíptica. Sabedor de que Hitler rechazó la física de la relatividad por considerarla «ciencia de judíos» y Stalin relegó a los campos del Gulag la genética y a los genetistas mendelianos por juzgarlos contrarios al marxismo-leninismo durante los quince años que duró la dominación de Trofim Lisenko en el terreno de la biología soviética, escribió:

> La historia está llena de ejemplos de leyes gubernamentales expresadas en términos amplios, abiertos, lo bastante elásticos para poder estirarlos e incluir en ellos cualquier acción individual capaz de irritar a determinados funcionarios. En este siglo, sin ir más lejos, constituía en algunos países un delito de gravedad publicar trabajos científicos que supusieran una desviación seria de las prácticas aceptadas. La aplicación de semejantes medidas de censura desbarató áreas importantes de la ciencia de dichas naciones, y nosotros no deberíamos exponer el ámbito de la investigación a riesgos similares en la nuestra.

Entre los científicos de su misma opinión, cabe destacar a Bernadine Healey, quien fue nombrada por el presidente George Bush padre directora de los Institutos Nacionales de la Salud. Esta mujer conservadora, combativa y ambiciosa en lo político, que no goza de demasiada popularidad en cuanto integrante de la Administración, criticó la versión que daba el Servicio de Salud Pública de la disposición relativa a esas «otras desviaciones serias» porque podía hacer que se considerasen fraudulentos «descuidos, saltos marcados, diseños experimentales impensables e incluso irritantes desafíos a la normativa que tenemos por dogmática». Su sucesor, Harold Varmus, ganador del Premio Nobel que accedió al cargo en 1993, a instancia del presidente Bill Clinton, fue un director distinguido y eficiente, apreciado por la comunidad científica, que lo consideraba parte de ella. Él también pidió que se eliminara aquella estipulación por juzgarla «demasiado vaga y susceptible de uso inapropiado».

La significación y utilidad de ésta podrían ser, sin embargo, diametralmente opuestas a lo que se entiende por lo común. Lo que Schachman y quienes como él opinan parecen no entender es que una puntualización así resulta esencial para toda definición de conducta irregular que pretenda preservar la misma autonomía de las ciencias que ellos piensan estar defendiendo con sus objeciones. A principios de 1997, Karen Goldman y Montgomery Fisher publicaron una bien razonada defensa de dicha disposición. Los dos eran abogados de la Oficina del Inspector General de la Fundación Nacional para la Ciencia, organismo al que se encomiendan las acusaciones de fraude científico de cierta envergadura. Desde el título mismo del artículo, plantean la cuestión con la mayor crudeza posible: ¿Es constitucional la cláusula?[10]

Goldman y Fisher invirtieron por completo la lectura tradicional de la definición, alegando que «invención, falsificación y plagio» no son sino tres ejemplos de infracciones, en tanto que «cualquier otra desviación seria de las prácticas aceptadas» (la «cláusula OSD», tal como la llamaron ellos a partir de las iniciales de *other serious deviation*) constituye la parte predominante, el «criterio general de definición de conducta irregular».

> La cláusula OSD proporciona sustento legal para un fallo de mala conducta cuando se produzca un incumplimiento grave de la ética científica, incluidos los casos que no puedan considerarse invención, falsificación o plagio. Se da por supuesto que los usos de la comunidad científica bastan para separar la conducta aceptable de la inadmisible.

Aquí radica la sustancia de la cuestión: la controvertida disposición devuelve a los científicos la responsabilidad de determinar la normativa moral. Si bien Goldman y Fisher no lo dicen, eso es, precisamente, lo que deberían desear quienes con tanto ardor propugnan la independencia de las ciencias. «Sólo las desviaciones *serias* de esta norma —seguían diciendo— constituyen actos de mala conducta.» Por otra parte, los críticos, incluido el equipo de la academia, no han sabido abordar el hecho de que las agencias que distribuyen las financiaciones destinadas a la investigación deben «garantizar que los fondos gubernamentales vayan a parar sólo a individuos responsables».

> [Por ese motivo] se hace necesaria una disposición amplia como la cláusula OSD: porque es imposible predecir y enumerar todas las acciones poco éticas que puedan justificar la intervención de la agencia. Actos como el de manipular los experimentos de otros científicos, explotar a los subordinados, hacer uso indebido de información confidencial obtenida durante el proceso de revisión de la solicitud de beca o tergiversar la autoría de un texto son susceptibles de ser considerados infracciones, y sin embargo, no corresponden a las categorías mencionadas en la definición.

De cualquier modo, la legislación reconoce la falta de concreción como uno de los motivos por los que puede quedar sin efecto una ley. De hecho, en el derecho constitucional se reconoce la posibilidad de nulidad por imprecisión (la *void for vagueness doctrine*), ya que la cláusula de la enmienda cinco que garantiza la mediación de un proceso legal como es debido «exige tener conocimiento de cuáles son las conductas prohibidas». En consecuencia, toda ley o regulación debe explicitar esto último «con claridad razonable», lo que impide, en palabras de cierta decisión citada por los dos autores, «una aplicación arbitraria y discriminatoria». Ahora bien, la falta de concreción y la probabilidad de aplicación arbitraria son precisamente los peligros que preocupan a Schachman y al resto de quienes critican la «cláusula OSD». La nulidad por imprecisión sería el único argumento legal posible para atacarla.

Sea como fuere, en todos los demás ámbitos, las normas sobre mala conducta expresadas en términos generales por depender de los usos establecidos dentro de una comunidad han superado, una vez y otra, el examen constitucional. En cierta causa sustanciada en 1974, «el tribunal supremo sostuvo amplias disposiciones del Código de Justicia militar que prohíbe "el comportamiento impropio de un oficial y un caballero", así como "cualquier clase de desórdenes o de negligencia con respecto a los principios del buen orden y la disciplina en las fuerzas armadas"». Este ejemplo y otros similares «ponen de relieve —al decir de Goldman y Fisher— que las prohibiciones inconcretas y poco definidas no comportan nulidad por imprecisión cuando se interpretan en relación con las normas de conducta propias de una comunidad».

Son muchas las profesiones sujetas a tales reglas. Las de los especialistas en derecho son de las más exigentes. La Asociación Estadounidense de Colegios de Abogados dispone de un código de responsabilidad profesional cuyas normas relativas al comportamiento reprobable acaban indicando que ningún letrado debe incurrir «en ninguna otra conducta que pueda poner en tela de juicio su idoneidad para practicar el derecho». La normativa federal referente a los procedimientos de apelación se sirven de un lenguaje muy similar: «la conducta impropia de un miembro del cuerpo de abogados» puede suponer su suspensión o su expulsión del colectivo. Cierto precepto del tribunal supremo penaliza «la conducta impropia de un miembro del cuerpo de abogados de este tribunal», y los tribunales estatales disponen de normas casi idénticas a éstas.

Los maestros de enseñanza pública y los profesores de universidad pueden sufrir expulsión por iguales motivos, aun cuando sean numerarios. Goldman y Fisher citan varios casos y los términos en que se expresaron, incluido uno en el que «la Universidad Rutgers determinó que el profesor había hecho uso indebido de los fondos destinados a becas y explotado, defraudado, amenazado e insultado a diversos alumnos extranjeros que investigaban en su laboratorio». El reglamento del centro definía como causa adecuada de expulsión «la contravención de las normas de integridad y competencia docente; el incumplimiento intolerable de las obligaciones establecidas por la universidad en virtud al cargo, o la incompetencia». El profesor presentó una demanda, y el tribunal de apelaciones la rechazó por imprecisa, ya que, según declaró en 1992, «las normas profesionales compartidas por la comunidad académica» permitían a la Universidad Rutgers aplicar su reglamento. El tribunal supremo se negó a considerar una nueva apelación. Los médicos, las enfermeras, los farmacéuticos, los arquitectos, los ingenieros están sometidos a preceptos similares, y los tribunales estatales de toda la nación los respaldan.

Sin duda, la investigación más sesuda y detallada sobre la definición de las infracciones científicas es la que se llevó a cabo en el transcurso de dos años de reuniones y discusiones mantenidas por el equipo de trabajo que recibió el nombre de Comisión sobre la Integridad Investigadora. En verano de 1993, el Congreso aprobó una ley dirigida a la revitalización de los Institutos Nacionales de la Salud, que disponía, entre otras muchas cosas, la creación de dicho equipo. Donna Shalala, secretaria de Salud y Servicios Humanos, firmó su aprobación el 4 de noviembre de 1993. El presidente era Kenneth J. Ryan, médico que ejercía la docencia en el Departamento de Obstetricia, Ginecología y Biología Reproductiva de la Escuela de Medicina de Harvard, a tiempo que dirigía el comité de ética del Brigham and Women's Hospital. Se trataba de un hombre impasible, una figura pública de elevada posición que había presidido con anterioridad el grupo de expertos que había redactado, con gran éxito, el borrador de la normativa referente a la protección de seres humanos frente a la investigación biomédica y del comportamiento. Para la recién instituida comisión, reclutó a científicos especializados en biomedicina, integrantes de la administración universitaria, expertos en tramitar acusaciones de mala conducta, un abogado y un miembro de ese conspicuo oficio de reciente creación que es el de los éticos. En total, reunió a doce personas que tenían por cometido buscar una nueva definición de conducta reprobable, recomendar procedimientos que pudiesen seguir los distintos organismos a fin de responder a las acusaciones y desarrollar una normativa para proteger a los denunciantes.

Del 20 de junio al 25 de octubre de 1995 se reunieron quince veces, en modernos hoteles sin carácter de algún barrio periférico de Washington o en el aeropuerto internacional Dulles, y efectuaron expediciones a la Escuela de Medicina y el complejo de investigación que integran la Universidad de California en San Francisco, a la Universidad DePaul (Chicago), a la Escuela de Medicina de Harvard y a la Universidad de Alabama en Birmingham. Los encuentros pasaron de durar un solo día a convertirse en sesiones de dos o tres. Tenían carácter público, tal como exige la ley a las comisiones gubernamentales, y si bien atrajeron a un número reducido de periodistas, contaron, de reunión en reunión, con la asistencia de un grupo de seguidores conformado por conocidas víctimas de diversas infracciones —autores plagiados o denunciantes que habían sufrido represalias, en su mayoría—. En muchos de los primeros encuentros, los integrantes de la comisión atendieron a dolorosas historias de personas que habían visto arruinadas sus carreras profesionales y sus vidas. En Chicago, durante el descanso que siguió al testimonio particularmente patético de uno de los declarantes, hubo quien vio a Kenneth derramar lágrimas en el lavabo de caballeros. Los integrantes de la comisión, personas serias y trabajadoras, se mostraban más preocupados a medida que tomaban conciencia del alcance de los problemas a que habían de hacer frente, así como de la dificultad que entrañaba educar y estimular a la comunidad científica y los cuerpos superiores de los organismos en los que trabajaban representantes de ésta con el objeto de prever las dificultades y responder al respecto de un modo serio y eficaz.

La definición tampoco estuvo exenta de problemas. Los miembros de la comisión no tardaron en abandonar la idea de invención, falsificación, plagio y otras desviaciones serias en pos de términos a un tiempo más particulares y amplios. Mes a mes, fueron comprendiendo que las definiciones existentes de infracción científica se hallaban arraigadas en la legislación, en el concepto legal de fraude y en la consiguiente obsesión con el derecho a un juicio cabal, el sistema acusatorio y la culpabilidad o inocencia de los individuos. Tina Gunsalus y Drummond Rennie, que formaban parte del grupo de expertos, ejercieron una presión implacable para que se renovasen los conceptos y los términos empleados.

El momento más significativo del desarrollo de la definición tuvo lugar durante la sesión en que Karl J. Hittelman, vicerrector asociado de asuntos académicos de la Universidad de California en San Francisco, expuso el objeto fundamental de la comisión y la definición:

«proteger la integridad de la bibliografía y el proceso científicos». Así, en menos de una docena de palabras, presentó un claro aserto de la distinción entre la postura de la ley y las necesidades de la comunidad científica.

Más tarde, durante aquella misma sesión, un servidor ofreció, desde el espacio destinado a los observadores, una definición que pretendía capturar lo que pensaban los miembros de la comisión en aquellos instantes:

> La mala conducta científica es el comportamiento que corrompe el registro científico o compromete en potencia la objetividad o las prácticas de la ciencia. Toda forma de infracción científica es responsabilidad, de un modo ineludible e inmediato, de las instituciones investigadoras y la comunidad científica. Las formas más serias están incluidas en lo que se entiende por fraude científico, y son la invención, la falsificación y el plagio. En caso de que el proyecto se beneficie de la financiación del gobierno, el proceder fraudulento en que se incurre es también asunto de las autoridades gubernamentales. Por otra parte, el testimonio de los denunciantes resulta crucial a la hora de desvelar los casos de invención, falsificación o plagio, lo que implica que su protección eficaz también concierne no sólo a la institución, sino también al gobierno. En lo tocante a la categoría de fraude científico, la invención y la falsificación pueden adoptar muy diversas formas y darse en no pocos estadios. ... De igual modo, el plagio presenta muchas variantes. ... En resumidas cuentas, el plagio debe considerarse robo o cualquier otra apropiación indebida de la propiedad intelectual.
>
> Sin embargo, la conducta científica irregular incluye otras formas importantes de comportamiento que, si bien no conciernen al gobierno, tampoco pueden ser obviadas ni minusvaloradas. En general, pueden agruparse bajo tres encabezamientos: asuntos de autoría, de normativa y de tutoría. Esta categoría de infracción científica engloba, entre otras cosas, la atribución indebida de la autoría o el mérito de determinado logro, el abandono a la hora de registrar los datos, la negligencia intolerable respecto de la conducta propia del investigador, la ocultación injustificada de materiales y resultados, y la falta responsable de disposición para formar, supervisar y aconsejar a estudiantes y colegas de menor rango.
>
> Por último, pueden darse ciertos tipos de conducta ilegal o poco ética en relación con la investigación que no constituyen infracción cientí-

fica por sí, como, por ejemplo, la falta de acatamiento de las normas por las que se rige la experimentación con humanos o animales, el acoso sexual o la comisión de delitos fiscales, comportamientos todos (incluidos algunos tan infrecuentes como el sabotaje investigador) sometidos ya a leyes y para los que se han estipulado las penas correspondientes.

A esas alturas, sin embargo, los debates mantenidos entre los integrantes del equipo habían adoptado un dinamismo nada desdeñable, y este hecho los llevó a buscar una reformulación más radical. Su informe final apelaba de un modo sutil —quizás en demasía— a las normas éticas de la comunidad al aseverar que esta «nueva definición ofrece un enfoque ético frente a la conducta científica más que servir de base para determinar o extender responsabilidades o acciones legales».[11] El texto, que presentaron de forma estructurada, es el siguiente:

> Las infracciones investigadoras consisten en conductas reprobables de relieve en que incurre quien se apropia de forma indebida de la propiedad intelectual o las contribuciones de otros, impide deliberadamente el progreso de una investigación o se expone a corromper el registro científico o a comprometer la integridad de las prácticas científicas. Conductas como éstas carecen de toda ética y resultan inaceptables a la hora de proponer una investigación, llevarla a cabo o dar cuenta de ella, así como de revisar las propuestas o los informes de investigaciones ajenas.

Recomendaron sustituir la tríada de invención, falsificación y plagio por tres nuevas categorías: «apropiación indebida, injerencia y tergiversación, tres formas de falta de honradez o justicia que, caso de alcanzar cierta gravedad, violan los principios éticos sobre los que se funda la definición». A continuación, desglosaban la primera como sigue:

> *Apropiación indebida*: Ningún investigador ni revisor deberá incurrir, de forma intencionada o imprudente, en
>
> *a*) plagio, por lo que ha de entenderse la presentación como propias de palabras o ideas documentadas de otros, sin la apropiada referencia al medio de presentación, ni
>
> *b*) uso de información que suponga el cumplimiento del deber de

confidencialidad asociado a la revisión de originales o solicitudes de beca.

La segunda categoría versaba sobre un género de conducta que, pese a ser cada día más frecuente, aún no se había definido de modo independiente.

> *Injerencia*: Ningún investigador ni revisor tomará, retendrá ni dañará en lo material propiedad alguna relacionada con el proceso investigador, lo que incluye aparatos, reactivos, material biológico, textos, datos, soportes informáticos físicos o lógicos, así como cualquier otra sustancia o dispositivo empleados o producidos durante la investigación.

Hasta la tercera categoría no acudía la comisión al punto de partida habitual en la definición de las infracciones:

> *Tergiversación*: Ningún investigador ni revisor incurrirá, con objeto de engañar ni faltando a la verdad de un modo imprudente, en
>
> *a*) exposición o presentación de falsedades materiales o significativas, o
>
> *b*) omisión de hecho alguno de manera que lo expuesto o presentado en conjunto suponga exposición o presentación de falsedades materiales o significativas.

En el ámbito legal, para probar la comisión de un acto fraudulento —como la de cualquier otro delito en primer grado— es necesario demostrar premeditación —o *dolo*, en la jerga—. Éste ha resultado ser un obstáculo casi insuperable cuando se han tratado de perseguir de forma eficaz infracciones graves. La definición propuesta por la comisión, en consecuencia, ofrecía en las categorías primera y tercera una alternativa a este concepto: el de comportamiento imprudente. Tal como se señalaba en el informe: «La intención de engañar resulta, a menudo, difícil de demostrar». Por lo tanto: «La comisión se adhiere al principio, comúnmente aceptado, de que el propósito de engaño puede inferirse por el hecho de que una persona actúe con indiferencia imprudente en relación con la verdad».

La comisión definía a renglón seguido otras formas de conducta profesional irregular que comprendían la obstrucción de las investigaciones —con lo que se referían a encubrimientos, falseamiento de pruebas e intimidación de denunciantes y otros testigos— y la falta de acatamiento de las normas que regulan cosas como la experimentación con materiales que comporten riesgos biológicos o con animales o humanos. Cuestiones como éstas, no exentas de gravedad, apenas suponen dificultades: la médula de la definición se encuentra en las tres categorías, claras desde el punto de vista de la lógica y la retórica, concisas, inclusivas en lo jerárquico e irrebatibles. Tras releerla con detenimiento, uno no puede menos de calificarla de magistral.

No obstante haber llegado tan lejos, la comisión no fue capaz de avanzar tanto como hubiese sido necesario. Tal como señaló uno de sus miembros, pese a haber apelado a unos fundamentos éticos, el informe no logra sustraerse al lenguaje de la abogacía. Se trata de un hecho muy característico. Quienes participaban en el grupo de trabajo supieron abordar con éxito el terrible problema que suponía demostrar la premeditación, requisito que impone la definición de fraude ofrecida por el sistema legal. Y sin embargo, no lograron enfrentar —o quizá no llegaron a apreciar del todo— la cuestión de en qué medida divergían las necesidades del sistema científico («proteger la integridad de la bibliografía y el proceso científicos», en palabras de Hittelman) de los supuestos inherentes a la legislación angloamericana, ni tampoco la de cuál era la importancia de esta disparidad. Lo cierto es que los dos términos de esta oposición pueden ser imposibles de comparar.

Pocos científicos hicieron una lectura detenida de la definición. La mayoría expresó su disconformidad, y no faltó quien lo hiciese con gran dureza. El presidente de la Academia Nacional de Ciencias, Bruce Alberts, y otros seis integrantes del consejo de administración de la entidad dejaron constancia escrita de su rechazo, y otro tanto hizo Ralph Bradshaw, quien se hallaba al frente de la Federación de Asociaciones Estadounidenses de Biología Experimental, organismo comprensivo de cincuenta grupos profesionales que asegura representar a más de 285.000 científicos.[12] El informe se remitió a una nueva comisión establecida por el Departamento de Salud y Servicios Humanos con el fin de desarrollar una definición federal común de mala conducta investigadora. Y ahí quedó sepultada la cosa.

Con todo, esto último no ha dejado de ser una aspiración aún sin cumplir. En octubre de 1999, la Oficina de Ciencia y Política Tecnológica —parte del cuerpo ejecutivo del presidente, encabezada por su consejero científico— hizo un nuevo intento al respecto, y concedió al público general la oportunidad de ofrecer su opinión.[13] Tenía por objetivo «proteger la integridad de la investigación científica». El empeño constaba de dos partes: la definición en sí y una norma que permitiese alcanzar una conclusión en lo tocante a la conducta reprobable. El documento elaborado volvía a poner en juego los conceptos que ya conocemos de sobra, si bien introducía algunas mejoras, de las cuales la más significativa tal vez fuese la separación, implícita pero inequívoca, entre investigación y sentencia. La Fundación Nacional para la Ciencia sí respeta esta diferenciación a la hora de abordar los casos de infracción; pero el Servicio de Salud Pública no lo ha hecho, y esta deficiencia ha confundido de un modo grave su actuación con respecto a varios casos de relieve, entre los que caben destacar los de Baltimore y Robert Gallo.

La definición propuesta contiene explicaciones de sus propias expresiones fundamentales, a modo de definiciones subordinadas a ella:

> La conducta investigadora irregular se define como invención, falsificación y plagio a la hora de proponer, llevar a cabo o revisar investigaciones, o de informar de sus resultados.
>
> Se entiende aquí por investigación toda aquella de carácter fundamental, aplicado o demostrativo efectuada en cualquier ámbito de la ciencia, la ingeniería o las matemáticas.
>
> - Por *invención* se entiende la creación de resultados y otros datos o su transmisión.
> - La *falsificación* consiste en manipular los materiales, el equipo o los procesos empleados en la investigación, así como omitir datos o resultados de manera que ésta no quede verazmente representada en el registro de la investigación.
>
> El registro de la investigación se define como la anotación de datos o resultados que plasman los hechos resultantes de la indagación cien-

tífica, y abarca, por ejemplo, notas de laboratorio —tanto físicas como electrónicas—, propuestas de investigación, informes de progresión, reseñas, tesis, presentaciones orales, memorandos internos y artículos de revista.

Hasta aquí, lo que respecta a los dos primeros elementos de la tríada que abreviábamos en el prólogo de esta obra como IFP. Ha desaparecido cualquier idea de las necesidades, la naturaleza o el contexto de la comunidad científica en acción, así como de lo que se ha llamado «ciencia particular» —el cuaderno en cuanto territorio de la especulación o aun como confesionario—. Veamos ahora la P:

- Por *plagio* entendemos la apropiación de las ideas, los procesos, los resultados o las palabras de otra persona sin citar su procedencia de forma adecuada, incluidos los que se obtengan a través del examen confidencial de propuestas de investigación y originales ajenos.
- La definición de mala conducta investigadora no incluye el error cabal o las honestas diferencias de opinión.

A continuación, las normas relativas a la sentencia:

El veredicto de mala conducta investigadora requiere que

- exista un abandono significativo de las prácticas aceptadas por la comunidad científica en lo tocante al mantenimiento del registro de la investigación;
- la infracción se cometa de forma intencionada, ya de propósito, ya por indiferencia imprudente ante las prácticas aceptadas; y
- la acusación quede demostrada por la abundancia de pruebas.

Si bien la definición no incluye, de forma explícita, nada relativo a la premeditación como requisito indispensable para toda acusación de mala conducta, lo cierto es que la intención vuelve a aparecer como parte de lo que debe demostrarse. Sea como fuere, la norma deja lugar a opciones diferentes: al cabo, no pueden dejarse a un lado las prácticas establecidas, y pese a que lo expuesto tiene un alcance bien delimitado, al ceñirse sólo a la invención, la falsificación y el plagio, la posibilidad de escapar a la necesidad de demostrar la existencia de una voluntad deliberada constituye un logro evidente. En principio, al menos, quienes persigan casos de conducta reprobable no tendrán que volver a intentar introducirse en la mente del infractor. Asimismo, esta circunstancia debería hacer mucho más difícil que éste se defienda alegando descuido —tal como sucedió con el recurso de apelación interpuesto por Imanishi-Kari ante la Oficina de Integridad Científica—. Los abogados que defiendan a los científicos tratarán, qué duda cabe, de traer a colación, por más que de un modo forzado, la falta de intención.

El que las acusaciones deban demostrarse con un número suficiente de pruebas es la norma que se sigue en toda causa civil, y supone para el demandante un obstáculo más fácil de sortear que la condición que impone el derecho criminal de demostrar la culpabilidad del procesado más allá de la duda razonable. La exigencia de una suficiencia probatoria se aplica, de hecho, en todo el gobierno federal en las causas por las que se prohíbe a personas físicas y compañías hacer negocios con el gobierno, y también ha constituido práctica común cuando se han juzgado casos de infracción científica. Sin embargo, con anterioridad no se había explicitado como parte del plan de acción. El que nos ocupa se consideró definitivo el 6 de diciembre de 1999, después del período destinado a la intervención pública y tras efectuar algunas revisiones y aclaraciones de menor importancia.

El 17 de noviembre de aquel año, la Academia Nacional de Ciencias había celebrado en su sede de Washington un encuentro de un día de duración que anunció como una asamblea ciudadana en la que presentar y discutir el nuevo plan de acción. Arthur Rubenstein, decano y principal ejecutivo de la Escuela de Medicina del hospital neoyorquino Monte Sinaí, se encargó de dirigir la sesión. La respuesta fue la que cabía prever: los científicos lo acogieron, en general, con gran entusiasmo. Howard Schachman, en particular, aseveró —esta vez en representación de la Asociación Estadounidense de Bioquímica y Biología Molecular— que los investigadores habían recibido con agrado «casi unánime» la desaparición de la cláusula relativa a «cualquier otra desviación seria de las prácticas aceptadas». Aun así, su fantasma, materializado en la norma relativa a los requisitos previos para la pronunciación de un veredicto, originó objeciones por parte de Julius Youngner, quien había sido uno de los tres componentes del equipo de expertos de la Comisión de Apelaciones nombrada por el Departamento de Salud y Servicios Humanos que absolvió a Imanishi-Kari. Sin embargo, Anita Eisenstadt, asesora jurídica general adjunta de la Fundación Nacional para la Ciencia, hizo saber que el organismo al que representaba había considerado relevantes los términos de la definición, dada la amplia variación entre las prácticas de las diversas especialidades científicas.

Schachman y otros pidieron que se eliminase la omisión de datos del apartado relativo a los tipos de falsificación. Rubenstein, desde la presidencia, observó que «existen cien razones por las que cualquier científico podría excluir información sin voluntad alguna de engañar»: que falle el equipo, se contaminen los cultivos, etc. Nadie abordó el asunto del juicio, por parte de los investigadores, de la validez de datos individuales cuando se trata de hacer que respalden una hipótesis, tal como sucede en el caso de Millikan. Y no hay duda de que la cuestión es sutil.

El comentario más profundo y razonado fue obra de Tina Gunsalus, quien solicitó la adopción de una serie de mejoras. Se tenía la intención de abarcar todas las investigaciones financiadas por el gobierno federal, y sin embargo, la definición sólo hablaba de «cualquier ámbito de la ciencia, la ingeniería o las matemáticas», con lo que dejaba fuera, por ejemplo, los trabajos llevados a término en los ámbitos de la educación y las humanidades. «Al ceñirse en exclusiva a la integridad del corpus científico —señalaba también—, la nueva definición excluye, en apariencia, actos como la falsificación de títulos en propuestas de investigación remitidas a las agencias federales.» Asimismo, pidió que se estableciera una fecha máxima para que estas últimas pusieran en práctica la definición y los procedimientos a ella asociados. Y aún hay más: muchos proyectos de investigación, tocantes sobre todo al ámbito de la medicina, se llevan a efecto en diversas instituciones a la vez, como sucede, por ejemplo, cuando media docena de hospitales oncológicos emprende al mismo tiempo pruebas de asignación aleatoria para medir la eficacia de una nueva técnica. Sin embargo, las directrices no explicitan cómo deben tratarse las acusaciones de conducta fraudulenta en este tipo de experimentos. Gunsalus pidió la creación de un mecanismo que permitiese designar a una institución principal al comienzo de este género de colaboraciones. Otra omisión fundamental era la de la protección, detallada y eficaz, de los denunciantes, así como la prevención de la obstrucción de investigaciones y de la toma de represalias contra los participantes.

5

El caso de Baltimore

David actuó mal por lo siguiente: cuando alguien, sea quien fuere, pone en tela de juicio un experimento, uno tiene la responsabilidad de comprobarlo, y es norma inamovible de la ciencia que cuando uno publica cualquier cosa debe responder por ello. Uno de los aspectos más sólidos de la ciencia estadounidense, en comparación con la rusa, la alemana y la japonesa, es que aun el profesor de más nombradía tiene que atender a los reparos que pueda poner a su obra el más humilde de los técnicos de laboratorio o los estudiantes universitarios, y considerar sus críticas.
Éste es uno de los rasgos más fundamentales *de la ciencia en Estados Unidos.*

HOWARD TEMIN, 16 marzo 1993[1]

De las numerosas controversias surgidas en torno al fraude científico desde la década de 1980 hasta nuestros días, hay una que ha acaparado más atención que ninguna otra, sin circunscribirse, además, a la comunidad investigadora. Se trata del caso de Baltimore, en el que se vieron envueltos una oscura inmunóloga llamada Thereza Imanishi-Kari, David Baltimore, experto en virología y biología molecular, y Margot O'Toole, becaria de estudios posdoctorales perteneciente al laboratorio de la primera. Todo comenzó en mayo de 1986, días después de que se publicara en la revista *Cell* un artículo de título hermético salvo para los iniciados acerca de los genes que participan en el sistema inmunológico de los ratones: «Repertorio alterado de expresión genética de inmunoglobulina endógena en ratones transgénicos que contienen el gen de cadena pesada µ».[2] Lo firmaban David Weaver, Moema H. Reis, Christopher Albanese, Frank Costantini, David

Baltimore, y Thereza Imanishi-Kari. Se cita, claro está, como «Weaver *et al.*», por ser éste quien encabeza la lista. Baltimore e Imanishi-Kari, nominados en último lugar, eran, en efecto, coautores de más elevada posición. La polémica se centró en la información de que daba cuenta en el escrito esta última, o más bien, en las acusaciones lanzadas aquel mes de mayo por O'Toole, quien aseguraba que la directora de su laboratorio no había obtenido los datos que consignaba en el texto publicado, mera tergiversación de los reales.[3]

El escrito constituía la última de las colaboraciones llevadas a efecto entre la colosal fábrica científica del Instituto Whitehead, filial del Instituto Tecnológico de Massachusetts (MIT) al cargo de Baltimore, y el laboratorio, mucho más modesto, que dirigía Imanishi-Kari, y que apenas llegó a contar en ningún momento con más de media docena de investigadores. Cuando apareció el artículo, la directora tenía un pie en Judea y otro en Galilea, pues estaba negociando su traslado a la Escuela de Medicina de la Universidad de Tufts (Boston). La beca de O'Toole expiró en junio de 1986, y hubieron de pasar años antes de que pudiese volver a trabajar en el ámbito de la ciencia. Durante el verano de 1990, cuando la controversia empezaba a cobrar fuerza, David Rockefeller nombró a Baltimore presidente de la Universidad Rockefeller (Nueva York) —cargo que ocupó hasta que el profesorado se sirvió de su implicación en el caso y la incesante publicidad a que estaba dando pie para destituirlo—.

El asunto ha alcanzado una celebridad tan infausta como perdurable. Desde el punto de vista periodístico, contiene elementos dramáticos por demás sugerentes: ponzoñosas enemistades personales entre los investigadores de un laboratorio, una denunciante de marcada fortaleza de carácter, numerosos intentos de tapar lo sucedido y, cuando parecía encubierto, la filtración, oculta y tortuosa, de la noticia a una comisión investigadora del Congreso; sensacionales vistas celebradas por las cámaras legislativas; una serie de deficientes pesquisas federales, una decisión punitiva, una apelación, un juicio chapucero, un veredicto sospechoso... y por encima de todo, la figura inexorable e intransigente de David Baltimore. En nuestra tipología del fraude científico reciente, este caso constituye el ejemplo perfecto, a gran escala, de lo que hemos llamado *síndrome de la arrogancia del poder*.

Por otra parte, sin embargo, resulta único por el hecho de recorrer, a lo largo de la tortuosa historia que precede a su tardía resolución, todos los elementos de conducta irregular que hemos estado considerando, a excepción sólo del plagio. Su culminación dio lugar a meses de airados enfrentamientos públicos en torno a las leyes morales de la ciencia. Puede abordarse, por lo tanto, en dos niveles: el narrativo y el analítico. Ambos se ilustran mutuamente.

> Al exponer los patrones de conducta fraudulenta que se han dado en la investigación moderna, hemos estudiado los contextos inmediatos de algunos de los casos —los de Summerlin, Soman y Felig, Darsee o Spector, por ejemplo—, si bien lo hemos hecho de un modo sucinto y desde cierta distancia. El de Baltimore merece un análisis más detenido. Considerado en lo más primitivo, estuvo determinado por la interacción de tres personalidades de carácter, incompatibles y poseedoras de actitudes irreconciliables en relación con el proceso científico. Desde un principio, estuvieron en juego las normas de la ciencia.

Así pues, ésta es la historia del caso. A media mañana del miércoles, 7 de mayo de 1986, en un laboratorio situado en la planta baja de uno de los edificios del Instituto de Tecnología de Massachusetts, Margot O'Toole se disponía a consultar los registros relativos a las colonias de ratones puros de que disponía el centro a fin de emplearlos en ciertos experimentos relacionados con su sistema inmunológico. Cada uno de los elementos de aquel instante de la vida de la investigadora está preñado de significación: el momento, el laboratorio y su estructura científica y social, las colonias de ratones y su historial, las pruebas a las que estaban destinados, la propia O'Toole y las circunstancias que la habían llevado a cuidar de la colonia. Hacía siete años que había obtenido el doctorado, y uno desde que, a principios de junio de 1985, había entrado a trabajar en aquel centro con una beca de un año. Su carrera profesional apenas si podía haberse considerado brillante hasta entonces. «Yo no era una científica de sangre azul, de las de pedigrí», me hizo saber O'Toole durante una conversación mantenida en abril de 1991. El nuevo puesto le había parecido maravillosamente atractivo. El laboratorio era pequeño, y se hallaba bajo la dirección de Thereza Imanishi-Kari, profesora adjunta de espíritu vivo y ambicioso, rebosante de creatividad investigadora. Estaba colaborando con el laboratorio, mucho mayor, de David Baltimore, por cuyas venas científicas corría sangre no ya azul, sino púrpura imperial. Juntos andaban en pos de lo que prometía ser un descubrimiento importante.

Los dos laboratorios estaban especializados en disciplinas complementarias, y ambos llevaban varios años trabajando con una cepa pura de ratones poseedores de cierto gen —es decir, de determinada porción de ácido desoxirribonucleico, o ADN— procedente de otro linaje. La transferencia de genes a mamíferos, efectuada de tal modo que sean heredados por la descendencia, constituía una técnica apasionante y muy nueva, toda vez que databa sólo de 1980. Diez años antes, de hecho, habían sido muchos los biólogos que habían asegurado que, dada la complejidad de la operación, habría que esperar mucho tiempo antes de poder llevarla a efecto. Sin embargo, a esas alturas, hablar de *genes transferidos* o de seres *transgénicos* se había convertido en algo habitual, a despecho del aire futurista que envolvía a dicha terminología. Imanishi-Kari, Baltimore y sus colaboradores sabían que el gen con el que estaban trabajando se hallaba presente y activo en aquella cepa de ratones, y que hacía que las células de su sistema inmunológico produjesen una proteína específica —un anticuerpo, la inmunoglobulina— ausente en la estirpe original. Podían, en consecuencia, aislar la inmunoglobulina a partir de muestras de sangre de los ratones, e Imanishi-Kari tenía no poca experiencia en métodos de identificación de anticuerpos particulares y de distinción entre éstos y otros muy similares. Los dos laboratorios habían publicado un par de artículos conjuntos en los que daban cuenta del modo como habían creado los ratones y de la intención de sus ensayos, e informaban de que se había transferido un gen indicador —es decir, que estaba presente y activo en ellos, por lo que había elaborado la inmunoglobulina concreta que buscaban—.

Entonces, Imanishi-Kari había dado con la demostración experimental no sólo de que era indicador, sino también, según aseguró, de que su presencia alteraba de uno u otro modo la acción de otros genes, que a su vez determinaban otras inmunoglobulinas. Estos últimos eran endógenos, o lo que es igual, estaban presentes en los ratones de esta cepa antes de efectuarse la transferencia. El hallazgo de que un gen nuevo introducido en el sistema inmunológico pudiera influir en la producción de otro antiguo resultaba por sí curioso. Posiblemente tuviese una importancia fundamental. Algunos inmunólogos de entonces —y en particular los europeos— albergaban una convicción apasionada de que la interacción entre los genes del sistema inmunológico y la relación que mantenían con sus proteínas por medio de una red vasta e intrincada debían de ser el principal instrumento por el que se autorregula el sistema. Esta idea fue formulada en un principio en 1974 por Niels Jerne, científico de ascendencia danesa, británico de nacimiento y que trabajaba en Suiza en el Instituto de Inmunología de Basilea, organismo que había convertido en un formidable centro de investigación.[4] Jerne era el más egregio de los teóricos de la inmunología moderna, y eran muchos los científicos que habían buscado sin descanso pruebas de la existencia de la mencionada red; pero ninguno había dado con ellas. Imanishi-Kari, sin embargo, decía haberlo conseguido.

Esto es, expuesto del modo más sucinto, lo que había hecho que su laboratorio pareciese un lugar deslumbrante a O'Toole cuando entró a trabajar en él. «Para mí fue algo increíble —recordaba—. Verme formando parte de un laboratorio del MIT, un centro de primera que, además, trabajaba en un descubrimiento fascinante en colaboración con el de Baltimore. Tenía la impresión de haber caído de pies: no podía creérmelo.» La contrataron, antes incluso de que se escribiera el artículo que daría cuenta del hallazgo, para efectuar los experimentos que de él se derivaban. Así y todo, aquel año no le había resultado sencillo.

Al entrar a formar parte del laboratorio en junio de 1985, O'Toole no tardó en reparar en que aquél era un lugar muy poco agradable: Imanishi-Kari resultó ser una persona temperamental, irritable y reservada. Hacia finales de verano, le prohibió hablar de su labor o compartir materiales y métodos con otras personas del centro. De cualquier modo, al principio su trabajo había ido avanzando sin contratiempos. Aquel otoño había obtenido, con la ayuda de Moema Reis, una compañera que llevaba algunos años colaborando con Imanishi-Kari, cierto resultado experimental que parecía respaldar el descubrimiento de la directora. Esta última le instó a elaborar un informe acerca de aquellos logros iniciales e impartir conferencias sobre el particular. De hecho, añadió una tímida referencia a los resultados inéditos de O'Toole a modo de última frase de Weaver *et al.* Sin embargo, O'Toole topó con que trabajando en solitario era incapaz de confirmar aquel primer éxito. A principios de diciembre de 1985, Imanishi-Kari, Baltimore y sus colegas completaron el artículo y lo enviaron a *Cell*. Ella lo estudió con obstinación, y se negó reiteradamente, durante aquel invierno de 1985-1986, a publicar el experimento que no había logrado repetir. Con esmero, imaginación y no pocas penalidades, trató de obtener el resultado que se le pedía, el que habría constituido la base sobre la que asentar todo desarrollo posterior del supuesto hallazgo de su directora. Ésta la recriminó —a gritos— por su incompetencia. Por ende, en marzo, sin imaginar que tal hecho desembocaría en la médula de esta historia, se avino a renunciar a su beca para cuidar de la colonia de ratones y conformarse con una labor rutinaria en sustitución de Reis, que iba a dejar el laboratorio. Con ser clara y coherente la narración de O'Toole, no falta quien la ha rechazado por considerarla el refunfuño de una «becaria posdoctoral contrariada». Años después, en junio de 1991, el bioquímico de Harvard Bernard Davis se refirió a la controversia con estas palabras: «Durante mucho tiempo, pensé que no eran más que dos mujeres peleándose en la cocina».[5]

Weaver *et al.* apareció publicado en el número de *Cell* correspondiente al 25 de abril de 1986. Doce días depués, O'Toole necesitó verificar el linaje de uno de los ratones en particular. Para el libro genealógico, Reis había empleado un par de carpetas azules sin dispositivo archivador, etiquetadas como «Ratones transgénicos» y dispuestas en el estante adecuado. Sin embargo, no fue allí, sino en la sala contigua, donde las encontró O'Toole. «Cogí una de ellas y me dije: "¿Cómo diablos voy a encontrar a ese ratón?". Acto seguido, la abrí.» Mientras refería lo sucedido, tenía ante ella una serie de fotocopias de aquel registro, y en aquel momento comenzó a hojearlas. «Éstos son los números de los ratones. Sabía que estos números mecanografiados correspondían a los ratones.» Seguía pasando una página tras otra, arrancando de ellas un leve susurro. «Más números escritos a máquina... Mmm... Mmm... Estoy tratando de encontrar el ratón que estoy buscando... Intento hacerme una idea de cómo los había organizado ella. Bien. Más números de ratones... Números de ratones, números de ratones...

"¿Dónde voy a encontrar el que busco?" Seguía pasando páginas: nada más. Mire: no hay más que números de ratones.»

Tras volver una nueva hoja, se detuvo y bajó la voz. Las entradas habían cambiado: ya no eran números de ratones. «En esta página... Aquí está el resultado que había estado obteniendo yo durante todo un año; el que me dijeron que no tenía por qué obtener, que no debía obtener.» Dicho esto, levantó la mirada del registro. «Todo el mundo cree que sospechaba algo y me puse a buscar en los cuadernos de notas —señaló—. Y lo único cierto es que estaba cuidando de los ratones y tuve que consultar la ascendencia de uno de ellos. Y aquí, en medio de todos estos linajes y estas pruebas, me encuentro con esta hoja.» Eran datos de experimentos, y con sólo una ojeada, O'Toole supo que, aun antes de entrar ella a trabajar en el laboratorio, otros —Reis o quizás Imanishi-Kari— habían cosechado resultados experimentales que prefiguraban sus propios intentos fallidos y se contradecían, en consecuencia, con el artículo que habían enviado a *Cell* en diciembre y acababa de publicarse.

«¡Jesús, María y José!» Lo que vio a continuación fue que algunos de los resultados experimentales recogidos en aquella página y las 16 que la seguían se habían incorporado, aunque de otra forma —una forma fraudulenta— al trabajo publicado como parte fundamental de éste. «Me sabía el artículo de memoria.»

Aquella mañana de mayo de 1986, mientras pasaba las páginas de anotaciones, su mundo —o una parte de éste que había acabado por acapararla casi por completo—, cuanto había hecho, presenciado y soportado en aquel laboratorio los once meses anteriores comenzó a reorganizarse en su mente para adoptar una forma radicalmente distinta, y a un tiempo, por extraño que parezca, idéntica.

Si bien la trayectoria profesional de David Baltimore es conocida del público en general, no está de más bosquejar algunos detalles interesantes.[6] En las fechas en que colaboraba con Thereza Imanishi-Kari, engrosaban su historial unas trescientas publicaciones, entre las que se incluía, claro está, el artículo aparecido en *Nature*, en junio de 1970, y en el que daba cuenta de la existencia de la enzima que ahora conocemos como *transcriptasa inversa* (artículo al que siguió, en aquel mismo número, el trabajo en que Howard Temin y Satoshi Mizutani anunciaban el mismo hallazgo). Baltimore se había licenciado en el Swarthmore College, situado en Filadelfia. Comenzó su tesis doctoral de biofísica en el MIT, pero, transcurrido un año, se trasladó a la Universidad Rockefeller para investigar en el terreno de la biología molecular. Destacó por varias razones, si bien algunas no pasaban de ser triviales: su costumbre de usar capa o la impresión que causaba entre sus compañeros de clase al fumar en el aula y dirigirse a los científicos veteranos por su nombre de pila. No faltaba quien lo conociese por *lord Baltimore*. Llevó a cabo investigaciones sobre el virus de la poliomielitis y otros que guardaban con él una estrecha relación. Sin embargo, algunos de los profesores consideraron de calidad dudosa los datos que ofrecía en su tesis. Lo cierto, fuera como fuere, es que era un autor prolífico, pues su nombre encabezaba una docena de artículos antes incluso de culminar el doctorado. Obtenido éste, entró a formar parte, en calidad de becario, del laboratorio que dirigía Renato Dulbecco en el Instituto Salk de La Jolla (California). Este último había ideado un método que permitía cultivar células animales aisladas, como se hace con las bacterias: una técnica esencial para el estudio de los virus que atacan a aquéllas. En 1968, Baltimore regresó al MIT en calidad de profesor agregado. El Nobel de Fisiología y Medicina, que compartió con Temin y Dulbecco, le llegó en 1975. En el MIT, recaudó millones de dólares para la fundación del Instituto Whitehead, y en 1982 se convirtió en su primer director. Este organismo es independiente, tanto desde el punto de vista administrativo como desde el físico, del centro de estudios oncológicos del MIT al que pertenecía el laboratorio de Imanishi-Kari.

El mundo científico y el social en los que se desarrolló el caso en un principio estaban íntimamente ligados. En 1973, Margot O'Toole obtuvo su licenciatura por la Universidad Brandeis, sita al oeste de Cambridge, con matrícula de honor en biología.[7] Entró a formar parte de la Universidad de Tufts, donde trabajó en el laboratorio que dirigía Henry Wortis en la Escuela de Medicina de Boston. Allí, en Tufts, obtuvo el título de doctora durante el verano de 1979. Su colaboración con Wortis acabó a finales de año, cuando se trasladó junto con su esposo, Peter Brodeur, al Instituto de Investigación Oncológica de Fox

Chase, barrio septentrional de Filadelfia, en el que le concedieron una beca posdoctoral. Poco antes de la Navidad de 1984, regresaron a Boston, donde su marido ejercería de profesor agregado en Tufts, en un laboratorio situado en el mismo pasillo que alojaba al de Wortis. Ella misma reconoce que, hasta entonces, su carrera profesional parecía avanzar con paso cansino. Sin embargo, era una mujer inteligente, muy capacitada e implacablemente concienzuda. El responsable de uno de los laboratorios de Fox Chase en los que trabajó dijo de ella: «Margot era una persona muy divertida, voluble, enérgica, terca, cálida y muy extrovertida». En cuanto a su trabajo: «Era una maniática de los grupos de control». Además, «se veía que había recibido una formación sólida: Henry Wortis había hecho con ella un buen trabajo». Su testarudez rayaba incluso en lo inflexible. O'Toole había llevado consigo de Fox Chase el comienzo de un proyecto independiente, pero hubo de abandonarlo al no obtener financiación ni, por lo tanto, laboratorio. A finales de marzo de 1985 conoció a Thereza Imanishi-Kari durante una fiesta celebrada en casa de Wortis, con quien ésta tenía sobrado trato después de tres años de trabajo en el MIT. En aquella ocasión, se mostró vivaracha y rebosante de entusiasmo por su importante descubrimiento. En junio iba a abandonar el laboratorio uno de quienes trabajaba allí con una beca posdoctoral, y le ofrecieron ocupar su puesto. Ella aceptó. La emplearon, antes incluso de que se redactase el borrador de Weaver y otros para dar noticia del apasionante hallazgo, al objeto de que acometiese los experimentos que éste indicaba que debían hacerse a continuación. O'Toole se presentó en su nuevo puesto el 1 de junio de 1985.

Vale la pena analizar con detenimiento los orígenes de Imanishi-Kari, por su carácter poco común y por lo que nos revelan acerca de su forma de enfrentar la ciencia.[8] En torno a 1908 dio comienzo la emigración a Suramérica de cientos de miles de japoneses. (Alberto Fujimori, controvertido ex presidente de Perú, constituye un ejemplo de la descendencia nacida de aquel éxodo.) El estado brasileño de São Paulo y su capital fueron objeto de una afluencia especialmente multitudinaria. Hoy, de hecho, Libertade, el barrio nipón, constituye, con su millón casi de vecinos, la mayor comunidad de personas de esta procedencia establecida fuera de Japón. Thereza Imanishi nació en diciembre de 1943 en la modesta ciudad de Indaiatuba, a 83 kilómetros de São Paulo, en el seno de una familia de agricultores que había cruzado el Pacífico un par de generaciones antes. Si ha de juzgarse por su caso, parece obligado afirmar que los estereotipos que se sugieren ya desde su nombre tienen mucho de cierto, toda vez que la científica poseía la inteligencia y determinación que tan a menudo se atribuyen a los japoneses y la versatilidad de temperamento que caracteriza, supuestamente, a los latinos.

La información biográfica que presentó ante los Institutos Nacionales de la Salud (NIH) al solicitar becas de investigación —en instancias sujetas a penas criminales por faltar a la verdad— la presenta como licenciada en biología por la Universidad de São Paulo. El director de la División de Registro Académico del centro confirma, citando el volumen, la página y el número asignado a su título en los libros de inscripción, que la Facultad de Filosofía, Ciencias y Letras expidió, «el 19 de noviembre de 1968, el diploma de la Licenciatura de Ciencias Biológicas ... a nombre de THEREZA IMANISHI».[9]

También aseguró poseer un curso de posgrado en biología del desarrollo por la Universidad de Kioto, obtenido en 1970. Sin embargo, este dato sí es falso. En mayo de 1991, *The Boston Globe* informó de que su oficina de Tokio había comprobado que la científica no había recibido aquel título. Ante tales afirmaciones, Bruce Singal, el abogado que tenía por entonces Imanishi-Kari en Boston, presentó una carta firmada por dos integrantes del Laboratorio de Biología del Desarrollo del citado centro universitario, Mikita Kato, directora del Instituto Zoológico y profesora de radiología, y Atsuyoshi Hagiwara, profesor agregado.[10] No está escrita en 1991, sino dos décadas antes, el 26 de agosto de 1970, e incluye una relación de trabajos llevados a cabo por la señorita Thereza Imanishi, descritos sólo de forma somera («aislamiento y purificación de gammaglobulina y unidades menores», por ejemplo) aunque vinculados, por lo común, al ámbito de la inmunología. «Los resultados de dichas actividades constituyen originales de futura publicación», añadían Kato y Hagiwara, pese a que la bibliografía de que es autora no corrobora esta afirmación. «De lo anteriormente expuesto —concluía el escrito—, debe deducirse que estos dos años de actividades equivalen a la compleción de dos años de máster en nuestra escuela de posgrado.» Aun así, en 1995, durante una la serie de pesquisas llevadas a cabo por la Oficina de Integridad Investigadora, se recibió una carta firmada, con fecha del 18 de mayo, por Yoshio Miyabe, director de la Facultad de Ciencias de la Universidad de Kioto.[11] Según su contenido, ésta no había otorgado a Thereza Imanishi título alguno de posgrado. «No hemos podido —afirmaba, de hecho— dar con ninguna prueba oficial de que se haya matriculado jamás en la Universidad de Kioto o haya ocupado cargo alguno en ella.» Carecía de sentido continuar las pesquisas en esta dirección, ya que Kato hacía tiempo que se había jubilado y Hagiwara había muerto en 1976. Si bien Imanishi pudo haber sido contratada de modo privado para alguna actividad investigadora bajo la supervisión de Hagiwara, debió de ser, tal como aclaraba Miyabe, «sin ocupar posición oficial alguna. Nos es imposible, por lo tanto, expedir un certificado oficial de su presencia en nuestro centro». La carta acababa diciendo: «De lo antedicho se sigue que la carta en la que se menciona su condición de alumna investigadora debe considerarse un certificado privado, sin poder administrativo alguno».

En otoño de 1970, Imanishi se matriculó en los cursos de doctorado de la Universidad de Helsinki. En ésta, entre otras normas vetustas, era preceptivo considerar simples diplomados a los estudiantes extranjeros sin más título que el de licenciatura. En consecuencia, quien quisiera hacer estudios posdoctorales debía ser poseedor de un máster. El certificado extraoficial de Imanishi —cuya fecha de agosto de 1970 queda ahora más que explicada— le fue, por ende, de gran ayuda. Entró a formar parte del laboratorio de Valto Eero Olavi (u Olli) Mäkelä, inmunólogo de severa rectitud y discreta reputación, singular representante de la comunidad internacional, tan extensa como brillante, que asentó los cimientos de la inmunología moderna durante las décadas de 1950 y 1960. Imanishi trabajó con él en la resolución de un problema concreto: la constitución genética de ciertos anticuerpos producidos por una cepa concreta de ratones cuando se les inmunizaba de manera repetida contra determinada sustancia química simple. Empleaban los métodos propios de la serología clásica, lo que quiere decir que examinaban muestras del suero sanguíneo de los animales, rico en anticuerpos de toda clase, a fin de determinar su actividad frente a diversas soluciones de dicha sustancia.

La Universidad de Helsinki tenía otra norma poco usual —bien que no desconocida en otros países europeos—, según la cual podía presentarse, a modo de tesis doctoral, una serie de cuatro artículos publicados.[12] Sin embargo, y como quiera que un científico doctorado ha de ser alguien de quien se haya demostrado que se basta para trabajar de forma independiente, entre los cuatro debía haber, cuando menos, uno en el que el candidato figurase como único autor. Mäkelä refirió a quien esto escribe estas extrañas costumbres durante un coloquio mantenido en el vestíbulo del hotel de Budapest en que se hallaba alojado durante el Congreso Mundial de Inmunología, cita trienal que, en verano de 1992, tuvo lugar en la capital húngara.[13] Lo que hicieron —pues, según alegó, era algo frecuente— fue acordar que publicarían a nombre de Imanishi uno de los experimentos en los que habían trabajado juntos. Mäkelä se mostró remiso a contar muchas más cosas de la científica, aunque sí reveló que, una vez obtenido el título, dejó a medio terminar uno de los artículos en que estaban colaborando. Tamaña dejadez lo había exasperado. Consideró «injusto» lo sucedido. Si el trabajo hubiese sido importante, habría ejercido más presión a fin de que lo acabara. Imanishi se doctoró en 1974, y aquel mes de agosto, en Finlandia, contrajo matrimonio con un arquitecto llamado Markka Tapani Kari. Con el tiempo, acabarían por divorciarse.

En 1975, después de otro año de trabajo en el laboratorio de Mäkelä, Imanishi-Kari dio un gran paso que la introdujo de lleno en la comunidad científica al trasladarse al Instituto de Genética de la Universidad de Colonia, a instancia de Klaus Rajewsky, otro de los fundadores de la inmunología moderna. En Alemania no es común que un organismo como éste pertenezca a la universidad, tal como sucede por lo general en Estados Unidos. El responsable de este hecho fue Max Delbrück, quien, tras la guerra, se avino a regresar a su país natal para revitalizar, durante una prolongada visita, la biología germana. Durante una charla mantenida con él en su laboratorio de Colonia el 2 de abril de 1991 —a la que vendría a sumarse, el 18 de junio, otra en el Waldorf-Astoria neoyorquino—, Rajewsky me habló de los cinco años que había pasado Imanishi-Kari allí.[14] Este hombre alto, de voz suave y atractivo acento alemán, paciente y astutamente circunspecto, la había conocido en Finlandia cuando trabajaba aún con Mäkelä, y conocía la labor de ambos. «La historia es muy interesante, y da cuenta de cómo entró Thereza en todo este juego», refirió. «Descubrieron una de esas respuestas inmunológicas determinadas por la genética —seguía diciendo—. Como un gen mendeliano: podían cruzar ratones.» Este sistema sugería, a su vez, otros ensayos. «Entonces, le pregunté a Thereza, que había acabado su trabajo posdoctoral en el laboratorio de Olli: "¿Por qué no te vienes a Colonia? Me gustaría trabajar con ese sistema". Tenía interés en hacer el experimento.»

Al final, no llegaron a ponerlo en acto. «Era una mujer entusiasta, enérgica y encantadora —recordaba Rajewsky—, y había hecho trabajos muy buenos. Siguió investigando la naturaleza de aquella respuesta», lo que había de genético en ella. «Se trataba, sobre todo, de clasificación serológica.» Imanishi-Kari pasó cinco años en Colonia, el primero de ellos en virtud de una beca posdoctoral financiada por la OTAN. Antes de que tocara a su fin el segundo, «la hicieron —al decir de Rajewsky— directora de un equipo independiente dentro de mi instituto. Por lo tanto, dejó de estar a mis órdenes. Y lo cierto es que se lo tomó muy en serio: de hecho, se distanció mucho de mí, y empezaron a surgir tensiones terribles». El grupo de trabajo estaba conformado por cuatro personas —incluidos un estudiante estadounidense de posdoctorado y un técnico alemán— que tenían que compartir laboratorio con no pocos investigadores. «Existe algo así como un síndrome que sufren muchos jóvenes científicos, unos más y otros menos. Para mí, Thereza lo padecía en grado sumo. Estaba convencida de que todo el mundo pretendía apropiarse de lo suyo —aseveraba Rajewsky—. Tenía un problema muy serio con eso, tanto que ni siquiera cuando regresó a América volvimos a ponernos en contacto sino en contadas ocasiones.»

El descontento de Mäkelä ante una actitud que él no llega a calificar de forma explícita de oportunismo, y la discreta vaguedad con que se refiere Rajewsky a la tirantez que surgió entre ambos y al hecho de que Imanishi-Kari no llevase a cabo las tareas que lo habían llevado a requerir su presencia en el laboratorio de Colonia nos permiten empezar a dibujar, pese a las renuencias, un patrón de conducta en su modo de trabajar con los colegas que corrobora las descripciones que más tarde se harían de su comportamiento. La víspera de la primera conversación mantenida con Rajewsky en Colonia, tuve oportunidad de hablar con Claudia Berek, inmunóloga alemana, en su despacho de la Charité, el hospital universitario, otrora célebre, fundado por Federico II el Grande en la zona oriental de Berlín.[15] El centro, en decadencia antes de la reunificación de Alemania y su capital, estaba en período de reconstrucción tanto física como intelectual. Berek había conocido a Imanishi-Kari en Colonia, aunque aseguró que su esposo, Robert Jack, había mantenido con ella una relación más estrecha, en lo profesional, mientras trabajaba en el Instituto de Genética de Rajewsky. Por consiguiente, después de conversar con este último, me dispuse a visitar a Jack, un escocés moreno de escasa estatura y acento cerrado.[16] «Thereza era entonces joven, guapa, vivaz, y estaba llena de energía y de vida. Era una alegría tenerla cerca, créame. No puede usted imaginar el entusiasmo que tenía por la vida entonces. Y sí: era muy ambiciosa y trabajadora.» En cuanto a su competencia investigadora, no duda en calificarla de «buena y de gran solidez, como sucede con el 90 o 95 por 100 de los científicos. En este sentido, no era especial». Trabajaron juntos durante un año aproximado poco después de llegar ella a Colonia, y hasta escribieron un artículo en colaboración. La relación fue a pedir de boca, hasta que, al final, discutieron.

—Sí, sí —asiente Jack—. Supongo que suele pasar. Fue... en fin, nos peleamos sobre quién debía figurar primero como autor.

—¿Del artículo que publicaron juntos?

—Sí. No creo que valga la pena repetir la discusión, porque ahora ya no tiene la menor importancia. —Y añade—: Se trataba de un estudio de serología simple, directo y sin nada más que habilidad técnica. ¡Me temo que no era ninguno de esos artículos que marcan el comienzo de una revolución! La cuestión se reducía, ahora que la observo desde la distancia, a que yo pensaba haber hecho la mayor parte del trabajo, y ella llegó de pronto queriendo que su nombre apareciese en primer lugar. A mí no me entraba en la cabeza. Me parecía inconcebible...

Rajewsky ofrece la siguiente observación, no exenta de astucia: «De un modo u otro, acabó por entregarse por completo a la serología, y cuando se fue al MIT, siguió durante un tiempo haciendo trabajos de este tipo. Y claro, una cosa así no resulta demasiado... gratificadora. Cuando hablo de *entregarse* me refiero a... No sé cómo explicarlo. Es algo semejante a lo que ocurre con el Talmud. Me explico: hay científicos que descubren cosas complejas y elaboran más cosas complejas basándose en ellas, de modo que su obra acaba siendo cada vez más complicada, y resulta muy difícil cortar y decir: "¡Hasta aquí hemos llegado!"». La serología clásica se estaba quedando anticuada a pasos agigantados, sea como fuere. En 1975, César Milstein y Georges Köhler habían inventado un modo de crear en abundancia anticuerpos de un tipo concreto. Recibieron el nombre de *anticuerpos monoclonales*, y han tenido desde entonces una amplia aplicación en la biología molecular. En particular, han hecho que la labor de los inmunólogos sea mucho más precisa y gobernable.

En 1981, Imanishi-Kari se trasladó, con carácter de profesora agregada, al MIT, en cuyo centro de estudios oncológicos disponía de un laboratorio constituido por dos salas. El director del centro, Herman Eisen, pertenecía también a la generación fundadora de la inmunología moderna, si bien su tiempo ya había pasado en aquel momento. La recién llegada llevaba consigo un modesto repertorio de técnicas serológicas y cierta variedad de materiales experimentales. «Me preguntaba cómo iba a poder salir adelante en aquel entorno —recuerda Rajewsky cuando se le habla del MIT—. Como ya le he dicho, no era una persona demasiado organizada. Le costaba mucho, por ejemplo, escribir; tenía montones de datos por todos lados, y prefería trabajar con ellos a sentarse y organizarlos para elaborar un artículo. En realidad, este hecho supone una gran desventaja, y más aún en un lugar como el MIT. Ya sabe: quien llega allí tiene que publicar algo, y si no ha visto editado un artículo suyo, algo importante, en el plazo de los primeros años, sabe que lo tendrá difícil.»

La preocupación de Rajewsky no era infundada. Con ser lenta para confiar al papel sus resultados, Imanishi-Kari había logrado mantener una productividad moderada hasta el momento de su traslado, toda vez que había visto su nombre en unos veintidós artículos —incluidos varios de ellos que aparecieron publicados después de que entrase a formar parte del MIT—. Sin embargo, según su currículum, en los tres años y medio que separan este instante de los últimos días de enero de

1985, sólo dio a la prensa cuatro —si bien aseguraba tener «en preparación» otros siete—.

São Paulo, Kioto, Helsinki, Colonia... La trayectoria profesional de Imanishi-Kari, que había comenzado en la periferia, estaba alcanzando el centro sin haber seguido una línea recta, sino más bien una espiral. Cabe presumir que no había logrado introducirse de forma eficaz en ninguno de los grandes linajes científicos, no había seguido el ejemplo de un mentor consolidado o se había negado a someterse a la potestad de ninguno.

A fin de establecer su laboratorio en el MIT, llevó consigo a una técnica alemana, Gertrud —o Trudy— Giels, quien había estado trabajando en otro grupo de investigación.[17] También había incorporado a su equipo a un científico estadounidense procedente del instituto de Colonia.[18] Casi a su llegada, se le asignó al primer estudiante universitario: un joven llamado Charles Maplethorpe.

Imanishi-Kari se encontró en el punto de colisión de dos programas de investigación: la inmunología —su serología— había ido a encontrarse, en aquel momento y aquel lugar, con la nueva generación de la biología molecular, que había centrado su interés en el desarrollo y la diferenciación de los organismos superiores. Los expertos en esta disciplina centrados en la evolución de éstos habían tenido que dar con las especies apropiadas para poner por obra sus experimentos. Una de ellas era la mosca de la fruta, cuya constitución genética se había estudiado casi desde que, con el paso del siglo XIX al XX, se habían redescubierto las leyes mendelianas de la herencia; otra, las levaduras, y otra, el nematodo conocido como *Caenorhabditis elegans*, un gusano cilíndrico diminuto. En lo tocante a los mamíferos, los ratones demostraron ser poco menos que ideales una vez que fue posible crear, adaptar y mantener cepas endogámicas de ejemplares idénticos desde el punto de vista genético.* Asimismo,

* Los laboratorios Jackson, sitos en Bar Harbor (Maine), mantienen poblaciones activas de unas mil doscientas variedades diferentes de estos ratones puros destinadas a la venta, así como otras ochocientas cepas en forma de embriones congelados en contenedores de nitrógeno líquido.

los investigadores necesitaban sistemas genéticos con los que trabajar, y el inmunológico de los mamíferos ofrece un complejo proceso de desarrollo, lo que supone la existencia de un buen número de genes y familias génicas susceptibles de manipulación, a lo que hay que sumar que, en el laboratorio, la mayoría de las mutaciones no resulta letal.

A tiempo que los biólogos moleculares acercaban sus métodos al ámbito de la inmunología, los expertos en ésta comenzaron a percatarse de la necesidad de aprender los procedimientos de aquéllos con el fin de analizar todas las interacciones existentes entre los numerosos tipos de componentes del sistema inmunológico. No obstante, desde el principio se ha dado cierta tensión entre los estudiosos de uno y otro campo, de modo que, si bien los anticuerpos monoclonales han aportado precisión allá donde han podido aplicarse, aún hoy existen expertos en la biología molecular clásica que consideran la inmunología una ciencia imprecisa, oscura, difícil y dudosa. Sin embargo, a Baltimore le había parecido una disciplina muy interesante ya a principios de la década de 1980. De hecho, de los 21 artículos publicados en 1981 en que figura como coautor, diez versaban sobre ella. Y el año siguiente habría de ser testigo de la aparición de siete trabajos más. Genes, genes y más genes: todas estas investigaciones abordaban cuestiones genéticas y moleculares, y empleaban el sistema inmunológico para llevar a cabo análisis del desarrollo.

A medida que centramos nuestra atención en aspectos más puramente científicos, tropezamos con declaraciones por demás contradictorias de las cuestiones fundamentales del asunto de Baltimore. Si bien los métodos de que se da razón en el artículo de *Cell* son intrincados, lo cierto es que sus conclusiones científicas pueden exponerse con bastante sencillez, y también las razones para suponer que algunas de ellas carecían de datos originales sobre los que fundarse. Sin embargo, hay quien mantiene que, en realidad, no hace falta entrar en los detalles de aquel escrito, toda vez que no es eso lo más relevante: lo que de verdad importa es el proceder de quienes se vieron implicados. Los que han considerado la polémica desde este punto de vista entienden que se trata de un asunto de ética científica, y defienden lo que, a su parecer, constituye la obligación y el deseo clásicos del científico: ser el crítico más atento y severo de su propia obra.

Baltimore ha propuesto otro punto de vista diferente. Durante una conversación mantenida el 31 de julio de 1991 en su despacho de la Universidad Rockefeller, hizo hincapié en que lo único que importa del artículo son sus asertos científicos. «Y puesto que casi todo lo que se afirma en él ha quedado confirmado por datos externos a éste, no existe razón alguna por la que deba dudarse de él.»[19] A continuación, añadía: «Por lo tanto, si Thereza inventó, de hecho, algún dato (y no soy yo quien pueda decir si lo hizo o no), no puede decirse que eso haya dado lugar a un artículo engañoso». Las preguntas relativas a la información contenida en el trabajo publicado o a las respuestas que se habían dado desde el MIT o la Universidad de Tufts a las dudas expresadas por O'Toole no venían, según él, al propósito: al estudio en cuestión no puede atribuírsele tacha alguna porque existían experimentos posteriores, algunos de los cuales aún no habían salido a la luz, si bien no tardarían en hacerlo, que confirmaban o iban a confirmar de forma gradual su contenido. Meses después, repetiría en varias ocasiones el mismo argumento.

Weaver *et al.* contenía dos afirmaciones íntimamente relacionadas que constituyen lo esencial de la cuestión. De un modo minucioso, el artículo aseguraba que los ratones con el gen transferido producían un repertorio de anticuerpos diferente del que se daba en la cepa original. En segundo lugar, los datos presentados pretendían demostrar que las células de los ratones transgénicos producían otros anticuerpos similares en especificidad —la expresión científica es *idiotipia*— al anticuerpo transgénico, que lo hacían en abundancia, en todo momento y sin la presencia de antígenos, y lo más importante, que estos anticuerpos no eran transgénicos, sino endógenos, por imitación idiotípica.

El escrito abordaba una tercera conclusión, extensión radical de la segunda: que esos efectos del gen transferido constituían una prueba de la existencia de la red de Jerne. En consecuencia, la sinopsis que precedía al artículo formulaba, en primer lugar, la más convencional de las afirmaciones citadas, para culminar con una oración que destacaba que la aparición de nuevos anticuerpos endógenos en estos ratones sugería que un gen transferido «puede activar poderosas influencias reguladoras». La exposición introductoria abría, pues, de inmediato la posibilidad de regulación mediante «interacciones de redes internas», con lo que se citaba la frase acuñada por Jerne en 1974. Sin esta afirmación radical —y pese a lo que pueda decir Baltimore—, el artículo de Weaver y otros sería un texto sin la menor significación.

Desde que llevó a cabo los primeros ensayos que hacían pensar en un efecto singular por parte del gen transferido, Imanishi-Kari comenzó a hablar con entusiasmo de su descubrimiento y de la posible confirmación de la teoría de la red de Jerne. Dio clases sobre el particular en el MIT y en otros centros. Por otra parte, a finales de enero de 1985, cinco laboratorios del instituto solicitaron, encabezados por Herman Eisen, director del centro de estudios oncológicos, una colosal beca conjunta al Instituto Nacional del Cáncer. Imanishi-Kari incorporó su interesante hallazgo al laboratorio que dirigía y propuso llevarlo más allá. Baltimore también se mostró eufórico ante aquella confirmación de la teoría de Jerne. Años después, negaría repetidamente haber dado crédito alguno a la idea o considerar que aquélla fuese una afirmación esencial del artículo. «Sin introdujimos tales afirmaciones fue sólo para contentar a Thereza», dijo en cierta ocasión a quien esto escribe. Y también: «La confirmación de la red no es, ni mucho menos... no puede considerarse una de las conclusiones del trabajo, sino sólo una sugerencia que se plantea. Se viene a decir que podría ser una explicación. No está en lo cierto. Desde un principio tuve la convicción de que no estaba en lo cierto. Se lo digo como lo pienso. Jamás creí en la red de Jerne, y en ningún momento se me ocurrió que ni nuestros datos ni los de nadie más requiriesen pensar en redes».

Aun así, no faltan en el MIT biólogos que recuerden varias ocasiones en las que Baltimore alabó esta primera demostración experimental de la existencia de las redes. Nancy Hopkins, profesora de biología molecular y celular, asistió a una gran cena formal en la que compartió mesa con Susumu Tonegawa, inmunólogo ganador del Premio Nobel.[20] Baltimore iba hablando con unos y otros, y cuando llegó a donde estaban sentados ellos, los puso al corriente de aquel relevante descubrimiento, que constituía la primera demostración de la teoría de Jerne. Tonegawa no recuerda aquella velada; «pero sí un encuentro tal vez anterior a ése —según refirió en agosto de 1992—, y puedo confirmar su descripción [se refiere a la de Nancy Hopkins] del estado de ánimo de David, aunque en una ocasión diferente».[21] Cierto día, estaba trabajando con Baltimore y Philip Sharp, otro colega, cuando supieron de una conferencia sobre determinado tema de actualidad científica que iba a tener lugar en uno de los auditorios principales del MIT. «Los tres asistimos a la charla», y Baltimore les habló del hallazgo de Imanishi-Kari. «Thereza trabajaba en aquel mismo edificio —seguía diciendo Tonegawa—; así que yo ya lo sabía. Sin embargo, por lo que recuerdo, aquélla fue la primera vez que Baltimore nos comunicó, a Phil y a mí, que había pruebas nuevas de la existencia de la red de Jerne.»[22]

—Cuando me lo dijo —proseguía—, me mostré escéptico.

—¿Por qué?

—No lo sé: me pareció demasiado extraordinario para ser cierto.

Durante el verano de 1985, el Instituto Nacional del Cáncer revisó la imponente beca solicitada por el MIT. El 4 de junio visitó el centro un equipo de ocho científicos de aquél, que además de asistir a la presentación de cada uno de los cinco laboratorios, mantuvo conversaciones con algunos de sus integrantes. Los días 30 y 31 de julio se reunió la comisión de revisión de proyectos de la entidad donadora. Tanto ésta como el citado equipo sentían un gran entusiasmo por el proyecto, y en consecuencia, recomendaron que se sufragase por entero, a excepción del trabajo que tendrían que efectuar Imanishi-Kari y su laboratorio, que, según dictaminaron, no recibiría dinero alguno. El informe que elaboraron daba a entender que se proponía probar una de las hipótesis de las redes:

> Por desgracia, ha quedado claro, tanto por la presentación escrita como por la oral, que su programa de investigación carece de nitidez: además de no haber presentado un enfoque experimental bien diseñado, queda por demostrar que los ensayos de relieve vayan a llevarse a término del modo oportuno. Asimismo, resulta discutible que los experimentos propuestos vayan a demostrar la hipótesis de manera adecuada. ... Por consiguiente, sin la existencia de ensayos adicionales, es imposible determinar si se da o no perturbación alguna en la ... red. El segundo pro-

> blema concreto es uno de causa y efecto. Si es cierto que el gen 17.2.25 VH [el gen transferido] provoca una cascada de interacciones celulares, parece pertinente examinar los sucesos anteriores en la expresión tanto endógena como exógena, y no los posteriores. ... En lugar de eso, [Imanishi-Kari] esboza una línea de investigación que se deriva, sin más, de la elegante labor de Rajewsky, y no es fácil imaginar cómo pretende mejorar la solicitante los resultados de éste.

El escrito, discreto y razonado, la dejaba al margen del proyecto común. Sin embargo, Weaver *et al.*, que daba cuenta del resultado anómalo original y planteaba la relación de éste con la teoría de las redes, se presentó a *Cell* el 13 de diciembre de 1985. El director de la revista remitió sendas copias del original a tres científicos distintos para que las revisaran.

El hombre que se hallaba al frente de la redacción de *Cell* era Benjamin Lewin, científico doctorado en genética por Cambridge y autor de un manual avanzado de genética molecular de excelente reputación, que hacía tiempo que se dedicaba, asimismo, al periodismo y la edición. Además, fue tanto propietario como editor de la revista —combinación excepcional, quizás única— hasta que, en 2001, vendió la compañía por una cantidad que dicen que alcanzó los cien millones de dólares.[23] Esta publicación quincenal goza de no poco renombre en cuanto divulgadora de noticias frescas, siempre dispuesta a hacer lo posible por hacerse con artículos relativos a hallazgos apasionantes a fin de difundirlos cuanto antes. Éste no es, en sí, un hecho extraordinario, aunque sí lo son los extremos a los que lo llevó Lewin. Se sabe que solicitaba originales a científicos de prestigio, y también que muchos se negaron a participar. Paul Berg, que recibió el Nobel por eminentes descubrimientos relacionados con las técnicas de creación del ADN recombinante, o ingeniería genética, hablaba de sus ruegos con divertido desdén.[24] Tampoco faltaban quienes se sintiesen ofendidos ante el descarado conflicto de intereses que suponía la presión a que sometía Lewin a los autores para que presentasen escritos breves, concisos, y no empañaran las conclusiones centrales con datos que no fuesen relevantes de manera directa. El director, además, ha reconocido haber desautorizado en ocasiones a los encargados del arbitraje editorial al dar a la prensa trabajos cuya publicación habían desaconsejado. Sea como fuere, al igual que todo el que se encuentra al frente de una revista, debía de saber, por lo común, cuáles eran las predilecciones de los expertos elegidos para que revisaran los originales. Muchos de los científicos jóvenes especializados en alguno de los ámbitos que toca la revista creen que publicar en ella constituye un paso imprescindible en su trayectoria profesional. Según refirió hace tiempo a un servidor James Darnell, científico veterano de la Universidad Rockefeller: «Hay un montón de biólogos sin experiencia convencidos de que sus carreras van a echarse a perder si no ven su nombre en las páginas de *Cell*». En lo que a él respecta, aseguraba que jamás se le ocurriría enviar un artículo a «ese ordenancista de pacotilla».[25]

Rajewsky fue el tercero de los especialistas encargados de evaluar el trabajo que hemos llamado «Weaver *et al.*» Con arreglo a lo que escribió en su informe, el contenido le pareció interesante, aunque no pasaba de ser «un primer paso».[26] Detectó dos problemas, y los dos formaban parte esencial de la médula del artículo. El tono suave con que los expuso no hace nada por ocultar su relevancia, devastadora en potencia. Puso en tela de juicio los métodos empleados: «Uno de los aspectos (de importancia crucial, a mi entender) no está lo bastante documentado ni se argumenta con el detenimiento que merece». Se refería a las técnicas de que se servían los autores para identificar y distinguir los anticuerpos derivados del gen endógeno. Y también puso en tela de juicio la interpretación: la simple aminoración de la tasa de desarrollo del sistema inmunológico de los ratones transgénicos inmaduros bastaba, «tal como dan a entender, de hecho, los datos presentados», para explicar todos los resultados «sin necesidad de la selección debida a las redes».

Baltimore restó importancia a estos comentarios. Los autores del trabajo modificaron los términos en que se expresaban las conclusiones finales con objeto de hacer ver que habían tomado nota de la alternativa que se les sugería; pero Imanishi-Kari no llevó a cabo ningún experimento más. La última página del artículo, que apareció en el número de *Cell* correspondiente al 25 de abril de 1986, dejaba fuera de dudas que los investigadores responsables se decantaban por interpretar los datos de acuerdo con la teoría de las redes.

No es fácil encontrar a un inmunólogo veterano al que no interese en absoluto el caso de Baltimore. Alfred Nisonoff, de la Universidad Brandeis, pertenecía —murió en 2001— a este colectivo. «En aquel tiempo —me aseguró este hombre de principios anticuados y formación clásica—, lo primero que hacía uno al llegar a un laboratorio era sopesar los más y los menos.»[27] Nisonoff había leído el artículo y se había indignado con el escándalo cada vez más sonoro a que había dado lugar. Lo había hecho desde cierta distancia, sin pronunciarse al respecto en público ni siquiera cuando se lo pedían de manera directa. Su trabajo hizo que estuviese muy familiarizado con el terreno en que se movía Imanishi-Kari. En junio de 1992, aseguró no haber mantenido contacto regular con Baltimore ni haber coincidido con la bióloga sino en una o dos conferencias. La primera vez que leyó Weaver *et al.*, había decidido de inmediato que los métodos empleados no eran los correctos para demostrar la expresión genética anómala. ¿Qué opinaba, sin embargo, de la afirmación, más general, según la cual habían dado con pruebas que respaldaban la teoría de las redes de Jerne, habida cuenta, sobre todo, de que Baltimore estaba negando a esas alturas que aquello tuviese relevancia alguna? «¡Menuda idiotez! —exclamaba—. Es evidente que el artículo se centraba exclusivamente en eso.»

La volubilidad de carácter de Imanishi-Kari era algo crónico.[28] «El primer año que trabajé con ella en Colonia, todo fue de maravilla —manifestaba uno de quienes integraban su laboratorio—. Sin embargo, después comencé a darme cuenta de que nuestra relación laboral empezaba a hacer agua.» Comentarios así se repiten una y otra vez. Imanishi-Kari se mostraba cordial, encantadora, y al momento montaba en cólera y rompía a chillar como una arpía con una actitud un tanto sospechosa. Más tarde o más temprano, acababa por espantar a sus colaboradores. Las observaciones tocantes a sus planteamientos científicos también son unánimes. Al parecer, era una investigadora imaginativa, ingeniosa, repleta de ideas y enfoques interesantes, que se tornaba, sin embargo, muy desidiosa a la hora de ponerlos en práctica. Cambiaba de planes casi de la noche a la mañana. El banco de que disponía en Colonia y el escritorio que poseía en el MIT estaban hechos un desastre. Se despreocupaba por entero de los grupos de control, tomaba notas en trozos de papel de diversa procedencia... Philip Cohen, estudiante universitario del centro, estaba trabajando en su laboratorio el verano en que llegó O'Toole. «A veces —recordaba—, hacía cálculos de cabeza y escribía el resultado, y pretendía que yo emplease ese número. Luego yo lo calculaba por mi cuenta y veía que se había equivocado por mucho. Cosas así.» Cierta persona que había mantenido con ella una estrecha colaboración durante un período de dos años declaraba: «Cuando alguien del grupo efectuaba un ensayo, ella no siempre confiaba en la información resultante. A veces pensaba que estábamos tratando de hacer sus experimentos. Recuerdo una ocasión en la que receló de ciertos datos, y en lugar de ir a hablar con quien los había obtenido, repitió a escondidas el experimento, que por cierto, no salió como ella esperaba. No servía para trabajar en equipo: lo quería hacer todo por su cuenta». Y aún había más: «Supongo que ya se lo habrá oído a Bob Jack: Thereza tenía fama de hacer experimentos y no organizar jamás los datos obtenidos». Pese a que O'Toole no repararía en este hecho sino de forma progresiva, su experiencia fue la típica de todos los que conocieron a Imanishi-Kari.

Contamos también con un testimonio independiente, difícil de refutar. La comisión del Instituto Nacional del Cáncer encargada de estudiar la colosal propuesta de colaboración de diversos equipos de trabajo del MIT presentada por Herman Eisen y otros añadió más referencias sobre la investigadora en el informe elaborado a finales de julio de 1985:

> Durante la visita, apenas se verificaron indicios que puedan hacer pensar en una interacción significativa entre la doctora Imanishi-Kari y el resto del grupo. ... Su labor carece de toda integración con la de otros participantes del programa. Por otro lado, no parece que mantenga una cooperación de relevancia con otros miembros del equipo del centro de investigaciones oncológicas. Se trata de una circunstancia muy desafortunada, ya que salta a la vista que podría beneficiarse, desde el punto de vista técnico y el intelectual, de la experiencia general del grupo.[29]

Teniendo en cuenta el tipo de escrito, el lenguaje en que está redactado no puede sino resultar insólito. Las averiguaciones que se habían hecho en el día que duró aquella visita de junio eran, no obstante, bien conocidas de Eisen, Baltimore y la administración del MIT: Imanishi-Kari no iba a permanecer en el centro. Wortis había dispuesto su traslado a Tufts, donde la describió como una oportunidad llovida del cielo que permitiría a la universidad soslayar todo el proceso que comportaba la contratación de un científico.

Las 17 páginas que descubrió O'Toole en el libro genealógico de los ratones revelaban que semanas antes de llegar ella al laboratorio, durante el verano anterior, Imanishi-Kari había obtenido, con la ayuda de Reis, datos en bruto que había introducido en el artículo que acababan de publicar, aunque no expresados de forma correcta. Según ha atestiguado una y otra vez, le bastó una ojeada para saberlo porque coincidían con los resultados con los que había estado bregando todo el invierno. Asimismo, los datos hacían pensar que el artículo adolecía de defectos que nadie había admitido. En él se aseguraba que se había sometido a las células productoras de anticuerpos a dos procedimientos experimentales decisivos que, según demuestran, al decir de O'Toole, las 17 páginas, no se habían llevado a cabo en realidad. Asimismo, se aseveraba que, salvo en raras excepciones, dichas células no expresaban anticuerpos transgénicos. Toda esta información se representaba en una tabla, la número 2, en forma de fracciones del número total de células. Aun así, las cifras recogidas en las páginas halladas por la investigadora dejaban claro que la mayoría sí estaba expresando el gen transgénico, pero había quedado descartada estableciendo un punto límite convenientemente alto. En aquellas 17 páginas había, además, otros datos que ponían en tela de juicio diversas partes del artículo publicado —y en particular la tabla número 3—. El descubrimiento fortuito de O'Toole desató un proceso que se iría desarrollando a lo largo de los diez años siguientes.

Comunicó sus preocupaciones a personas de quienes tenía motivos para esperar que se harían cargo de los hechos y actuarían del modo correcto. Téngase en cuenta que en ningún momento de esta fase inicial acusó a nadie de fraude, aun cuando no le faltaron invitaciones directas para hacerlo. Se limitó a solicitar, con insistencia, que se corrigiera o desmintiera Weaver *et al.*; es decir, que se obtuviesen otros datos originales que respaldaran lo expuesto en él o se enviara a la publicación un escrito por el que los autores se retractaran del contenido. La exposición que ofreció de los hechos era firme y minuciosa, y con todo, a lo largo de los años sólo recibió una de estas tres respuestas: que no pasaba de ser una cuestión de interpretación; que los errores, si los había, eran insignificantes; o que Imanishi-Kari había presentado con posterioridad, en varias ocasiones, datos que corroboraban la ausencia de errores.[30]

La reacción institucional verificada durante las primeras horas o los primeros días constituye el estadio crítico en el manejo de cualquier denuncia de conducta irregular. Los casos recientes que hemos examinado demuestran, como también otros muchos en los que no nos hemos detenido, que la mayoría de los organismos científicos ofrece una respuesta calamitosa ante cualquiera de estas imputaciones. En este sentido, los científicos que ocupan puestos de relevancia no difieren demasiado de los ejecutivos de grandes compañías o los administradores gubernamentales: por lo común, el primer impulso de todos ellos consiste en restar importancia al problema, achacarlo a un conflicto de personalidades, encubrirlo o encargar a otro su resolución. De forma casi inevitable, las gentes de responsabilidad que se hallan cerca del foco del asunto se ven sujetos a serios conflictos de intereses —en los que intervienen, cuando menos, sus obligaciones ante individuos concretos y la necesidad de proteger al organismo en cuestión—. Y si bien hay entidades que, escarmentadas tras una experiencia anterior, actúan de un modo más correcto cuando se presenta la siguiente ocasión, otras parecen incapaces de aprender de sus errores. En el caso de Baltimore, en efecto, no hubo nadie de cuantos se vieron envueltos en él —ya pertenecieran al MIT, ya a la Universidad de Tufts— que se condujese de un modo siquiera prudente. Lo que se expone a continuación no es sino un esbozo sumario de lo que ocurrió.

Dos días después de topar con las 17 páginas, O'Toole comunicó sus preocupaciones a una científica que conocía en Tufts llamada Brigitte Huber. Ésta le propuso acudir a Wortis, quien había dirigido su tesis doctoral y tenía intención de hacer que trasladasen a Imanishi-Kari a la universidad. Wortis, Huber y un tercer investigador, por nombre Robert Woodland, mantuvieron una reunión con Imanishi-Kari. O'Toole, que no estuvo presente, supo después que no se iba a hacer nada por corregir el artículo. A continuación expuso el caso a Martin Flax, jefe del departamento de Wortis; pero éste respondió diciendo que el asunto era incumbencia del MIT. Huber y Wortis se reunieron entonces con Imanishi-Kari y O'Toole. La primera presentó dos páginas de datos, y la segunda afirma que, cuando ella los puso en entredicho, Wortis le dijo: «Debe usted ceñirse a lo que tenemos delante». Este último, que se negó a dar más detalles del encuentro durante una entrevista mantenida con quien esto escribe, ha mantenido siempre que no recuerda la conversación.[31] Un año después, en mayo de 1987, firmó un memorando que declaraba resuelta la disputa. El informe daba cuenta de lo sucedido hasta el día después de este encuentro con las tres científicas.[32]

Entre tanto, el 29 de mayo de 1986, O'Toole fue a reunirse con Gene Brown, decano de ciencias del MIT, quien le hizo saber que debía formular una acusación formal de fraude u olvidarse por completo del asunto —si bien él lo ha negado siempre hasta la fecha—.[33] Acto seguido, telefoneó a Eisen y le dijo que se pusiera en contacto con la denunciante. Ésta acudió el 30 de mayo a Woods Hole para mostrarle los datos y las discrepancias con el artículo. Según su declaración, cuando Eisen vio las 17 páginas exclamó: «¡Esto es un fraude!». (Él asegura no recordar tal cosa, y la acusa a ella de falta de coherencia.) Le pidió que expusiese todos los detalles en un informe. (Aquel era el último día de la beca por un año que había recibido, lo que quiere decir que ya no podía considerarse una científica del centro.) Elaboró un escrito de cinco páginas, firmado con fecha del 6 de junio de 1986, y envió una copia a Brown el día 9.[34] A mediados de mes, Eisen organizó una reunión con Baltimore, Weaver, Imanishi-Kari y O'Toole, a quien no se permitió llevar acompañante. Imanishi-Kari no presentó dato alguno de relevancia. Baltimore, que según la denunciante no pidió ver ninguno, se mostró satisfecho al saber que no había que hacer nada. Acabado el encuentro, Eisen escribió, con fecha del 17 de aquel mes, un memorando, destinado entre otros a Gene Brown, que no llegó a enviar.[35] Sí remitiría, el 30 de diciembre, uno de dos páginas a Maury Fox, jefe del departamento de biología.[36]

Por lo general, todo el mundo se refiere a lo que sucedió aquellas ocho semanas como «dos investigaciones», y a quienes lo vivieron desde Tufts —Wortis, Huber, Woodland—, como «la comisión de Wortis». Estas designaciones son engañosas, ya que quienes integraban esta última habían sido nombrados por el propio Wortis, carecían de investidura institucional alguna y no se reunieron más de dos veces. Flax, el jefe de departamento de Wortis, ha dicho que él ni siquiera supo de su existencia hasta después. Faltaban pocos días para que Imanishi-Kari se trasladase a Tufts merced al patrocinio de Wortis. Éste es un hombre sagaz, y no podemos pretender conocer los motivos que lo llevaron a actuar de ese modo. Sin embargo, el que ella hubiese tenido que corregir su gran descubrimiento o desdecirse de él habría puesto, sin duda, en tela de juicio su propia perspicacia y habría podido incluso dar al traste con el nombramiento. Eisen actuó como una comisión unipersonal. Por un lado, la salida de Imanishi-Kari del MIT se había desarrollado hasta entonces sin contratiempos, y por otro, de todos es conocida la admiración que profesa a Baltimore (hay que decir en su favor que durante aquel verano trató, en vano, de negociar la publicación de una corrección al artículo). Hoy, cuando surgen acusaciones de mala conducta científica, se habla de «indagación» (*inquiry*) para designar el examen interno del caso que lleva a cabo la propia institución afectada —examen que se considera un procedimiento oficial—, en tanto que lo que se entiende por «investigación» (*investigation*) se reserva para el siguiente estadio, el más serio, en el que quien asume la supervisión del asunto es la Oficina de Integridad Investigadora. Sin embargo, lo que se hizo en Tufts y el MIT no responde siquiera a la significación que se le da al término en el habla común.

O'Toole creyó haber perdido la partida sin remedio. El caso cobró vida propia. Durante aquella notable primavera de 1986, Philip Boffey había escrito en *The New York Times* acerca del artículo de Walter Stewart y Ned Feder sobre los colaboradores de Darsee, así como de las dificultades que estaban teniendo para publicarlo.[37] El asunto, claro está, atrajo la atención de numerosos científicos, entre quienes se encontraba Charles Maplethorpe. Éste había obtenido el doctorado en el mes de septiembre por el MIT, donde había trabajado en el laboratorio de Imanishi-Kari. Allí había coincidido con Margot O'Toole los tres meses de verano de 1985. Ella lo consideraba una persona inteligente y agradable, y además sabía que había tenido un acerbo enfrentamiento con la directora y conocía el desprecio mutuo que se profesaban. Había tenido noticia del artículo de Boffey por dos amigos que le habían hablado de él por separado. Tras leerlo, retuvo el dato de que Stewart y Feder estaban interesados en perseguir casos de fraude científico. Durante el invierno de 1985 y 1986, Maplethorpe había visitado en varias ocasiones el laboratorio, y no ignoraba las dificultades a que se estaba enfrentando O'Toole. En consecuencia, a principios del verano de 1986 se puso en contacto con los dos investigadores y los puso al corriente del caso. Stewart y Feder sabían que Dingell y los suyos tenían intención de perseguir el fraude científico, y que sólo esperaban a dar con un caso sólido y con testigos.

Hasta que el Partido Republicano se hizo con el Congreso en 1994, Dingell estuvo al frente del Comité de Energía y Comercio, y lo convirtió en uno de los más poderosos y de mayor alcance de cuantos lo conforman. También presidió su Subcomisión de Negligencias e Investigaciones. Se guiaba por el principio de que el Congreso debía asegurarse de que el dinero de sus financiaciones se estuviera empleando de un modo honrado y con prudencia, y se había hecho merecedor de una temible reputación persiguiendo casos de fraude, malversación y mala administración en los ámbitos del gobierno —por parte de los contratantes de defensa—, el suministro nacional de sangre o la industria de valores. Presidió, además, las vistas de la Agencia de Protección del Medio Ambiente que desembocaron, durante la presidencia de Reagan, en la dimisión de su directora, Anne Gorsuch Burford, y la condena por perjurio de su ayudante Rita Lavelle, y también las que llevaron a Michael Deaver, antiguo ayudante del citado presidente, a quedar convicto por el mismo delito.

El 12 de abril de 1988, Dingell celebró una primera vista en lo tocante al «fraude en los programas de becas de los NIH». En ella testificaron, entre otros, O'Toole, Maplethorpe, y Stewart y Feder.

Tanto en diversas entrevistas como en su comparecencia ante el subcomité, Maplethorpe ha asegurado siempre que cierta noche de junio de 1985, estando él en la sala más amplia del laboratorio, a poca distancia de Imanishi-Kari, entraron David Weaver y un amigo.[38] El 12 de abril de 1988, respondió así a las preguntas planteadas por Ron Wyden, diputado por Oregón:

> Sr. Maplethorpe. ... Estaba trabajando en el laboratorio, tratando de dejarlo todo listo para defender mi tesis en agosto. De todos modos, estaba prestando atención a la conversación, y en aquel momento, oí a la doctora Imanishi-Kari decir al doctor Weaver que tenía problemas con el reactivo llamado Bet-1, que es el mismo con el que después tendría dificultades la doctora O'Toole. Y lo que oí que le decía al doctor Weaver es que estaba obteniendo los mismos resultados que más tarde iba a obtener la doctora O'Toole.
>
> Sr. Wyden. Y ¿cómo se resolvieron esas cuestiones antes de que se publicara el artículo firmado por el doctor Baltimore, la doctora Imanishi-Kari y los demás?
>
> Sr. Maplethorpe. Las cuestiones de las que los oí hablar no llegaron a resolverse.

Weaver e Imanishi-Kari han negado siempre recordar nada de aquello. Esta última hizo constar que Maplethorpe no era precisamente un testigo desinteresado, aunque, sea como fuere, él retuvo aquella conversación. La subcomisión no llamó a declarar a nadie de Tufts ni del MIT aquel día, y muchos tomaron este hecho por una prueba evidente de su falta de equidad.

En julio de 1988, en respuesta a una citación del Congreso, Imanishi-Kari entregó a los NIH una voluminosa carpeta de hojas sueltas que contenía, a su decir, datos originales que ella había organizado de aquel modo (en adelante, se conocería como «carpeta I-1»). O'Toole y otros testigos aseguraron que algunas de las páginas habían sido falsificadas de forma palpable. En aquel momento, por vez primera, la denunciante formuló la acusación de fraude.

Mientras tanto, a principios de 1988, James Wyngaarden, a la sazón director de los NIH, había formado un equipo de tres científicos para que estudiasen la controversia surgida en torno a Weaver *et al.*[39] Estaba presidido por Joseph Davie, inmunólogo y jefe de investigación de la farmacéutica GD Searle. En el informe resultante, que los NIH hicieron público a finales de enero de 1989, se hablaba de la existencia de serias imperfecciones en el artículo, pero en ningún momento se acusaba a sus autores de conducta irregular.[40] O'Toole hizo constar su desacuerdo, alegando que parte de la información en que se había basado el equipo de Davie no existía cuando ella cuestionó por vez primera el trabajo publicado. A continuación, pidió a Imanishi-Kari que presentase los datos necesarios para respaldar una de las tablas.[41] A finales de abril, Wyngaarden reabrió el caso, a modo de estrategia preventiva, y aseguró que constituiría un nuevo grupo de expertos. Así mismo, creó una Oficina de Integridad Científica —precursora de la Oficina de Integridad Investigadora— que habría de responder directamente ante él.

Los hechos se precipitaron el 4 de mayo de 1989, durante una nueva vista celebrada por Dingell. La sesión vespertina se abrió con tres testigos procedentes de la División de Servicios Forenses del Servicio Secreto de Estados Unidos. Tras examinar la carpeta I-1 y someterla a diversas pruebas, llegaron a la conclusión de que buena parte de su contenido no podía provenir de las mismas fechas en que, según Imanishi-Kari, se había llevado a cabo la investigación. Baltimore, que fue el último en declarar, montó en cólera a la caída de la tarde, acabada ya su declaración y estando el presidente a punto de levantar el mazo, y prorrumpió en improperios contra Dingell y los métodos empleados por su equipo de investigadores.[42] La concurrencia —conformada en buena medida por numerosos científicos— juzgó aquel arranque vehemente y acaso también temerario. Dos semanas antes, sin embargo, Philip Sharp, íntimo amigo de Baltimore y compañero suyo del MIT, había hecho llegar a una veintena de investigadores de todo el país una circular en la que, tras el encabezamiento de: «Querido colega», informaba, entre otras muchas cosas, de la convocatoria de una nueva vista, así como de que Dingell había «tenido a bien seguir importunando a David y al resto de autores, lo que comporta serias implicaciones para todos nosotros».[43] Acto seguido, pedía a los destinatarios que escribiesen a sus diputados y a los integrantes de la subcomisión, ofrecieran artículos de opinión a los periódicos de sus respectivas ciudades y reclutasen a otros compañeros. Anexaba una propuesta de carta (con la advertencia de que no la copiasen al pie de la letra) y una serie de párrafos breves en los que exponía diversos puntos relacionados con el asunto. Uno de ellos rezaba:

> Las acusaciones se sometieron de inmediato a investigación por parte de inmunólogos de sobrada competencia reunidos en torno a sendos equipos constituidos en el Instituto de Tecnología de Massachusetts y en la Universidad de Tufts, así como a la revisión de los autores del artículo. Aquéllos no encontraron signo alguno de fraude o tergiversación.

Científicos de todo el país respondieron enseguida a esta llamada a la repulsa de la injerencia gubernamental ante el temor de que Dingell emprendiese una caza de brujas. Muchos escribieron cartas y artículos de opinión que se publicaron en *The New York Times* y otros diarios. Entre tanto, aun en plena ebullición de la controversia, el consejo de administración de la Universidad Rockefeller ofreció a Baltimore el puesto de rector, haciendo caso omiso de la negativa de muchos de los profesores del centro.[44]

El segundo equipo de expertos de los NIH quedó establecido aquel otoño. Lo conformaban Joseph Davie, los otros dos miembros originales y otros dos nuevos, quienes contaban con la recién creada Oficina de Integridad Científica (OSI) como órgano investigador. Ésta, sin embargo, no completó ni, por lo tanto, proporcionó a sus poderdantes un esbozo confidencial de informe hasta el 14 de marzo de 1991. Este segundo equipo de Davie determinó que Imanishi-Kari había incurrido, en efecto, en un delito de fraude en la fecha de la publicación del artículo y también cuando presentó lo que aseguró que eran sus datos originales. El borrador, en el que se incluían todos los detalles del asunto, acabó por filtrarse, y el 22 de marzo apareció en primera plana de *The New York Times* la noticia de Philip Hilts que daba razón de su contenido: «Bióloga paga caro haber cuestionado un estudio».

El escándalo se hizo cada vez mayor desde la primavera hasta el otoño de 1991.[45] Baltimore se vio obligado a pedir disculpas de un modo humillante y elogiar a O'Toole en un artículo que John Maddox, director de *Nature*, publicó el 9 de mayo junto con un editorial relativo al «Punto final de la historia de Baltimore». Una semana después, Maddox incluyó en las páginas de su revista la respuesta de O'Toole, en la que la científica detallaba acusaciones a las que, según insistía, aún no había respondido Baltimore. Al día siguiente, *Cell* publicó un desmentido en relación con Weaver *et al.*, firmado por Baltimore y los demás autores, a excepción de Reis e Imanishi-Kari. La retractación también fue, claro está, forzada. De hecho, bastaron unas semanas para que Baltimore volviese a perseverar en su afirmación de que el artículo era correcto en lo fundamental.

A esas alturas, la polémica se encaminó hacia la defensa de las normas de la ciencia. Meses antes, se había formado en Harvard un grupo de científicos —integrado por John Edsall, especialista en química fisiológica de avanzada edad y carácter clemente; los expertos en biología molecular Mark Ptashne, Walter Gilbert y John Cairns; y el bioquímico Paul Doty, toda una eminencia de gran veteranía en su universidad— con la intención de analizar a fondo el artículo y escuchar, de primera mano, la versión que ofrecía O'Toole de lo que había de errado en su contenido. Lograron captar la atención de otros investigadores, y no sólo de Harvard.* Poco a poco, fueron persuadiéndose de que Baltimore estaba equivocado y de que se negaba a hacer frente a los hechos científicos y dejar paso franco a la investigación en fuerza de su personalidad, su prestigio y las conexiones de que gozaba entre la clase dirigente del mundo científico. Semana tras semana, se sucedían las cartas de unos y otros en las páginas de *Nature*, y cada vez eran más los investigadores que se sumaban a la controversia. Maddox era el único que se divertía con todo aquello: había dado con un verdadero filón periodístico que había resultado en la publicación de 19 escritos, de uno y otro bando, en 23 semanas. Llegado a aquel punto, Baltimore volvió a perder los estribos.

El 18 de julio, Paul Doty ocupó cinco columnas de *Nature* con un

* Habida cuenta de la caracterización que haría más tarde Baltimore del grupo de Harvard, no está de más señalar que Ptashne lo había defendido durante mucho tiempo. Así, por ejemplo, había asistido, sin que nadie se lo pidiese, a la vista celebrada por Dingell en mayo de 1989 en la que él comparecía.

meticuloso rapapolvo dirigido no sólo a Baltimore, sino al común de los científicos por haber tolerado su comportamiento.[46]

> Hasta ahora —denunciaba—, todos han centrado su atención, fundamentalmente, en la validez de los datos publicados y los diferentes medios empleados para investigar un posible caso de mala conducta. Este hecho ha relegado a un segundo plano la cuestión de si el relato de los propios autores supone una desviación de las normas éticas establecidas en el terreno de la investigación, que anteponen a todo lo demás la inflexible búsqueda de la verdad, y en tal caso, si tal cosa no será el reflejo de un declive general de las normas a que deben someterse las investigaciones científicas y la publicación de sus resultados.

Doty exponía con detalle las repetidas «infracciones contra las que han sido hasta ahora las leyes éticas tradicionales de la ciencia» en que había incurrido Baltimore. «Semejante patrón de conducta —seguía diciendo— se halla en claro contraste con la idea tradicional de que los autores de trabajos científicos tienen la obligación de responder ante las críticas y de examinar bien su labor desde todos los ángulos posibles.» Puso de relieve, asimismo, las tensiones a que había dado lugar el crecimiento de la ciencia, la «encarnizada rivalidad engendrada por la concesión de becas, la posible corrupción que entraña, en ocasiones, la evaluación entre iguales, el creciente número de casos de engaño en artículos científicos...», para llegar, al fin, a la siguiente conclusión:

> En consecuencia, la comunidad científica puede estar experimentando ya un distanciamiento gradual de sus valores éticos tradicionales, un hecho propiciado acaso por la tolerancia de comportamientos como el demostrado en el caso que nos ocupa. De seguir así, nos exponemos a caer en prácticas comunes en otras profesiones en las que la validez de una acción depende de que quien la lleva a cabo pueda salir impune de ella.

Sus amigos instaron a Baltimore a hacer caso omiso de los comentarios de Doty.[47] Sin embargo, él no pudo menos de contraatacar con una airada carta abierta, aparecida el 5 de septiembre, en la que, entre indignadas afirmaciones de su honor y su integridad, aseguraba que «existen muchas pruebas, publicadas y por publicar, que demuestran la veracidad de los resultados del artículo con gran detalle», tras lo cual citaba seis.[48] Doty respondió el 10 de octubre, y sobre esta afirmación en particular dijo:

> Una lectura atenta de las pruebas mencionadas demuestra que no es tan evidente que los seis artículos respalden los resultados del primero. De cualquier modo, cabe hacer a Baltimore un reproche de mayor relevancia, que no dejaría de ser válido si, a la postre, se demostrara que estaba en lo cierto. La bibliografía científica se tornaría corrupta sin posible redención si se hiciera de ésta una práctica aceptada. ... La publicación de ensayos quedaría reducida a una lotería.[49]

Con esto, Maddox puso fin al intercambio de correspondencia y tomó partido por vez primera en un artículo en el que se preguntaba: «¿Cuáles son las responsabilidades de los autores de un trabajo de investigación publicado?». Tras lo cual seguía diciendo, en parte:

> La repuesta es bien sencilla. El doctor David Baltimore, el autor más célebre, si bien no el principal, de un controvertido artículo (*Cell*, 45 [1986], pp. 247 y ss.), ha defendido siempre la opinión de que es de la incumbencia de la comunidad científica en general, y de todos los que trabajen en el ámbito en cuestión, demostrar, en definitiva, la validez o la ilegitimidad de los datos puestos en duda y las conclusiones de ellos extraídas. Su punto de vista, sin embargo, no resulta fácil de defender, más aún cuando la autenticidad de la información sobre la que se basan supuestamente los artículos cuestionados ha quedado puesta en tela de juicio de forma evidente. ...
>
> La verdad, lisa y llana, es que los autores de toda investigación publicada poseen una responsabilidad personal sobre lo que de él pueda hacerse. ...
>
> Esto es, al menos, lo que se ha aceptado en general hasta la fecha. De ser de otro modo, la propia ciencia quedaría socavada, ya que se desmoronaría la presunción de que cuanto aparece en los escritos científicos es, cuando menos de un modo provisional, auténtico. Quienes pretendiesen servirse de datos publicados se verían obligados, en tal

caso, a repetir cada uno de los experimentos antes de abordar los de su propia investigación. ¿Qué sentido puede tener una cosa así?[50]

Lo sucedido en la Universidad Rockefeller durante el otoño de 1991 podría poblar los cautivadores capítulos de un género de libro bien diferente: un relato de principios y conveniencia, de intriga enrevesada y acentuada fuerza dramática en torno al proceder de los despachos ejecutivos, los laboratorios y la sala de juntas de una augusta institución de merecido renombre, un diamante de la diadema del sistema científico estadounidense. El intercambio epistolar mantenido con Doty aguijó a los oponentes que tenía Baltimore entre el profesorado de la Rockefeller, a quienes se habían sumado varios de sus antiguos defensores, incluidas algunas amistades. Enemigos no le faltaban, ni tampoco escaseaban los investigadores dispuestos a abandonar el centro. Anthony Cerami, que había obtenido la titularidad de cátedra después de haber sido estudiante en la misma época en que lo fue Baltimore, decidió, a finales de agosto, instigado por la hostilidad de aquella atmósfera, tomar consigo a un equipo no muy numeroso y trasladarse a otro centro de investigación.[51] Gerald Edelman, hombre de pluma decidida y genial, vestir elegante y hablar incisivo y quisquilloso, ganador de un Premio Nobel por su labor en el terreno de la inmunología, había mudado sus intereses al ámbito de la neurobiología y dirigía, amén de su propio laboratorio en aquella universidad, un Instituto Neurocientífico que, con pertenecer a ella, gozaba de independencia en lo tocante a la financiación. Él también anunció, el 8 de octubre, su intención de llevar todo esto —lo que incluía a unos veinticinco científicos— al Instituto de Investigación Scripps de La Jolla (California).[52]

Edelman se había contado entre quienes se opusieron al ingreso de Baltimore en aquella universidad. Ambos se mostraban una manifiesta hostilidad. Durante una conversación mantenida en su despacho dos semanas después de que anunciase su traslado, Edelman me reveló con marcado desdén: «Déjeme resumirle lo que pienso: David Baltimore no es un científico. Punto redondo. Y él mismo, con sus actos, está dejando claro por qué no lo es. Un científico repite un experimento cuando alguien lo pone en duda. Punto redondo: no hay más que decir. Y a los demás nos están embaucando con todo eso de la faceta humana. Nos están tomando por bobos, y eso es lo que somos si perdemos de vista ese hecho, porque eso es lo único que cuenta desde el ángulo de la ciencia. Hágase cargo de que en ningún momento he dicho que no existan responsabilidades públicas en la labor de un científico. Pero de ahí a sustituir ésta por maniobras, declaraciones abiertas, manipulaciones, abogados, venganzas personales...». Edelman decía que, sin pretender parecer grandilocuente, consideraba que la ciencia era lo más cercano que conocía a la religión. «Y el dogma de nuestra religión es ése: si eres experimentador, repite el experimento, y si no puedes, pide a un ayudante o a un amigo que lo haga. No discutas ni contrates a abogados; no despotriques contra nadie ni le eches el muerto al trabajo de otro científico. No.»

Hartos de tanta controversia, muchos de los profesores más veteranos se valieron de que Baltimore la había llevado con él a la universidad, de que no tenía intención de hacer correr el asunto y de la acusación de que estaba obstaculizando de forma activa la obtención de fondos y la contratación de personal docente, para obligarlo a abandonar el rectorado. El momento más crítico tuvo lugar el jueves, 17 de octubre, un día anubarrado, de vientos recios y lluvias torrenciales en toda la costa oriental que se extiende desde Maine hasta Virginia y más allá. Aquella mañana, David Rockefeller, quien de siempre había hecho de la universidad una responsabilidad personal, anunció la donación de veinte millones de dólares. En realidad, lo había planeado poco menos de un año antes, aunque en aquel momento prefirió no decir nada: evidentemente, parecía un formidable acto de apoyo a Baltimore.[53] A las dos de la tarde, se reunieron en una de las bibliotecas menores de la universidad los miembros más importantes del consejo de administración: Richard Furlaud, director de la junta y director de la farmacéutica Bristol-Myer Squibb; David Rockefeller, acompañado de su ayudante personal, que tomaba apuntes con discreción; el comité ejecutivo de la junta —constituido por los presidentes de las demás comisiones—, y toda la nómina del comité de asuntos científicos, encabezada por Roy Vagelos, médico investigador y director y presidente de Merck and Company. Rockefeller, Furlaud y Vagelos formaban, en efecto, el triunvirato a cuyos designios estaba sometido el consejo.

Baltimore, claro, estaba presente, con lo cual el número de congregados ascendía a trece. Lo que duró la tarde, Furlaud estuvo tomando notas en un grueso volumen encuadernado.

Al final del encuentro, estaba prevista la asistencia de un grupo de profesores que representaban las distintas posturas en lo tocante a la continuidad de David Baltimore en el puesto de rector. A las tres, Rockefeller y este último salieron a comparecer en rueda de prensa para hablar de la donación de los veinte millones, y Rockefeller regresó sin Baltimore. Fue entonces cuando entró la representación del claustro, y desde aquel momento, en torno a las cuatro, hasta las seis se prolongó la reunión sin una sola pausa.

El primero en hablar fue Norton Zinder, quien según referiría más tarde al autor, dijo con su marcado acento neoyorquino y su voz ronca: «No dejan de aparecer historias en los periódicos, y lo mismo puede decirse de *Nature*. En el centro corre toda clase de rumores». A renglón seguido, tras recorrer con la mirada a todos los allí reunidos, concluyó en voz alta y con gran lentitud: «Por favor, ¡acaben con esto!».[54] A sus declaraciones siguió un imponente silencio. Paul Berg, biólogo molecular de gran experiencia y amigo de Baltimore, por cuya intercesión se encontraba en la junta directiva, había llegado en avión desde Stanford. «No dijo más —recordaba—: "Por todas partes se oye el mismo grito lastimero: '¡Acaben con esto!'".»[55] Durante una conversación mantenida con Richard Furlaud a finales del mes de febrero siguiente, éste hojeó el voluminoso cuaderno en que lo había apuntado todo e, indicando una página concreta, señaló: «Aquí empieza: justo aquí». La nota rezaba: «Zinder: en el centro toda clase de rumores. ¡ACABEN CON ESTO!». Había escrito estas tres palabras en grandes caracteres y, tras encerrarlas entre signos de admiración, las había rodeado con un círculo. Conforme a sus apuntes, Zinder siguió diciendo: «Les bastará abrir cualquier publicación para comprobarlo. La mayoría no conoce a David Baltimore. Todo este asunto se nos ha ido de las manos».[56]

Zinder había logrado hacerse con la atención de los congregados y dejar claro qué era lo que preocupaba al claustro: la repercusión que podría tener aquella controversia interminable en la universidad, y en particular en la moral de profesores y estudiantes —que describió como lamentable—, la contratación de personal docente y la adquisición de fondos. Durante una conferencia telefónica mantenida con quien esto escribe seis semanas después, el 3 de diciembre, el ponente describió así su intervención: «Abrí la reunión exponiendo lo que, a mi ver, estaba sucediendo en la universidad, y dejé claro que estábamos viviendo en un lugar plagado de rumores y sumido en la confusión, donde uno no hacía más que mirar por sobre su hombro para descubrir qué era lo siguiente, y donde cada mañana los estudiantes preguntaban: "¿Ha ocurrido de verdad esto? ¿Y esto otro?". Traté de describir la situación de modo que el debate se centrase en el estado actual de la universidad, en el presente. Mi intervención determinó... creo que determinó el desarrollo de la discusión».

Al día siguiente, en Woods Hole, un servidor asistió a una pequeña reunión de editores de biología en la que había programada una charla de Baltimore. El anuncio de los veinte millones, que había aparecido en *The New York Times* en letras titulares, hacía inexplicable el mal humor del Nobel. Durante las seis semanas siguientes, se defendió con su acostumbrada tenacidad; pero el Día de Acción de Gracias de 1991 (28 de noviembre), hizo saber a Furlaud, a quien llamó por teléfono desde la casa de campo que poseía en la citada localidad, que tenía intención de dimitir.[57]

El interés del público disminuyó. Dingell se había apuntado un nuevo tanto. Sin embargo, el asunto había puesto en marcha toda una serie de acontecimientos imparables. La Oficina de Integridad Científica dejó de depender de los NIH, y con otro nombre y tras renovar en parte su personal, reanudó la resolución del caso de Imanishi-Kari. Por fin, avanzado el mes de octubre de 1994, la Oficina de Integridad Investigadora presentó un informe de 231 páginas más apéndices en el que se determinaba, con mucho más detalle que en cualquier declaración anterior, que había cometido irregularidades.[58] En una carta remitida a la investigadora expuso, de un modo minucioso y muy técnico, 18 acusaciones relativas a los datos ofrecidos en el artículo y los que había presentado con posterioridad al objeto de respaldarlos. Asimismo, se proponía, a modo de castigo, que se le vedase el disfrute de becas federales en el plazo de diez años. Recurrió a la Comisión de Apelaciones del Departamento de Salud y Servicios Humanos, que creó un grupo de expertos de tres personas para revisar su caso.

Vale la pena detenerse a considerar la estrategia de Baltimore. Estamos hablando de un gran científico que goza de la autoridad conferida por el Premio Nobel y del atractivo inherente al hecho científico. Cuando se puso en duda por vez primera el artículo, pudo haber puesto punto final a la controversia examinando los datos en litigio y anunciando que estaba volviendo a considerar el contenido del trabajo. Sin embargo, se negó a hacerlo, y trató de desacreditar a quienes mostraron su desacuerdo con Weaver y otros acusándolos de ser incapaces de entenderlo. Desde un principio, tal como sucedió en el único encuentro que mantuvo con O'Toole, intentó hacer uso de su autoridad como única defensa ante toda evidencia de las dudas suscitadas por el escrito. No se cansó de volver a definir el asunto sobre el que versaba aquel artículo, y la primera víctima de esta actitud fue el único aserto importante del trabajo: la confirmación de la teoría de redes de Jerne. Tampoco cesó de defender su contenido mediante la afirmación de que lo que importa son los resultados científicos a largo plazo, y que, por lo tanto, las posibles imperfecciones en lo tocante a los datos o al proceder de quien los expone quedan subsanadas una vez que se confirma la información a través de otras fuentes. En respuesta a la intervención de Dingell, creó un clima de emergencia y se erigió en defensor de la injerencia gubernamental, y en respuesta al grupo de Harvard, convirtió un conflicto meramente científico en un combate personal en el seno de la comunidad. En resumidas cuentas, desde un principio luchó por domeñar la controversia —de forma consciente o inconsciente, y con bastante éxito— cambiando de tema una y otra vez. Su actuación fue mucho más sutil que la del grupo de Harvard, que se centró, de un modo ingenuo, en aspectos de ciencia y comportamiento. La intransigencia de Baltimore es lo único que retuvo el público en general del caso de Imanishi-Kari.

Para entender la decisión del grupo de expertos instituido por la Comisión de Apelaciones y las vistas celebradas por éste, hemos de tener en cuenta que los procedimientos de la Oficina de Integridad Investigadora no son parte del derecho criminal ni del civil, sino que corresponden, más bien, al ámbito idiosincrásico del derecho administrativo. En este sentido, puede considerarse un híbrido. Investiga, acusa, emite fallos y pronuncia sentencias: todo un cúmulo de funciones que justifica las protestas de quienes se quejan de que a los científicos que han de responder ante ella se les niega un proceso como es debido. Para demostrar que Imanishi-Kari incurrió en una conducta científica reprobable, la Oficina de Integridad Investigadora hubo de convencer a la Comisión de Apelaciones mediante la suficiencia probatoria —que es el criterio que siguen los tribunales en los pleitos civiles—, en lugar de probar la existencia de irregularidades más allá de una duda razonable —procedimiento más riguroso exigido en los pleitos criminales—.

Por extraño que parezca, dado que el grupo de expertos constituye, en efecto, un tribunal de apelaciones cuasi judicial, debe revisar los casos de nuevo, como si de un juicio se tratara, con abogados para una y otra parte, testigos, pruebas, testimonios de especialistas, interrogatorios, objeciones y todo lo demás. El sistema acusatorio transforma cualquier caso apelado. En consecuencia, durante las vistas, la Oficina de Integridad Investigadora no pudo presentar el voluminoso informe que había enviado a Imanishi-Kari tras completarlo durante el otoño de 1994, pese a que en él se fundaba la nota aclaratoria que lo acompañaba, en la que se resumían los cargos y se detallaban las sanciones que debían imponerse. Tampoco se admitieron los documentos que daban cuenta de las investigaciones emprendidas los años anteriores, ni los testimonios que se habían presentado —bajo juramento— durante las sesiones del subcomité de Dingell. El pliego de cargos fue lo único de lo que pudo partir la científica para su apelación.

Avanzada la tarde del viernes, 21 de junio de 1996, el grupo de expertos hizo público su fallo.[59] Las dos primeras oraciones de estas 191 páginas de densa prosa bastan, sin embargo, para dejar claro su contenido: «La Oficina de Integridad Investigadora (ORI) ha sido incapaz de demostrar sus acusaciones mediante suficiencia probatoria», motivo por el cual no procedía tomar medida alguna contra Thereza Imanishi-Kari. La resolución significaba que volvía a estar en situación de solicitar becas. La Escuela de Medicina de la Universidad de Tufts la rehabilitó en el ejercicio de su puesto docente, para el que había sido incapacitada a finales de 1994. Según sus defensores, estas conclusiones ayudaron, en parte, a restituir su reputación, aunque poco podían hacer por reconstruir una carrera científica destruida tras una década de agrias controversias. Por otra parte, la lectura más superficial de la resolución pone de relieve ambigüedades inquietantes. Lo más singular de todo es que el grupo de expertos desestima en todo momento a la Oficina de Integridad Investigadora por irrelevancia, presentación descuidada y violaciones de la equidad obligada en todo proceso. La desconsideración de este dictamen llegó a tal extremo que no faltan observadores que hayan apuntado que, más que de inculpabilidad, habría que hablar de «culpabilidad no demostrada» en lo tocante a Imanishi-Kari.

La prensa, tanto general como especializada, efectuó de inmediato una amplia difusión del fallo de la Comisión de Apelaciones. Periódicos, columnistas, colaboradores de todo tipo y científicos hablaron de la exculpación de Imanishi-Kari. Asimismo, aunque la Oficina de Integridad Investigadora no abordó acusación alguna de conducta irregular contra David Baltimore, muchas de las noticias y comentarios de *The Boston Globe*, *The New York Times*, *The Washington Post*, *The Wall Street Journal* y otros diarios hicieron ver que el veredicto también justificaba el modo como se había conducido él durante aquellos diez años.

Muchos de quienes respondieron al dictamen de la Comisión de Apelaciones se sirvieron de tal circunstancia para vituperar al diputado Dingell. Entre los que alabaron la decisión adoptada con respecto a Imanishi-Kari después de haberse visto sometidos a un estricto interrogatorio por parte de su subcomisión se hallaba Donald Kennedy, antiguo rector de la Universidad de Stanford. Él no tenía conexión alguna con el caso, pero había perdido su cargo de resultas de la investigación emprendida por aquél en 1991 en relación con una serie de irregularidades a gran escala detectadas en la contabilidad de una serie de universidades perceptoras de becas federales de investigación, y escribió acerca del veredicto como si lo exonerase *a él*.[60] Otro antiguo testigo deseoso de venganza era Bernadine Healey, directora de los NIH durante la etapa final de la presidencia de George Bush padre. Dingell la había hecho comparecer ante la subcomisión el 1 de agosto de 1991, en vísperas del período vacacional del Congreso, para que diese cuentas del modo como había manejado los cargos de infracción surgidos en la clínica Cleveland —en la que ejercía de jefa de investigación en el momento en que la empleó el equipo de gobierno de Bush— y en los NIH. Healey había demostrado ser una declarante combativa y obstructora, y había logrado que la discusión relativa a la clínica se prolongase lo bastante para que no quedara tiempo de abordar las cuestiones, mucho más serias, referentes a su comportamiento con respecto a las pesquisas que había emprendido en aquellos momentos la Oficina de Integridad Investigadora.[61] Manifestando no poco regocijo acerca del fallo de la Comisión de Apelaciones, escribió en *The New York Times* un artículo de opinión sobre «cómo se pisotea el derecho a un juicio justo en las indagaciones llevadas a cabo en el terreno de la ciencia», en el que, además, acusaba a Dingell y a los suyos de haberla intimidado.

También se hallaban entre quienes se mostraron satisfechos con la decisión muchos científicos veteranos de muy diversos campos que, sin estar particularmente interesados en el caso de Imanishi-Kari, contarse necesariamente entre los admiradores de Baltimore ni ser duchos en los arcanos de la inmunología, vieron en todo el asunto —y en especial en las acciones de la Oficina de Integridad Investigadora y el subcomité de Dingell— una grave amenaza a la libertad y la integridad de la ciencia misma. Se trata de quienes, en un sentido lato, conforman la clase dirigente del mundo científico estadounidense, lo que hace que, en última instancia, sea su opinión la que más cuente. Pocos de ellos habrán seguido de cerca el litigio, y casi ninguno habrá leído el resultado final. «La ciencia es capaz de enmendarse a sí misma, sea como fuere», dicen una y otra vez, ayer como hoy, haciendo uso de una máxima tranquilizadora que nadie se ha detenido a examinar. Están convencidos de que, en cuanto empresa, es y debe seguir siendo autónoma: corresponde a la comunidad establecer las normas de calidad y conducta.

Eso en lo que concierne a los científicos; en cuanto a quienes dirigen las universidades y otras instituciones en las que éstos trabajan, el asunto de Baltimore tuvo un efecto por demás perturbador, al dar al traste con su autocomplacencia y obligarlos a hacer frente a posibilidades aborrecibles. Para muchos científicos, la última palabra de la Comisión de Apelaciones supuso un alivio, pues venía a confirmarles que todo seguía en orden. Algunos, sin embargo, permanecieron intranquilos.

Cabe preguntarse si la Comisión de Apelaciones era o no imparcial. Desde un primer momento, los abogados de la Oficina de Integridad Investigadora temieron que no lo fuese. El grupo de expertos estaba formado por tres personas. La presidenta, la abogada Cecilia Sparks Ford, se condujo durante las vistas de un modo desdeñosamente correcto. Judith Ballard, también titulada en derecho, se mostró retraída, tímida incluso. Plantearon pocas preguntas a los testigos, y lo cierto es que quien esto escribe no pudo menos de considerar poco razonables algunas de ellas. Durante el verano de 1993, Ford y Ballard habían sido dos de los tres integrantes del grupo de expertos que vio la apelación de otra causa de relevancia que había tramitado —y perdido a la postre— la Oficina de Integridad Investigadora, organismo que también en aquella ocasión fue objeto de una severa reprimenda. Después de aquello, se elevaron algunas voces críticas que afirmaban que el equipo de la Comisión de Apelaciones carecía de los conocimientos científicos necesarios para evaluar de manera responsable casos como aquél. Para resolver el recurso interpuesto por Imanishi-Kari se unió a las dos abogadas Julius Youngner, profesor emérito de microbiología de la Escuela de Medicina de la Universidad de Pittsburgh. Éste había culminado su formación antes de la era de la biología molecular —se doctoró en ciencias en 1944—, aunque, claro está, mientras ascendía por el escalafón académico hasta obtener, décadas más tarde, la jefatura de su departamento, debió de aprender la nueva ciencia. Con todo, su especialidad había sido la virología, no la inmunología. Aquel hombre atento, paciente con la duración de este tipo de procesos cuasi judiciales, cumplió los 75 mientras se resolvía la apelación.

Si bien el grado de imparcialidad de la tríada debe juzgarse por el texto en el que exponen su fallo, no está de más que el lector conozca cierto incidente de relevancia que tuvo oportunidad de presenciar un servidor durante las vistas. Las declaraciones comenzaron el lunes,

12 de junio de 1995. El primer testigo, citado por la Oficina de Integridad Investigadora, era John Dahlberg, científico veterano de dicho organismo que, tras doctorarse en 1968 en microbiología, había pasado 16 trabajando en el Instituto Nacional del Cáncer, poniendo por obra, sobre todo, experimentos inmunológicos similares en cuanto al método a los revelados en Weaver y otros. Además de asientos para la concurrencia, en la sala había una serie de mesas para los abogados de la Oficina de Integridad Investigadora, dispuestas a la derecha del espectador, y otra frente a ella, a la izquierda, para los de Imanishi-Kari. El letrado principal de la institución acusadora era Marcus Christ, un ser pesado tanto de constitución como de maneras, no muy ágil en lo intelectual. El de la científica recurrente, Joseph Onek, era, por su parte, un jurista enérgico y avezado a los tribunales. Dan Greenberg, periodista y crítico de ciencia, propietario a la sazón de *Science and Government Report*, respetado boletín washingtoniano, lo describiría, semanas después, como un hombre formado en «la escuela de legistas de la freza y el pisotón», algo que él debió de entender como un cumplido. Entre las mesas de unos y de otros se hallaba el estrado, algo elevado, y a la derecha, en diagonal con respecto al lugar que ocupaba Onek, el asiento de los declarantes. Youngner era quien más cerca estaba de éste; Ford se encontraba en el centro, y más a la izquierda, echada hacia atrás, se hallaba Ballard.

Onek comenzó su primer interrogatorio pasadas las tres de la tarde del miércoles, 14 de junio. Toda la sala tenía la mirada clavada en él, inclinado hacia delante sobre la mesa, o en el declarante. Ballard se había incorporado y no quitaba de él los ojos, abiertos de par en par, con el rostro iluminado. Tenía las manos levantadas a la altura de la cabeza, y en dos ocasiones agitó los puños en el aire sin emitir palabra. Mmm. No tiene por qué ser la única interpretación; pero aquel gesto tenía visos de ser una ovación muda. Según pude saber en el siguiente descanso, había al menos otra persona entre el público que lo había notado.[62]

¿Puede tildarse de incompetente a la Oficina de Integridad Investigadora? La Comisión de Apelaciones del Departamento de Salud así lo creyó, y verdad es que en muchas ocasiones hubo que darle la razón. Sobre todo, cabe achacar a aquélla que pretendiera, en las distintas sesiones y en los miles de páginas relativas a aquella causa que se presentaron con posterioridad, extender sus acusaciones más allá de lo recogido en el pliego de cargos para incluir conductas que, más que responder a hechos de falsificación o invención deliberadas, caían dentro de lo que la Oficina de Integridad Investigadora o sus testigos consideraban prácticas irregulares o interpretaciones erradas de los datos. Esta circunstancia dio pie, claro está, a que muchos se cuestionasen el carácter justo de su proceder.

En la exposición del veredicto se citaron numerosos ejemplos que, pese a llevar aparejadas en algunos casos serias acusaciones de las que Imanishi-Kari bien podía ser culpable, la Comisión de Apelaciones consideró irrelevantes, de un modo tan sumario como correcto.

Una vez más, he de citar un detalle observado en la sala. Baltimore se hallaba en el asiento de los declarantes, y Marcus Christ lo hizo retrotraerse al encuentro que había celebrado en su despacho del Instituto Whitehead el 16 de junio de 1986 con Eisen, O'Toole e Imanishi-Kari. La transcripción reza así:

> PREGUNTA. [Christ] En aquella reunión... Después de aquella reunión determinó que no existían problemas de gravedad en el artículo publicado en el número 45 de *Cell*, ¿verdad?
>
> RESPUESTA. Sí.
>
> P. Sin embargo, en lo que duró la conversación, no llegó a mirar siquiera los datos. ¿Me equivoco?
>
> R. Miramos algunos datos, pero, como ya he dicho, no recuerdo con exactitud cuáles estudiamos y cuáles no.

El abogado optó por no presionarlo, y quien esto escribe no pudo menos de estremecerse ante la imprecisión de Baltimore, persuadido de que Christ había dejado pasar una oportunidad preciosa. Sin embargo, el abogado abandonó por entero esta línea de acción, para saltar, tras una breve pausa, a la reunión del 18 de mayo de 1988.

Al hablar de dos cuestiones de relieve con respecto a las que existen divergencias en torno a quién reconoció qué en 1985 y en 1986, los testigos llamados a declarar por la Oficina de Integridad Investigadora aseguraron que se habían realizado grabaciones magnetofónicas que corroboraban su versión. Sin embargo, el organismo demandante no presentó cinta alguna ni ofreció explicaciones de por qué no lo había hecho. En ambos casos, el grupo de expertos infirió, no sin razón, que dichas supuestas pruebas «bien no existían, bien no respaldaban las imputaciones de la Oficina de Integridad Investigadora», lo que le permitió desestimar todo el testimonio. Y lo cierto es que las grabaciones existen y confirman la deposición de los testigos, si bien se efectuaron —en circunstancias diferentes— de un modo clandestino. Si la acusación no podía o no quería presentarlas por esa u otra razón, su gran error consistió en permitir que se mencionasen siquiera, pues sin ellas, el testimonio de los comparecientes hubiese tenido un peso considerable.

También declararon, tal como habían hecho durante las vistas celebradas por Dingell, representantes del servicio secreto. «La causa que se ha presentado ante nosotros —rezaba el veredicto de la Comisión de Apelaciones— se centra en el ataque de los científicos forenses a la autenticidad de los datos recogidos en la carpeta I-1.» Los análisis del servicio secreto revestían, claro está, una gran importancia; pero no eran, ni mucho menos, las únicas pruebas. Sin embargo, el grupo de expertos se dedicó a refutarlos de forma sistemática.

La información obtenida de la I-1 fue de varios tipos: análisis de la procedencia del papel empleado y de la tinta de los diversos bolígrafos utilizados para escribir sobre él; hallazgo de datos alterados en algunas páginas; detección, por medio de instrumentos especializados, de las sutilísimas marcas, invisibles al ojo humano, que habían quedado en su superficie tras escribir sobre hojas de papel colocadas sobre ellas... De vital relevancia fueron los trozos de cinta de papel —semejante a la que se usa para las calculadoras— que tenían impresas las lecturas del contador de radiación que Imanishi-Kari aseguraba haber obtenido en 1984 y 1985 durante una serie de experimentos que incluía los que se habían puesto en entredicho de Weaver *et al.* La científica los había pegado a algunas de las hojas contenidas en la carpeta a la hora de reunirlas. Hay páginas que llaman la atención en este sentido. Una de ellas, por ejemplo, contiene tres trozos de longitud moderada: dos colocados de manera que uno queda inmediatamente debajo del otro, y un tercero —con sólo una línea escrita— intercalado en el espacio de menos de tres milímetros existente entre ambas.

El grupo de expertos encargado de dar curso a la apelación hizo una afirmación general en la que vale la pena detenerse: «El servicio secreto no poseía información alguna relativa a la significación científica de ninguno de los materiales por él analizados, y en consecuencia, atribuyó un injustificado carácter dudoso a datos para los que existía explicación científica». Los integrantes de aquél abundaron en este argumento en varias ocasiones, pese a que carecía de relevancia frente al examen que efectuaron los especialistas con la tinta, el papel y las tiras en que estaban impresas las lecturas del contador de radiación. Por otra parte, uno de éstos, John Hargett, observó mientras declaraba que la carpeta I-1 se había creado en 1984, fecha en que se llevaron a término supuestamente los experimentos, cuando todos menos él sabían que las hojas en ella contenidas se reunieron en 1988. El grupo de expertos determinó, en consecuencia, que su error daba al traste con la validez de los análisis de su equipo. Una vez más, lo que de verdad importaba era la datación de los trozos de cinta, y no las páginas en las que los pegó Imanishi-Kari. Y es imposible que la equivocación de Hargett tuviera trascendencia alguna en lo tocante a dicho examen. Sin embargo, la Oficina de Integridad Investigadora no supo aclarar lo que no tenía que haber pasado de ser sino una serie de confusiones menores.

Además de la información principal, los contadores de radiación van imprimiendo de forma periódica en los márgenes de la cinta de papel un número de registro que sirve para identificar el experimento y recordar el orden en que se han recogido los datos. Las cifras avanzan según determinada secuencia, y no parten de cero con cada nuevo experimento. Imanishi-Kari se había encargado de recortar las que aparecían en los trozos encontrados en la carpeta I-1. Sin embargo, no lo había hecho con todas, y en los casos en que aún se conservan aportan información muy interesante. Así, por ejemplo, había dos fragmentos de cinta que la científica había hecho ver que procedían de los dos días consecutivos que duró un experimento, cuando en realidad los números de registro divergen tanto que tuvieron que imprimirse con al menos tres meses de diferencia. El grupo de expertos restó importancia a las discrepancias y los errores en que había incurrido Imanishi-Kari al datar el trabajo, y pasó por alto el hecho de que había presentado las cintas como si diesen cuenta de un solo ensayo sin interrupciones.

Las otras pruebas presentadas por los científicos forenses recibieron un trato similar por parte de los encargados de resolver el recurso de apelación, quienes no reconocieron que todos los testimonios apuntaban a las mismas conclusiones. Algunas de las afirmaciones que plantea el veredicto son falsas de manera manifiesta, y ninguna de ellas lo es más que la siguiente: «De todos los científicos que han estudiado las dudas surgidas en torno al artículo de *Cell* a lo largo de la última década (tanto pertenecientes a la Universidad de Tufts y al MIT como al grupo de expertos de los NIH), ninguno ha hallado evidencias de mala conducta investigadora». El equipo de los NIH al que se refiere es el primero que constituyó dicha entidad, formado por tres entendidos encabezados por Joseph Davie. Pese a que el informe que publicaron, aparecido en enero de 1989, no hablaba de infracciones, uno de los borradores anteriores sí lo había hecho. Además, cuando Davie declaró ante la subcomisión de Dingell, el 4 de mayo de aquel año, admitió que en Weaver *et al.* se formulaban conclusiones que carecían de datos que las respaldasen. En uno de los ejemplos que mencionó, Imanishi-Kari daba razón de un ensayo que ni siquiera había llegado a poner en acto. A la pregunta de si tal hecho podía considerarse una infracción, respondió: «En mi opinión, sí lo es». Poco después se reafirmaba: «Sí, se trata de una infracción. Cada vez que alguien describe algo que no es veraz, que no es correcto, está mostrando una conducta irregular. Sin embargo, nosotros lo calificamos entonces de error grave, una sutileza que no estoy seguro de poder defender en esta coyuntura».[63]

Las investigaciones llevadas a cabo por el gobierno en Weaver *et al.* consistían en análisis completos efectuados por científicos, empleados algunos de la Oficina de Integridad Científica o su sucesora, la Oficina de Integridad Investigadora, en tanto que otros trabajaban en el Instituto Nacional del Cáncer. A su parecer —con el que, por otra parte, coincidía enteramente el segundo grupo de Davie, al que se habían añadido dos científicos más—, sí se habían cometido irregularidades.

El equipo de expertos consideró uno tras otro los ejemplos particulares por los que se había acusado a Imanishi-Kari de inventarse los datos, y en todos determinó que no tenía motivo alguno para hacerlo. Evidentemente, no tomaron en consideración sus circunstancias. En 1985 y 1986, estaba preparando su traslado del MIT a Tufts después de reclamar lo que había sido, con diferencia, el descubrimiento más importante de su trayectoria profesional. Se había comprometido. Dos años después, durante una reunión que mantuvo con el primer grupo de Davie y una serie de investigadores de los NIH, se puso en entredicho la autenticidad de la información que se mostraba en una de las tablas del artículo —la número 2—. Al día siguiente, se presentó ante ellos con datos que, conforme aseguraba, procedían de experimentos de aquella época que no había mencionado con anterioridad pero corroboraban lo publicado en dicho cuadro. Resulta difícil escapar a la sensación de vértigo que produce el pensar que el razonamiento del grupo de expertos se reduce a dar por sentado que si Imanishi-Kari no había falsificado los datos entonces, no tenía motivo alguno para hacer tal cosa.

El veredicto ofrecía otros muchos ejemplos, series enteras de pruebas que sus autores trataban, en líneas generales, del mismo modo. Un rasgo que merece la pena destacar es su aceptación y ampliación del argumento de dejadez: si, como pocos ignoraban ya, Imanishi-Kari procedía de un modo tan caótico a la hora de manejar los datos, las inexactitudes, las afirmaciones falsas y la omisión de datos podían no ser achacables a una conducta irregular sino a una actitud incompetente. Rizando el rizo, la tríada de expertos inventó una variante de esta defensa que ni siquiera habían sido capaces de imaginar los abogados de la apelante. Sus miembros habían especulado en varias ocasiones acerca de los rasgos que debía de presentar un caso real de fraude para aseverar a continuación que las anomalías que se estaban juzgando no los compartían.

> Muchas de las páginas de la carpeta cuyo contenido se ha puesto en duda —exponía, por ejemplo— contienen material que no resulta útil a la hora de respaldar las conclusiones del trabajo publicado en *Cell*. ... En un buen número de casos, los resultados incluidos en ellas resulta-

> ban conflictivos o extravagantes hasta tal punto que eran más susceptibles de suscitar preguntas científicas que de resolverlas. Aun cuando la doctora Imanishi-Kari hubiese querido evitar, de un modo sagaz, que sus datos pareciesen demasiado perfectos, no existe razón demostrada alguna por la que pudiese crear resultados chocantes y contrapuestos condenados a llamar la atención hacia los problemas del escrito más que enmascararlos.

De cualquier modo, para emitir un fallo favorable a Imanishi-Kari no sólo había que lidiar con las pruebas, sino también con los testigos citados por los demandantes, y sobre todo, claro está, con O'Toole. La lectura detenida de las declaraciones y testimonios prestados por Imanishi-Kari, Wortis, Eisen, Huber, Baltimore, etc. a lo largo de toda una década pone de manifiesto no pocos cambios de parecer e incongruencias. La única que ha mantenido en todo este tiempo una versión inmutable y coherente ha sido la denunciante, y el grupo de expertos no dudó en hacer que esta circunstancia se volviese en contra de ella. «Dudamos de la precisión de la memoria de la doctora O'Toole y de su adhesión, cada vez más evidente, a una postura partidista.» O por decirlo de otro modo no exento de desagradables insinuaciones:

> La doctora O'Toole ha trabajado largamente con los investigadores de este caso, «catalogando» los experimentos de los cuadernos de Imanishi-Kari y Reis (si bien afirma no haber percibido retribución alguna por su labor). ... Nos preocupan, asimismo, las repercusiones que pueda tener el hecho de hacer participar en tan alto grado a un denunciante en una investigación. Tal circunstancia puede poner en peligro tanto la capacidad de los investigadores a la hora de mantener la objetividad como la del denunciante a la de tratar de dejar su interés al margen de los resultados. Y creemos que no otra cosa ha sucedido en este caso.

¿Qué puede hacerse ante algo así? En los capítulos siguientes se ofrecen vías y sugerencias.

Howard Temin murió en febrero de 1994. Sufría cáncer de pulmón —de hecho, el suyo pertenecía al diminuto porcentaje de casos que carecen de vinculación alguna con el tabaquismo—, y la enfermedad se había extendido al cerebro. Su laboratorio, situado en la Universidad de Wisconsin, era pequeño y apenas si contaba con un puñado de estudiantes. Los viernes, cada uno de los que lo integraban acudía a su despacho para tomar asiento en una recia silla de madera colocada al lado de su mesa y explicarle, con los datos obtenidos en la mano, cuanto habían hecho aquella semana. Jamás ejerció de asesor o director de ninguna compañía biotecnológica o farmacéutica, ni tampoco se le pasó por la cabeza fundar una empresa por cuenta propia: tenía para sí que no era demasiado correcto poner lo que descubría con la ayuda de la financiación pública a merced de la creación de una fortuna privada. Con todo, no era ningún mojigato: formaba parte activa de las altas esferas científicas de Estados Unidos, y tenía amistad con muchos investigadores de proceder diferente del suyo. Él y Baltimore se conocían desde que eran estudiantes, y este último recurrió a él en diversas ocasiones en el desarrollo de la controversia suscitada por Weaver *et al.* Temin Jamás reveló el motivo de sus conversaciones. Era raro que concediese entrevistas, y cuando lo hacía, no acostumbraba mostrarse demasiado comunicativo.

Tras conocer, en septiembre de 1992, la naturaleza de su enfermedad, cambió por completo de actitud en este sentido. Quiso entonces dar cuentas de su carrera científica. Un servidor conversó con él a lo largo de tres sesiones que tuvieron lugar en su despacho, entre los días 15 y 16 de marzo de 1993, durante un total de seis horas.[64] Cuando la última tocaba ya a su fin y la cinta magnetofónica estaba a punto de agotarse, expresó su deseo de hablar más de infracciones científicas, y mencionó varios casos que por entonces atraían la atención del público. «Lo mejor de nuestra sociedad —dijo— es su carácter plural. Yo tengo este hecho en gran estima, y me gusta que exista también en el ámbito de la ciencia. Por eso respeto a quien la entiende de otro modo.» Mencionó a varios investigadores, algunos polémicos. Sin embargo, el caso de Baltimore era más sencillo que el de ellos. «En lo que respecta a David, no existen tantas capas. Sigue sin resolver una cuestión importante acerca del artículo», aseveraba, refiriéndose a la relación existente entre los datos originales, o su ausencia, y los publicados. «Y las afirmaciones del servicio secreto —añadió—. Quiero decir... Eso no tiene nada que ver con el error que cometió David en todo este asunto, con su conducta irregular.»

> David actuó mal por lo siguiente: cuando alguien, sea quien fuere, pone en tela de juicio un experimento, uno tiene la responsabilidad de comprobarlo, y es norma inamovible de la ciencia que cuando uno publica cualquier cosa debe responder por ello. Uno de los aspectos más sólidos de la ciencia estadounidense, en comparación con la rusa, la alemana y la japonesa, es que aun el profesor de más nombradía —y al llegar a este punto, su tono de voz se hizo más firme y categórico— tiene que atender a los reparos que pueda poner a su obra el más humilde de los técnicos de laboratorio o los estudiantes universitarios, y considerar sus críticas.
>
> Éste es uno de los rasgos *más fundamentales* de la ciencia en Estados Unidos.

La teoría de las redes de regulación del sistema inmunológico propuesta por Jerne ha perdido interés. Hace un tiempo, Klaus Rajewsky afirmaba al respecto: «La gente ya no le presta la menor atención». Y seguía diciendo: «No es algo que pueda ensayarse: no hay modo alguno de desmentirlo con un experimento. Nunca fue una cuestión paradigmática sobre la que pudiese trabajarse». En cuanto a Weaver *et al.*, señalaba: «He de reconocer que nunca he llegado a entender el alboroto que se creó en torno a ese artículo: no creo que haya nadie dispuesto a tomar en serio lo que publicó Imanishi-Kari. Al menos, nadie que yo conozca».[65]

6

Los problemas de la evaluación entre iguales

Por lo tanto, cuando se afirma que la investigación debe ser libre, parece que lo que se quiere decir es que los juicios morales, políticos y religiosos no deberían intervenir en dos ámbitos de decisión importantes: la formulación de proyectos para la investigación científica y la valoración de las pruebas en que se sustentan las conclusiones.

PHILIP KITCHER, *Science, Truth, and Democracy*, 2001[1]

La evaluación entre iguales debería desaparecer, ya que sus defectos son muchos más que sus beneficios. Es un proceso lento y caro que hace perder no poco tiempo en el terreno académico. También es selectivo y parcial, se presta a abusos y resulta ineficaz a la hora de detectar defectos de relieve, y casi inútil cuando se trata de descubrir casos de fraude.

RICHARD SMITH, «The future of peer review», 1999[2]

Los cuadernos de Leonardo da Vinci están llenos de observaciones, descubrimientos o inventos que a menudo van mucho más allá de lo que podría haber concebido cualquiera de sus contemporáneos. Cuando la humanidad supo de ellos y estuvo en condiciones de comprender su contenido, se dijo que, además de un magnífico artista, era un gran científico. Sin embargo, tal afirmación no es del todo cierta: Leonardo jamás publicó, y sin dar este paso, ni la más clarividente penetración de las leyes del mundo puede considerarse ciencia. La publicación es el acto que distingue el proceso científico, y el que marca su punto medio al permitir que la labor investigadora pase de cerrada a abierta, que los empeños de un número relativamente pequeño de individuos se tornen en propiedad —en materia prima— de toda la comunidad científica. Cuando sale a la luz una novela o un poema, se expone una pintura o una escultura, o se estrena una película cinematográfica, es porque han llegado, en efecto, a su punto final. La música, la danza, el teatro son formas de expresión que necesitan interpretarse una y otra vez para poder existir más que en potencia, por lo que expanden la creación y la convierten en interacción colaboradora. Pero en el ámbito de las ciencias, la publicación no es sino un nuevo comienzo, y la cooperación y la competencia a que da lugar es, precisamente, lo que las hace únicas. Con ella empiezan la ampliación, la elaboración, la corrección y la adaptación que permiten que lo nuevo entre a formar parte de la urdimbre de lo conocido.

Desde la segunda guerra mundial, la labor científica se ha visto condicionada, de su origen a su publicación, por una serie heterogénea de procedimientos que reciben el nombre genérico de *evaluación entre iguales*, revisión por expertos o revisión por pares.[3] En el presente se encuentran en constante cambio, sometidos a una transformación tan radical que ni siquiera sus protagonistas han llegado a comprenderla del todo. Las modificaciones atañen a todas las ciencias y se están verificando en todo el mundo. Poseen carácter estructural, lo que significa que alteran las condiciones, el plan de ejecución y las relaciones institucionales que subyacen y dan forma a los modos de hacer ciencia. Este tipo de transformaciones resulta acaso imposible de evitar, y sus consecuencias pueden ser difíciles de predecir. Pero algo sí podemos vaticinar: tomemos una fecha futura, no demasiado alejada en el tiempo, como, por ejemplo, el año 2015; para entonces, si bien seguirá existiendo, a modo de vestigio de otra época, la expresión *evaluación entre iguales* en el terreno de las investigaciones y publicaciones científicas, las prácticas por ella significadas serán tan diferentes que apenas si será posible identificarlas con las del pasado.

En noviembre de 1993, en el Segundo Congreso Internacional de Evaluación Entre Iguales en el Ámbito de las Publicaciones Biomédicas, organizado por Drummond Rennie y celebrado en Chicago, quien esto escribe tuvo oportunidad de dar una de las dos charlas inaugurales.[4] Tenía el cometido —al no ser médico, científico investigador ni editor— de hablar en calidad de observador externo y hacer que los cientos de participantes, editores de revistas y miembros del personal abandonasen la autocomplacencia en que se habían acomodado. La disertación llevaba, por consiguiente, el título de «La transformación estructural de las ciencias y el fin de la evaluación entre iguales», y exponía ciertos factores internos estrechamente entrelazados que estaban provocando la decadencia de los procedimientos incluidos en la expresión.

Para entender los cambios que están por venir debemos comenzar haciendo la observación de que la evaluación entre iguales y el arbitraje editorial son dos procesos sujetos de manera inherente a la amenaza de corrupción. En ninguno de los dos encontramos, claro está, una proporción elevada de casos viciados, y aun así, ambos están sometidos a una presión insoslayable surgida de la contradicción básica que hace posible su existencia. Y es que no hay duda de que las personas más cualificadas para valorar una solicitud de financiación o el trabajo de investigación enviado a una revista son, precisamente, los más reñidos oponentes de sus autores. Se trata de un hecho evidente cuyas implicaciones deben tenerse en cuenta.

La vulnerabilidad de las prácticas propias de la evaluación entre iguales frente a la corrupción no hace sino agravarse a causa del abrumador crecimiento de la empresa científica y la confusión y la fatiga que lo acompañan; del concomitante menoscabo de la insigne tradición por la que los más viejos inician a las nuevas generaciones en las normas de la ciencia; de la implacable presión sufrida por las financiaciones y la consiguiente subida del nivel mínimo exigido a la hora de sufragar los proyectos de investigación; y de la intrusión de influencias políticas. Para muchos científicos, según hice ver, el efecto acumulativo consiste en una sensación de inutilidad rayana en la desesperación. Los organizadores me dieron las gracias, los editores congregados se reafirmaron, por lo general, en su autocomplacencia, y la declinación de aquellos procesos se aceleró.

Thereza Imanishi-Kari hubo de enfrentarse, en lo referente a su artículo, a dos casos de evaluación entre iguales. Hoy en día, la expresión abarca dos formas diferentes de valorar la labor de los científicos, y ella tuvo que afrontar los embates de una y otra. La primera —huelga decirlo— consiste en el examen y clasificación de las solicitudes presentadas por los científicos que aspiran a recibir una beca. Durante el verano de 1985, como consecuencia directa de la visita efectuada por los científicos del Instituto Nacional del Cáncer, se vio excluida de la colosal subvención que, por lo demás, se concedió a los numerosos laboratorios peticionarios del Instituto Tecnológico de Massachusetts (MIT). En este caso, podemos decir que el sistema de evaluación entre iguales funcionó como era de esperar. La segunda actividad que implica la designación consiste en el escrutinio crítico de los trabajos que envían los científicos a las revistas para su publicación. Después de que David Baltimore remitiese a *Cell* el artículo que hemos denominado «Weaver *et al.*», Benjamin Lewin, a la sazón director, hizo llegar sendas copias a diversos científicos para que las revisasen, y uno de ellos, Klaus Rajewsky, puso el dedo en la llaga del pasaje problemático, bien que ni siquiera se le pasó por la cabeza la posibilidad de que se hubiese cometido un fraude. De hecho, el sistema no está concebido para revelar esta clase de irregularidades, y sólo en raras ocasiones puede esperarse tal cosa de él. En lo que respecta a este ejemplo concreto, sin embargo, tanto el director de la revista como los autores del escrito hicieron caso omiso de las advertencias que recogió Rajewsky en su informe.

Estos dos acontecimientos pueden servir de modelo de los puntos fuertes y los flacos del sistema. Estos últimos comienzan con el ineludible engorro que supone la nomenclatura —el hecho de que la misma expresión abarque dos actividades distintas—. La revisión crítica de los artículos propuestos para su publicación recibe también el nombre de *arbitraje editorial*, etiqueta que permite evitar confusiones. Lo que aquí se expone no es un reparo insignificante, ya que ni las funciones ni los métodos ni las historias de las dos formas coinciden, por más que estén vinculadas desde un punto de vista conceptual. Sea como fuere, este empleo dual está demasiado arraigado en el modo de hablar y pensar de científicos y editores para que pueda corregirse. Así, por ejemplo, la carrera de un investigador joven depende sobremodo de la publicación de sus trabajos en lo que se conoce como «revistas sometidas a evaluación entre iguales».

No podemos considerar las dos modalidades de forma independiente, pues no dejan de ser similares en lo que a su objetivo fundamental se refiere, amén de constituir parte del sistema científico que se practica hoy día. Una y otra están íntimamente ligadas acerca del modo como otorgamos reconocimiento, dinero, posición jerárquica y poder en el ámbito de la ciencia, tanto en Estados Unidos como en Europa. Ambas constituyen —y esto es algo fundamental en este sistema— métodos que han evolucionado a fin de proteger el carácter autónomo y autorregulador de las ciencias. La evaluación entre iguales y el arbitraje editorial, en efecto, reservan el cometido de juzgar la labor de los investigadores a otros científicos que actúan en nombre de la comunidad. Cuando examinan solicitudes de financiación, evalúan los proyectos de sus iguales con miras al futuro, y cuando practican el arbitraje editorial, adoptan un punto de vista retrospectivo al valorar trabajos que ya han culminado otros colegas. Las dos variedades se hallan, por lo tanto, en sendos extremos del proceso científico que precede a la publicación.

Desde sus posiciones estratégicas correspondientes —prospectiva y retrospectiva—, la evaluación entre iguales y el arbitraje editorial poseen una importancia fundamental, pues son, o deberían ser, los medios que permiten supervisar el proceso a tiempo que se validan los resultados. No falta quien, por este motivo, hable de ellos como una «labor de cancerbero». La maquinaria de revisión de solicitudes para una subvención salvaguarda la elección de proyectos o grupos a los que respaldar de las presiones directas de administradores, políticos y público en general ajenos al sistema de la ciencia. Asimismo, los dos métodos desempeñan una función preventiva al evitar que se acuse de proceder tendencioso a quienes conceden las asignaciones económicas o publican los resultados. Y su significación va más allá, toda vez que, debido al papel cotidiano que representan en el autogobierno de las ciencias, el común de los investigadores los defiende por considerarlos esenciales para el fundamento de su empresa. Por este motivo parecen a la mayoría bloques de granito eternos, inamovibles.

Claro está, sin embargo, que no lo son. Por más que la evaluación entre iguales y el arbitraje editorial se presenten como algo racional, indispensable e inmutable, lo cierto es que su historia no viene de largo. No son leyes de la naturaleza ni la epistemología, y siempre han estado sujetos a cambios y evoluciones. Durante el primero de los congresos arriba mencionados, Elizabeth Knoll, entonces directora del departamento científico del servicio editorial de la Universidad de California, se refirió con mordacidad a «una fe en el sistema de evaluación entre iguales que asombra por su conformismo».

> En el paso de una sola generación —seguía diciendo—, la valoración editorial llevada a cabo por expertos se ha convertido en una práctica poderosa desde el punto de vista social, y esto la ha llevado a hacer suya parte de la supuesta objetividad investigadora que tiene por misión evaluar. Tanto en lo institucional como en lo individual, tendemos a olvidar que el que la evaluación entre iguales tenga por objeto de estudio la labor científica no significa que sea en sí misma un proceso científico.[5]

Knoll está en lo cierto, y sus afirmaciones, aunque referidas aquí al arbitraje editorial, pueden aplicarse con idéntica fuerza a la valoración de solicitudes de financiación.

En las dos últimas décadas ha surgido una ingente bibliografía relativa a la evaluación entre iguales, un número pasmoso de libros y artículos —contados, respectivamente, por decenas y centenares— que la atacan, la defienden y la someten a muy diversos análisis. Cierto estudio reciente de catorce páginas citaba ciento veinte trabajos en los que se aborda este proceso en relación con las solicitudes de financiación, y eso que éstas han recibido, a lo sumo, la décima parte de la atención concedida al arbitraje editorial de artículos. Aun así, no deja de ser difícil formular preguntas, arduo conseguir datos y complicado obtener conclusiones que no pequen de imprecisas. No son muchas las obras de calidad al respecto, y las mejores son poco concluyentes. La fe en la validez de estos procedimientos se ha tornado en un argumento sólido y elocuente, y las pruebas fiables que pueden corroborar o desmentir su eficacia son escasísimas.

Ninguno de los dos procesos en cuestión gozó de gran relevancia hasta después de la segunda guerra mundial, y pese a sus similitudes, los comienzos de uno y otro difieren en gran medida.

En Estados Unidos, antes de la segunda guerra mundial, eran pocas las empresas científicas receptoras de subvenciones federales. La gran excepción la constituían los estudios agrícolas, llevados a cabo por los centros de investigación de campo del Departamento de Agricultura y los llamados *land-grant colleges*, organismos universitarios que se beneficiaban de la donación de tierras del gobierno, sistema originado en tiempos de la guerra civil —frente a la oposición de los estados del Sur— que hizo posible la existencia, a principios del siglo XX, de toda una red de centros con actividades en cada uno de los estados, intocable desde el punto de vista político. El Servicio Geológico de Estados Unidos también gozaba de financiación federal. El resto de proyectos científicos lo sufragaba un puñado de colosales fundaciones privadas, de entre las que destacan las instituidas, en los albores del siglo XX, por Andrew Carnegie, magnate del acero y los ferrocarriles, y por John D. Rockefeller padre, quien debía su fortuna al petróleo y la banca.[6]

Predicando con lo que Carnegie llamó «el evangelio de la riqueza» y en virtud de un nuevo orden económico lo bastante despiadado para conferir una pésima reputación al darwinismo, estos dos personajes eran, junto con el príncipe de Hyderabad, los hombres más ricos del mundo en una época sin precedentes de patrimonios privados desmesurados —el suyo equivalía, en dólares constantes, a varias veces el de los más acaudalados de los nuevos ricos de hoy, como William Gates III o Warren Buffett—. Ambos compartían, por fuerza, un buen número de intereses y actitudes capitalistas. Sin embargo, tenían estilos personales bien diferentes: en tanto que Carnegie era un hombre entusiasta y laico, Rockefeller, baptista devoto, tenía un carácter sobrio y cicatero. Eso sí: llegado el cambio de siglo, los dos habían comenzado a rivalizar en altruismo. El príncipe del acero estaba proyectando fundar en Washington la Institución Carnegie, a la que donó una suma inicial de diez millones de dólares en 1902 —cantidad comparable a lo que serían unos doscientos millones un siglo más tarde—. Para no irle en zaga, el señor del petróleo anunció, en marzo de 1901, la fundación en Nueva York del Instituto Rockefeller de Investigación Médica, aunque hubo que esperar hasta 1906 para que abriese sus primeros laboratorios. (La primacía sigue siendo hoy motivo de irritación.) El lugarteniente de Rockefeller había sido durante mucho tiempo el todopoderoso Frederick T. Gates, antiguo ministro baptista de gran ingenio y dotado para la retórica, que gozaba de toda su confianza. A finales del siglo XIX, se le unió John D. Rockefeller hijo para ejercer junto con él de responsable de las obras de caridad de su padre. En 1903 adquirieron un terreno en el East River y comenzaron a contratar a científicos experimentados.

El dinero garantizaba a estos benefactores el poder sobre sus instituciones, y la primera condición que impusieron fue la independencia con respecto al gobierno. Tenían por modelo disponible el Instituto Pasteur, fundado por el científico francés en 1888, año en que se desataron el entusiasmo y las donaciones del público como consecuencia de la demostración que llevó a cabo acerca de la efectividad de su vacuna contra la rabia; se hallaba fuera del control del estado francés, muy propenso, por lo demás, al intervencionismo, y obtuvo clamorosos éxitos en el terreno de la investigación médica. La autonomía en relación con las universidades consolidadas constituía otro de los requisitos, lo que permitía una gestión centralizada y profesional, cada vez más influida por el nuevo estilo corporativo, mientras que la investigación no quedaba desleída en la docencia. Por otra parte, el idiosincrásico Rockefeller padre era por demás reacio a aliarse con ninguna de las grandes escuelas de medicina, dada su condición de partidario de la homeopatía.

Los años que precedieron a la primera guerra mundial fueron testigos de la institución de cierto número de nuevas fundaciones de carácter general y no poca envergadura. Una vez más, Carnegie y los Rockefeller demostraron ser, con diferencia, los más munificentes. El primero donó, para ir abriendo boca, 125 millones de dólares —unos setecientos millones de los de hoy— a la Corporación Carnegie en 1911. En buena medida, ésta supuso, en un principio, la fusión de las muy diversas empresas filantrópicas del magnate, y así, fundó bibliotecas públicas —cuyo número llegaría, a la larga, a 2.509 en todo el mundo de habla inglesa—, regaló órganos a las iglesias, concedió una generosa subvención adicional a la Institución Carnegie y repartió una serie de becas menores sin objetivo concreto a centros universitarios de segundo orden. Tras su muerte, ocurrida en agosto de 1919, el consejo de administración y el personal de la corporación racionalizaron sus intereses bajo el amplio lema de «el desarrollo y la difusión del conocimiento y el entendimiento», por el que aún se rigen. Parte de sus obras fue en beneficio de las ciencias naturales, si bien las aportaciones disminuyeron durante la década de 1920 para extinguirse por completo en 1931.

Los Rockefeller y Gates crearon la Fundación Rockefeller en 1913. El organismo, desligado siempre del instituto homónimo, adjudicaba becas para cierta variedad de actividades, entre las que se incluía la ciencia. Llegado 1927, el potentado había concedido un total de ciento ochenta millones de dólares —más de mil millones de los actuales—. En el período de entreguerras, se convirtió en el protector más liberal y poderoso de la investigación fundamental, y en especial de la llevada a cabo en el terreno de la biología. De 1932 a 1955, la división de ciencias naturales de la fundación estuvo al cargo de Warren Weaver, cuyos modos de financiación contrastan de un modo radical con los actuales.[7]

Por ese mismo motivo, su ejemplo sigue ejerciendo acaso una poderosa atracción. En septiembre de 2002, se congregó poco más de una decena de personas con motivo de una cena celebrada en una sala privada de una de las sociedades más distinguidas del centro de Manhattan. La mayoría de los presentes estaba constituida por periodistas científicos, entre los que se encontraba quien esto escribe, en calidad de reportero con pretensiones de historiador. Nos había convocado el vicepresidente retirado de una de las prósperas fundaciones del país, con la intención de ofrecer consejo y sugerencias al presidente de otra, una cuyo poder adquisitivo es tal que necesita encontrar áreas nuevas que financiar, y lo primero que había hecho era poner la mirada en el ámbito de la ciencia. Mencionó el nombre de Warren Weaver al principio de la conversación, y cuando ésta tocaba a su fin, un servidor propuso regresar a sus usos y tomar buena nota de las dos lecciones que tenía que ofrecernos.

En lugar de esperar a que le remitiesen solicitudes de beca, este científico de formación matemática buscaba de forma activa a investigadores a los que ayudar, y los elegía de modo que determinasen la orientación de los ensayos en un campo u otro. Así, por ejemplo, seleccionó a Boris Ephrussi, genetista galo nacido y educado en Rusia, para que desarrollara en Francia la genética moderna. Ephrussi había pasado un año en el Instituto Tecnológico de California, donde había trabajado con Thomas Hunt Morgan, el autor mendeliano más destacado de Estados Unidos. Como primer paso, el francés pidió regresar al Caltech durante otro año y llevar consigo a un ayudante al que poder formar. El año fue el de 1936, y el ayudante, el joven Jacques Monod. La experiencia allí vivida y los contactos conocidos conformaron los intereses y el estilo de Monod, algo que, veinte años después, se traduciría en una serie de contribuciones fundamentales durante la década dorada de la biología molecular.[8]

De hecho, fue él quien acuñó el término, amén de respaldar la evolución inicial de la disciplina. En el informe elaborado para la fundación en 1938, propuso que se amparasen las exploraciones emprendidas en «esas áreas limítrofes en las que la física y la química se funden con la biología», y aseguró que, «de forma gradual, va tomando ser una nueva rama de la ciencia, la biología molecular, que comienza a desvelar un buen número de secretos relativos a las unidades últimas de la célula viviente». Una actitud clarividente, genial, cuyos principios pueden aplicarse hoy día. El primero: hay que ir a caza de personas prometedoras; y el segundo, más sutil y difícil: es menester dar con zonas fronterizas en las que estén empezando a mezclarse materias de investigación que con anterioridad no mantenían una relación estrecha.

El autor de estas líneas siempre ha creído que la reunión de elementos dispares constituye un generador universal y muy poderoso de líneas de trabajo nuevas y de gran relevancia. No en vano nace lo nuevo de las grietas formadas entre las losas de lo viejo. No hay más que pensar en Joseph Conrad o Vladimir Nabokov, un polaco y un ruso que escribían en inglés, o en Günter Grass, quien creció en Danzig (o Gdańsk), ciudad en que se cruzan el alemán, el polaco y el dialecto local, el casubio, su lengua materna. La nómina puede ampliarse mucho más: piénsese en Händel, en el ámbito de la música, o en Balanchine, en el de la danza. O en la emigración hacia tierras más occidentales de artistas, artesanos, escritores y filósofos griegos, con sus libros y utensilios, tras la caída de Constantinopla en manos del turco en 1453, así como en el tumulto que surgió como consecuencia y que conocemos con el nombre de Renacimiento.

En lo que respecta a las ciencias, encontramos un ejemplo sencillo en la confluencia, en la década de 1970, de la biología molecular y la inmunología. Los expertos en la primera de estas disciplinas se acercaron, en un principio, a la segunda llevados de su convencimiento de que podían «retocar» ligeramente el sistema inmunológico de, pongamos por caso, ratones de laboratorio a fin de observar cómo afecta a su desarrollo la alteración o la adición de uno o varios genes. David Baltimore descollaba en este tipo de estudios. Los inmunólogos, por su parte, tenían un gran interés en los métodos de la biología molecular, resueltos como estaban a hacer uso de su precisión y su claridad sin precedentes a fin de resolver las cuestiones que se les habían resistido desde siempre. Parte del problema de Thereza Imanishi-Kari fue que jamás llegó a asumir del todo el enfoque molecular. De hecho, Weaver *et al.* fue fruto de una confluencia malograda de disciplinas. No deja de ser, sin embargo, una anomalía: la investigación actual en el terreno de la inmunología, incluida la relacionada con dificultades prácticas de gran urgencia, como el sida o la malaria, es producto de una convergencia correcta.

Parémonos ahora a considerar la tectónica de placas.[9] La idea de que los continentes han mudado de posición a lo largo de cientos de millones de años, por obvia que pueda habernos resultado al comparar, siendo escolares, la costa oriental de Suramérica con la occidental de África, no se propuso en serio hasta 1915, y su promulgador, Alfred Wegener, hubo de enfrentarse a las befas de los geólogos profesionales. Más adelante, a mediados de la década de 1960, los físicos desarrollaron nuevos métodos de determinar la edad de rocas relativamente jóvenes a través de la medición de la velocidad a la que se descomponen los isótopos radiactivos de ciertos elementos. En aquella misma época, los geólogos descubrieron la hendidura que se extiende por el centro del Atlántico y de la que ha emergido material rocoso derretido para enfriarse a continuación y dejar franjas pétreas paralelas a la grieta. Cuando se pusieron en relación los descubrimientos efectuados en estos dos campos, independientes por entero con anterioridad, pudieron datarse estas crestas. Entonces resultó que sus edades coincidían con las de otras que había repartidas por todo el mundo: los lechos marinos se expanden merced al movimiento de grandes placas sobre las que cabalgan los continentes, que no son más que partes de ellas. La confluencia de estas dos disciplinas dio a luz, en menos de una década, a una nueva ciencia conocida como *tectónica de placas*, que pone en conjunción un buen número de elementos, desde los océanos más profundos hasta las zonas que han sufrido un terremoto o la formación de las montañas... y claro está, la costa occidental de África y la oriental de Suramérica.

No han faltado, en los últimos cincuenta años, matemáticos que hayan resuelto difíciles problemas de antaño gracias a métodos nuevos que han puesto en conjunción materias de las que jamás se había pensado que pudiesen guardar relación alguna. Uno de ellos fue el británico Andrew Wiles, quien en 1993 demostró, desde la universidad estadounidense de Princeton, el último teorema de Fermat, célebre conjetura que ha desconcertado a todo aquel que la ha abordado desde el siglo XVII. Necesitó para ello doscientas páginas de gran densidad que sólo están habilitados para seguir unos cuantos miles de personas en el mundo, y que, no obstante, hallaron un hueco en la primera plana de *The New York Times*.[10] La asociación de terrenos desligados en principio puede dar lugar a resultados extraordinarios también en el plano de lo individual. El ejemplo más espectacular de esto lo constituye el traslado, durante el otoño de 1951, del joven James Watson al laboratorio Cavendish, sito en Cambridge (Inglaterra), en donde conoció a Francis Crick. Watson gozaba de una sólida formación en la genética de los microorganismos, y Crick, especialista en física, trabajaba con cristalografía de rayos X al objeto de determinar la estructura tridimensional de moléculas de gran tamaño dotadas de interés biológico. Cada uno de ellos aprendió del otro, y juntos resolvieron la estructura del ADN, la molécula de la herencia: el descubrimiento más portentoso de cuantos ha conocido la biología del siglo XX.

Búsqueda de científicos prometedores y de campos dispares a punto de encontrarse: ésos son los principios por los que debe regirse quien quiera respaldar de forma productiva los avances científicos de importancia. Y aun así, la financiación federal de la ciencia no se rige —no puede regirse, acaso— por ellos. Las fundaciones privadas de relieve sí están en situación de hacerlo, y por lo tanto, su función no debería consistir en tratar de rellenar los huecos dejados por cuanto ya subvencionan los Institutos Nacionales de la Salud (NIH) o la Fundación Nacional para la Ciencia. El mejor método, la mejor justificación para sufragar las actividades científicas desde las grandes instituciones privadas se encuentra aquí, en la correcta evaluación del éxito que tuvieron Warren Weaver y la Fundación Rockefeller durante la década de 1930 a la hora de dar con los más preclaros.

No son pocos los casos que nos ofrece la historia de guerras a las que ha sucedido una revolución. El final de la segunda guerra mundial fue testigo de la que experimentó la financiación federal de la ciencia estadounidense. Tuvo por profeta a Vannevar Bush, y por instituciones abanderadas, a los NIH y la Fundación Nacional para la Ciencia.[11] Si bien los procedimientos que sigue cada una de ellas para conceder subvenciones difieren en ciertos detalles, muchos de los problemas que éstos comportan son idénticos. El modo como se ocupa de ellos el primero de los organismos citados hace evidentes las dificultades e insinúa cuáles pueden ser los defectos. Las decisiones tomadas por los NIH determinan el gasto de miles de millones de dólares anuales —poco más de veintisiete durante el año fiscal 2003, y veintiocho durante el de 2004, que empezó el 1 de octubre de 2003—, y atañen tanto a la salud de millones de personas como a la de la empresa científica.

El pliego de cargos presentado contra el sistema de evaluación entre iguales de solicitudes de financiación contiene tres encabezamientos principales: se le acusa de ser injusto, tendencioso; de ser poco fiable, y por lo tanto poco efectivo a la hora de decidir qué proyecto merece subvención por encima de otros; y de ser costoso. De los detalles cotidianos dependen tanto las posibilidades de decadencia y corrupción como las de reforma. Los científicos recurren a los NIH bien para seguir nuevas líneas de investigación, bien para renovar las que ya están siguiendo. El jefe de un laboratorio que goce de cierta prosperidad puede elaborar varias propuestas de financiación al año; aunque también puede ocurrir que el número se reduzca a una cada dos años. Las subvenciones deben renovarse cada cinco años. En la propuesta presentada han de exponerse todos los detalles en no más de 25 páginas, a espacio sencillo. Estas circunstancias, unidas al empleo obligatorio de un cuerpo mínimo de letra, pueden hacer que el número de palabras ascienda casi a diez mil. Los componentes y su secuencia también son inalterables: objeto específico de la investigación, contexto y significación, resultados preliminares o informe de progresos y plan de investigación. Las 25 páginas deben ir precedidas de una reseña y seguidas de un presupuesto en el que deben explicitarse todas y cada una de las necesidades del primer año, aunque el resto del período queda descrito de un modo más superficial. Entre los documentos auxiliares se incluye el currículum de los principales investigadores. Para la elaboración de una de estas solicitudes pueden ser necesarios quince días o todo un mes de dedicación exclusiva: una cantidad pasmosa de tiempo, teniendo en cuenta que los NIH reciben unas cuarenta mil solicitudes anuales. Si en cada una se invierten, digamos, tres semanas de preparación, el total asciende a ciento veinte mil semanas, o lo que es igual, dos mil cuatrocientos años de trabajo científico.

Las propuestas llegan a los NIH en varios plazos repartidos a lo largo del año. El Congreso autorizó la creación de un Instituto Nacional de la Salud, dependiente del Servicio de Salud Pública, en 1930. Sin embargo, la ley por la que se aprobaba exigía que su financiación procediera de donaciones privadas. En 1937, estableció el Instituto Nacional del Cáncer, sufragado en sus inicios con setecientos mil dólares anuales. Llegada la primavera de 2004, los NIH comprendían ya veinte institutos, cuyos objetos de estudio iban del envejecimiento, el alcoholismo y la alergia hasta el genoma humano, los trastornos neurológicos y los derrames cerebrales. En ellos se incluía también la Biblioteca Nacional de Medicina. Encima de todos se encuentra el despacho del director —cuyo titular lo es por nombramiento presidencial, lo que convierte el suyo en un cargo muy politizado—. Sin embargo, los centros reales de poder los constituyen los directores de los institutos individuales. Los más antiguos, después del consagrado a los estudios oncológicos, son cuatro que datan de 1948, en tanto que el de creación más reciente, el Instituto Nacional de Bioingeniería e Imágenes Biomédicas, se constituyó en 2000. A éstos hay que añadir siete centros de función dispar y cierto número de oficinas relacionadas, por ejemplo, con el sida o la salud de la mujer. La creación de nuevos institutos o la reorganización de otros ya existentes debe ser autorizada por el Congreso, que asigna a cada uno una cantidad de dinero al año. Los científicos deben presentar sus solicitudes en soporte electrónico a los institutos individuales para que las evalúen. En primer lugar, deben ser sometidas a un grupo de revisión, llamado por lo común *sección de estudio* o *grupo de expertos.*

En el cuarto de siglo que siguió a la segunda guerra mundial, la evaluación entre iguales de solicitudes de subvención funcionó bastante bien. Robert Pollack, eminente experto en biología celular de la Universidad de Columbia, aseguraba hace unos años que, la primera vez que formó parte de uno de estos grupos, la experiencia le pareció emocionante e instructiva, pues tuvo la ocasión de entablar «discusiones serias de considerable profundidad científica» que duraron varios días.[12] «Entonces —seguía diciendo—, participar en una sección de estudio era algo impagable: tres días de seminario con los mejores científicos, durante los cuales se debatía acerca de las investigaciones más avanzadas que se estaban desarrollando en la disciplina en la que estábamos especializados.» Sin embargo, según su testimonio, la calidad de tales encuentros ha venido a menos. «El sistema se ha desmoronado casi por completo.» La dedicación y el entusiasmo de quienes integran el grupo de expertos han disminuido sobremodo, lo que se debe, en su opinión, a que, dado que se otorgan menos subvenciones que nunca y que un 75 por 100 de las solicitudes se hace más difícil de situar por orden de preferencia de un modo fiable, cada vez salta más a la vista lo que tiene de político el asunto. «En tiempos de Reagan y Bush, la evaluación entre iguales se convirtió en algo muy politizado: en lugar de centrarse sólo en la calidad de sus integrantes, quienes se encargaban de formar los grupos de expertos atendían a cosas como el equilibrio sexual, racial y geográfico dentro del equipo.» La rivalidad entre científicos, laboratorios y escuelas de pensamiento se tornó en un factor palpable en el proceso de revisión. Y lo que empezó siendo un medio de mantener al margen las presiones externas, al menos en cierto grado, ha acabado por transformarse en una palestra en la que se contiende con acritud acerca de la política interna de las ciencias.

Prestemos atención ahora a la experiencia de S., un inmunólogo que prefiere permanecer en el anonimato. «Estuve trabajando en eso cuatro años durante la década de 1990», recuerda. Su equipo se centraba sólo en una categoría muy concreta —la de la investigación inmunológica— de las solicitudes presentadas ante el Instituto Nacional de Alergia y Enfermedades Contagiosas. «Una sección de estudio estaba constituida por unas veinte personas, que trabajaban con arreglo a períodos escalonados.» En las décadas de 1960 y 1970, las secciones de estudio, o cuando menos las que él conoció, habían estado dominadas por médicos. «A principios de la de 1990, sin embargo, nuestro grupo comenzó a reclutar a jóvenes profesores adjuntos que trabajaban en laboratorios, llevaban quizá cinco años de carrera investigadora independiente, eran famosos en grado razonable (es decir, habían demostrado su credibilidad) y contaban con cierto tiempo libre después de cumplidas, digamos, sus responsabilidades administrativas.» Había algunos de más categoría. «El presidente de la sección de estudio [y aquí daba su nombre] tenía más experiencia.» Cada uno de los grupos disponía de un secretario ejecutivo, integrante de los NIH, y personal encargado de hacer copias de las solicitudes, distribuirlas y seguirles la pista.

«El equipo se reunía tres o cuatro veces al año, durante tres días seguidos, en la Holiday Inn de Bethesda, por ejemplo, o en algún hotel desangelado de Chevy Chase, sin otra cosa que hacer que trabajar largas horas en una gran sala. Cada uno de los veinte miembros del grupo tenía que revisar diez peticiones de renovación o de concesión de nuevas subvenciones, que llegaban tres semanas antes de la reunión. Cada una de ellas constaba de 25 páginas y recibía la atención de dos personas, que escribían reseñas críticas de entre diez y veinte folios a doble espacio, y de un tercero que se limitaba a leerla, sin hacer informe», aunque debía estar listo para dar su opinión en caso de desacuerdo. «La figura del lector era nueva. El día de la primera sesión, entregábamos los comentarios al secretario ejecutivo y al presidente», que los distribuían enseguida entre los demás. «En conjunto, era una ocupación muy fatigosa», aseguraba S., quien añadía, de hecho, que cada uno de los integrantes dedicaba el equivalente a poco menos de dos meses de trabajo a tiempo completo al año.

Los estudios formales dedicados a estas actividades no hacen sino confirmar su opinión. Uno de ellos, publicado hace quince años, afirmaba que los revisores de los NIH pasaban entre treinta y cuarenta días al año evaluando solicitudes. Estamos hablando, por lo tanto, de un mínimo de diez solicitudes en treinta días por cada uno de los dos participantes, lo que hace pensar en no menos de seis días, en total, por petición. Si multiplicamos esta cantidad por el número de solicitudes que se presentan hoy, daremos con que, cada año, el conjunto de los revisores dedica, cuando menos, doscientos cuarenta mil días, es decir, cuarenta mil semanas de seis días o unos ochocientos años, a estas actividades. Recordemos, una vez más, que se trata, en su mayoría, de jóvenes científicos de cierta reputación que deberían estar en el punto más alto de su carrera investigadora.

«Las solicitudes procedían a menudo de gente muy conocida —recordaba S.—: de los diez proyectos que tenía que revisar, uno sabía enseguida cuáles eran los dos mejores.» Sin embargo, en las sesiones se estudiaban todas, una por una, y los participantes las debatían de forma individual. «Después de la discusión científica, los dos revisores proponían sus puntuaciones», que iban del 1 —la más alta— al 5. «Cuando diferían mucho una de otra, se volvía a discutir. Los revisores examinaban a fondo su opinión y la de los demás, y eso resultaba ser muy eficaz.» Se trataba de una etapa de «negociaciones», según la expresión empleada por S. «Lo más interesante del asunto radicaba en que revelaba las diferencias existentes a la hora de entender y evaluar la ciencia, además de no pocos prejuicios personales. Luego, cuando los dos revisores coincidían en la puntuación, todos votaban.»

«Aquéllos no eran debates de altas miras —seguía diciendo, poniendo de manifiesto una carencia real, aunque raras veces mencionada—. Se quedaban en preguntarse cosas como, por ejemplo, "¿Qué piensa descubrir?", o "¿Ha obtenido ya el ratón 'bloqueado'?".»* Y

* Ratón «bloqueado» (en inglés, *knock-out mouse*) o sometido a desactivación genética: aquel al que se ha anulado un gen concreto con fines investigadores. (*N. del t.*)

añadía: «A los integrantes del equipo los preocupaba que hubiese equidad, dada la limitación a que estaban sujetos los presupuestos. Había muy pocas solicitudes que mereciesen ser descartadas a primera vista». Las restricciones mencionadas eran muy estrictas: «Por lo general, una puntuación de 1,6 estaba muy bien; pero había veces en que una de 1,4 suponía la condena al fracaso de una petición». En consecuencia, aquella labor resultaba «depresiva hasta lo indecible. Cuando yo me dedicaba a la revisión, las limitaciones nos afectaban en dos sentidos. En primer lugar, la línea de corte llegó a ser tan alta que se financiaba sólo el 7 por 100 de los proyectos. Esto nos desmoralizaba a todos. Y en segundo lugar, no había ninguno al que no preocupase que sus propias solicitudes no fueran a dar la talla a la hora de obtener puntuaciones. La nuestra era una misión imposible».

La palabra inglesa más temida en un campo de batalla es *triage*, la clasificación de heridos según la gravedad de sus lesiones y los medios disponibles para tratarlas. En un principio, en esta lengua no designaba nada más ominoso que el acto de disponer diversos materiales, como lana recién esquilada o granos de café recién recolectados, por grupos —en número de tres, por lo común— conforme a un criterio de calidad. Sin embargo, en el marco bélico no tardó en llevar aparejada la aciaga idea de quedar fuera de la clasificación, cosa que sucedía a los soldados que habían sufrido heridas de gravedad lo bastante extrema para hacer que el personal del hospital de campaña considerase que cualquier tratamiento sería inútil y no supondría más que una pérdida de tiempo y recursos. En el ámbito de las secciones de estudio de los NIH, «esta práctica se hizo común a mediados de los noventa», al decir de S. «Sin embargo —precisaba—, fue sólo de un modo informal. Más tarde, acabó por formalizarse, de manera que antes de la reunión uno ya sabía qué solicitudes habían quedado descartadas. Con todo eso, cualquiera de los participantes podía hacer que se volviera a considerar una de ellas.» La catalogación de los proyectos en virtud de la puntuación obtenida no suponía el fin del proceso. Una vez alcanzado un consenso al respecto, la comisión pasaba a estudiar, línea por línea y debatiéndolo en profundidad, el presupuesto recogido en la petición.

«Cuando uno había estado trabajando cuatro años en eso, hacía lo posible por no volver a hacerlo jamás —garantiza S.—. Cada año entraba y salía gente. Antes, la sección de estudio estaba constituida, sobre todo, por inmunólogos de la vieja escuela.» Sin embargo, durante el tiempo que él fue presidente, y también en el que lo precedió y en el que lo siguió, «se llevaron a cabo muchas reformas». La comisión sólo abordaba peticiones relativas a su ámbito de estudio. «Sin embargo, las solicitudes de nuestra disciplina que llegaron en esos años tenían cada vez más que ver con la biología molecular y la genética molecular.» A su decir, ninguno de ellos pasó por alto que, ya a mediados de la década de 1980, los inmunólogos, y en especial los de las generaciones más jóvenes, habían comenzado a asumir los métodos propios de la biología molecular, mientras que los biólogos centraban su atención en la inmunología con objeto de encontrar sistemas que pudiesen usar de modelo a la hora de acometer la solución de sus propios problemas, y en concreto la naturaleza, compleja hasta extremos desconcertantes, del desarrollo y la diferenciación de los seres vivos, o el modo como un simple huevo fecundado llega a convertirse en un individuo adulto, pluricelular y multifuncional. «David Baltimore recurrió de forma expresa a ella en cuanto sistema de desarrollo.» Sea como fuere: «Los nuevos integrantes del grupo estaban versados en aquellos métodos, y de hecho, había veces en las que solicitábamos la participación de personas concretas para estudiar ciertas peticiones. El cambio tuvo lugar durante un período más largo del que yo ejercí. Estoy hablando de unos diez o tal vez quince años». Era normal que quienes habían visto rechazado su proyecto expresasen su desacuerdo con frases como «¿Qué le está pasando a la sección de estudio?», o «Esa dichosa comisión es demasiado molecular».

Al mismo tiempo, S. aseveraba —como Robert Pollack diez años antes— que la labor de las secciones de estudio estaba quedando muy supeditada a cuestiones políticas: «Los NIH no dejaban de insistir en que había que dar cabida a la diversidad étnica, sexual y geográfica. Esta última era la que presentaba más dificultades, ya que la biología molecular es una ciencia más propia de la costa oriental y la occidental: apenas existen centros de calidad en los estados centrales, como la Universidad Washington, en San Luis, y quizá la de Chicago. Las presiones venían del despacho del director, aunque, en definitiva, no se pretendía otra cosa que satisfacer al Congreso».

Si bien este hecho afectó a la elección de los integrantes de los diversos grupos de expertos, su influjo se hizo notar de un modo más ingrato a la hora de seleccionar las instituciones sufragadas. Si las subvenciones se concedían sólo en fuerza de la calidad evidente de los trabajos llevados a término y los propuestos, los resultados no podían sino favorecer a los mejores de los centros de más renombre —Harvard, Stanford, Johns Hopkins, etc.—. El elitismo se convirtió entonces en un grito de guerra. Ante este hecho, se puede argüir que semejante prejuicio en favor de los científicos de valía demostrada priva a los investigadores jóvenes no exentos de talento que trabajan en instituciones provincianas de la oportunidad de demostrar que su labor es tan buena como la de aquéllos. Sin embargo, ni siquiera quienes reclaman, por este motivo, un mínimo de diversificación se muestran capaces de ofrecer, en el marco del sistema de evaluación en vigencia, un método fiable alternativo de elegir a los agraciados.

Un efecto más de las citadas limitaciones es que las secciones de estudio tienden a centrarse en resultados investigadores a corto plazo, y tal como sentenciaba S.: «Un sistema que haga caso omiso de los logros obtenidos por el solicitante a lo largo de toda su vida debe de estar equivocado».

Las solicitudes que recibían el visto bueno de una sección de estudio deben lograr aún la aprobación del consejo del instituto correspondiente y de su director. La ley exige que cada una de las divisiones de los NIH disponga de un consejo asesor nacional, conformado por doce o más integrantes, entre científicos y profanos. En principio, se espera de las secciones de estudio que puntúen las peticiones conforme a criterios estrictamente científicos, ya que las circunstancias políticas más generales —como la relación del proyecto presentado con respecto a la dirección general del instituto, el equilibrio en cuanto a diversidad o los aspectos presupuestarios— deben ser competencia de los consejos. En la práctica, sin embargo, son raras las veces que éstos varían las clasificaciones por prioridad elaboradas por aquéllas. Las recomendaciones de los consejos asesores no pasan de ser lo que su nombre indica: sugerencias, y no juicios vinculantes. Tras superar este estadio, las solicitudes llegan a los directores de los distintos institutos, quienes deben tomar la decisión última y gozan de una gran libertad a este respecto —sobre todo, claro está, porque las peticiones aprobadas superan siempre los fondos a ellas destinados—.

Harold Varmus tomó posesión del cargo de director de los NIH en 1993, y su nombramiento como sucesor de Bernadine Healey fue muy bien acogido por la comunidad científica. Nada más llegar, abordó los problemas que planteaba la evaluación entre iguales a la hora de conceder subvenciones, y lo hizo desde el punto de vista del científico en ejercicio —si bien él jamás había visto rechazada una petición suya—. Resumió los efectos devastadores que estaba teniendo sobre el mundo investigador «la baja tasa de aprobación, el elevado número de solicitudes que deben presentarse por segunda vez y la falta de disposición de los mejor dotados cuando se trata de formar parte de una sección de estudio. Quienes se avienen a ello se ven obligados a hacer distinciones entre propuestas idénticas en excelencia, y este género de evaluación se torna muy desmoralizador».

En la Fundación Nacional para la Ciencia, los procedimientos de evaluación son muy similares.[13] La NSF está más centralizada que los NIH, y responde a una estructura jerárquica más que a un conjunto de institutos más o menos independientes. En lo más alto se hallan seis juntas directivas, correspondientes a otras tantas disciplinas: matemáticas y ciencias físicas, ciencias biológicas «no relacionadas con la salud», ciencias geológicas, ingeniería, ciencias sociales y económicas, y educación (a las que hay que añadir la Oficina de Programas Polares, consagrada a la investigación de aspectos relevantes de la Antártida). El Congreso es quien asigna la cuantía total de las ayudas —que en el ejercicio fiscal 2003 fue de unos cinco mil trescientos millones de dólares— y determina qué proporción irá destinada a cada junta. Cada una de éstas está constituida por varias divisiones, integradas dentro de diversos programas que van encabezados a su vez por sendos directores de programa. Las peticiones se examinan conforme a dos ciclos, que tienen la del 1 de febrero y la del 1 de agosto por fechas de solicitud. Deben presentarse en soporte electrónico, con arreglo a un formato muy similar al exigido por los NIH, condición que los dos organismos hacen cumplir con el mismo rigor. La valoración de los proyectos tiene un carácter híbrido: el director de cada programa envía una propuesta a un máximo de seis revisores independientes, quienes expresan por escrito su opinión; entonces, se reúne una comisión asesora para considerar los informes de éstos junto con sus propias opiniones. La Fundación Nacional para la Ciencia se vanagloria del cuarto de millón de reseñas que remiten cada año unos cincuenta mil revisores, quienes, por supuesto, no perciben remuneración alguna por ello.

Algunas de éstas están tan bien fundadas y razonadas, y son tan detalladas y escrupulosas como los informes de diez o veinte páginas que elaboran quienes integran los grupos de expertos de los NIH; pero de otras no puede decirse lo mismo. El autor de estas líneas envió hace no mucho una solicitud al programa de estudios científicos y tecnológicos (expresión con la que se designan en la jerga académica al uso la sociología e historia de la ciencia), perteneciente a la junta directiva de ciencias sociales y económicas. De los seis revisores que ofrecieron su opinión, hubo algunos que se mostraron sensatos y atentos. Ninguna de las reseñas llegaba a las quinientas palabras. Una de ellas, de 268, redactada de un modo apresurado, comenzaba diciendo:

> Por desgracia, me va tan mal con las subvenciones o con otras solicitudes de trabajo (por ej. Harvard ha decidido no contratar a nadie) que no puedo dedicar demasiada atencion a mas de mdio millon en beacs cuando otros con experiencia comparable en biologia molecular han tenido que rogar a la NSF mas de 3 veces para conseguir solo 25 mil.
>
> Debe de haber alog que falla cuando se paga a un estudiante de posdoctorado 34 mil y a un investigador solo 25.

Tras asimilar estos informes y escudriñar la solicitud, la Fundación Nacional para la Ciencia plantea su propia opinión crítica y su clasificación, en la que especifica si el proyecto debería financiarse, podría financiarse, debería rechazarse para que los autores lo revisasen a la luz de las apreciaciones expresadas antes de volverlo a presentar o debería rechazarse sin más. El director de programa determina entonces hasta dónde pueden estirarse los fondos disponibles. Muchas propuestas tenidas por meritorias se ven excluidas en este estadio, y el solicitante debe conformarse con la vana satisfacción que produce el recibir una carta que reza: «Nos ha parecido muy interesante, pero...».

Injusto, poco fiable y costoso: la nómina de cuanto se achaca a la evaluación entre iguales de solicitudes de financiación debería llevarnos a plantearnos la siguiente pregunta: ¿hay algún modo de arreglarlo, de hacer que funcione? Veámoslo, en primer lugar, en relación con la acusación de iniquidad, que por lo común se plantea en cuatro ámbitos diferentes: el de la discriminación institucional —cuando se favorece en exceso a los centros de investigación de primer orden—, el de la marginación por edad —cuando los científicos más veteranos tienen más posibilidades de recibir subvención que los jóvenes—, el de la preterición por sexo —cuando las mujeres gozan, en proporción, de menos oportunidades que los hombres— y el del nepotismo institucional —cuando los revisores tienden a beneficiar a los aspirantes con los que comparten algún tipo de lazo personal—. Los dos primeros se dan con no poca frecuencia, aunque, si bien preocupan a los científicos en ejercicio —a algunos mucho—, los estudios elaborados al respecto no llegan a abordar la experiencia de los integrantes de los grupos de expertos, más sutil y vaga, ni ofrecen pruebas convincentes que respalden sus teorías o las refuten.

La de la discriminación sexual es una cuestión diferente. El análisis más comprometedor sobre el particular se debe a las inmunólogas suecas Christine Wennerås y Agnes Wold.[14] Pese a que el número de mujeres con doctorados en ciencias es cada vez mayor, los hombres siguen dominando, en todo el mundo, las altas esferas de la investigación académica. Según las autoras citadas, aquéllas reciben en Suecia «el 44 por 100 de los doctorados en biomedicina, pero ocupan sólo el 25 por 100 de las plazas reservadas a estudiantes posdoctorales y el 7 por 100 de los puestos de trabajo». Alarmadas por estas proporciones, Wennerås y Wold solicitaron y obtuvieron en 1995 una beca del Ministerio de Educación de su país «a fin de determinar si el sistema de evaluación entre iguales del Consejo de Investigación Médica, una de las principales agencias de financiación de los estudios biomédicos que existen en Suecia, valora con igualdad a hombres y mujeres» a la hora de elegir las propuestas de investigación presentadas por quienes solicitan becas posdoctorales.

En 1995, se ofrecieron veinte de estas ayudas. Aspiraron a ellas 114 científicos, de los cuales 62 pertenecían al sexo masculino, y 52, al femenino. La edad media era de 36 años. Las solicitudes iban a parar a una de las once comisiones diferentes de evaluación. Cada una de éstas estaba consagrada a un ámbito concreto de investigación y constituida por un mínimo de cinco revisores. Acogiéndose a la Ley de Libertad de Prensa sueca, semejante a la de Libertad de Información de Estados Unidos, aunque mucho más estricta, lograron acceder a los documentos originales en los que los miembros de las comisiones habían recogido su opinión acerca de cada candidato. En teoría, éstos debían hacer depender su dictamen de tres factores: dos relacionados con el proyecto investigador del aspirante —su «relevancia» y la calidad de la metodología propuesta—, y el tercero, con su «competencia científica». En la práctica, esto último equivalía a productividad, y se medía por el número y la calidad de los artículos publicados.

Lo primero que tuvieron oportunidad de observar fue que las mujeres recibían puntuaciones más bajas en los tres, aunque en ninguno tanto como en el relativo a la aptitud científica. La calificación global obtenida en los tres hacía que quedasen un 19 por 100 por debajo de los candidatos varones. «Aquel año recibieron becas posdoctorales cuatro mujeres y dieciséis hombres.» Los juicios relativos a la relevancia y la metodología son, de un modo inevitable y en cierto grado, subjetivos; la evaluación de la competencia, o la fecundidad, de los solicitantes, el factor en que peor puntuación habían obtenido las aspirantes femeninas, también se había abordado de forma subjetiva, por más que pudiese cuantificarse objetivamente. En consecuencia, lo primero que cabía preguntarse era: ¿de verdad son las mujeres menos productivas? Wennerås y Wold confeccionaron un baremo a partir del número de trabajos publicados, medido según el puesto que ocupaba el candidato entre los autores de cada uno y la calidad de la publicación en que había aparecido. Para lo primero, sólo contaba que el aspirante encabezara o no la lista (las autoras se basaban en la convención que establecía que quien aparecía nombrado en primer lugar era el científico que más había aportado a la investigación); para determinar la calidad de la revista, se servían de su «factor de impacto», escala elaborada, a partir de más de 8.500 publicaciones periódicas que recogen en conjunto decenas de miles de artículos al año, por el Instituto de Información Científica de Filadelfia según el número de veces que se cita un artículo medio de determinada revista en otros trabajos publicados durante todo un año. El factor de impacto de las revistas más especializadas —las autoras citaban, entre otras, *Gut*, *Neuroscience* y *Radiology*— se encuentra en torno al 3; el de *Nature* es de 25; y el de *Science*, de 22.

La metodología empleada era muy rigurosa; la presentación de los datos, implacable; las conclusiones, inequívocas; y su influencia, formidable. El informe vio la luz entre las páginas de *Nature* en mayo de 1997. Lo primero que se deducía de lo analizado era que «una candidata femenina debía ser 2,5 veces más productiva que el aspirante varón medio para que se le otorgase la misma puntuación que a él». A lo que añadían: «Esto quiere decir que tendrían que haber publicado unos tres artículos más en *Nature* o *Science* ... o veinte más en una revista que tuviese un factor de impacto en torno al 3». Las autoras consideraban una serie de aspectos adicionales que podían haber influido en la puntuación; sin embargo, tras someterlos a un análisis estadístico, habían quedado descartados todos menos uno. «La nacionalidad, la formación, el ámbito de estudio o la experiencia posdoctoral del solicitante no habían influido en las calificaciones obtenidas merced en el apartado de competencia científica.»

La excepción: su estudio sobre discriminación sexual sacó a la luz, de forma impensada, una prueba incontestable de favoritismo. Los revisores del Consejo de Investigación Médica de Suecia que tienen algún vínculo personal o profesional con alguno de los candidatos «no pueden participar en la evaluación de dicho aspirante». Sin embargo, las estadísticas ponían de relieve «que esta norma resulta insuficiente, toda vez que los integrantes "neutrales" de la comisión compensaban este hecho elevando la puntuación que otorgaban a los solicitantes que mantenían algún género de relación con uno de sus colegas». Esta circunstancia afectaba por igual a hombres y mujeres, y suponía para el resultado final de las evaluaciones un influjo tan poderoso como el de los prejuicios sexistas. Por lo tanto, la segunda conclusión que extraían era que su análisis, el primero que jamás se haya hecho «basado en las calificaciones de revisores reales», brindaba «una demostración directa de que el sistema de evaluación entre iguales está sujeto a nepotismo, tal como han insinuado muchos de forma oficiosa».

La última línea del trabajo publicado rezaba: «*Nota de la redacción*: este artículo ha sido sometido al arbitraje de tres especialistas de sexo masculino».

Con independencia de estas conductas tendenciosas, no faltan críticos —y no sólo entre quienes han sufrido el rechazo de alguna solicitud— que aseguren que la evaluación entre iguales no resulta eficaz a la hora de elegir el proyecto que más merece ser sufragado. En este sentido, cabe cuestionarse, por ejemplo, si los grupos de expertos que estudian las distintas peticiones pueden predecir cuál de cuantas se acercan a la excelencia se traducirá en la mejor investigación. La consecuencia más desconcertante que se ha planteado de esta pregunta es que el sistema beneficia a las investigaciones menos audaces. Y dado que no es probable que ni los solicitantes ni los revisores asuman riesgos, las ideas poco ortodoxas, la ciencia que podría resultar radicalmente nueva, apenas tienen posibilidades de sufragarse por medio de la evaluación entre iguales. Este aserto no es ningún disparate, ni faltan tampoco científicos ilustres que lo hayan manifestado de forma reiterada y vehemente —David Baltimore, por ejemplo— a partir de su propia experiencia personal. Los NIH, de hecho, admiten que estas críticas no son infundadas. Elvera (Ellie) Ehrenfeld, directora de su Centro de Revisión Científica hasta el verano de 2003, reconocía en una entrevista reciente: «Existe cierta tendencia a conceder puntuaciones muy altas a proyectos que ofrezcan garantías de funcionar».[15] Y seguía diciendo: «En general, creo que la evaluación entre iguales de los NIH funciona bastante bien. Pero es cierto que existe cierta proporción de trabajos (imposible decir cuántos) que jamás va a superar el proceso», y no por ser deficientes, sino por ser demasiado poco comunes para que el sistema actual los evalúe y se arriesgue a aprobarlos. En suma, resulta particularmente difícil resolver si este procedimiento constituye, en verdad, un modo poco fiable de seleccionar a los elegidos. No en vano parece oportuno cuestionarse cómo se pueden comparar los resultados de la ciencia que goza de subvenciones y los de la que carece de ellas.

Dos son las críticas que guardan una relación más estrecha con el fraude. En primer lugar, muchos opinan que los procesos de asignación de subvenciones estudiados facilitan la comisión de actos de plagio. El carácter anónimo del proceso es sagrado, pero contribuye, de manera potencial, a la decadencia y la corrupción. Los integrantes de las comisiones de evaluación no tendrían utilidad ninguna si no participasen de forma activa en la especialidad científica de las solicitudes que estudian. Sin embargo, cuanto mejores sean éstas, mayor es la posibilidad que se le ofrece de conocer nuevas ideas y métodos relacionados con sus propias investigaciones durante las sesiones compartidas con lumbreras de su disciplina que describía Robert Pollack. Esta circunstancia, que en principio debería ser muy positiva, puede derivar en lo que en este contexto se denomina con la voz eufemística de *filtración*. Muchas son las anécdotas y las quejas al respecto. Los datos difíciles deberían ser difíciles de obtener, y lo cierto es que en los proyectos evaluados aún no existe ninguno. Otra cosa ocurre en el caso del arbitraje editorial de artículos de revistas, tal como tendremos oportunidad de ver más adelante.

El segundo asunto relacionado con el fraude es una variante más de la tendencia a favorecer los proyectos que más trazas tienen de ir a culminarse con éxito. Raras veces se molestan siquiera los científicos en señalar que la investigación que repite la labor de otra persona no tiene posibilidad alguna de obtener financiación. Ahí va la esperanza de que la ciencia pueda ser capaz de corregirse a sí misma.

El mayor problema, el más indiscutible, que presenta el sistema actual de evaluación entre iguales en lo referente a las subvenciones, la única acusación que puede documentarse de un modo irrefutable, es el derroche desmedido de tiempo que suponen la elaboración de solicitudes y su revisión. El precio que exige el proceso es muy elevado, y no lo es tanto en dinero como en el tiempo que se roba a la investigación productiva. Además, tal como refería S., quienes lo pagan son, sobre todo, científicos que se encuentran en la que debería ser la etapa más prolífica de su vida.

¿Existe otra opción? La pregunta sigue sin resolver.

De cuando en cuando —cada vez, por ejemplo, que alguien ocupa el cargo de director de los NIH—, se anuncian reformas y revisiones de los procedimientos empleados para valorar las solicitudes de financiación. Por lo general, se hacen propósitos de reducir los detalles —y por tanto el tiempo— requeridos a la hora de pedir una subvención, simplificando, verbigracia, las formalidades necesarias para renovar una ayuda que ya ha sido concedida. Asimismo, los NIH ofrecen cierto número de distinciones a los científicos cuyas solicitudes han obtenido una buena puntuación de forma regular, lo que les permite soslayar todo el proceso de evaluación durante varios años para proseguir una línea particular de investigación. De los cambios recientes, el más interesante es quizá la creación de los Premios del Director a la Innovación, que pretenden responder a quienes argumentan que las ideas arriesgadas pero muy remuneradoras en potencia están condenadas a no recibir ayudas. Estos galardones se otorgan desde el año fiscal 2004, no a propuestas sino a personas sobresalientes a fin de hacer que puedan obedecer a sus instintos. Este programa se encuentra, en el presente, bajo la dirección de Ehrenfeld, quien gusta de llamarlos «premios del público» y asegura que, en años sucesivos, podrían sumarse a éstos —de avenirse el Congreso a sufragarlas— dos nuevas empresas: una es un premio a lo que ella llama «proyectos especiales», «que se valorarán por separado con la intención de retribuir planteamientos aventurados pero que puedan abrir caminos aún sin explorar»; a la otra le ha asignado el nombre de «de arriba abajo», aunque oficialmente recibirá el de «grandes retos»: los NIH designarán nuevas áreas y problemas por resolver y buscará a los científicos que estén en disposición de asumir el desafío. Aun así, la modesta escala de todos estos proyectos no hace más que subrayar la verdadera cuestión: no pasan de ser remiendos del sistema actual y de ningún modo suponen reformas fundamentales.

Sí existen otras opciones. En el Reino Unido, el Consejo de Investigación Médica (MRC) ha tenido de largo la costumbre de buscar a un joven científico de talento prometedor que trabajase en un ámbito igual de sugestivo, otorgarle una beca de cuantía moderada y premiar sus primeros logros con asignaciones de más valor, como quien enciende una hoguera con yesca y la alimenta primero con ramitas y después con trozos de leña cada vez más gruesos. El ejemplo más visible de esta práctica lo constituye el respaldo que brindó en 1947 a un joven especializado en el estudio de la cristalografía con rayos X que pertenecía al laboratorio Cavendish de Cambridge. Se llamaba Max Perutz, y estaba tratando de averiguar la estructura de la hemoglobina, una molécula proteínica de gran tamaño. El proyecto creció hasta convertirse en la unidad del MRC conformada por Francis Crick y otros tres investigadores a la que se unió James Watson en septiembre de 1951. Llegado 1962, año en que Perutz compartió con su colega John Kendrew el Nobel de Química, y Watson y Crick recibieron —junto con Maurice Wilkins, del King's College de Londres— el de Fisiología y Medicina, la unidad se había expandido tanto que el MRC optó por trasladarla del Cavendish a un edificio independiente. El Laboratorio de Biología Molecular del Consejo de Investigación Médica es hoy una de las instituciones biológicas más importantes del mundo, y sus integrantes han recibido, hasta el momento, nueve premios Nobel, número que supera, por ejemplo, al de los que han ido a parar a Francia. En 1979, cuando Perutz se jubiló como director al haber alcanzado la edad de 65, el MRC, fiel a su costumbre, reorganizó de arriba abajo el laboratorio.*

Financiar al científico más que el proyecto: eso es lo que hizo Warren en la década de 1930. En el presente también se dan casos de esta práctica en Estados Unidos. Rosalyn Yalow trabajó durante lustros en el Hospital de Veteranos del Bronx, jamás tuvo que redactar una solicitud de beca, recibió siempre la financiación que necesitaba y obtuvo el Premio Nobel de Fisiología y Medicina en 1977 por la invención del análisis radioinmunológico, método empleado para detectar cantidades diminutas de sustancias diana en la sangre o en otros humores. No han sido pocas las veces que ha pedido que se haga universal el sistema que sufragó sus experimentos. El Instituto Médico Howard Hughes (HHMI) es la fundación más rica de Estados Unidos después de la de Bill y Melinda Gates.[16] Durante el ejercicio fiscal 2003, que comenzó el 1 de septiembre de 2002, invirtió 479 millones de dólares en la financiación directa de los científicos de sus propios laboratorios, sitos en diversas instituciones investigadoras de entre las más destacadas del país. (También dispone de una división que concede becas del modo acostumbrado, y que asignó 107 millones en 2003; ahora bien, están destinadas a la docencia científica, y se dispensan, de forma individual

* Perutz siguió trabajando y publicando. A su muerte, acaecida en 2002, cuando contaba 88 años, había dejado dos artículos en prensa.

y en pequeñas cantidades, a una serie de científicos internacionales.) Gerald Rubin, vicepresidente de ayudas y programas especiales, dijo no hace mucho: «El HHMI ha hecho un experimento y ha visto que funciona». La Fundación Benéfica Lucille P. Markey fue instituida en 1983. Su patrocinadora dispuso a su muerte que había de distribuir toda su fortuna —mucho más de quinientos millones de dólares, destinados a la investigación fundamental en el ámbito de la biomedicina— en el plazo de quince años y cerrar a continuación sus puertas. En 1984 se creó un programa concebido para becar a científicos jóvenes selectos durante siete años, los tres primeros de su etapa posdoctoral y los cuatro siguientes, para liberarlos así de la presión que supone la redacción de solicitudes durante el período decisivo en el que están afianzando sus carreras investigadoras. En 1999, poco después de desparecer el organismo, la Fundación W. M. Keck emprendió un programa similar, si bien muchísimo menos desprendido.

Desconcertador, frustrante y deprimente es el hecho de que, mientras sólo tengan acceso a subvenciones las solicitudes que consigan una puntuación más elevada, resulta ridículo suponer que una sección de estudio puede tomar decisiones fiables y justas. Para agravar aún más la situación, como quiera que los científicos han adquirido una mayor habilidad a la hora de presentar su labor y sus proyectos, la pasada década ha sido testigo de la aparición de una nueva especialidad: la del redactor profesional de solicitudes. En consecuencia, cuando una de éstas debe compararse con varias otras que pueden rondar los 88 o, lo que es igual de razonable, los 92 puntos de una calificación máxima de 100 —teniendo en cuenta que la puntuación de corte es de 90—, la evaluación entre iguales se convierte en una lotería. Los integrantes de los grupos de expertos son muy conscientes de esta infausta realidad cada vez que se reúnen, como lo son los científicos de todo el país cuando se anuncian las dotaciones.

La suma de todas estas fuerzas se traduce en un descorazonador conflicto moral. La sobrecarga del sistema, el volumen de solicitudes, el transcurso de las décadas y la creciente sensación de malestar y aun de inutilidad no pueden sino disuadir a los científicos de categoría de seguir en el juego. Cierto es que la financiación ha aumentado: de resultas de una serie de incrementos verificados durante el lustro que culminó en el año fiscal 2003, el Congreso llegó a doblar casi la suma destinada a los NIH (en los ejercicios 2004, sobre 2003, y 2005, sobre 2004, las subidas fueron mucho menores; de hecho, apenas superaron las de la tasa de inflación). Sin embargo, los problemas estructurales que presenta el sistema de ayudas a la investigación no van a resolverse.

«El arbitraje editorial es caro e inexacto, requiere mucho tiempo, está sujeto a favoritismos y, lo que es peor, resulta poco efectivo a la hora de detectar errores, cuanto más a la de descubrir casos de fraude. Además, no existe evidencia objetiva alguna de que funcione mejor que el juicio independiente de un editor cualificado.» Así de categórico se mostró Richard Smith, director del *British Medical Journal*, durante una conversación mantenida en su despacho de Londres en el verano de 2002.[17] En el terreno de la publicación de artículos científicos está teniendo lugar un cambio de proporciones ciclópeas que ha traído consigo, entre otras cosas, la transformación paulatina del arbitraje editorial. Smith y su laudable revista se hallan entre los abanderados de esta revolución, lo que pone de relieve su seriedad y alcance.

Acerca de los orígenes del arbitraje editorial circula una leyenda que, como tal, no carece de defensores que crean a pie juntillas en su veracidad. Al igual que muchas otras historias sobre los orígenes de realidades concretas, ésta es falsa y apenas mantiene relación alguna con el mundo de hoy, aunque no por ello está exenta de gracia. Se cuenta que tuvo sus principios mediado el siglo XVIII, en el marco de la Royal Society londinense, cuando la andadura de la institución apenas había alcanzado la centuria. Al volver la vista a los comienzos de ésta, uno no puede menos de quedar impresionado por la contagiosa exaltación de sus fundadores, su apasionado interés por lo que llamaron «la Nueva Filosofía o Filosofía Experimental».[18] Cierto número de estudiosos de la filosofía natural se había estado reuniendo semanalmente en Londres ya desde 1645, durante aún la guerra civil inglesa, y desde 1648, también en Oxford. Constituían lo que Robert Boyle llamó en su correspondencia epistolar «nuestro Colegio Invisible o Colegio Filosófico», frases ambas que han adquirido no poca celebridad. La monarquía quedó restaurada la primavera de 1660 en la persona de Carlos II, y el miércoles, 28 de noviembre de aquel año, se congregaron doce personas en el Gresham College de la capital de la corona, donde habrían de asistir a una conferencia de Christopher Wren, profesor de astronomía del centro —amén de arquitecto y erudito, constructor de la nueva catedral de San Pablo y de otra cincuentena de iglesias del centro de la ciudad tras el colosal incendio declarado en 1666—. Durante el debate que siguió a su intervención, «trájose a discusión el proyecto de fundar un Colegio que promoviese el Conocimiento Experimental Físico y Matemático», tal como puede leerse en la entrada correspondiente a aquel encuentro del libro de actas que encetaron allí mismo. Nombraron un presidente, elaboraron una lista de 41 posibles socios y resolvieron reunirse las tardes de los miércoles.

A la semana siguiente, según el acta de aquel día, uno de sus integrantes dio noticia de que «el rey había venido en conocimiento del propósito de esta reunión, la aprobaba de gana y estaba dispuesto a darle aliento. Se dispuso acto continuo que el señor Wren tuviera a bien aprestar, para la sesión venidera, lo necesario para poner por obra el experimento del péndulo». Firmaron el escrito 85 personas. En octubre de aquel año, su mismísima majestad se ofreció a formar parte de la sociedad. En julio de 1662 ratificó su carta fundacional con el Gran Sello del Reino, y al año siguiente decretó que se obsequiase con una maza ceremonial de plata a «la Royal Society por enriquecer con medios experimentales el conocimiento natural». Durante las reuniones semanales se llevaban a cabo ensayos científicos y se ponía en común la intensa correspondencia que mantenían sus integrantes con cuantos profesaban la filosofía natural en todo el continente y compartían intereses con ellos. Ésta resultó ser la labor más importante de aquellos primeros tiempos.

El 1 marzo de 1664 o 1665,* la sociedad «encargó al señor Oldenburg la composición de *Philosophical Transactions*, que deberá im-

* Gran Bretaña no adoptó el calendario gregoriano ni consideró el 1 de enero como primer día del año hasta 1752. Cabe señalar, a modo de noticia interesante, que el cambio fue supervisado por la misma Royal Society. Aquélla fue una de las pri-

primirse el primer lunes de cada mes, caso de disponer de escritos suficientes a tal efecto. La gaceta habrá de contar asimismo, tal como quedará reflejado en los estatutos, con el beneplácito del consejo de esta sociedad después de ser revisada por algunos de sus miembros». Henry Oldenburg, el más notable de los dos primeros secretarios nombrados por el organismo, publicó el primer número a la semana siguiente. Por extraño que parezca, apenas habían transcurrido dos meses desde que la ciudad de París había sido testigo de la aparición del *Journal des Sçavans* —no es ésta la menor de las muchas simultaneidades que han tenido lugar en la historia de la ciencia—. Si por pocas semanas no fue la primera de todas las revistas científicas, lo cierto es que sí lo es de cuantas siguen editándose hoy día.

Los estatutos de la sociedad exigían, por lo tanto, la mediación de algo semejante a la evaluación entre iguales, aunque ésta tenía un carácter abierto e informal, y dejaba en manos de Oldenburg la responsabilidad de elegir los artículos que debían publicarse. Es de sobra conocido el secretismo que guiaba a la Royal Society, que celebraba, desde 1663, a puerta cerrada los debates relativos a la elección de sus nuevos integrantes. Sin embargo, el mundo científico era muy reducido a la sazón, y ninguno de cuantos lo componían ignoraba lo que estaban haciendo los demás. La correspondencia y los experimentos que ocuparían las páginas de la revista ya se habían sometido a suficiente discusión en las reuniones.

Un siglo más tarde, en 1752, la sociedad reorganizó la publicación de *Philosophical Transactions*. Se instituyó una comisión encargada de revisar todos los artículos y con potestad para recurrir a «cualesquier otros miembros de esta sociedad experimentados y versados en la rama particular de la ciencia que pueda constituir el objeto de alguno de los artículos, cuya publicación dependerá, en consecuencia, de sus deliberaciones». A menudo se ha considerado que en ese momento nació el arbitraje editorial. John Ziman, físico inglés convertido en

---

meras ocasiones en que el gobierno recurrió a ella para beneficiarse de su consejo y su ayuda en asuntos científicos de interés nacional. En aquel tiempo, el año juliano adolecía, con respecto al gregoriano, de un retraso de diez días, y no fueron pocos quienes se amotinaron ante la pérdida de éstos.

comentarista científico, lo ha denominado «el suceso determinante de la historia de la ciencia moderna».

Pese al carácter consagrado de esta teoría, el arbitraje editorial de artículos destinados a ver la luz en revistas científicas es un producto del siglo XX. Su desarrollo apenas se ha explorado, pues discurre por un territorio por demás áspero en el que los pocos datos existentes se presentan muy dispersos.[19] Como quiera que las ciencias decimonónicas, pese a gozar de una gran energía, eran menos especializadas y se hallaban en manos de un número muchísimo menor de personas, es fácil suponer que apenas si debieron de propiciar la publicación de un puñado de revistas. Éstas, y en particular las de medicina, fueron por el contrario multitud. Sin embargo, apenas las reconoceríamos como tales, por las mismas razones que hacen que nos quedemos atónitos ante la contemplación de los diarios de aquella época. La mayoría debía su existencia a individuos concretos, fundadores a tiempo que directores, quienes en los casos más célebres también daban su nombre a la publicación, como sucedió en el caso de la primera revista de bioquímica, *Hoppe-Seylers medicinisch-chemischen Untersuchungen*, creada en 1877 por Felix Hoppe-Seyler como *Zeitschrift für physiologische Chemie*. Muchas de las de menos entidad, y en especial las médicas, comenzaron su historia en calidad de vehículos de opinión más que como medios de divulgación de investigaciones contrastadas. Y no eran pocos los directores que, en lugar de seleccionar artículos, habían de salir en busca de material con el que llenar sus columnas. Sea como fuere, la seriedad profesional y, ante todo, la especialización cada vez mayor de las ciencias propiciaron, aun de un modo paulatino, un cambio importante, tal como demuestra lo que declaró en 1893 Ernest Hart, director del *British Medical Journal*, ante una concurrencia de editores médicos estadounidenses:

> El único sistema que se adecua, en mi opinión, a las necesidades reales de los lectores profesionales es aquel por el que cada editorial publicado se debe a la mano de un experto seleccionado a tal propósito. Éste es el principio sobre el que he construido la revista que tengo el honor de dirigir. Cada carta, cada párrafo, cada recorte que ocupa la atención

> de nuestros editoriales se ha sometido al arbitrio de un especialista con conocimientos y autoridad reconocidos en el asunto de que se trata.

Toda una declaración de principios, que seguía diciendo:

> Es éste un método laborioso y nada fácil, pues exige mantener una nutrida correspondencia diaria y una perenne actitud vigilante al objeto de protegerse contra las excentricidades y los prejuicios personales, así como contra esa pesadilla del periodismo que es la censura injustificable. Sin embargo, me atrevo a afirmar que puede recomendarse su práctica a todo aquel que quiera conferir precisión autorizada, verosimilitud y credibilidad a nuestra profesión. Una revista médica que aspire a ser útil debe estar escrita, de la primera a la última página, por expertos. Y si puede decirse que [el *British Medical Journal*] ha tenido algún éxito, tal se debe en gran medida, a mi parecer, al hecho de que no se han escatimado sufrimientos ni desembolsos para garantizar que cada renglón, con independencia del departamento del que proceda, es obra de personas expertas y dignas de confianza.[20]

Hoy no podría escribirse una justificación mejor para el arbitraje editorial. Con todo, la costumbre de someter los artículos a la opinión de expertos no se hizo extensiva. Hasta bien entrado el siglo XX, los directores de publicaciones periódicas trabajaban, por lo general, como Oldenburg durante la etapa inicial de la Royal Society, en solitario, evaluando sin ayuda de terceros los artículos que recibían. Y estaban en situación de hacerlo, ya que, si bien las ciencias no tenían por qué ser entonces más sencillas que ahora, los laboratorios y los trabajos que de ellos salían eran muchos menos, tanto que a cualquiera de los directores editoriales le bastaban su experiencia y sus abundantes conexiones para conocer de sobra el ámbito en que estaba especializada su revista. El arbitraje editorial fue extendiéndose de forma gradual y peculiar hasta convertirse en norma, lo que, como sucedió con la evaluación entre iguales de solicitudes de financiación, no ocurrió antes del fin de la segunda guerra mundial.

Durante la conferencia pronunciada ante los editores de publicaciones biomédicas congregados en Chicago en 1993, el autor afirmó que el proceso de arbitraje editorial es frágil por esencia, y que su decadencia corre paralela a la de la evaluación entre iguales. Ambos se hallan sometidos a una gran presión por el notable crecimiento de la empresa científica. El medio siglo transcurrido desde que acabó la guerra ha sido testigo de un excepcional incremento del número de investigadores y disciplinas —mayores y menores—, así como de la excesiva proliferación de revistas especializadas.

Si bien no existe un consenso en las estimaciones, hoy día se están dando al público más de cincuenta mil publicaciones periódicas científicas sometidas a arbitraje editorial, de las cuales unas diez mil están consagradas a diversos campos de la biomedicina. La publicación de revistas impresas puede brindar unos beneficios colosales. En este sentido, se imponen los más fríos cálculos económicos: cuando el precio de las suscripciones supera un límite determinado, los lectores individuales dejan de poder permitírselas, de modo que sólo las adquieren las bibliotecas científicas que no tienen más opción. Llegados a ese punto, la demanda se torna inelástica; es decir, la editorial puede elevar el precio cuanto quiera sin que por ello se reduzcan mucho más las ventas. De hecho, las revistas más especializadas tienen tiradas de unos cuantos miles, en tanto que las suscripciones pueden tener un precio anual de entre dos mil y cinco mil dólares, nada menos. De todo esto puede sacarse una conclusión: en suma, desde que llega un original al despacho editorial hasta que es leído por el primer suscriptor en su forma impresa definitiva, el coste de edición, producción y distribución, unido al del proceso de arbitraje y a los demás gastos comunes de la editorial, ha hecho que el precio medio del artículo que acaba por ser publicado en una revista especializada se eleve a tres mil o cinco mil dólares, o a una cantidad mayor en algunos casos. También es ingente el coste total en tiempo y dinero del arbitraje editorial si sumamos los miles de publicaciones periódicas a que nos hemos referido, por más que los revisores no reciban pago alguno por su trabajo. El problema, huelga decirlo, es idéntico al que encontramos en el caso de la evaluación entre iguales de solicitudes de subvención.

¿A quién le toca pagar todo esto? Las bibliotecas científicas que disponen de suscripción escriben la orden de compra, pero sus presupuestos proceden de un modo casi exclusivo de lo que se conoce como «gastos generales o estructurales» en las subvenciones de investigación del gobierno. Se trata de los porcentajes que se añaden a las cantidades necesarias para el trabajo directo de laboratorio en concepto de lo que recibe la vaga denominación de «costes administrativos», y que va de los sueldos de los secretarios hasta los viajes de los rectores, desde los gastos de reprografía y las llamadas telefónicas hasta la remuneración de los estudiantes de diversos ciclos, los contables que determinan estas cantidades y, como veíamos, las bibliotecas. Cualquier universidad dedicada a la investigación entabla negociaciones con las agencias federales cada cierto tiempo a fin de fijar el porcentaje de gastos generales, que debe justificar mediante una relación detallada de costes y aplicar después al presupuesto de cada una de sus solicitudes. Por lo común, esta tasa suele ser de un 50 por 100 aproximadamente cuando la entidad pagadora son los NIH o la NSF. Por esta razón, por ejemplo, en el caso de cierta propuesta presentada por quien esto escribe ante la Fundación Nacional para la Ciencia con la intención de sufragar un proyecto de investigación de dos años de duración sobre la historia de la biología molecular en la Universidad George Washington, el presupuesto de 449.085 dólares destinados a gastos directos se vio hinchado hasta los 605.379 dólares a consecuencia de los generales. (La solicitud fue rechazada, sobre todo por lo elevado de la cuantía.)

Algunas tasas resultan sorprendentes. A mediados de la década de 1980, la Universidad de Stanford logró, tras varias series de negociaciones con la Oficina de Investigación Naval, hacer subir la suya a un 79 por 100. Cuando la subcomisión investigadora del diputado John Dingell analizó los gastos relacionados por el centro y descubrió que incluían el mantenimiento de un yate, flores para celebraciones en casa del rector, Donald Kennedy, y sábanas para sus camas, no dudó en hacer comparecer a éste ante ella ni en denunciar el escándalo, con tanta publicidad que la universidad devolvió enseguida buena parte del dinero recibido.[21] A ella se sumaron, además, otros centros que, de forma discreta, reembolsaron el exceso de gastos generales. Seis meses después, Kennedy tuvo que dimitir (aunque los peces gordos jamás desamparan a sus congéneres: el rector conservó su puesto docente, y en junio de 2000 se hizo con la dirección de *Science*).

Estos gastos estructurales proceden, huelga decirlo, de las asignaciones que ofrece el Congreso a la investigación, y no deja de ser revelador que, por contraste, las fundaciones privadas los concedan, cuando los conceden, en mucho menor cuantía. Resulta curiosamente difícil obtener las cifras federales a este respecto. Lo que se expone a continuación, por tanto, no es sino una estimación dispuesta por orden de magnitud, ya que parece que nadie se ha consagrado a recopilar esta clase de datos. Los NIH y la NSF encabezan la lista, pero eso no significa que sean, ni mucho menos, las únicas agencias nacionales que financien actividades científicas. Los NIH llevan a cabo una labor investigadora propia nada despreciable, sobre todo en el inmenso laboratorio, hospital y centro administrativo de Bethesda (Maryland). Dejando a un lado la porción correspondiente a ésta, que supone un 10 por 100 aproximado del total, el organismo invirtió 24.500 millones de dólares en ayudas en el ejercicio fiscal 2003. Un tercio aproximado del dinero iba destinado a costes indirectos, lo que supone, de hecho, una media de subvención de gastos estructurales de en torno al 50 por 100 y asciende a 8.200 millones de dólares. La NSF otorga cantidades mucho menores. Aparte de las ayudas destinadas a actividades del ámbito de la educación, así como de los gastos administrativos propios, en 2003 asignó 3.900 millones de dólares a centros investigadores ajenos a la fundación. Uno de sus portavoces calculaba que la media de gastos generales que se había concedido en 2003 debía de girar en torno al 90 por 100, lo que se traducía en un total de seiscientos millones de dólares. En total, por lo tanto, las dos agencias pagaron aquel año unos 8.800 millones de dólares en concepto de costes estructurales. Aún queda aquí espacio para ofrecer una estimación informada acerca de los gastos estructurales que suelen cubrir otras agencias. Puede decirse que, por este cauce, el gobierno federal proporciona subsidio a las universidades estadounidenses dedicadas a la investigación por valor de diez mil millones de dólares anuales. Sin estas asignaciones, muchas se verían en calzas prietas. En resumidas cuentas: como quiera que este tipo de costes ayuda a financiar las bibliotecas, puede inferirse de esto que las revistas impresas no sólo explotan a los revisores, sino que también se benefician de todo el sistema de patrocinio gubernamental de la investigación, cuyo dinero procede, en definitiva, del bolsillo del contribuyente.

De todos los miles de revistas a que nos hemos referido, son muy pocas las que gocen de un factor de impacto elevado, o lo que es igual, tal como ya hemos visto, que vean sus artículos citados en otras publicaciones con mucha más frecuencia que los que aparecen en cualquier otra. Esto sucede con las que tienen un contenido poco especializado, que resulta interesante a lectores procedentes de muchas disciplinas, y cuentan con una tirada larga. Uno debe suponer que sus páginas recogen contenidos de importancia, y en este sentido, el citado factor resulta ser remunerador. En el terreno de las publicaciones biomédicas, se encuentran dentro de esta categoría *The New England Journal of Medicine*, el *Journal of the American Medical Association*, el *British Medical Journal* y *The Lancet*, en tanto que, en lo referente a otras disciplinas, podemos citar las *Physical Review Letters*, los *Proceedings of the National Academy of Sciences* (Estados Unidos) y los *Annales de l'Institut Pasteur.*

Sea como fuere, existen tres que las superan a todas en este sentido: *Science*, *Nature* y *Cell*. La primera es un semanario de la Asociación Estadounidense para el Fomento de la Ciencia —a la que, de hecho, queda afiliado todo lector que pague la suscripción—, y tiene una tirada de unos ciento cuarenta mil ejemplares. *Nature*, también de aparición semanal, pertenece a la editorial Macmillan, sita en Londres, y constituye un negocio muy lucrativo, circunstancia a la que favorecen los 67.000 ejemplares aproximados que se distribuyen de cada número, y de los que un 60 por 100 se vende en Estados Unidos. *Science* y *Nature* compiten por los artículos de más categoría. Baste citar un ejemplo nada intrascendente: las dos secuencias más completas del genoma humano de aquel momento salieron a la luz durante la misma semana de febrero de 2001; una de ellas, obra de un consorcio público e internacional de más de veinte laboratorios coordinado por Francis Collins, de los NIH, y John Sulston, del Instituto Sanger, situado a las afueras de Cambridge (Reino Unido), apareció en las páginas de *Nature*, en tanto que *Science* publicó la que había obtenido Celera, compañía privada fundada y dirigida por Craig Venter, empresario y científico que mantenía una hostil competencia con Collins y albergaba la intención de sacar provecho de la venta de información relativa al genoma o de la cesión de licencias al respecto. *Cell*, quincenal y más especializada, tiene una tirada de unos diez mil ejemplares, aunque son muchísimos los lectores que acceden a ella por medio de Internet. Los suscriptores, tanto individuales como institucionales, descargan un total de medio millón de ejemplares de artículos al mes.

Estas tres publicaciones proporcionan el ejemplo más revelador de los efectos causados por la competencia entre revistas, así como entre directores y editoriales. Los científicos mantienen para con ellas una actitud de ambivalencia: por un lado, las desprecian por su avidez de noticias frescas, lo que los lleva a motejarlas de sensacionalistas; pero por otro, saben que ver un artículo suyo aceptado por una de ellas resulta por demás gratificador en cuanto a divulgación y prestigio se refiere (y un servidor puede dar fe de ello, después de haber publicado comentarios de actualidad y reseñas de libros en *Nature* y *Cell* y comprobar a continuación cómo se multiplicaban las llamadas de teléfono y los mensajes de correo electrónico).

La competitividad existente en el seno de esta «prensa científica sensacionalista» ha tenido efectos muy negativos. David Botstein, experto en la genética molecular de la levadura, observaba hace no mucho que tanto él como cualquiera de sus colegas habían sido siempre capaces de hojear cualquier revista de su especialidad recién publicada y determinar con bastante seguridad la credibilidad y el valor de los artículos recogidos en ella. Y sin embargo, reconocía que hoy apenas si era posible hacer tal cosa, lo que no se debía tanto a la creciente complejidad de los asuntos que trataban —piénsese, por ejemplo, en la biología celular en comparación con la genética molecular— como a la insistencia con que exhortan los editores a los directores, y éstos a los colaboradores, a elaborar artículos breves, vigorosos y efectistas.[22] Los trabajos que se publican tienen, por lo tanto, una forma más condensada, con desarrollos y conclusiones muy simplificadas. Las argumentaciones, advertencias e interpretaciones alternativas se ofrecen abreviadas cuando no se eliminan por entero. Cada vez es más frecuente el empleo de paréntesis con frases como «datos no mostrados», que constituyen una poderosa tentación de caer, cuando menos, en la dejadez. El lector general, el ideal opuesto al que el director concibe como receptor de su publicación, no puede menos de quedar desconcertado, tal como daba a entender Botstein, y en cierto grado engañado.

Qué duda cabe de que lo que a mediados de la década de 1990 se había convertido en un problema serio respecto de este tipo de revistas puede estar hoy presente, de un modo más leve aunque también más crónico y encubierto, en publicaciones que no responden a presiones editoriales tan manifiestas. Richard Horton, director de *The Lancet*, se planteaba en un ingenioso estudio «si las opiniones expresadas en un artículo científico constituyen representaciones fidedignas de la opinión de los colaboradores acerca de la investigación que en él exponen».[23] A fin de responder a la pregunta, seleccionó diez trabajos —variados en cuanto a tema y metodología— publicados en su propia revista por diversos autores y solicitó del que aparecía como primer responsable de cada uno permiso para escribir a quienes compartían con él la autoría y remitirles sendos cuestionarios conformados por seis interrogantes abiertos. Respondieron dos tercios de los 54 colaboradores, y las preguntas, en apariencia inocentes («1. ¿Cómo resumiría los resultados de su estudio? ... 3. ¿Cuáles son, en su opinión, los puntos flacos de su investigación? ... 5. ¿Cómo evaluaría las consecuencias de sus resultados?...»), dieron pie a conclusiones nada inocuas.

> La información obtenida de este estudio cualitativo hace pensar que los trabajos de investigación publicados raras veces reflejan todo el conjunto de opiniones de los científicos de cuya obra dan cuenta en teoría. He dado con indicios de crítica [auto]censurada; opiniones calladas acerca del significado de ciertos hallazgos; evaluaciones incompletas, confusas y a menudo tendenciosas en torno a las consecuencias de determinado estudio, y frecuentes omisiones de indicaciones relativas a los posibles caminos que debe seguir quien pretenda llevar más allá la investigación. ... Lo más sorprendente son las contradicciones que pueden verificarse en la evaluación de lo publicado, en especial con respecto a sus puntos flacos. ...
>
> Un artículo científico constituye un ejercicio de retórica, toda vez que está concebido para persuadir al lector de una teoría particular, o cuando menos transmitírsela de un modo convincente. Basta arañar la superficie de un trabajo publicado para dar con otro, oculto y más completo, que pone de relieve la verdadera diversidad de opiniones existente entre los colaboradores en lo relativo a la significación de sus

> descubrimientos. Tanto en lo que respecta a los lectores como en lo concerniente a los directores, los puntos de vista expresados en un artículo de investigación están gobernados por fuerzas que nadie, acaso ni siquiera los mismos colaboradores, acaban de ver con claridad.

(Hemos de tener en cuenta, vistas estas críticas, que Horton exponía las limitaciones de su trabajo y también lo que debía hacerse a continuación.)

En el caso de las revistas científicas de orientación más comercial, los mecanismos editoriales tienen un carácter abierto, feroz en muchas ocasiones. Hay que tener presente, por lo tanto, que los primeros lectores independientes afectados por estas prácticas son, a fin de cuentas, los revisores. Este hecho comporta una paradoja nada baladí, y es que, mientras que el público general depende más que nunca de las garantías que ofrecen en apariencia los artículos publicados en revistas sometidas a arbitraje editorial, quienes se encargan de evaluarlos se están viendo privados de los medios necesarios para poder estar totalmente seguros de sus propias valoraciones. El problema no es más trivial por el hecho de hallarse oculto, y guarda cierta correspondencia con la evaluación de solicitudes de ayuda para la investigación: en los dos casos —si bien de un modo diferente— los motivos de decisión se han tornado muy poco transparentes.

Como sucede con el estudio de las peticiones de financiación, la primera dificultad con que topamos a la hora de valorar el arbitraje editorial es la abundancia de opiniones, unida a la escasez de hechos sólidos. Cientos de escritos han tratado de justipreciar su eficacia. En el IV Congreso Internacional de Evaluación entre Iguales, celebrado esta vez en Barcelona, en septiembre de 2001, Tom Jefferson presentó, junto con tres colegas del ámbito de la ciencia médica, un análisis de éstos.[24] Habían localizado 135 «estudios comparativos en torno a los efectos de cualquiera de las fases del proceso de evaluación entre iguales que trataran de supervisar de algún modo» los factores equívocos. Sólo 19 de ellos se aproximaban a los criterios de calidad que habían establecido los autores de la comunicación, quienes aplicaron a éstos métodos rigurosos y probados desarrollados en el curso de las dos décadas pasadas a fin de evaluar de forma racional trabajos supuestamente científicos sobre la eficacia de los procedimientos químicos. Y aunque no lo dijeran de un modo directo, lo cierto es que ni siquiera estos 19 superaron la prueba. «Descubrimos —aseguraban— que son poquísimos los estudios bien diseñados que evalúen los efectos de este proceso», a lo que añadían:

> Dados el uso generalizado de la evaluación entre iguales y su importancia, resulta sorprendente que se sepa tan poco de sus efectos. Sea como fuere, la investigación que se requiere a fin de abordar estas cuestiones exigirá un esfuerzo bien fundamentado y coordinado en el que participen varios sectores de la comunidad científica, así como la cooperación de un buen número de autores y directores de revistas, y hay que reconocer que los métodos empleados a la hora de llevar a cabo estudios adecuados sobre el particular resultan amedrentadores.

Al final, los autores llegaban a la siguiente conclusión categórica: «Hasta que se emprenda una investigación así, la evaluación entre iguales seguirá considerada como un proceso dudoso de resultados inciertos».

De cualquier modo, tal vez no estemos del todo condenados a basarnos en datos no contrastados. Tal como sucede con la evaluación de solicitudes de financiación, lo que debemos plantearnos es si puede o no funcionar. En primer lugar, hemos de señalar que, a diferencia de aquéllas, los artículos que han sido objeto de rechazo por una revista de gran tirada no tienen por qué haber agotado sus posibilidades de subsistencia. Stephen Lock concluyó hace un tiempo tras estudiar los hechos: «Una proporción nada desdeñable de los artículos que no han sido aceptados por publicaciones de categoría acaba por publicarse en otras revistas, a menudo sin que medie revisión alguna». De seguir así, el arbitraje editorial servirá, a lo sumo, para que éstas eviten la publicación entre sus páginas de artículos de peor calidad, sin hacer, sin embargo, gran cosa por proteger la integridad del corpus científico en general. Con todo, no existen análisis rigurosos que hayan demostrado que el sistema, ni siquiera en el caso de las revistas de más éxito, permita a los directores elegir los mejores artículos de un modo más fiable que en caso de no mediar el arbitraje editorial; ni tampoco parece probable que los revisores puedan desenmascarar a los autores que publican escritos idénticos en varios lugares. Por volver a citar a Lock: «No hay director de revista que no pueda referir al menos un caso en el que ni él ni los encargados de la revisión hayan sido capaces de detectar un trabajo publicado con anterioridad de forma idéntica o casi idéntica sin que exista mención alguna por parte del autor». Y lo que es aún peor: es inevitable que el arbitraje editorial cree conflictos de interés entre este último y el revisor en torno a los métodos y resultados de las investigaciones al llevar aparejada la tentación del plagio, tentación a la que más de uno ha sucumbido ya —recuérdese el caso, tan retorcido como cómico, de Soman, Felig y Wachslicht-Rodbard—.

¿Por qué, entonces, persisten las prácticas de arbitraje editorial? Los científicos son, por naturaleza, conservadores, y se diría que cifran la reputación académica de un investigador en la sobrada publicación de artículos en revistas sometidas a tal procedimiento. Así y todo, esta actitud emana cierto tufo a evasiva, y no está de más situar en su contexto estos prejuicios individuales. Elizabeth Knoll, a la que ya hemos citado antes, proponía una explicación que se extiende a la sencilla sociología de la ciencia actual: «En muchos aspectos, la evaluación editorial entre iguales constituye, hoy, un proceso más burocrático que académico. Se recurre a ella por muchas razones, y sólo una de ellas es la de tratar de determinar la fuerza del argumento presentado en un artículo. Las publicaciones la usan porque lo dictan las reglas del juego, y no sólo porque sus directores necesiten asesoramiento».

> Un mes sí y otro también —seguía diciendo— salen al mercado revistas nuevas, y algunas de ellas están dedicadas a disciplinas especializadas en grado sumo. Cuando se presentan, se hace hincapié en que todos los números estarán sometidos a arbitraje editorial, con lo que se hace uso de la evaluación entre iguales más como vehículo de reivindicación de categoría profesional que por necesidad intelectual, puesto que no cabe dudar de que los directores de medios tan especializados cuentan con la competencia suficiente para juzgar la mayor parte del material que reciben.[25]

El anonimato de los revisores es casi universal en las publicaciones científicas, y de hecho no falta quien lo defienda como un factor esencial. De las muchas ideas que se han propuesto con insistencia para salvaguardar la supervivencia del sistema, la que más se repite —y la más interesante— es la que propugna la revelación de la identidad de quienes han llevado a cabo el proceso de evaluación en cada caso. Drummond Rennie se encuentra entre quienes con más ahínco han abogado por esta opción. «Los únicos sistemas de arbitraje editorial susceptibles de justificarse desde un punto de vista ético deben ser cerrados por entero (lo que exige que nadie, salvo un ayudante editorial, conozca la identidad de los autores, y sólo el director tenga constancia de la de los revisores) o abiertos por completo.» El primero de éstos, sin embargo, no tiene posibilidad alguna de llegar a buen puerto: los diversos ensayos que se han efectuado al respecto —mediante un procedimiento aleatorio y controlado— han demostrado que cuando se oculta el nombre de los autores, los revisores los identifican entre un 25 y un 50 por 100 de las veces.

En repetidas ocasiones se han presentado argumentos en favor de la evaluación abierta, aunque en muy pocas —existen excepciones recientes muy significativas— se han aceptado. La exposición más elocuente de éstos se debe a Fiona Godlee, quien se encuentra en una posición inmejorable para juzgar la conveniencia de adoptar tal método y su viabilidad. Fue directora del *British Medical Journal*, que en 2000 convirtió el arbitraje abierto en un principio profesional. Luego, cuando la nombraron directora de medicina de BioMed Central, tal vez la empresa editorial más próspera de Internet, se encargó de introducir allí esta práctica. Hoy día ha vuelto al BMJ Publishing Group, donde dirige una unidad llamada BMJ Knowledge. En un artículo aparecido en el *Journal of the American Medical Association* llegaba a la siguiente conclusión: «Espero ansiosamente que haya un día en que los comentarios y valoraciones abiertas sustituyan al imperfecto sistema imperante de evaluación cerrada entre iguales previa a la publicación y pongan fin a sus falsas garantías relativas al carácter fiable de cuanto se edita». Aducía cuatro razones: es superior en lo ético, no tiene efectos adversos en lo relativo a la calidad de los resultados, es factible e impone un mayor grado de responsabilidad a los revisores a tiempo que ofrece reconocimiento público a su labor. La primera era la más sencilla y la más convincente de todas. Citando un aserto firmado en 1998 por Rennie, añadía: «No es el arbitraje abierto el que debería justificarse, sino el "sistema ético desigual e inconsecuente" que practica la mayoría de las publicaciones periódicas, quienes identifican a los autores y no a los iguales que los evalúan».

¿Debería sorprendernos que el argumento ético posea tal fuerza en la práctica? En este sentido, siguen siendo pioneros Richard Smith y el *British Medical Journal*. Como quiera que el arbitraje editorial no se ha estudiado aún con objetividad, director y revista han optado por ir aproximándose, paso a paso, a la revisión abierta, sirviéndose de ensayos efectuados con tanta objetividad como les ha sido posible.[26] La editorial cuenta con la colaboración, ocasional o habitual, según los casos, de unos cinco mil científicos. Durante un estudio preliminar, se pudo comprobar que una porción elevada de éstos no veía con buenos ojos el arbitraje abierto. Aun así, en 1999 decidieron hacer un experimento de asignación aleatoria. Clasificaron los artículos recibidos y aún sin publicar en dos categorías arbitrarias, A y B, a medida que iban llegando. Los de la primera fueron asignados a revisores a los que se garantizó el anonimato acostumbrado, en tanto que a los encargados de evaluar los que pertenecían al segundo grupo se les dijo que se comunicaría a los autores su identidad. Asimismo, desarrollaron un procedimiento con el que medir de forma objetiva la calidad de cada evaluación. Al comprobar que el arbitraje abierto no parecía tener efecto negativo alguno, al año siguiente lo adoptaron sin reservas. Cuando llegó la hora del cambio, de los quinientos expertos sólo cuarenta se negaron a abandonar el anonimato. Luego, durante el verano de 2002, Smith adoptó para el *BMJ* el método de presentación electrónica de originales y, claro está, informes de evaluadores. El paso siguiente consistirá en abrir por completo el proceso al poner unos y otros a disposición del público general en una página web tras efectuar los ensayos pertinentes. «Este hecho transformará el proceso de arbitraje al llevarlo hacia la creación de un debate científico.»

Palabras sugerentes como *revolución* acaban por devaluarse por el uso excesivo. Con todo, no hay otra que podamos emplear para designar lo que se está desarrollando en este preciso momento en el ámbito de la publicación de trabajos científicos: una revolución tan grandiosa como cualquiera de las que hayan tenido lugar desde la invención de la imprenta —ya que se traduce, precisamente, en el abandono de la publicación impresa—. Y la adopción del arbitraje abierto no es sino una parte minúscula de ella.

7

Autoría y propiedad: problemas de derechos de autor, plagio y propiedad intelectual

La autoría no comporta ya la responsabilidad que le es propia: la capacidad de proporcionar una justificación intelectual al contenido íntegro de un artículo.

STEPHEN LOCK, *British Medical Journal* (1988)[1]

En el sistema social de las ciencias, nada es más relevante que la prioridad. Recordemos la formulación que hacía Robert Merton de su funcionamiento: la comunidad impone sus normas, cuando lo hace, mediante dos recompensas: el reconocimiento de un investigador por su originalidad, que concede un alto valor a la prioridad, y la estima en que lo tienen otros científicos. Aquélla es, por lo tanto, el elemento más propicio para que se dé ésta. Nada puede, entonces, generar tanto resentimiento, tanta ira, como la preterición, la negación o el robo de la prioridad.

La Royal Society de Londres ocupa desde 1967 un magnífico palacio urbano aristocrático de Carlton House Terrace. La Sala de Socios tiene vistas al Pall Mall y al Saint James's Park, a no poca distancia del Admiralty Arch, situado al este, y bastante más alejado del palacio de Buckingham, al oeste. Retratos de grandes científicos que la integraron en vida confieren no poca gravedad a sus muros. Pegado a los ventanales de la izquierda pende Gottfried Wilhelm Leibniz, matemático alemán de gran talento que entró a formar parte de ella en 1673. Tiene la mirada fija en la pared de enfrente, en donde se encuentra Isaac Newton, quien fue elegido presidente en 1703. Su rostro largo de larga nariz observa, pálido y altivo, el exterior de la ventana.

Estos dos hombres y sus respectivos partidarios porfiaron con encono y durante años por la prioridad en lo tocante al cálculo. Newton había inventado la disciplina allá por la década de 1660, y pese a haber dejado constancia escrita de ello, aún no había publicado nada al respecto. De forma independiente, Leibniz desarrolló los mismos métodos, con una notación diferente, diez años más tarde, y tras presentarlos ante la Royal Society en 1676, los dio a la prensa en 1684. La controversia no se hizo esperar, y de hecho, originó un escándalo internacional. De los años de mayor intensidad dan fe las cartas en que uno y otro se tildaban mutuamente de farsantes y plagiarios.

La historia se repite como en una comedia. El lunes, 6 de octubre de 2003, en Estocolmo, Hans Jornvell, secretario de la comisión otorgadora del Premio Nobel del Karolinska Institutet, anunció el de Fisiología y Medicina de aquel año, compartido entre Paul Lauterbur, científico de la Universidad de Illinois, y sir Peter Mansfield, de la de Nottingham (Inglaterra), por la invención de las técnicas de obtención de imágenes por medio de la resonancia magnética, herramienta diagnóstica de amplio uso en medicina. También entonces se desató la controversia. Aparecieron anuncios a toda página en *The Washington Post*, el miércoles, *The New York Times*, el jueves, así como en *Los Angeles Times* y el diario sueco *Dagens Nyheter*. Bajo letras titulares que rezaban «El vergonzoso agravio que urge deshacer», se sucedían furiosas líneas de caracteres negros que acusaban por extenso al comité de haber «hecho caso omiso de la verdad» y de estar «tratando de reescribir la historia». ¿Por qué? Pues porque había dejado a un lado a Raymond V. Damadian, físico e inventor que hacía mucho que aseguraba haber sido el verdadero descubridor de aquella técnica que, según denunciaba, Lauterbur y Mansfield se habían limitado a refinar. El carácter singular de la protesta llamó la atención de Nicholas Wade, periodista del *Times*, que le dedicó un reportaje aquel mismo viernes. En él calculaba que los anuncios del *Post* y el *Times* habían debido de costar unos ochenta mil y cien mil dólares, respectivamente.[2] Habían aparecido por obra de la Fonar Corporation, de la que Damadian es presidente. Diez días más tarde, apareció en las páginas de opinión del *Times* un artículo de quien esto escribe en el que comparaba la reacción del científico resentido con la de una veintena de investigadores a los que se ha negado el Nobel, y lo reprendía por sus indecorosos pataleos.[3] El aludido, obviando los efectos contraproducentes de su actitud, publicó en el curso de los dos meses siguientes media docena más de aquellos anuncios a toda página, en un tono cada vez más indignado. El 9 de diciembre, víspera de la culminación de las ceremonias celebradas en Estocolmo a causa del Premio Nobel, la notificación del inventor ocupó dos planas del *Times*, salpicadas esta vez con manchas de color marrón.[4] El coste total de la campaña, según ha reconocido el propio Damadian, fue de un millón doscientos mil dólares.

Si bien es cierto que a él se deben los primeros pasos de la técnica de obtención de imágenes por resonancia magnética, y que posee una patente de base al respecto, muchos científicos informados siguen manteniendo que ha sido la labor de los dos investigadores a los que fue a parar el galardón la que ha propiciado de forma más directa la existencia de los instrumentos tecnológicos con que contamos hoy día. De cualquier modo, con preterición de lo acertadas que puedan ser las reivindicaciones de Damadian, y del extravagante lenguaje y el coste de sus avisos de prensa, vale la pena considerar el modo como abordan los comités del Nobel la cuestión de la prioridad, y en particular en lo concerniente a los descubrimientos precursores.

Quienes no pertenecen al ámbito científico se han mostrado a menudo sorprendidos por la frecuencia con que se ha concedido el Nobel a inventores de nuevas tecnologías. En 1926, Theodor Svedberg recibió el de Química por crear la ultracentrifugadora, y en 1948 y 1952 fue adjudicado a quienes idearon la electroforesis y la cromatografía, métodos que permiten separar, aislar e identificar cantidades diminutas de sustancias muy similares. Frederick Sanger, uno de los tres únicos científicos que han recibido dos galardones en el terreno de la ciencia (los otros dos son Marie Curie y John Bardeen), se hizo merecedor del primero por dar con el modo de secuenciar las cadenas de aminoácidos que conforman las proteínas, y el segundo, por la secuencia del ADN. Otros se han otorgado por el uso de radioisótopos como marcadores químicos y, de forma reciente, por la invención de la reacción en cadena de la polimerasa, que permite aumentar mil millones de veces un grupo reducido de moléculas de ADN que contenga un gen de interés de manera que pueda ser secuenciado. Todos los citados fueron precursores de un número ingente de descubrimientos, e hicieron posible a los científicos formular nuevas categorías de preguntas.

Existen casos en que se ha incluido a los autores de un descubrimiento a la hora de dar el Nobel por desarrollos posteriores de su obra. Y así, en 1945, cuando Ernst Boris Chain y Howard Florey recibieron el de Fisiología y Medicina por la penicilina, lo compartieron con Alexander Fleming, pues fue él el primero que observó las propiedades antibióticas del moho que secreta la sustancia, aunque no llegó a desarrollar el antibiótico. Un ejemplo aún más gratificador lo ofrece el Nobel que fue concedido, en 1986, a Gerd Binnig y Heinrich Rohrer por el microscopio túnel de barrido, así como a Ernst Ruska, quien había inventado, en 1933, su antepasado, el primer microscopio electrónico, y seguía vivo. Estos dos casos parecen justificar las quejas de Damadian. La longevidad puede ser un factor decisivo para un científico, toda vez que jamás se ha otorgado un Nobel de forma póstuma. Barbara McClintock, genetista estadounidense que llevó a cabo una labor relevante entre la década de 1930 y la de 1940, recibió el de Fisiología y Medicina en 1983, cuando contaba 89 años. Sin embargo, y pese a que nadie dude de que lo merecía, lo curioso es que, al decir de su biógrafo, el descubrimiento concreto que se menciona en el texto del galardón no era original de ella.[5]

Con demasiada frecuencia se ha olvidado a científicos de mérito a la hora de otorgar el Premio Nobel. Lise Meitner, la primera física que reparó en que los experimentos de dos antiguos colegas de Berlín demostraban que se había logrado la partición del átomo, jamás lo obtuvo, a diferencia de Otto Hahn, uno de aquéllos, que lo recibió en 1944. Arne Tiselius, que amén de haber sido condecorado en 1948 con el de Química por la electroforesis, goza de un poder considerable en las deliberaciones del Karolinska Institutet, reconoció que la omisión más llamativa fue la de Oswald Avery, el primero que afirmó que los genes no están constituidos por proteínas, sino por ácido desoxirribonucleico. Rosalyn Franklin, de cuyos datos se sirvieron James Watson y Francis Crick en 1953 a fin de poner en claro la estructura del ADN, murió antes de que se les concediera, en 1962, el de Fisiología y Medicina. Quien sí lo compartió con ellos fue Maurice Wilkins, colega de la biofísica, quien, pese a haber pasado siete años refinando su configuración después de que se hiciera pública, no contribuyó de forma crucial al descubrimiento en sí sino mostrando a Watson la fotografía de cierta forma de ADN que había tomado Franklin por difracción de rayos X, y de la que éste obtuvo información esencial para el modelo.

Han sido muchos los predecesores que han quedado fuera de la nómina de galardonados. El Nobel de Fisiología y Medicina de 1923 fue a parar a Frederick Banting y John Macleod, quienes habían descubierto, un año antes, la insulina. Este último era jefe de departamento en la Universidad de Toronto, pero no había participado en la investigación: todo el trabajo se debió a Banting, a Charles Best, estudiante de medicina, y al bioquímico James Collip. Tan bochornosa fue la exclusión, que Banting insistió en compartir su retribución con Best, en tanto que Macleod dividió la suya con Collip. En 1974, cuando Martin Ryle y Antony Hewish recibieron el Nobel de Física por el hallazgo de los púlsares, el irascible cosmólogo Fred Hoyle no pudo menos de montar en cólera ante la preterición de Jocelyn Bell, la estudiante de astronomía que había protagonizado la observación radiotelescópica que desembocó en aquel descubrimiento. La que en la actualidad es la doctora Jocelyn Bell Burnell ha hecho caso omiso con gran serenidad del alboroto surgido en torno a este asunto. Sin embargo, no puede decirse lo mismo de Erwin Chargaff, quien, a finales de la década de 1940, tras estudiar la naturaleza bioquímica del ADN, había publicado ciertos hechos que no llegó a interpretar pero que quedarían explicados por la estructura de Watson y Crick. Chargaff mantuvo una nutrida correspondencia postal con científicos de todo el mundo en torno a su exclusión del Premio Nobel, y se convirtió en un mordaz polemista en contra de la biología molecular.

Otros han demostrado ser demasiado orgullosos para protestar o demasiado conscientes del espectáculo que podían ofrecer sus quejas. El autor de estas líneas conoce, lo bastante bien para poder dar fe de los hechos y de la actitud con que se han afrontado, dos casos de este último proceder. Uno de ellos es el de un científico que descubrió cierto fenómeno biológico, elaboró un artículo sobre el particular... y hubo de ver cómo se lo rechazaba un director de revista con dudas. Entre tanto, otro hizo el mismo descubrimiento innovador y escribió un trabajo en el que, de hecho, reconocía haber recibido de aquél material y ayuda técnica. Después de que éste saliese publicado, otros dos investigadores desarrollaron el fenómeno hasta convertirlo en una potente herramienta de la ingeniería genética. Cuando recibieron el Nobel, lo hicieron junto con el segundo descubridor. No voy a identificar al primer científico ni revelar cuál fue su hallazgo, dado que él jamás ha querido hablar en público al respecto, en tanto que en privado —aun ante sus mejores amigos— sólo lo ha hecho cuando se le ha interrogado de forma directa. El segundo ejemplo lo protagoniza alguien que es el orgullo de su disciplina, una persona cuyos métodos e ideas influyeron de forma directa en la obtención del Nobel por parte de otros dos investigadores. Muchos de quienes trabajan en el mismo campo que él o pertenecen a su universidad estarán dispuestos a asegurar, sin resentimiento alguno para con los ganadores, que deberían haberlo incluido en el galardón. Sin embargo, no tengo noticia de que él haya mencionado jamás el asunto. El comportamiento de estos dos científicos, como el de Jocelyn Bell Burnell, constituye un elegante contraste frente a los derrochadores arranques de cólera de Raymond Damadian.

Mientras defendía su actuación con respecto al asunto de Imanishi-Kari, David Baltimore dijo entre otras muchas cosas: «Uno tiene que confiar en sus colaboradores». Una frase así, en el contexto en que la pronunció, supone una corrupción de la idea de confianza, de fe, que impera entre los científicos, quienes siempre se han guiado por el principio contrario, que establece que el autor de un trabajo de investigación debe responder de la totalidad de su contenido. Ya hemos visto que, sin embargo, la conducta de muchos científicos ha obviado esta máxima. Si bien apenas cabe culpar a los investigadores jóvenes que se vieron elevados sin saberlo a la condición de autores por mano de Robert Slutsky, no debemos olvidar a los 47 coautores con que contó John Darsee en uno u otro de los 109 artículos que vio publicados. Muchos de ellos habrían topado con sus disparates de haberse molestado siquiera en leer con un mínimo de atención alguno de los escritos en los que también aparecía su nombre. Las causas son generales —estructurales, una vez más—, inherentes a la concepción tradicional de autoría, concepción que ha demostrado ser incapaz de responder al crecimiento y al cambio. Una vez más, el fraude vuelve a arrojar una luz espeluznante, reveladora, sobre las prácticas aceptadas en el ámbito de la ciencia.

La fe en el trabajo de otros es tan esencial para la empresa científica que apenas si se menciona jamás, y sin embargo, forma parte de sus cimientos. Por tal no sólo se entiende la confianza en los colaboradores, coautores, etc., sino la que por lo general necesitan quienes basan su labor en los hallazgos de otros, y de un modo más universal, la que alberga la ciudadanía con respecto a los hechos e ideas de la ciencia, fe que una vez perdida resulta muy difícil de recuperar. Cualquier noción de norma científica carece de sentido sin ella. Y esta seguridad se encuentra en peligro en el momento en que los investigadores se muestran remisos a debatir la labor que tienen entre manos por temor a las ambiciones de sus competidores; amenazada cuando existe la sensación de que el fraude —y en particular el plagio— se ha tornado ya en algo habitual; y cuestionada cuando la motivación de los científicos parece responder a sentimientos encontrados, cosa que sucede cuando los académicos de moda ponen de relieve el entusiasmo de la comunidad investigadora a la hora de negociar sus condiciones frente a las presiones propias de las redes de poder, o cuando el público entiende que ciertos investigadores están empleando la labor que han llevado a término con financiación gubernamental para amasar fortunas personales.

La confianza en el sentido que con tanta ligereza parodiaba Baltimore resulta indispensable, por ejemplo, entre quienes colaboran en la ejecución de los experimentos —complicados en extremo, aunque no por ello menos minuciosos— de la actual física de altas energías o de partículas. En un simple informe de investigación del SLAC, el Centro de Aceleración Linear de Stanford, o de su rival europeo, el CERN, o Consejo Europeo de Investigación Nuclear, y las colosales instalaciones de que dispone a las afueras de Ginebra pueden figurar los nombres de más de un centenar de autores, expertos en física teórica y experimental, informáticos y legiones de técnicos de muy diversas especialidades. De ninguna manera podrá el físico cuyas hipótesis se están poniendo a prueba o el que ha diseñado el mecanismo para hacerlo supervisar el cometido de, digamos, los técnicos encargados de mantener el vacío absoluto en el interior del túnel del acelerador o los que calibran el haz o manejan los detectores. Cada uno de estos más de cien autores debe vivir con el convencimiento de que los demás confían en su trabajo. En eso se fundamenta su moral, su espíritu. Hacer «ciencia en equipo» comporta mucho más que emprender investigaciones con un número considerable de colaboradores.

Cierto artículo publicado en *Nature*, en julio de 2003, acerca de la secuencia de ADN de determinado cromosoma humano, recogía, junto con el de L. W. Hillier, su autora principal, los nombres de 106 científicos pertenecientes a ocho instalaciones investigadoras distintas.[6] La biología, y en particular cuanto tiene que ver con el estudio de las implicaciones del proyecto genoma, se vuelve, en ocasiones, una disciplina tan multitudinaria y dependiente de especialidades diversas como lo es buena parte de la física. Los contextos, sin embargo, son diferentes en una y otra. Los patrones de acciones recíprocas que se establecen en la física de partículas se adivinaban ya desde un principio, durante la segunda guerra mundial, en el marco del Proyecto Manhattan. El trabajo en equipo fue desarrollándose a lo largo de medio siglo a medida que evolucionaban las instalaciones de más envergadura. La división de funciones y responsabilidades dio origen a cuerpos institucionales de mandos intermedios, formales aunque tácitos, que a su vez fueron alistando a más integrantes para la empresa en curso. Los visitantes a los que se ha asignado cierta cantidad de tiempo —mercancía por demás preciosa— para usar las instalaciones tampoco podrían operar sin estos cuerpos. Por otra parte, no puede decirse que este patrón sea exclusivo de la física de altas energías, y así, por ejemplo, es posible encontrarlo, a escala menor, en los grupos que trabajan con grandes telescopios, y sobre todo con el telescopio espacial *Hubble*, aunque también con los que conforman la red de grandes observatorios astronómicos terrestres. En el otro extremo se encuentran ámbitos de la física principalmente teóricos, muy especializados, abstrusos y sin vinculación directa con la tecnología de grandes instrumentos. Una disciplina así puede estar constituida por la labor de poco más de unos cuantos centenares de científicos dispersos por todo el mundo; una comunidad que, según uno de sus integrantes, parece elitista para los profanos, aunque para ellos no deja de ser democrática e igualitaria. Aquí, la confianza se garantiza por el hecho de que cualquiera de ellos posee la competencia necesaria para juzgar la obra del resto.

Reflexionando acerca del contraste existente entre la física y la biología, el director de *Nature* escribió en julio de 2003 —una semana antes de publicarse el artículo de los 107 autores— que en el terreno de esta última disciplina están surgiendo grupos de trabajo en consonancia con una tradición en la que quienes plantean los problemas y exponen las hipótesis son investigadores individuales. A su entender, el nuevo orden «exige que biólogos, químicos, físicos e ingenieros mezclen y aun fusiones los usos y lenguajes de sus disciplinas —lo que a veces es mucho pedir—». En el ámbito de la investigación biológica, la ciencia en equipo ha brotado de forma tan reciente como precipitada, sin que medien un código de valores institucional sólido ni mandos intermedios firmes.

En contraste con la labor científica colectiva, a principios de la década de 1960 se dio una carrera frenética y por demás competitiva en lo tocante a la dilucidación del código genético, o conjunto de relaciones bioquímicas por las que los genes, almacenados en las células en forma de cadenas de ADN, pasan a quedar expresados en secuencias de proteínas.[7] En cuanto ADN, un gen consiste en una larga serie de cuatro entidades químicas diferentes, o bases: adenina, timina, guanina y citosina; en tanto que las proteínas están constituidas de veinte aminoácidos distintos. En consecuencia, con un alfabeto de cuatro letras debe especificarse una secuencia de veinte objetos diferentes. Palabras de dos caracteres, formadas por cualquiera de las bases en la posición inicial más cualquiera de ellas en la última, no podrían codificar más de 16, mientras que tomando tres letras se pueden crear 64 combinaciones. Esto quiere decir que descifrar el código resulta complicado por el elevado número de repeticiones posibles. Cada tríada recibe el nombre de *codón*. La técnica empleada para identificar a qué proteína especifica cada codón fue descubierta por Heinrich Matthaei y Marshall Nirenberg, investigadores de los Institutos Nacionales de la Salud (NIH). Este último anunció la primera tríada en el congreso internacional de bioquímica celebrado en Moscú en agosto de 1960. La competitividad creció en intensidad, acrimonia y desorganización. Participaron en ella tres laboratorios de renombre, varios concurrentes de menor relevancia y cierto número de afirmaciones tan apresuradas como erróneas. Francis Crick, que raras veces procedía como un experimentador, se vio obligado a llamar al orden a unos y otros.

Los ensayos clínicos multitudinarios concebidos para probar nuevos fármacos o tratamientos han sido, desde hace mucho, el único género de ciencia biomédica llevada a cabo en equipo. Pese a que en ocasiones se verifican a una escala inmensa, y conllevan el seguimiento, durante muchos años y en no pocos hospitales, de muchos miles de sujetos, su organización no pasa de ser rudimentaria. Se trata de experimentos caros, descentralizados, difíciles de supervisar e imposibles de repetir, y por esta razón se basan en la confianza. Los artífices del estudio general dependen de la veracidad y la honradez de quienes colaboran con ellos enviando desde los distintos centros informes rutinarios, más propios de un oficinista que de un investigador médico. Tampoco puede desarrollarse un verdadero sentido de trabajo en equipo interdependiente, ni lo que tal labor tiene de positivo para la moral de los participantes. En resumidas cuentas, los ensayos clínicos de cierta magnitud invitan a la negligencia y al engaño.

A finales de la década de 1980 tuvo lugar un cambio radical en el tratamiento del cáncer de mama. Hasta entonces, el procedimiento más común era la mastectomía: cuando se descubría un tumor canceroso en el pecho de una paciente, se extirpaba toda la mama, y si la enfermedad se había extendido a los ganglios linfáticos de la axila, se eliminaba también este tejido. El método permitió curar a muchas afectadas, aunque la desfiguración que provocaba resultaba muy dañina desde el punto de vista psicológico. Entonces se anunció que, en los casos en que los nódulos linfáticos no están afectados, es suficiente con la escisión del tumor en sí seguida de radioterapia, lo que permite conservar el resto del pecho. Las tasas de supervivencia que presentaba la tumorectomía —término extraño pero inolvidable— eran tan elevadas como las de la mastectomía.

El cambio fue posible gracias a un estudio clínico llevado a la práctica a largo plazo y con la colaboración de diversas instituciones.

La organización fue obra del Proyecto Nacional de Cirugía Adyuvante de Mama e Intestinos, una red de centros que ha efectuado numerosos ensayos de tratamientos contra el cáncer complementarios a las intervenciones quirúrgicas o sustitutivos de éstas. Bernard Fisher, cirujano de la Universidad de Pittsburgh, fue uno de sus cofundadores, amén de su presidente durante más de un cuarto de siglo. En el estudio participaron 2.163 afectadas en 90 centros sanitarios. En ninguno de ellos se trató a tantas como en el hospital de Saint Luc de Montreal, en donde el doctor Roger Poisson empleó a 354 pacientes. El primer trabajo, que fue también el definitivo, apareció publicado en 1985 en *The New England Journal of Medicine*, revista que recogería, en 1989, un segundo estudio acompañado de dos artículos sobre el uso de quimioterapia en casos de cáncer de mama. Todos tenían a Fisher por principal autor y a Poisson como uno de los coautores.

Las mujeres que debían pasar por quirófano se mostraron muy animadas ante aquel cambio, si bien algunas no perdieron toda su aprensión. Más tarde, el 13 de marzo de 1994, vio la luz en la primera plana del *Chicago Tribune* una noticia de John Crewdson, implacable como siempre en su lucha contra las prácticas científicas censurables, que llevaba por título: «Estudio fraudulento sobre cáncer de mama».[8] Según la información obtenida por el periodista, Poisson había falseado algunos de los historiales del Saint Luc a fin de incluir en el estudio a pacientes que no cumplían, en realidad, los requisitos necesarios para formar parte de la muestra.

La catastrófica reacción no se hizo esperar: la mayoría de las estadounidenses no ignora que el cáncer de mama constituye la principal causa de muerte por carcinoma entre ellas, y lo cierto es que la dolencia ha adquirido una terrible significación, hasta tal extremo que no falta quien lo considere una cuestión de feminismo, un símbolo de la incapacidad de que da muestras la sociedad a la hora de abordar de un modo adecuado las necesidades de la mujer. Por otra parte, las acusaciones de Crewdson se dieron en un momento en que el público albergaba una gran preocupación en torno al fraude científico, pues no era extraño a la sazón que en los periódicos se hablase del caso de Baltimore y de algunos otros, así como de las investigaciones que habían emprendido diversas comisiones del Congreso y que estaban captando una publicidad nada baladí. El Instituto Nacional del Cáncer y la Oficina de Integridad Investigadora tomaron cartas en el asunto; la subcomisión del diputado John Dingell programó una serie de vistas para resolverlo, y la Universidad de Pittsburgh obligó a Fisher a dimitir del cargo de presidente del Proyecto Nacional de Cirugía Adyuvante de Mama e Intestinos.

El caso ilustra de un modo claro los problemas de supervisión y confianza que se presentan en los estudios clínicos a gran escala, y cuya frecuencia es tanta que deben considerarse siempre un riesgo. Sin embargo, también resulta revelador en lo que respecta a los dilemas propios de la respuesta institucional. Si bien el capítulo 9 aborda esta cuestión de un modo más general, conviene centrarse ahora en el desarrollo del caso de Fisher. No cabe dudar de que tanto él como Poisson habían incurrido en un comportamiento irregular. Así y todo, diferían entre sí tanto en el grado de culpabilidad como en el delito. El último había tergiversado la información de las operaciones quirúrgicas practicadas a seis pacientes, cuando menos, de manera que pudiesen incluirse en el estudio. Según se hizo público en *The Lancet*, había creído que las afectadas que participasen en éste recibirían un trato más esmerado, por lo que aseguró estar convencido de haber actuado en interés de las seis. Cinco semanas después de aparecer el artículo de Crewdson, Drummond Rennie analizó el asunto con gran detalle en las páginas del *Journal of the American Medical Association (JAMA)*.

> No es culpa del doctor Fisher —escribió, entre muchas otras cosas— que uno de sus muchos asociados, que además pertenecía no ya a otra institución, sino a otro país, cometiese fraude. Tampoco es culpa de *The New England Journal of Medicine* no haber detectado las falsificaciones, algo que ni puede ni pretende hacer el proceso de revisión. Cuando los coautores son víctima de engaño, no debemos sorprendernos de que puedan serlo con más razón las revistas, que no tienen acceso a los datos originales.

Cuando sí incurrió Fisher en una falta grave fue, en opinión de Rennie, al adoptar con respecto al fraude una actitud dilatoria y secretista. En junio de 1990, cuatro años casi antes de la publicación del artículo de Crewdson, el grupo de Fisher había topado con anomalías en los datos de Poisson, y tres meses después habían surgido algunas más durante un examen ordinario. En aquel momento, el propio Fisher revisó varios cientos de los casos de Poisson, y en febrero de 1991 lo destituyó e informó por vez primera al Instituto Nacional del Cáncer.

Éste dejó el asunto en manos de la Oficina de Integridad Científica —que en aquel preciso instante estaba inmersa en el proceso por el que dejaba de estar subordinada al director de los NIH y pasaba a denominarse Oficina de Integridad Investigadora—. Su equipo se hizo con los historiales y elaboró a partir de ellos un informe que no salió a la luz hasta febrero de 1993, pasados ya dos años. En él se hacía constar que los investigadores habían hallado «115 ejemplos bien documentados de invención o falsificación de datos constituyentes de conducta científica reprobable». Poisson afirmó ser el único responsable de todo esto. En marzo de 1993, se le negó la posibilidad de recibir financiación investigadora alguna de Estados Unidos durante un período de ocho años. Llegado mayo, había reconocido haber falsificado los resultados de otros estudios, y la Administración de Alimentos y Fármacos lo incapacitó de por vida para percibir becas de ningún tipo.

Sin embargo, ni Fisher ni el Instituto Nacional del Cáncer publicaron corrección alguna en los 45 meses transcurridos desde el momento en que Fisher supo que los datos estaban corrompidos. Cuando salió a la luz la historia de Crewdson, el Proyecto Nacional de Cirugía Adyuvante de Mama e Intestinos aseveró que el Instituto Nacional del Cáncer había ordenado que no se hiciese público lo sucedido hasta que se hubiera completado la investigación. Asimismo, aseguró haber llevado a término un segundo análisis estadístico del estudio, excluyendo primero los seis casos que Poisson había reconocido haber alterado y después los 354, y haber comprobado que las distintas versiones demostraban que la información fundamental no se veía alterada en ningún caso. En la conclusión se mantenía que la tumorectomía resultaba tan eficaz como la mastectomía para tratar a las enfermas de cáncer de mama cuando la dolencia no ha afectado aún a los ganglios linfáticos. Este hecho revestía una importancia vital tanto para la profesión médica como para el público: si el grupo de Fisher hubiese publicado este segundo análisis, Crewdson no habría tenido historia que contar ni las mujeres una nueva razón para inquietarse.

El que no se enmendara la bibliografía científica fue, al parecer de Rennie, el culmen de aquel escándalo.

> No parece lo menos extraordinario de este triste asunto —escribía— el hecho de que los autores hayan hecho caso omiso de los derechos e intereses de la revista en que se publicaron los datos fraudulentos, *The New England Journal of Medicine*, y de sus lectores. Sin duda nadie albergaba más interés que ella en difundir una corrección lo más pronto posible, y tenía derecho a ser informada.

Rennie vinculaba este hecho con cierto aspecto relativo a la confianza y a su justificación.

> Entre tanto —seguía diciendo—, el grupo de Fisher ha pasado un tiempo nada desdeñable asegurando a los medios de comunicación que sus conclusiones no se ven alteradas tras purgarlas de los datos procedentes de las pacientes de Poisson. Tal vez sea cierto: los logros de Fisher son tan considerables y su grupo goza de tal credibilidad que me inclino a creerlos. ... Pero también podría ser que no lo fueran: sin disponer de los datos en cuestión, no tenemos modo alguno de saberlo. Todo apunta a que se espera de nosotros que creamos sin el menor asomo de duda la nota promisoria del Proyecto Nacional de Cirugía Adyuvante de Mama e Intestinos, aunque el modo como abordó la institución el problema constituye una muestra de la clase de proceder que con más rapidez erosiona esta confianza.

La de proteger la integridad del corpus científico y los procesos de la ciencia vuelve a aparecer, más allá de cualquier cuestión relativa a la responsabilidad individual, como la primera necesidad a la hora de responder al fraude científico.

En cierta área de la biología se ha desarrollado en el transcurso de las dos últimas décadas un género de equipo científico que requiere la clase de confianza que tan bien conocen los físicos. Se trata de los proyectos relacionados con el genoma. Si queremos remontarnos a los orígenes del que pretende descifrar el del hombre, al momento en que no era más que un deseo, una idea incipiente, hemos de acudir a principios de la década de 1980. Cuando ésta tocaba a su fin, ya se había llegado entre los biólogos, tras la celebración de una serie de simposios, a cierto consenso en lo tocante a cuáles eran los objetivos, se habían elaborado informes al respecto y, una vez analizado el asunto por el Congreso, comenzaba a fluir el dinero. Estados Unidos, Europa y Japón habían dado principio a los trabajos de investigación, y los NIH habían instituido una Oficina de Investigación sobre el Genoma Humano, que tuvo por primer presidente a James Watson. Nadie ignoraba, desde el principio, que aquél iba a ser un programa de ciencia de la grande, costoso e internacional, y que iba a requerir la colaboración de un buen número de centros diferentes. Por eso mismo, no faltó una minoría vociferante de biólogos que se opusiera al proyecto durante la etapa en que comenzaba a cobrar forma. Quienes la integraban alegaban que acapararía buena parte de los fondos destinados hasta entonces a otras investigaciones, aunque lo que más temían era que la reorganización de la biología alejase a la disciplina de aquella idea de ciencia a pequeña escala, responsabilidad de un solo investigador, que se había derivado de los planteamientos de Vannevar Bush y bajo la cual había prosperado. Parte de aquella oposición quedó anulada ante las cuantiosas sumas asignadas por el Congreso. Por otro lado —y este hecho tiene una importancia fundamental—, las nuevas tecnologías estaban permitiendo automatizar y acelerar la secuenciación a un ritmo comparable al del célebre crecimiento de la velocidad y la memoria de los ordenadores. Y es que los proyectos vinculados al genoma son, también en este sentido, similares a la física más avanzada por lo que respecta al papel elemental desempeñado por las altas tecnologías, que no sólo se verifica en el equipo, sino también en la consiguiente división del trabajo, que condiciona la evolución de los grupos de investigación, de su espíritu y de su confianza.

Si el Congreso aprobó el proyecto fue mediante la promesa de que se terminaría llegado el año 2003. Estaba previsto que su culminación trajese consigo avances de importancia en la comprensión y el tratamiento de enfermedades —lo que demuestra que la doctrina de V. Bush no ha perdido vitalidad—. *Nature* dedicó al genoma humano el número correspondiente al 15 de febrero de 2001, cuyo grosor era semejante al de un libro: a sus 154 páginas —sin contar las de anuncios— se sumaban dos llamativos diagramas desplegables, impresos a todo color por una y otra cara, de unos treinta centímetros por noventa, en los que se mostraban todos los cromosomas. El artículo central tenía por firmante al Consorcio Internacional para la Secuenciación del Genoma Humano, aunque remitía al lector a la «lista parcial de autores» reproducida en la página opuesta.[9] En ella se incluían más de doscientos nombres, agrupados por organismos investigadores que aparecían en orden descendente según la porción de secuencia con la que hubiesen contribuido. El proyecto estaba dirigido por Eric Lander y 33 colegas del Centro de Investigación del Genoma, entidad perteneciente al Instituto Whitehead de Investigación Biomédica, vinculado a su vez con el Instituto Tecnológico de Massachusetts (MIT). A continuación se relacionaban los nombres de Jane Rogers y John Sulston, junto con treinta colaboradores del Instituto Sanger, sito a las afueras de Cambridge (Reino Unido). Después, otros 17 centros, tres de ellos ubicados en Alemania, dos en Japón, uno en China y otro en Francia. Entre quienes encabezaban el consorcio cabe mencionar también a Maynard Olson, de la Universidad de Washington, situada en Seattle, y Leroy Hood —de este mismo centro, aunque procedente del Instituto Tecnológico de California—, principal motor del desarrollo experimentado por la tecnología que permitió la secuenciación automática. La gestión científica había estado coordinada por Francis Collins, director del organismo que el Congreso había elevado a la condición de Instituto Nacional de Investigación del Genoma Humano, subordinado a los NIH. Como un transatlántico rodeado de remolcadores, el artículo iba acompañado de treinta reseñas, comentarios, artículos menores y cartas en los que se ofrecían noticias, análisis y pronósticos.

El día 16 de aquel mismo mes de febrero, *Science* publicó también la secuencia del genoma humano en un artículo firmado por J. Craig Venter, en primer lugar, y otros 175 investigadores.[10] Se trata de un grupo de científicos muy distinto del anterior: todos los autores, a excepción de catorce, trabajaban en Celera Genomics, empresa comercial sita en Rockville (Maryland), muy cerca de los NIH. Venter, bioquímico de profesión, había dejado la labor investigadora que estaba desarrollando en este último organismo con secuencias genéticas para fundar la compañía en mayo de 1998 tras asociarse a cierta firma de biotecnología. Tenía la intención de obtener la secuencia íntegra antes del consorcio internacional con fines lucrativos, y lo cierto es que actuó con rapidez. Supo, en efecto, explotar la tecnología de secuenciación automática en desarrollo a fin de obtener resultados un año antes de la fecha establecida para la culminación del proyecto del genoma humano. Entre Venter y Collins —y Lander, del MIT, y Sulston, del Instituto Sanger, en consecuencia— existía una enconada rivalidad personal, y este hecho llevó también al consorcio a tener lista la secuencia un año antes de lo previsto. Varios representantes destacados de la biología molecular acordaron entonces que las conclusiones de unos y otros se publicarían en el curso de la misma semana. Obviando, de un modo extraordinario, la norma establecida entre los científicos en lo tocante a la publicación abierta, Venter negoció con Donald Kennedy, director de *Science*, un acuerdo por el que los datos obtenidos por Celera se tornaban en producto registrado y no podrían emplearse sino mediante pago. (Venter no dudó en abordar la secuenciación de los genomas del ratón y la rata, pero la venta de los derechos resultó no ser tan rentable como había pronosticado, y así, en enero de 2002 abandonó la compañía, que se centró entonces en el desarrollo de nuevos fármacos.)

La secuencia de 2001, por más que supusiese un verdadero triunfo de la ciencia en equipo, seguía requiriendo un trabajo considerable, pues adolecía de algunas lagunas y de cierto grado —no demasiado significativo— de inexactitud. Sin embargo, como borrador era excelente, y hay que decir que, como cabía esperar, el Congreso se dejó seducir por la promesa de que el proyecto del genoma humano quedaría rematado en 2003. Sin embargo, los programas relacionados con éste seguirán aún en expansión cuando llegue el año 2053, toda vez que la secuencia de nucleótidos del hombre no es más que el principio más esencial. Ningún mapa es tal hasta que se le añade una leyenda que identifique sus componentes, y aún había que localizar los genes y determinar sus cometidos, así como identificar los elementos de control, explicar su funcionamiento, etc. Además, los biólogos ya han topado con circunstancias importantes que no podían haber predicho. Por otra parte, los frutos que iba a producir en lo tocante a la comprensión y el tratamiento de enfermedades sólo podrán comenzar a recogerse una vez que el proyecto se haga con un número ingente de datos relativos a las variaciones que se dan en la secuencia entre un individuo y otro: para los médicos que tratan con pacientes, el mapa genético ha sido siempre el mapa de los defectos genéticos. Y aún cabe decir más: los genomas de otros seres vivos permiten hacer comparaciones muy útiles, por cuanto iluminan el funcionamiento de los genes y los controles, amén de posibilitar, a la larga, la dilucidación de relaciones evolutivas precisas. Con todo, no pasa mucho sin que se aporten nuevos detalles del genoma humano, en tanto que los biólogos se han centrado con avidez en la obtención de secuencias pertenecientes a organismos que van desde virus, bacterias y levaduras hasta el ratón y el chimpancé, pasando por diversas especies de gusanos y por la mosca del vinagre. Toda esta labor la están llevando a cabo equipos que cooperan desde un buen número de centros diferentes, tal como ha quedado demostrado, de hecho, por el citado artículo sobre la secuencia del cromosoma humano número 7 firmado por Hillier y 106 colaboradores.

Todo lo dicho nos lleva, una vez más, a los problemas relacionados con la autoría. En 1978, se congregó en la ciudad canadiense de Vancouver (Columbia Británica) cierto número de directores de revistas médicas con el objeto de sentar las normas generales a que habrían de ceñirse los originales a ellos remitidos. El que desde entonces se conoció como Grupo de Vancouver creció y evolucionó hasta convertirse en el organismo que recibe la denominación formal de Comité Internacional de Directores de Revistas Médicas. Se reúne cada año, y en 1979 publicó un primer conjunto breve de requisitos uniformes que con el tiempo ha pasado por repetidas revisiones y ampliaciones, la última de las cuales data de 2003. En la actualidad aborda también cuestiones éticas asociadas con la publicación. El Grupo de Vancouver emitió las primeras directrices relacionadas con la autoría en 1985. En ellas se decía que «todos y cada uno de los firmantes deberían haber participado lo suficiente en el trabajo para poder asumir la responsabilidad pública de su contenido», así como que todo autor debería satisfacer tres criterios: haber llevado a efecto «contribuciones sustanciales» a la concepción y el diseño de la investigación o al análisis de sus datos; a la redacción o revisión del artículo resultante, o a la «aprobación final de la versión que se pretende publicar».

En 1988, tres años después de hacerse pública esta definición, Stephen Lock escribió en el *British Medical Journal*: «La autoría ya no comporta las responsabilidades que debería llevar aparejadas: la capacidad de justificar intelectualmente el contenido íntegro de un artículo». Hoy, el aserto parece tanto un lamento como una confesión.

Los problemas surgen cuando interviene el fraude. El principio que establece que cada uno de los autores de un artículo es responsable de la totalidad del escrito ha sido objeto de apremiantes defensas, como demuestra la contundencia de las cartas al director aparecidas en *Science* en diciembre de 1996. El contenido de éstas giraba en torno a un caso surgido en el laboratorio de Francis Collins, director del Instituto Nacional de Investigación del Genoma Humano, que contaba aquel año con un presupuesto de 189 millones de dólares. Collins presidía también otros programas, incluido un laboratorio de genética de su propiedad, en el que, según anunció Crewdson en la primera plana del *Chicago Tribune* el 29 de octubre, se habían descubierto prácticas irregulares.[11] Collins se estaba retractando de cierto número de artículos sobre los factores genéticos de la leucemia, y el 1 de aquel mes había hecho pública una carta abierta a otros científicos del ramo, si bien los abogados del NIH le habían recomendado no ir más allá. Un día después, Lawrence Altman, periodista de *The New York Times*, se hizo eco de la noticia y proporcionó no pocos detalles al respecto, y a la semana siguiente, Eliot Marshall, corresponsal veterano de *Science*, reconstruyó todo lo sucedido en las páginas de la revista.[12]

Los hechos eran tan sencillos como suelen serlo en estos casos, bien que tenían dos rasgos tan poco comunes como alentadores. El primero fue la admirable expedición con que lo abordó Collins, y el segundo, el que la advertencia inicial de que algo no iba como debiera provino de un revisor. En agosto, aquél había recibido una llamada del director de la revista inglesa *Oncogene*, quien le hizo saber que durante el proceso de arbitraje editorial se había detectado cierta irregularidad en el original que había enviado junto con otros colaboradores a la publicación: uno de los gráficos que lo ilustraban contenía dos elementos repetidos, como si se hubiese invertido parte de uno de ellos para crear el otro. De hecho, según refirió Collins a Marshall, era «totalmente incontestable si uno se fija». Quien había hecho el trabajo que se mostraba en aquel gráfico era estudiante de posgrado, y Collins, con la esperanza de que no fuese más que un incidente aislado, no dudó en rastrear minuciosamente los cuadernos del joven, ayudado por otro científico del laboratorio, ni en buscar en el congelador el material que había empleado en otros experimentos publicados. Después de dos semanas, «comenzaron a hacerse evidentes la significación y el alcance de unas invenciones de las que yo no había tenido la menor idea», según hizo saber a Altman. Lo que había descubierto lo iba a obligar a desdecirse por completo de dos artículos que habían visto la luz en 1995 y 1996, así como a corregir buena parte de otros tres. Con las pruebas en la mano, hizo comparecer ante él al estudiante, que confesó, de palabra y por escrito, después de tres horas y media. Como quiera que Collins no reveló en ningún momento el nombre de éste, los periodistas no dudaron en buscar entre los autores de los trabajos de los que se había retractado, y dieron con uno en el que, al lado del de Collins, sólo figuraba el nombre de Amitov Hajra, doctorando de la Universidad de Michigan.

El caso presenta rasgos que nos resultan familiares. Hajra había llegado al laboratorio con excelentes recomendaciones, y había desarrollado en él una actividad impresionante. «La información que me presentaba semana tras semana rayaba en lo extraordinario», tal como aseguró Collins a Altman, antes de añadir con sarcasmo: «Algunas de las cosas que hizo para falsear los experimentos fueron muy creativas». Aquel asunto lo dejó desolado. En un mensaje de correo electrónico que hizo llegar no hace mucho a quien esto escribe, aseguraba: «Fue la experiencia más dolorosa de toda mi carrera científica. ... Amit Hajra era un estudiante inteligentísimo, entregado y prometedor, y poseía un dominio excepcional de la bibliografía científica. De la docena de estudiantes de doctorado que se han formado conmigo desde 1984 hasta 1995, debía de estar entre los dos o los tres mejores.» Cuando le mencioné el comentario de Efraim Racker, que aseguraba haber tratado a Mark Spector como a un hijo, respondió: «Sí: yo estoy convencido de que cualquier relación seria entre mentor y estudiante incluye aspectos propios de la que se da entre un padre y un hijo. Esto hizo aún más doloroso el descubrir que Amit había estado falseando buena parte de sus datos durante un tiempo considerable, y que me los había presentado en persona un mes tras otro sin siquiera pestañear».[13]

Tal como escribió Crewdson: «Cabe preguntarse cómo ha podido hacer figurar su nombre en primer lugar en media docena de artículos basados, por entero o en parte, en datos inventados o falsificados». Marshall planteaba una duda similar: si cabía dentro de lo razonable que el director de un complejo instituto de ámbito nacional se hallase también al frente de un laboratorio. Formuló esta pregunta a Harold Varmus, director general de los NIH, quien se encontraba en una situación similar, y éste le respondió que siempre iba a resultar difícil protegerse de «alguien muy inteligente y muy decidido». Habló asimismo con Tina Gunsalus, rectora asociada de la Universidad de Illinois, a quien su cargo la había obligado a enfrentarse a diversos casos de mala conducta. «Es inevitable —le dijo— topar de cuando en cuando con un mentiroso sin remedio. Sin embargo, no podemos permitirnos escribir normas en una comunidad cooperativa (y que como tal está fundada en la confianza) para quienes actúan de manera irregular.»

El análisis de Marshall dio pábulo a otras protestas. El número del 6 de diciembre de *Science* recogía dos cartas relativas al caso. En la de Charles Wooley, de la Universidad Estatal de Ohio, podía leerse: «Tal vez podamos estar de acuerdo en lo siguiente: si uno no ha hecho el trabajo, lo más lógico es que no haga aparecer su nombre en el artículo, y caso de hacer esto último, debe ser coherente y responder por él». Paul de Sa y Ambuj Sagar enviaron la suya desde Harvard para dejar claro lo siguiente: «El que alguien firme como coautor de un trabajo no siempre implica que haya participado en la investigación que lo ha propiciado, ni siquiera que conozca su contenido. Pensamos que los coautores deberían asumir la responsabilidad colectiva de lo que publiquen, y compartir la culpa tanto como el mérito. Resulta contradictorio escribir un artículo en colaboración y luego alegar ignorancia (y asumir incluso el papel de víctima) si surgen controversias en torno a los datos recogidos en el texto».[14]

Seis años más tarde, surgieron preguntas similares a causa del asunto de Schön, el físico de los laboratorios Bell que falsificó los datos de 17 artículos, firmados con un total de veinte colegas, en los que aseguraba haber efectuado descubrimientos sensacionales. La comisión que instituyó la compañía bajo la presidencia de Beasley dictaminó, en el informe que hizo público a finales de septiembre de 2002, que Jan Hendrik Schön era el único culpable, y exoneró a sus coautores. Tres semanas después, Donald Kennedy escribió para su revista un artículo de opinión.[15] *Science* se hallaba entre las publicaciones que más trabajos de Schön había recogido en sus páginas, y lo primero que hizo Kennedy fue defender sus prácticas de arbitraje editorial, diciendo en parte: «Hemos de reiterar que es pedir demasiado a la evaluación entre iguales esperar de ella que nos inmunice frente al fraude perpetrado con ingenio». Aparte de eso, sin embargo, la comisión nombrada por los laboratorios Bell planteó el problema, «pero dejó pendiente su resolución».

> Al tratar con cuestiones de autoría en otros cargos institucionales, he tenido oportunidad de conocer enérgicos argumentos en favor de dos posturas encontradas: hay quien defiende que, dada la naturaleza interdisciplinaria de la ciencia y la cooperación de profesionales de distintas especialidades en un mismo proyecto, no podemos esperar que cada autor asuma la responsabilidad de la validez de los resultados, y quien sostiene que, ya que todos los colaboradores obtienen reconocimiento profesional por el producto global, deberían compartir las consecuencias en caso de que éste resulte ser inválido.

Kennedy llegaba a la siguiente conclusión: «Si los beneficios favorecen a todos y cada uno de los autores, ¿no es razonable que todos y cada uno acepten también las responsabilidades? La respuesta a esto debe venir de la comunidad científica, a quien corresponde tomar una decisión al respecto».

La reforma debe partir del reconocimiento de que el principio que determina que todos los autores son responsables de la totalidad del artículo peca de idealista e impracticable. Hasta ahora, al menos, no ha funcionado. La nómina de autores que precede al trabajo publicado puede parecer algo sencillo y directo, y sin embargo, no lo es. En general se da por hecho que cuando interviene un número relativamente pequeño de científicos —seis u ocho, pongamos por caso—, el primero que se menciona es el que merece mayor consideración (los consejos encargados de otorgar nuevas plazas fijas en las universidades lo tienen muy en cuenta), en tanto que el último puesto está reservado a un autor veterano, quien en cierto sentido lo ha supervisado todo desde el lugar más alto de la jerarquía. Sin embargo, en la práctica, ni las revistas observan necesariamente este supuesto ni las instituciones individuales lo tienen reglamentado.

El orden de los autores puede revestir una gran importancia. El ejemplo más extraño que puede citar quien esto escribe es el artículo que publicaron Howard Temin y Satoshi Mizutani en *Nature* en junio de 1970 para demostrar la existencia de la enzima que no tardó en conocerse como *transcriptasa inversa*. Si bien la idea fundamental había sido del primero, lo cierto es que el segundo había hecho una aportación igual de relevante a la hora de diseñar los experimentos, y había llevado a cabo toda la labor propia del banco de trabajo. De hecho, en el original que enviaron, Mizutani aparecía en primer lugar. No obstante, cuando el artículo salió a la luz dos semanas más tarde, quien se citaba como primer autor era Temin. Cuando quien suscribe preguntó a éste, a Mizutani y a John Maddox, quien dirigía la revista a la sazón, sobre el motivo de aquel cambio, ninguno de los tres pudo dar razón alguna. En aquel mismo número se recogía el trabajo por el que David Baltimore exponía, de forma independiente, la misma demostración. El Premio Nobel fue a parar a Temin y a Baltimore. Lo compartieron con Renato Dulbecco, excelente investigador que, sin embargo, no había contribuido de forma directa a la obra de aquéllos. ¿Tuvo algo que ver en todo esto el mencionado cambio de orden? A un servidor no se le ocurre modo alguno de resolver el interrogante.

Convidados y fantasmas: aun cuando en un artículo no se mencionen demasiados autores, la lista de éstos puede ser engañosa. Robert Slutsky, investigador de la Universidad de California en San Diego, era de los más descarados a la hora de reclutar para sus escritos a autores invitados que en realidad apenas habían participado en el trabajo previo. John Darsee era otro, como también Malcolm Pearce en el

Reino Unido. La práctica se ha extendido. Entre sus variantes cabe destacar la llamada «autoría regalada», que tiene lugar cuando se menciona a los jefes de departamento aunque no hayan hecho nada —algo que hasta hace muy poco era casi universal en Alemania y que sigue siendo habitual allí y en otros lugares—. James Watson ha supervisado a un buen número de estudiantes de todos los grados, así como a colegas, y jamás ha puesto su nombre en un escrito fruto de un trabajo en el que no hubiese intervenido. Eugene Braunwald, por su parte, había acumulado más de seiscientos artículos cuando se destapó el escándalo de Darsee, lo que cuesta creer si no es mediante la autoría regalada. La honorífica, además de ser peligrosa para los autores invitados, constituye en sí un acto engañoso y agrava a menudo los fraudes que puedan cometerse en un trabajo. El extremo contrario lo constituye la autoría fantasma, que se da cuando quienes han participado no aparecen mencionados como autores, ni tal vez siquiera en los agradecimientos que preceden, impresos en cuerpo menor, a las notas finales. En diciembre de 1993, se denunciaba en un editorial de *The Lancet* cierta práctica, surgida en determinadas compañías farmacéuticas, que supone una combinación de las dos descritas. La estratagema consiste, básicamente, en hacer que una revista se avenga a publicar una reseña —no una investigación original, sino un análisis extenso de la bibliografía existente acerca de una cuestión determinada— «relacionada a todas luces con los productos de la compañía».

> En consecuencia, puede ser que tras un artículo relativo a la úlcera péptica se encuentre una empresa fabricante de un agente antiulceroso, o que uno que gire en torno a la inflamación asociada al asma tenga por objeto la promoción de una nueva fórmula de inhalación de esteroides. Un redactor profesional elabora una reseña al gusto del patrocinador, y a continuación la editorial se pone en contacto con un médico que tenga especial interés en el tema de aquélla y averigua si estaría dispuesto a figurar como autor invitado, previa aprobación del contenido, a cambio de una remuneración económica. La cima del éxito debe de ser contratar a un académico destacado y lograr que el artículo aparezca recogido en una publicación respetable y sometida a evaluación entre iguales.[16]

Seis años antes del caso de Schön, durante una conferencia celebrada en la Universidad de Nottingham en junio de 1996, Drummond Rennie ofreció una solución a todo esto: una revisión sencilla pero detallada del concepto mismo de autoría, de la asignación del mérito en lo tocante a una obra publicada. En su opinión, habría que denominar a los autores como colaboradores y especificar la contribución concreta de cada uno, de manera que la responsabilidad quedase bien deslindada. Comparó este sistema con el modo como se relaciona a quienes han participado en una obra cinematográfica, y no escatimó comentarios mordaces. La autoría honoraria quedaría puesta de relieve con la frase: «contribución: jefe de departamento». Así se lograría exorcizar a los fantasmas, y en particular a aquella forma perniciosa, patrocinada por la industria, que había condenado *The Lancet*. Por otra parte, especialistas tales como los estadísticos, que a menudo se omiten a la hora de enumerar los autores, recibirían el reconocimiento merecido. Los colaboradores nombrarían a uno o más de los suyos en cuanto «garantes» del conjunto. A renglón seguido, Rennie llevó la idea al congreso anual del Grupo de Vancouver.

Transcurrida una semana, Fiona Godlee, integrante de la plantilla del *British Medical Journal*, elaboró un informe favorable de las sugerencias de Rennie, aunque advirtió que los directores del Grupo de Vancouver no estaban convencidos de la necesidad de adoptar tales medidas y habían optado, en consecuencia, por posponer la decisión.[17] Un año más tarde, en un artículo que firmó en *JAMA* junto con Veronica Yank y Linda Emanuel, Rennie desarrolló su propuesta. Lo fundamental de ésta quedó expuesto en cinco frases del resumen que lo precedía:

> Resulta imposible evaluar el mérito y la responsabilidad si no se revela a los lectores en qué grado han contribuido quienes se mencionan como autores. El sistema es, por lo tanto, imperfecto. Abogamos por un cambio radical, en lo referente al concepto y al sistema, que refleje la realidad de la autoría múltiple y sirva de apoyo a la responsabilidad. Lo que proponemos es olvidar, por anticuada, la noción de *autor* en favor de la de *colaborador*, algo que requiere revelar a los lectores lo que ha aportado a la investigación y al original cada uno de quienes lo firman, de manera que puedan recibir tanto los elogios como los repro-

ches correspondientes. Asimismo, algunos de ellos asumirían el papel de garante de la integridad de todo el trabajo.[18]

Seguían a este sumario seis páginas rematadas por una más de referencias en letra menuda que tenían por objeto exponer los numerosos defectos —las tentaciones de la corrupción— de que adolecía el sistema predominante y el carácter práctico de su propuesta alternativa. La validez de ésta estaba demostrada, pues «no faltan, entre las obras publicadas, buenos ejemplos de este enfoque centrado en los colaboradores y en la descripción de su labor», cuando menos en lo tocante a los grandes ensayos clínicos. Citaban un estudio relativo a la supervivencia tras un infarto cardíaco en el que se mencionaba a «unos dos mil "miembros", a los que llamaríamos *colaboradores*, divididos de manera muy útil por cometido (redacción, dirección, verificación de datos, etc.), por país y por hospital. Además, se describían con gran detalle las funciones de la unidad de supervisión».

En un principio, la reforma no adquirió popularidad sino de un modo muy lento; pero en los últimos años ha alcanzado una mayor aceptación. En 2001, el Grupo de Vancouver la había adoptado como norma, y Rennie no se ha cansado de promoverla. Tras leer el artículo de Donald Kennedy sobre el caso de Schön, envió a *Science* una carta en la que volvía a recomendar su propuesta y observaba lo siguiente:

> A la comisión de Beasley le habría sido mucho más sencillo investigar a Schön, y llevar a cabo una evaluación más convincente, de haber podido ver impreso cuanto él y sus colegas aseguraban haber aportado a cada trabajo en el momento en que enviaron sus originales. En tal caso, tanto a la comisión como a los lectores se les habría hecho evidente que los coautores no hicieron nada.[19]

Es evidente que cuantos inventan y falsean en el ámbito científico conciben sus fraudes en solitario. En muy raras ocasiones se puede hablar de una conspiración semejante a las que han dado pie a los escándalos financieros de los últimos quince años —aunque, claro está, también existen excepciones, tal como vimos en el caso de Herrmann y Brach, ocurrido en Alemania—. Por otra parte, aun cuando tienen lugar intentos de callar o encubrir casos de fraude que han sido detectados, éstos apenas pueden competir en envergadura o audacia con los mecanismos de ocultación que durante tanto tiempo se prolongaron en el seno de Enron, por poner un ejemplo, o en el de la Iglesia católica. Con todo, los fingidores y falseadores operan —y con bastante éxito, durante al menos un tiempo— en el entorno social del laboratorio: deben relacionarse con los colegas, y en particular con su superior, igual que hicieron Darsee con Braunwald, Spector con Racker o Hajra con Collins. Tal como hemos visto, despliegan, por lo general, un encanto y unas energías considerables, no poca brillantez intelectual y un gran dominio de la bibliografía y las labores propias del banco de trabajo. Tampoco carecen de atractivo: las fotografías nos revelan a Schön como un hombre juvenil, de expresión cordial y mirada perspicaz —el tipo de persona que correría a ayudar a una anciana a cruzar la calle sin que a nadie se le pasara siquiera por la cabeza que pudiese robarle el monedero—.

El plagio se diferencia de otras formas de fraude en muchos aspectos. En primer lugar, se trata de un vicio solitario, pues se presta a tener lugar sin que exista interacción con otros. No conoce fronteras, tal como demuestra el hecho de que se dé en el terreno de la ficción, la historia y las humanidades, y en todo tipo de trabajos de erudición. Aunque Chales Babbage no incluyó a los ladrones en su clasificación de quienes cometen amaño y falseamiento, el plagio es, en el terreno de la ciencia, el peor enemigo de la confianza, siendo así que amenaza a todo aquel cuya obra tiene algo de provechoso. Lo primero que nos viene a la cabeza al oír hablar de este género de fraude es la copia directa de expresiones, y tal vez datos, de trabajos editados —ya en papel, ya en soporte informático— por otros. Sin embargo, lo cierto es que adopta muy diversas formas, y que puede cometerse en casi todos los estadios del proceso científico, desde el momento en que se discute un proyecto aún por emprender o ya en proceso, hasta el que se dedica a la evaluación entre iguales de solicitudes de financiación o el arbitraje editorial de originales, y también se da el hurto de trabajos publicados. Una de las formas más grotescas que presenta es la del plagio de obras del propio perpetrador, irregularidad en que incurrieron Darsee o Slutsky al variar el título y parte del contenido de artículos publicados por ellos mismos para remitirlos a una segunda revista. Y pocas hay tan insidiosas como la apropiación indebida de ideas, enfoques o métodos sin repetir datos ni formas de expresión. Con independencia de la forma que adopte el plagio, quien lo lleva a cabo lo hace con la intención de robar el mérito a otro, por lo que, mientras que el falseador crea obras que casi con toda seguridad son incorrectas, el plagiario sólo se apodera de lo que tiene visos de verdad.

A los científicos, y en especial a los jóvenes cuya reputación aún está por consolidar, no les faltan hoy día motivos para guardarse de revelar demasiada información acerca de la labor que tienen entre manos. Pensemos, por ejemplo, en las Gordon Research Conferences, conocidas por todos los miembros de la comunidad científica, aunque el público general apenas tenga noticia de ellas.[20] Tienen por objeto ofrecer un lugar en el que los participantes puedan debatir su obra y sus ideas, en total intimidad y, por lo tanto, libertad. Las normas son muy estrictas: sólo tienen cabida los científicos —quedan excluidos la prensa y los profanos—, y cualquier información, con independencia de la forma que adopte, se considera parte de una comunicación privada, de modo que jamás podrá publicarse ni citarse siquiera como procedente de una de las conferencias. Éstas se conciben a menudo con la intención de reunir a investigadores de ámbitos diversos. Quien asiste a ellas lo hace por invitación expresa, a discreción del organizador de una en particular, y para los científicos jóvenes constituyen algo similar a su puesta de largo. Se iniciaron, a pequeña escala, en la Johns Hopkins en 1931, y en 1947 se trasladaron a Nueva Hampshire, donde se celebraron diez conferencias aquel verano. Tienen lugar durante esta estación, en internados privados —ocho, en la actualidad— y a lo largo de cuatro o cinco días, que se dedican a la lectura de diversos trabajos para discutirlos de forma intensa e implacable. El año 2003 fue testigo de la celebración de 175 conferencias, que iban de la biología del envejecimiento a los virus y células o la física de rayos X.

Es indiscutible que los científicos consideran que las conferencias Gordon pueden ser enormemente productivas, estimulantes y liberadoras. Sirven de salvaguarda al libre intercambio de ideas e información, y con todo, pese a las normas que las regulan y a la reverencia con que se observan, ni siquiera en su seno es desconocido el plagio.

Existe un ejemplo emblemático de este hecho, aunque no es éste el momento de mencionar el título de la conferencia ni el año en que se celebró, ni tampoco los nombres de quienes se vieron implicados: los que conozcan el caso no necesitarán más datos. Los jóvenes colegas de dos figuras de renombre procedentes de instituciones distintas aunque respetables por igual presentaron sendas soluciones a la estructura tridimensional de una clase particular de molécula biológica de gran tamaño. Aquél fue un paso muy importante que hacía mucho que se esperaba con ansia. Las estructuras propuestas diferían. Tras la conferencia, ambos laboratorios publicaron sus resultados, y quienes habían asistido al debate repararon enseguida en que uno de los científicos había alterado la suya para que se ajustase a la del otro. La disputa que siguió fue despiadada en extremo por el hecho de haberse desarrollado en silencio. Al final, tuvo que intervenir cierta persona de relieve.

Aun cuando no resulte fácil estimar la incidencia de los casos de plagio propiciados por la evaluación entre iguales o el arbitraje editorial, hay que admitir que, por su propia naturaleza, de ambos procesos puede decirse lo que afirmó en cierta ocasión Bernard Shaw del matrimonio: que «combina el máximo de tentación con el máximo de oportunidad». Recuérdese también el testimonio de Robert Pollack: «Participar en una sección de estudio era algo impagable: tres días de seminario con los mejores científicos, durante los cuales se debatía acerca de las investigaciones más avanzadas que se estaban desarrollando en la disciplina en la que estábamos especializados». En el análisis detenido de una solicitud de subvención efectuado por un grupo de expertos, por confidencial que sea, participa un número considerable de personas, y si bien la apropiación descarada de un proyecto de investigación está, quizá, condenada al desenmascaramiento, cabe preguntarse cómo puede evitar ninguno de los científicos consultados ver su propia labor influida en ocasiones por un nuevo enfoque, acaso un nuevo método susceptible de adaptarse a otros materiales o a un problema ligeramente distinto.

Los revisores de artículos de publicaciones periódicas trabajan sometidos a menos limitaciones. Para reproducir un original apenas si son necesarios unos cuantos minutos si se dispone de un escáner o una fotocopiadora, medios que ni siquiera son imprescindibles en caso de que la revista en cuestión haga uso, como es cada vez más frecuente, del arbitraje electrónico. Un informe negativo puede hacer que la publicación se retrase a la espera de la respuesta del autor. Entre tanto, el encargado de examinar el artículo puede incorporar parte de éste a su propia obra. Hizo falta toda una cadena de coincidencias para que quedase al descubierto el uso, por parte de Vijay Soman, de material procedente del original de Helena Wachslicht-Rodbard que había revisado. Una cadena de coincidencias que destrozó, por cierto, la carrera profesional de más de una persona. Con todo, Soman no pasó de ser un plagiario estúpido, pues hizo una copia evidente: no es difícil imaginar la irónica seriedad con la que habría puntualizado Babbage que el ladrón experto evitará, una vez dilatada la publicación del artículo de su rival, toda incorporación de expresiones y datos procedentes de éste para centrarse, iluminado por un nuevo planteamiento, en los métodos en él expuestos y obtener así datos originales encaminados a un resultado similar. Cosas como ésta suceden de cuando en cuando.

Cuesta pensar, por otra parte, en un plagio más directo —y más necio— que el que cometió Elias Alsabti, aquel médico iraquí sin licenciar y sin doctorar que copiaba artículos de revistas de segunda fila y los enviaba a otras no mucho más conocidas después de cambiarles el título y poner su nombre en lugar del de los distintos autores.

En el otoño de 1997 se descubrió una variante más emprendedora. En Londres, Richard Smith y otros integrantes del recién fundado COPE (Committee on Publication Ethics, o Comité de Ética Editorial), convocaron, el 4 de septiembre, una reunión de más de un centenar de directores de publicaciones periódicas a fin de debatir sobre conductas irregulares en el ámbito de la ciencia. «Lo más habitual sigue siendo que los casos de fraude salgan a la luz por casualidad, y la magnitud del problema nos preocupa», hizo saber Smith a un colaborador de *Science*.[21] Durante el encuentro mencionado, se presentaron diversos ejemplos individuales, como el que expuso Marek Wroński, doctor en medicina de origen polaco que ejercía de director del programa de investigación neurooncológica de cierto hospital neoyorquino, quien un año antes había topado en el *Danish Medical Bulletin* con una noticia relativa a un caso de plagio. Los detalles de la narración no dejan de tener su gracia. Al parecer, alguien había traducido al polaco un artículo publicado allí por varios científicos daneses en inglés en 1989 para enviarlo como investigación original a *Przeglad Lekąrski*, en cuyas páginas vio la luz en 1992. La reunión celebrada en Londres, en parte por cuanto tienen de severo las leyes británicas contra la difamación, no se prestaba a que se hiciese público nombre alguno. El 3 de diciembre, después de regresar a Estados Unidos, Wroński envió una nota a la lista de correo electrónico SCIFRAUD, o Discussion of Fraud in Science. «Dada la legislación vigente en el Reino Unido —escribió—, éste es el único lugar en el que puedo revelar los verdaderos nombres y los escenarios de la historia.»[22] El plagiario fue Andrzej Jendryczko, ingeniero químico que había sido profesor de la Escuela de Medicina de Silesia, sita en la ciudad polaca de Katowice. Acompañaban a su firma las de cuatro coautores honorarios. La Comisión de Improbidad Científica de que dispone Dinamarca no dudó en investigar el caso cuando los autores del artículo original descubrieron la apropiación, y en febrero de 1995 declaró culpable a Jendryczko.

Cuando Wroński decidió estudiar a fondo el asunto, se encontró con que el plagiario había publicado, en trece años, unos ciento cuarenta artículos. Al examinarlos, descubrió otros 29 «cuyo texto se había tomado casi al pie de la letra de distintas revistas de medicina». Los originales habían aparecido en publicaciones británicas y estadounidenses de relieve, así como en otras de Escandinavia, los Países Bajos, Alemania y Japón. Jendryczko había traducido a su lengua materna la mayoría de lo robado para remitirlo a revistas de Polonia, aunque también había enviado varias en inglés a algunas del resto de Europa. Seguían a su nombre los de diversos conterráneos entre los que se encontraban profesores y jefes de departamento de bioquímica y cirugía, así como de tres departamentos de ginecología. Según refirió Wroński a los suscriptores de SCIFRAUD, el rector de la Escuela de Medicina de Silesia aún se mostraba evasivo en octubre sobre el particular. Sin embargo, a finales de noviembre, el cuerpo regulador universitario había emprendido una serie de pesquisas y contaba con el apoyo del consejero general de Educación de Polonia. El caso comenzaba a ocupar un lugar destacado en los medios de comunicación del país.

Esto último no habría sucedido jamás de no ser porque Wroński se hallaba en el ámbito adecuado, leía polaco y abominaba los casos de fraude. Cuando tocaba a su fin el mes de enero de 1998, Eliot Marshall volvió a tratar de aquel asunto en las páginas de *Science*.[23] Hubo de recurrir a la ayuda de Jan Latus, director de *Nowy Dziennik*, diario neoyorquino en lengua polaca, para entrevistar por teléfono a Jendryczko y a su esposa. Él seguía sosteniendo su inocencia. El 11 de marzo de 1998 SCIFRAUD distribuyó una carta escrita dos días antes en un inglés ceremonioso por Tadeusz Wilczok, responsable de Asuntos Científicos de la Escuela de Medicina de Silesia.

> La acusación de plagio —decía en parte— de artículos publicados en revistas científicas internacionales a que hace alusión el Dr. M. Wroński ha quedado ya sobradamente demostrada. Quisiera, de consiguiente, disculparme, en nombre del cuerpo regulador de la escuela y en el mío propio, ante las víctimas, así ante los autores de los trabajos cuyo contenido ha sido objeto de plagio como ante los directores todos de las publicaciones científicas que han recogido los artículos fruto de los plagios del Dr. A. Jendryczko.[24]

La parte más significativa de esta historia la constituye el método por el que se identificaron los artículos copiados. Los instrumentos que lo hicieron posible fueron Internet y el colosal archivo de revistas médicas que se conserva en la Biblioteca Nacional de Medicina de Estados Unidos. Medline es un servicio informático de ésta que localiza sinopsis de artículos del ramo, mediante pago. Uno de los autores del primer trabajo plagiado de que se tuvo noticia se había servido de esta base de datos a fin de buscar información del ámbito en que estaba investigando, y en ella había encontrado, entre otros, su propio artículo, y con él, la traducción al polaco. En el momento en que Wroński emprendió sus pesquisas, Medline se había abierto al público general a través de un servicio gratuito llamado PubMed. Éste, que recibe al día las consultas de decenas de miles de personas, ofrece una herramienta en forma de enlace que permite buscar artículos relacionados con cada uno de los que tiene registrados, mediante la activación de un potente programa que identifica palabras clave y da con otros textos que las contengan. Cualquiera que lea un trabajo publicado y sospeche que se trata de un plagio puede recurrir a PubMed para encontrar una nómina de posibles originales. Y eso fue, precisamente, lo que hizo Wroński.

La mejor noticia en lo tocante a este género de fraude es que Internet y los nuevos programas están permitiendo detectar buena parte de sus formas y convirtiéndolas así en algo muy peligroso para quienes puedan albergar la idea de incurrir en ellas. A principios de la década de 1990, Walter Stewart se permitió abandonar por un momento el hostigamiento a que tenía sometido a David Baltimore para dedicarse a las dificultades que presenta la detección de este problema. Ideó entonces un programa informático, la «máquina del plagio», que compara documentos a fin de detectar sucesiones de caracteres casi idénticas. Éste requiere, sin embargo, que el disco duro de quien lo emplea contenga el material que se quiere cotejar: no puede rastrear todos los artículos publicados sobre la faz de la tierra. Stewart y su colega Ned Feder tomaron como objeto de sus indagaciones no a un científico, sino a un eminente historiador de la guerra civil estadounidense (el autor de estas líneas no puede menos de considerar tal elección disparatada por carecer de vinculación alguna con el fraude científico). Con un afán inagotable, pasaron por el escáner libros enteros firmados por él y por otros especialistas en la materia, tras lo cual anunciaron que la máquina del plagio había hallado un buen número de pasajes que aquél había copiado de éstos. Sin embargo, el objeto de sus pesquisas decidió contraatacar, y dadas su reputación pública y las conexiones de que disponía —y toda vez que Stewart y Feder no habían hecho sino desviarse de su persecución del fraude en el ámbito científico—, consiguió pararles los pies. Los dos investigadores encontraron vedado el acceso a su laboratorio, sus equipos informáticos y las hileras de clasificadores en que habían guardado en otro tiempo las bandejas de caracoles.

La búsqueda de casos de plagio en PubMed también tiene sus limitaciones, y así, no funciona en el caso de un texto sospechoso que aún no haya sido publicado. Sin embargo, sí hay otros programas que resultan prácticos en este último supuesto. La mayoría es obra de profesores universitarios de materias relacionadas con el desarrollo de soporte lógico y responde al desmesurado aumento del plagio entre los alumnos, que se ven tentados por la rapidez y la minuciosidad que alcanzan los trabajos de investigación a través de la red. Buena parte del equipo lógico de reciente creación tiene un alcance comparable al de este incremento. Las versiones comerciales se encargan, previo pago, de llevar a cabo la búsqueda de plagios por el personal docente. Una de éstas, muy rentable al parecer, es www.turnitin.com, creada en el Reino Unido en 1996, si bien actúa, claro está, en todo el mundo.

Fintan Culwin, director de equipo lógico e ingeniería informática de la nueva Universidad de South Bank de Londres, ha creado junto con sus alumnos toda una serie de procesadores de carácter extraordinario. Son gratuitos, y pueden hallarse en su página web, Centre for Interactive Systems Engineering: Plagiarism Prevention and Detection (http://cise.lsbu.ac.uk). Uno de ellos, llamado OrCheck, se sirve del buscador Google para dar con documentos que se asemejen al texto que se quiere cotejar. El usuario debe obtener una cuenta de acceso al motor de búsqueda y lograr así lo que llaman una *clave*. Ésta permite descargar documentos y garantiza la recepción de hasta mil entradas de Google diarias. El buscador clasifica los textos que encuentra por orden de similitud, y ofrece al usuario los diez más probables para que los inspeccione.

Durante una conversación mantenida con él no hace mucho, Culwin aseguró que existen ya medios de calidad para desenmascarar a los plagiarios, aunque, como cabe esperar, ninguno de ellos puede descubrir a quien, en lugar de textos y datos, opta por robar ideas y métodos.[25]

El plagio no representa más que una de las modalidades existentes de apropiación indebida de la propiedad intelectual. Consideremos a continuación el caso de Carolyn Phinney, investigadora que obtuvo el doctorado en psicología cognitiva por la Universidad de California en Berkeley.[26] En 1988, se hallaba completando en la Universidad de Michigan una beca posdoctoral concedida por el Instituto de Investigación Social, mientras trabajaba a tiempo parcial en calidad de colaboradora del Instituto de Gerontología. La científica principal del programa por el que recibía su remuneración en este centro era Marion Perlmutter, toda una autoridad en el estudio de la senectud, en tanto que el director era Richard Adelman. Phinney estaba tratando de determinar si existe algún modo de medir la sabiduría de manera objetiva y si ésta aumenta con la edad, y a pesar de que el asunto peca acaso de vago, parece ser que la investigación iba por buen camino. Perlmutter le propuso que elaborase una solicitud con el fin de obtener una beca con la que poder ampliar su trabajo y la enviara primero a los NIH y después a la Fundación Nacional para la Ciencia. Acto seguido, decidió que era ella, en calidad de principal investigadora del proyecto, quien debía presentar la petición, en tanto que Phinney habría de aparecer como coautora. Al final, tomó el borrador de ésta y una caja suya llena de material de investigación y redactó la solicitud presentando como propio todo el trabajo hecho por Phinney, a la que ni siquiera incluyó en el texto. Tras comprobar que Perlmutter había incumplido esta y otras promesas, su subordinada acabó por protestar. Desconcertada e indecisa en un principio, en el curso de los ocho años siguientes aprendió a actuar de un modo resuelto y enérgico. Adelman emprendió una serie de pesquisas, y al cabo de unos meses, habían examinado el caso cuatro grupos de expertos conformados por profesores universitarios. Ninguno de ellos consideró que Perlmutter fuese culpable.

En consecuencia, en 1990 Phinney entabló un pleito ante el tribunal de reclamaciones de Michigan —paso este muy poco frecuente en las disputas académicas—. Acusó a Perlmutter de plagio y también de fraude, toda vez que había formulado falsas promesas con el fin de poder acceder a su investigación. Asimismo, denunció a Adelman por tratar de desacreditarla, para lo cual se acogió a la ley estatal de Protección del Denunciante, y trató de demostrar que para cada uno de los cuatro grupos de expertos por él instituidos había elegido a representantes del profesorado que habían colaborado con Perlmutter en otras solicitudes de financiación. En 1992, la universidad rescindió el contrato de Phinney, de modo que se vio en el paro. En mayo del año siguiente, un jurado compuesto por siete personas le otorgó una indemnización de 1,1 millones de dólares, y a finales de septiembre el juez ratificó esta cantidad y añadió 126.000 dólares en concepto de intereses. A esas alturas, el caso había llegado a las páginas de *Science*, *Nature*, *The New York Times* y el *Chicago Tribune*, pues la cuantía resultaba sensacional. La universidad no dudó en interponer un recurso, y en abril de 1997, el tribunal de apelaciones de Michigan corroboró la indemnización. El 30 de julio, aquélla hubo de pagar a Phinney 1,67 millones de dólares, más intereses, y devolverle los materiales de su investigación. Desde entonces, no ha vuelto a trabajar en el ámbito de la ciencia, aunque tras los juicios se trasladó al norte de California y se convirtió en una enérgica activista contra el fraude y en favor de la protección de los denunciantes.

No hay forma alguna de fraude científico que resulte tan destructiva como la apropiación de la obra de un subordinado. «He perdido todos los datos que obtuve en diez años de trabajo —hizo saber Phinney a Philip Hilts, periodista de *The New York Times*, después de obtener la victoria en los tribunales—. He perdido mi carrera profesional, y he llegado a enfermar. Estoy convencida de haber sido víctima de una violación intelectual.»

De este género de casos, pocos ha habido tan indignantes como el de Heidi Weissmann, científica de gran reputación por las investigaciones que llevó a cabo en el terreno de la medicina nuclear en el centro médico neoyorquino Montefiore.[27] Después de que ganase una causa federal contra Leonard Freeman, jefe de su departamento, quien había puesto su propio nombre en el capítulo que había escrito ella para cierto libro de texto y había «tratado de hacer pasar por suyo el trabajo», en palabras del tribunal, Montefiore la expulsó y ascendió a Freeman. Despojada de su trabajo, Weissmann hubo de hacer frente a más de medio millón de dólares en concepto de honorarios legales, en tanto que el centro médico se encargó de costear los gastos de Freeman y acometió una investigación en torno a la supuesta conducta irregular de ella. Antonia Demas, estudiante de doctorado de Cornell, sufrió una experiencia similar. Sea como fuere, el patrón de todos estos casos es evidente. Las quince sesiones de la Comisión sobre la Integridad Investigadora presidida por Ryan no atrajeron a demasiado público, y sin embargo, entre la concurrencia había siempre víctimas de plagios similares, obcecadas y ansiosas por testificar, en ocasiones con los ojos anegados en lágrimas.

El caso más llamativo de cuantos ha referido Crewdson fue la controversia surgida en torno a Robert Gallo. De los muchos aspectos que presentaba ésta, el más importante estaba relacionado con la prioridad, pues se trataba de determinar quiénes habían sido los primeros en identificar el virus de la inmunodeficiencia humana, causante del sida: si Luc Montaigner y sus colegas del Instituto Pasteur parisino, o Gallo y quienes trabajaban con él en su laboratorio del Instituto Nacional del Cáncer, sito en el edificio de Bethesda (Maryland) de los NIH. La polémica se vio complicada por dificultades reales surgidas en lo referente a la virología, y emponzoñada por la personalidad agresiva y voluble de Gallo. No faltaron acusaciones de robo de ideas y aun de material biológico, envuelto todo en una nube de ambición sin escrúpulos, obra de unos y otros, y agravado con un rosario de recriminaciones, respuestas no menos ofensivas y acres animadversiones. Lo más triste es que descubrir la causa del sida constituyó un hallazgo científico de importancia mundial, y las comisiones encargadas de otorgar el Premio Nobel prefieren mantenerse lejos de las luchas por la prioridad. En mitad de todo esto, Crewdson creyó haber encontrado indicios de fraude, apropiación indebida de la propiedad intelectual y encubrimiento. Sus pesquisas culminaron con la publicación, en el *Chicago Tribune* del 19 de noviembre de 1989, de un artículo de cincuenta mil palabras acerca del descubrimiento y las controversias surgidas a su alrededor.[28]

La raíz principal del asunto se halla en los descubrimientos efectuados por Gallo y sus colaboradores en la década de 1970 acerca de un agente mórbido llamado *virus del linfoma de células T* (o HTLV, por sus siglas inglesas), responsable de una forma particular de leucemia, un tipo de cáncer que afecta a cierto género de glóbulos blancos de gran importancia para el sistema inmunológico y cuya frecuencia es muy baja —se da sobre todo en aldeas pescadoras del sur de Japón—. Su interés se debía, sobre todo, a que los científicos llevaban mucho tiempo preguntándose si algunos tumores malignos no podrían estar causados por virus, y pese a que desde una fecha tan temprana como 1910 se conocían casos en otros animales, el HTLV fue de los primeros asociados de forma clara a un tipo de cáncer propio del ser humano. Además, el virus pertenecía a un género particular cuyo mecanismo genético se había puesto en claro pocos años antes, en 1970, con el descubrimiento de la retrotranscriptasa, enzima que permite a ciertos virus —llamados *retrovirus*— incorporar sus genes, expresados en ARN, al ADN de las células que los hospedan.

El laboratorio de Gallo decía mucho de la personalidad de su director. Quien esto escribe visitó su despacho cuando la controversia se hallaba en plena ebullición. Era un lugar amplio y bien iluminado, y tenía las paredes llenas de ampliaciones enmarcadas de fotografías de galardones y artículos de periódico y revista sobre su persona. Todo parecía hablar de prosperidad, publicidad y competitividad desmedida. Las salas del laboratorio tampoco eran pequeñas, y albergaban una gran actividad. Con el paso de las décadas, Gallo había alcanzado resultados muy valiosos en el terreno de la virología del cáncer —y había distorsionado y exagerado repetidamente su significación—. Pretendía, del modo más descarado que pueda imaginarse, hacerse con un Premio Nobel. Cuando conversaba, podía pasar con gran facilidad del tono lisonjero al ofensivo. Tenía costumbre de telefonear a sus oponentes a altas horas de la noche y hablarles sin parar durante más de una hora. Al parecer, en el laboratorio eran frecuentes las presiones y las rivalidades más crudas entre él y sus subordinados y también entre éstos. Los mentores pueden ejercer, en determinados casos, una influencia muy negativa.

Cuando se identificó el sida por vez primera, durante el verano de 1981, fueron varios los centros que comenzaron a investigarlo, y entre éstos se hallaban el laboratorio de Gallo y el de Montaigner. Llegado el mes de mayo de 1983, el primero estaba defendiendo la teoría de que la enfermedad se debía a un retrovirus estrechamente ligado a su virus del linfoma de células T, tal como había expuesto un grupo de colaboradores suyos encabezado por Mikulas Popovic. Gallo llamó a este nuevo organismo HTLV-3, y luchó por él con una campaña que respondía a un método más político que científico: reclutó colaboradores, publicó toda una sarta de artículos, organizó conferencias y convocó ruedas de prensa.

Montaigner, sin embargo, había dado con un retrovirus diferente, el que ahora llamamos *virus de la inmunodeficiencia humana* o VIH. Su descubridora fue Françoise Barré-Sinoussi, científica de su laboratorio cuyo nombre encabezó, seguido de los de una serie de colegas y el del director, el artículo publicado aquel verano para anunciar el hallazgo. En mayo de 1984, en un escrito aparecido en *Science* y firmado por Popovic —quien había hecho la mayor parte del trabajo— y otros, Gallo anunció que *su* laboratorio había aislado también aquel virus a partir de muestras tomadas de enfermos de sida.[29] El escándalo no tardó en producirse cuando se supo que el que decía haber identificado no era igual que el de Montaigner, sino el de Montaigner: un espécimen procedente de su laboratorio que, de un modo u otro, había aterrizado en Bethesda durante el invierno de 1983 y 1984. Jamás ha llegado a determinarse sin lugar a dudas si la transmisión se debió a un accidente o fue fruto de un robo; pero resulta casi inevitable concluir que Gallo estaba resuelto a apropiarse del reconocimiento debido a Montaigner.

En septiembre de 1991, cuando todo apuntaba a que el alboroto que siguió a esta revelación había alcanzado su punto culminante, Crewdson y tras él otros periodistas se hicieron con el informe inédito de una investigación de 18 meses llevada a cabo por la Oficina de Integridad Científica en torno a Gallo y a Popovic.[30] En él se hacía constar que este último había cometido invención, falsificación y tergiversación, amén de algunos errores, en el artículo publicado en mayo de 1984. La actuación de Gallo, por otra parte, «no se compadece con la definición formal de conducta científica irregular», al decir del informe, aunque sí «merece una severa reprobación». Los abogados de Popovic, a quien sí se acusaba de manera formal, entablaron un recurso ante el comité de apelación del Departamento de Salud y Servicios Humanos, y éste lo declaró no culpable en verano de 1994 por considerar que la Oficina de Integridad Científica no había demostrado las imputaciones —más tarde no faltaría quien considerase las actuaciones del comité un preestreno del final del caso de Baltimore e Imanishi-Kari—. Desesperados e indignados, los integrantes del organismo acusador abandonaron la causa contra Gallo. Su reputación y su carrera profesional, sin embargo, quedaron dañadas, aunque lo cierto es que, pese a todo el ruido que provocó, el caso quedó en poca cosa.

La desavenencia entre Gallo y Montaigner causó no poca sensación en todo el mundo, y sólo se templó mediante la intervención gubernamental. Los dos acabaron por tragarse la bilis, al menos de cara al público, y publicaron a dos manos una breve relación del descubrimiento del VIH como origen del sida, tan anodina como cabía esperar.[31] «El de 1984 —llegaban a reconocer en ella— fue un año de intensas emociones y ásperas discusiones entre los miembros de nuestros dos grupos.» A quienes conocían a los dos científicos y estuvieron al corriente de sus polémicas disputas, la siguiente afirmación no pude sino provocarles cierto irónico regocijo: «De este intenso período inicial pueden extraerse no pocas lecciones, y la mayoría de ellas apunta a que la ciencia requiere un mayor grado de modestia».

Por cada caso de fraude que se ha expuesto en el presente volumen podrían citarse otros cinco de magnitud e interés comparables. Los hemos examinado de muchos tipos, y hemos tenido oportunidad de ver las respuestas por demás diversas que han ofrecido las personas e instituciones implicadas. Hemos analizado los patrones y contextos que se repiten, y también las excepciones. Acaso se hallen implícitas en esas respuestas y esos patrones las medidas que pueden adoptarse para cambiar el marco en el que medran las conductas fraudulentas, así como otras formas eficaces de acabar con éstas cuando fallen aquéllas —cosa que, por supuesto, habrá de suceder de cuando en cuando— en el ámbito del laboratorio, las instituciones, los organismos superiores del gobierno y la ley —sin perder nunca de vista la integridad del proceso y el corpus científicos—. Internet está demostrando ser un medio muy capaz a la hora de someter a las ciencias a un examen transformador.

8

El auge de la publicación de libre acceso en Internet

Toda la bibliografía estará interconectada por vínculos de cita, autor y palabras clave o materia, lo que permitirá disfrutar de una capacidad y una facilidad de acceso y navegabilidad inauditas. Los sucesivos borradores de redacción preliminares [preprint] *aún no revisadas quedarán ligados mediante un enlace al borrador oficial revisado, así como a cualquier corrección, revisión, actualización, comentario o respuesta posteriores y a las bases de datos empíricos subyacentes. Todo esto aumentará de un modo espectacular y muy nuevo la capacidad de autocorrección e interacción de investigaciones y comunicaciones académicas y científicas.*

STEPHEN HARNAD
Open archiving for an open society (julio de 2000)[1]

En 1991 se hallaba aún en pañales la siguiente transformación estructural de relieve de las ciencias: la publicación electrónica. Poco menos de tres lustros después, el cambio ha llegado a tal extremo y prolifera a tal velocidad que buena parte de lo que pueda decirse aquí al respecto quedará trasnochado antes de que trascurra un año. Sea como fuere, de la riqueza en apariencia caótica de esta revolución pueden extraerse unas líneas generales tan definidas como lo están las consecuencias que conlleva en lo tocante al fraude científico, no por poco advertidas menos poderosas.

Desde un principio, la publicación de obras científicas en la red se ha desarrollado conforme a dos líneas diferentes: una conservadora o principal, compelida a abarcar lo nuevo —algo que, para ser justos, hace a veces de grado—, y otra radical, obligada a admitir puntos de vista prácticos. Cada una de ellas cuenta —lo que resulta muy conveniente a la hora de poner cierto orden en este aparente caos— con un modelo editorial y una figura de relieve: el *British Medical Journal* (*BMJ*) y su director, Richard Smith, y una organización de Internet llamada ArXiv y su creador, Paul Ginsparg. Pese a tratarse de dos enfoques contrarios, lo cierto es que poco a poco han ido convergiendo, adaptándose el uno al otro. Entre las muchas personas que están propiciando esta confluencia, cabe destacar a Harold Varmus y a Vitek Tracz.

Desde muy temprano, ya con timidez, ya de un modo más lanzado, las revistas impresas comenzaron a mostrar en sus sitios web todo su contenido o parte de él: artículos íntegros que ya habían sido revisados, aceptados y editados. A estas alturas, el afán por mantener el número de lectores frente a la competencia ha hecho que la mayoría de ellas publiquen en uno y otro medio, cuando menos duplicando en Internet cuanto editan en papel. Los directores de algunas van más lejos aún, tal como sucede en el caso de Smith. Hace unos años, *The Scientist*, cuyas noticias y artículos de opinión pueden leerse en línea, ofrecía una semblanza del director del *BMJ* en la que se le describía como un «populista ético».[2] Difícil definirlo de un modo más acertado: aunque el *BMJ* puede parecer el paradigma perfecto de la clase dirigente en el terreno de la biomedicina, lo cierto es que Smith destaca en cuanto promotor entusiasta y sensato de la publicación electrónica.

De manera radical, subversiva, cierto número de científicos procedentes de diversos ámbitos se ha organizado a fin de evitar revistas al uso y procesos de arbitraje editorial y elaborar publicaciones de acceso libre directamente en Internet. Ginsparg, que en 1991 no era más que un científico poco conocido especializado en una rama hermética de la física, fue uno de los iniciadores de esta corriente, pionero no sólo a la hora de descubrir e impulsar las posibilidades que ofrecía la red, sino también a la de combinar clarividencia y activismo o influir sobre la transformación por él mismo propiciada. De entre las docenas de personas que se han unido al desarrollo de este proyecto, cabe destacar al teórico Andrew Odlyzko y al proselitista Steven Harnad. Todos ellos auguran una rápida evolución de lo que el primero ha llamado «una malla mundial de conocimiento».[3]

Nos hemos dado mucha prisa en dar por sentado lo que puede hacer la red. No dejan de aparecer publicaciones periódicas en formato electrónico fuera del ámbito de las ciencias. Hoy suponemos, sin más, que todo diario o revista que deseemos ojear aparecerá en nuestra pantalla con un par de golpes de ratón. Quien quiera informarse de lo que está sucediendo en Paquistán y Afganistán poco menos de un lustro después de la destrucción del World Trade Center sólo tiene que visitar las páginas de los diarios paquistaníes en lengua inglesa *The Frontier Post* (http://www.frontierpost.com.pk) o *Dawn* (http://dawn.com.pk). La página web de *The Economist* ofrece a los lectores norteamericanos más información acerca del Reino Unido que la edición de Estados Unidos, aunque sólo mediante suscripción. En el de *The New York Times*, basta registrarse para acceder a lo publicado durante los últimos siete días, si bien para consultar artículos anteriores es necesario el pago de una cuota. Los diarios londinenses *The Daily Telegraph* y *The Guardian* permiten examinar su contenido y buscar en su archivo de forma gratuita, y brindan la posibilidad de obtener una copia impresa. *The Times*, por su parte, exige un desembolso. Las variantes son muchas.

El cambio se hizo realidad con la rapidez que hemos aprendido a esperar de la revolución permanente de la electrónica. En el terreno de las ciencias, tal como afirmó el autor de estas líneas durante la conferencia que presentó en el congreso de evaluación entre iguales celebrado en 1993, la transformación ofrece no pocas posibilidades, pues, además de remediar buena parte de las deficiencias del arbitraje editorial, puede hacer mucho por subsanar las de las publicaciones de papel. Usada del modo correcto, la edición electrónica debería servir incluso para hacer más difícil el fraude.

Desde el punto de vista del científico que consulta la bibliografía, la publicación electrónica presenta una serie nada desdeñable de ventajas. Durante el otoño de 1992, Joshua Lederberg pronunció una disertación en Woods Hole frente a una congregación internacional de editores del mundo de la ciencia. Hacía años que le había sido concedido el Nobel, y acababa de renunciar al cargo de rector de la Universidad Rockefeller con la intención de reanudar la labor investigadora que había estado llevando a término en aquel centro. «Una de las funciones principales que tengo en mi laboratorio —afirmó este hombre de inteligencia colosal, siempre dispuesto a respaldar sus dones naturales con la búsqueda, incansable y sistemática, de estudios escritos— es la de intentar convertirme en su principal lector. Pretendo estar alerta ante cualquier acontecimiento que pueda tener una conexión importante con el modo como concebimos nuestra propia investigación, nuestra planificación de los datos entrantes.»[4] Lederberg no ignoraba lo que nos deparaba el futuro, y estaba dispuesto a recibir con los brazos abiertos el advenimiento de la publicación electrónica. Estaba persuadido, por un lado, de que ésta representa la única respuesta posible al problema de clasificar, de entre la nutrida bibliografía científica, todos los artículos —y sólo los artículos— relacionados de forma directa con el campo de acción de un estudioso concreto, amén de hacer posible, por el otro, que éste registre sus propias reacciones ante éstos —en forma de notas, comentarios y apuntes de ideas relacionadas— y las almacene de tal suerte que le sea fácil acceder a ellas. Muchas publicaciones periódicas seguirán dando mejores resultados con su formato actual, que posibilita su lectura en aviones y trenes, o simplemente en un parque. Con todo, también debería ser viable efectuar una búsqueda electrónica del contenido de éstas.

> A cada uno de nosotros nos corresponde la tarea de recuperar de forma selectiva parte del material que ha ido acumulando en un almacén de proporciones cósmicas cada una de las demás hormiguitas laboriosas del mundo. Y la tecnología de que disponemos en el presente permite al investigador rescatar datos con una seguridad razonable. Seguir la pista a lo que uno ha podido ir atesorando en trozos de papel constituye una labor frustrante [y] el paso siguiente, que consiste en incorporarlo a la propia biblioteca personal de conocimiento útil, es algo inalcanzable con los recursos tecnológicos de los últimos años.

La publicación electrónica, unida a un mayor refinamiento de los programas informáticos de búsqueda, también hará menores los problemas que presenta la localización de trabajos sobre materias tan concretas como difíciles de encontrar, o dicho con palabras del propio Lederberg, «los detalles exquisitos necesarios para dar el paso siguiente». Además de ayudar al científico individual, predijo que posibilitaría la creación de un diálogo continuo, un «debate dialéctico», entre lectores, revistas y autores. Y éste representaba, en su opinión, el mayor beneficio a largo plazo.

Veamos ahora cuál es la postura de quienes escriben los artículos. Por natural que le resulte al sistema, su proceder no deja de ser por demás insólito, dado que, a diferencia de lo que sucede a los autores de otras formas de organización editorial, aquéllos publican su obra sin retribución dineraria alguna. Las revistas académicas no pagan a los investigadores ni tampoco a los encargados del arbitraje editorial, y los científicos transigen con este hecho porque no tienen más remedio: necesitan, por encima de todo, que se lean sus artículos. Y la publicación electrónica multiplica de un modo extraordinario el número potencial de lectores. Se sigue de esto que la transición opone los intereses de los estudiosos a los de los editores tradicionales. Al ser el libre acceso su principal aspiración, los autores están destinados a hacer prevaler su influencia en la configuración del futuro.

La alternativa a las revistas impresas es el fenómeno llamado *publicación abierta*. Ésta comenzó su andadura casi a la vez que el movimiento en favor de los programas de código abierto (*open software* u *open source software*), con el que comparte ciertos rasgos. De hecho, quienes originaron uno y otro lo hicieron movidos de la misma intención subversiva: distender el dominio de las instituciones establecidas —las revistas científicas, en el caso que nos ocupa—, al acelerar y abaratar de un modo radical la transmisión de información y democratizar las consideraciones en torno a ella. Algunos de sus defensores han tenido por principal objetivo todo el sistema de las publicaciones periódicas, empezando por el arbitraje editorial. Desdeñan, por ejemplo, las revistas que se limitan a subir a la red sus páginas impresas a modo de «clones», en tanto que proclaman que la prensa escrita en papel es cosa del pasado.

En 1991, Paul Ginsparg, joven físico que acababa de trasladarse de

Harvard al Laboratorio Nacional de Los Álamos para trabajar en un aspecto recóndito de la física de partículas, se paró a reflexionar sobre cierto problema que traía de cabeza a todo el que compartía su ámbito de investigación.[5] Los científicos y las instituciones a que pertenecían llevaban al menos quince años poniendo en práctica la costumbre de distribuir, entre los colegas repartidos por todo el mundo, versiones preliminares de los artículos que elaboraban antes de remitirlas a una publicación periódica. De ese modo, no sólo presentaban sus teorías, sino que invitaban a los destinatarios a exponer sus comentarios y ofrecer sugerencias relativas al siguiente paso.

Ginsparg habló con quien esto escribe acerca de todo esto durante una larga conversación mantenida a principios de julio de 1998 en Los Álamos. Su despacho, situado en un edificio de acceso libre, era estrecho y estaba atiborrado de papeles.

—En Harvard —aseguraba aquel hombre larguirucho y peludo, vestido con pantalones cortos y botas de montañero—, teníamos un método de distribución de ediciones preliminares impresas. El sistema ya había decidido que la evaluación entre iguales era algo valioso, y que las revistas resultaban útiles para las prácticas archivísticas. Sin embargo, nosotros necesitábamos que la información sobre las investigaciones que estaban en proceso se distribuyera de un modo más rápido.» De ahí las impresiones preliminares. «Lo que hacíamos era que, en cuanto acabábamos un artículo, el laboratorio tiraba unas quinientas o seiscientas reproducciones. Uno enviaba cincuenta a su lista de distribución personal, o sea, a los que se encontraban en su circuito prioritario, que luego se encargaban de hacérselas llegar a los que estaban por debajo de ellos en la cadena alimentaria: estudiantes de posgrado y posdoctorales de las universidades en cuestión. A la vez, se empleaba una lista de correo institucional, que creo que estaba formada por unos quinientos cincuenta centros de física de altas energías que...

—¿Eso se hacía en Harvard? —lo atajé.

—En todas aquellas quinientas cincuenta instituciones —respondió él—. Formaban una red organizada que permitía recibir información e iba en aumento. Estoy hablando de los ochenta.

»Pero, claro: todo eso pasó a mejor vida. Yo me lo cargué. Perdón;

mejor dicho: lo reemplacé. Evolucionó para convertirse en algo mucho mejor. Entonces, a partir de 1991, empecé con este experimento. En realidad, no es del todo correcto llamarlo así, porque yo ya sabía cuál iba a ser la respuesta.

Es decir: la que ofreció la red de distribución de ediciones preliminares.

Al igual que otras revoluciones, la de Ginsparg conoció una prehistoria. Lo que hizo posible su existencia fue el gran salto que había tenido lugar seis años antes en el terreno de los programas concebidos para la elaboración de artículos en el ámbito de la física. En 1985, «todos nos habíamos pasado a TeX como procesador de textos. Se escribe te, e, equis, aunque lo último es una χ mayúscula, y por lo tanto, se pronuncia *tej* [*tek*, en inglés]». Su creador, Donald Knuth, profesor de la Universidad de Stanford, facilitó con él de un modo inmensurable la escritura de fórmulas matemáticas y permitió eludir los constantes quebraderos de cabeza que provocaba el hecho de tener que mecanografiarlas de manera más o menos aceptable, y también el engorro de hacerlas a mano y tener que corregir una y otra vez las pruebas de imprenta ante la proliferación de erratas. «De pronto, tuvimos la oportunidad de hacer cosas que no sólo igualaban en calidad a lo que ofrecía la versión final de la revista, sino que en muchos casos lo superaban. Muchas veces, podíamos hacer una presentación mejor, y lo que es más importante, nuestra versión... podíamos revisarla cincuenta, cien o más veces, para eliminar todos los fallos.» A continuación, sin embargo, se encontraban con que, al efectuar la composición tipográfica, las editoriales introducían nuevos errores. «En 1986, cometían una media de dos o tres erratas por página, y en lugares importantes: fórmulas y cosas así. Un buen día, con *Physical Review D*, dije: "Hasta aquí hemos llegado. Ya no volvemos a mandarles un solo trabajo: nos va a ir mejor si lo hacemos por nuestra cuenta".» En aquella época, «en el terreno de la física íbamos unos dos lustros por delante de los demás en conectividad electrónica», pues disponían de ordenadores más potentes y de una red internacional prototípica, precursora de Internet.

«Así que, mmm... a finales de los ochenta, comenzamos a hacer circular por medio del correo electrónico nuestros originales escritos con TeX, siempre, eso sí, a un número limitado de destinatarios. A mí no dejaba de preocuparme lo que tenía esto de injusto, ya que ninguno de nosotros dudaba de que nuestra disciplina debía responder al principio de igualdad de acceso y divulgación. Somos muy elitistas, pero queremos tener un acceso igualitario dentro de nuestro grupo selecto, en el que, por cierto, se contienen todos los investigadores.»

Los físicos no han dejado de emplear TeX. «Como concepto se ha quedado anticuado —aseguraba Ginsparg—. Pero fue una idea tan admirable que seguimos usándolo porque... en fin, porque Bill Gates podría poner a cien mil monos informáticos a teclear toda una eternidad y jamás lograría que reprodujesen una fracción mínima de lo que ofrece el programa de Knuth, ni a Shakespeare, dicho sea de paso.»*

Por lo tanto, en 1984 o 1985, los especialistas en física ya no cooperaban con colegas de otros laboratorios por teléfono, sino por ordenador. Aquel medio funcionaba mucho mejor, ya que las llamadas resultan a menudo indeseadas para quien las recibe. «Además, cuando uno se pone al aparato, pierde más tiempo saludando, despidiéndose, poniéndose al día sobre esto y lo otro... Es mucho menos eficaz.» Asimismo, en el caso de las colaboraciones internacionales se hacía necesario acomodarse a los diversos husos horarios. La elaboración de artículos a través de la red permitía acabar con todos estos inconvenientes, y sin embargo, ofrecía una ventaja aún más interesante, y es que brindaba una mayor claridad de pensamiento. «Cuando colaboras con otra persona —recordaba Ginsparg—, el mero hecho de expresar por escrito tus ideas, de verlas traducidas a caracteres, hace que te esfuerces en formularlas con bastante propiedad para no avergonzarte de lo que estás diciendo, con lo que muchas veces te das cuenta de que, de pronto, te ha quedado claro cuál es la respuesta que estabas buscando.»

Por increíble que pueda parecer en nuestros días, en aquel tiempo, la distribución informática de textos íntegros de versiones prelimina-

* Durante la década de 1980 surgió una versión más estructurada llamada LaTeX —no por hacer un juego de palabras de cierta elasticidad, sino por su creador, Leslie Lambert—, que goza de gran aceptación no sólo entre informáticos, sino también entre matemáticos y físicos.

res seguía siendo, desde hacía mucho, el reducido espacio que destinaba el ordenador central de la institución al correo electrónico de cada uno de los investigadores. En consecuencia, cuando alguno de los usuarios había de ausentarse para acudir, por ejemplo, a una reunión, no era extraño que topase, al regresar, con el buzón lleno y un número indeterminado de mensajes devueltos al remitente. «Entonces se me ocurrió que debíamos de estar haciendo algo mal: aquél no era un sistema autosuficiente. El caso es que no éramos más que una subcomunidad: en aquel momento, estábamos trabajando con modelos matriciales de gravedad bidimensional, encuadrados, por tanto, dentro de la teoría de cuerdas, que a su vez no es sino un subconjunto de... mmm... la teoría cuántica de campos, que pertenece a la física de partículas. Es decir, que representábamos a una subdisciplina muy reducida, reducidísima. Yo tenía claro que lo que debíamos hacer era crear algún sistema automatizado por el que la gente pudiese enviar cosas así. Al fin y al cabo, nadie manda todo el texto a todo el mundo, sin que se lo pidan», tal como se había estado haciendo con el sistema de versiones preliminares en papel. «Es una locura», concluyó, y tras programar durante tres tardes, estableció uno nuevo que procesaba cada una de estas redacciones preliminares electrónicas (*preprint*) y remitía a los destinatarios el título, los nombres de los autores y la sinopsis, en tanto que almacenaba el cuerpo del artículo. «Así que nos decidimos a enviar, una vez al día, notificaciones de lo que nos llegaba, de manera que quien quisiera consultar el texto completo pudiese hacerlo.»

Pusieron en práctica su teoría el 9 de agosto de 1991. «En principio —aseguraba Ginsparg—, yo había calculado que recibiríamos un artículo cada tres días, lo que suponía un total de cien o ciento veinte al año, enviados por una comunidad de entre ciento cincuenta y doscientas personas. Tenía la intención de eliminar los trabajos después de tres meses», tras dejar tiempo más que suficiente para que llegasen versiones en papel aunque las hubieran enviado por barco. Sin embargo, apenas habían transcurrido treinta días cuando fue a visitarlo un amigo, todo un analfabeto en el terreno de la informática, según la descripción de Ginsparg, e hizo que reparase en algo que era evidente: a esas alturas, la memoria de los ordenadores estaba bajando de precio de un modo notable, y los discos poseían una capacidad cada vez mayor; así que ¿por qué no guardarlos de forma permanente? «Su comentario me abrió los ojos: si aquel infófobo había sido capaz de darse cuenta de aquello, el sistema era aplicable a otras disciplinas, y no sólo sería accesible a los científicos jóvenes, crecidos en la era del ordenador, sino a investigadores de cualquier edad. Fue en aquel momento cuando el proyecto se convirtió en un verdadero archivo más que en un simple expediente temporal, y fue por eso por lo que acuñamos el término de *e-print archive*.»

La dirección empleada fue xxx.lanl.gov; *lanl* por las iniciales inglesas del laboratorio nacional de Los Álamos, y *xxx* por una simple razón práctica: «Estamos hablando de la prehistoria de la red: en aquella época, la gente necesitaba direcciones fáciles de recordar». Esto dio lugar a no pocas situaciones cómicas. «Cosas increíbles. En cualquier momento podemos acceder al registro de referencia y comprobar cuántos han dado con nosotros tras introducir en el buscador secuencias como: "xxx + Japón + jovencitas", o... no sé: "xxx + anal + salvaje". Vemos muchas cosas como éstas. Y luego la gente nos manda mensajes diciendo: "Pensaba que esto era una página de porno infantil, y yo aquí no veo nada que se parezca al porno infantil". No, no: no exagero.» (Avanzado el año de 1998, se dio cuenta de que debía registrar un dominio *.org*, por lo que, en homenaje al TeX de Knuth, cambió la dirección por la de http://www.arXiv.org.)

La idea tomó consistencia. «Lo que sucedió en 1991 fue... Bueno: creció con gran rapidez y vio aumentado su alcance de un modo instantáneo. Las doscientas personas que lo usaban al principio se convirtieron en mil a finales de aquel año, en cuestión de unos meses. Y la expansión ha sido constante desde entonces. Primero se extendió a todo lo relacionado con la teoría formal, y cuando llegó la primavera de 1992, ya disponíamos de archivos diferenciados para relatividad general y cosmología cuántica, física de partículas y teoría del retículo, astrofísica, física de la materia condensada y geometría algebraica. Lo que ocurre es que creció con demasiada rapidez, y aquello se hizo demasiado incómodo para mí, porque se suponía que aquél no era mi trabajo. En realidad, sigo estando en la misma situación, sin financiación que valga.»

El hecho de prescindir de la tinta y el papel reducía el coste marginal de distribución, que se acercaba a cero una vez que se redactaba directamente sobre la pantalla la versión preliminar del artículo. «En Harvard recibíamos veinte mil dólares anuales, procedentes de una ayuda de la Fundación Nacional para la Ciencia, para distribuir estos trabajos impresos, pues necesitábamos sufragar gastos de envío, fotocopias, mano de obra para rellenar los sobres... Con que haya un centenar de estas instituciones en Estados Unidos, la suma total puede superar los dos millones de dólares al año, y lo que yo les estaba diciendo era que iba a hacer que se los ahorraran.» Los archivos electrónicos se convirtieron enseguida en parte integral de la investigación de la comunidad científica, en su principal sistema de comunicación. Con todo, al decir de Ginsparg, en Los Álamos, «no tenían la menor idea de lo que estaba sucediendo, y la Fundación Nacional para la Ciencia y el Departamento de Energía [al que pertenecía su laboratorio] me decían: "Nosotros no subvencionamos ese tipo de cosas"».

Cuando tocaba a su fin el verano de 1993, el número de físicos de todo el mundo que empleaban los archivos de versiones preliminares había ascendido a unos ocho mil. Quienes trataron de enviar un mensaje de correo electrónico el 27 de septiembre, se encontraron, sin embargo, con que el programa se hallaba desactivado. En su lugar, podía leerse en la pantalla: «Si se encuentra Vd. en EE. UU. y cree firmemente en la utilidad de este sistema, tiene ahora la oportunidad de ponerse en contacto con sus supervisores de la NSF [Fundación Nacional para la Ciencia] y el DOE [Departamento de Energía] y animarlos a dar con la manera de financiarlo como merece». Recibieron una respuesta multitudinaria, internacional y angustiada, además de eficaz: los integrantes de la administración de Los Álamos, impresionados, no pudieron menos de prometer que ayudarían. Gary Taubes, periodista cualificado que había estado informando de los adelantos de Ginsparg en las páginas de *Science*, comunicó el incidente una semana más tarde. En su opinión, el episodio demostraba «en qué grado han llegado a depender los físicos de estos foros de discusión [se refería a los archivos] y en qué medida han transformado el cultivo de la disciplina». Citaba a Jim Horne, investigador de Yale que le había confesado en cierta ocasión: «Sería dificilísimo trabajar sin ellos», para añadir a renglón seguido: «Ya sólo uso las revistas para buscar artículos publicados antes de la aparición de los foros».[6]

Ginsparg hizo saber a Taubes que había desactivado sólo la parte más visible del sistema, la distribución diaria de notificaciones de nuevos artículos, y que lo había hecho por una razón muy sencilla: al corresponder al mes de septiembre el inicio del año académico y cambiar de dirección electrónica muchos alumnos de doctorado y estudios posdoctorales, era normal que se devolvieran cientos de los envíos que se hacían cada día. Calculó, eso sí, el mejor modo de efectuar la interrupción a fin de que provocase una respuesta que pusiera de relieve la falta de financiación que sufría. Seguía gestionando el sistema en solitario, y necesitaba a alguien que se ocupase de las tareas administrativas y eliminara las direcciones que eran objeto de devolución. Además, tenía en mente no pocas mejoras, pero se consideraba incapaz de ponerlas en práctica sin la ayuda de un buen programador. Según refirió a Taubes, quedó «anonadado» cuando le prometieron que le concederían cuanto había solicitado. Al cabo de tres días, volvió a hacer funcionar el sistema.

El flujo de artículos se hizo cada vez más torrencial en cuanto a velocidad y a cantidad se refiere. A finales de 1993, los archivos cubrían casi el total de las diversas especialidades de que se compone la física de partículas, y no dejaban de extenderse. En 1994, la Fundación Nacional para la Ciencia se avino a concederle una ayuda de un millón de dólares para tres años. El dinero procedía del programa de física de dicho organismo y de una oficina de reciente creación concebida para respaldar proyectos insólitos. Gracias a ello, estuvo en situación de contratar a un ayudante informático profesional a tiempo completo. Llegada la primavera de 1995, el sistema incluía unos veinticinco campos de la física y recibía más de cuarenta y cinco consultas diarias. «En los dos años y medio últimos —aseguró Ginsparg durante la conversación que mantuvimos en 1998—, las especialidades que más han aumentado han sido la física de la materia concentrada y la astrofísica, que jamás había disfrutado de un sistema organizado de distribución de versiones preliminares.»

Al preguntarle cuántas personas integraban la comunidad de la física, respondió que dependía de los campos que se incluyeran en su definición, «ya que hay que tener en cuenta esa región menor de la física aplicada que tanto se acerca a la ingeniería, y cosas así». De cualquier modo, calculó que el número debía de oscilar entre los cincuenta mil y los setenta mil científicos. La Sociedad Física Estadounidense (American Physical Society, o APS) representa el editor de mayor envergadura y prominencia con que cuenta la comunidad en todo el mundo. «En las cinco secciones de *Physical Review* y las *Physical Review Letters*, se recogen del orden de diez mil u once mil artículos al año —afirmaba—, cuando el volumen que maneja nuestro sistema en estos momentos supera el doble de esta cantidad.» Recordando una anécdota sucedida hacía un par de años, relataba: «¡Aquello tuvo gracia! Uno de mis empleados se despidió para irse a trabajar con ellos. Al llegar allí, le dijeron: "Así que acabas de dejar Los Álamos, ¿no? Bueno, pues que sepas que aquello no era nada: ahora, con nosotros, vas a enterarte de lo que es recibir artículos". —Esbozando una sonrisa inocente, añadía—: estaban convencidos de que esto seguía siendo una comunidad diminuta de especialistas en física de altas energías que se conocen bien los unos a los otros y jamás han soñado siquiera con alcanzar una escala similar a la de su empresa.» Así que no dudaron en comparar cifras. «Aquello cayó como una bomba, y él les dijo: "Pues ¿saben qué? Que no sólo es mucho mayor que cualquiera de sus operaciones, sino que está creciendo a un ritmo acelerado".»

En aquella ocasión, Ginsparg habló de lo que parecía deparar al sistema un futuro no muy lejano: «Se trata de una operación sigilosa. Si supiesen que el verdadero objetivo es sustituir... Bueno: en realidad no sabemos qué va a pasar con el foro de debate, pero sí está claro que los físicos vamos a disponer de una base de datos unificada de todo, capaz de superar a todas las revistas y todas esas bobadas que se están haciendo para que pueda accederse también en línea a las publicaciones impresas. Lo que quiero decir es que nada de eso tiene la menor relevancia. —Y añadía, como arrastrado por una visión agitada—: No son más que productos artificiales de una mentalidad basada en el papel. El medio electrónico es bien diferente: uno puede olvidarse de todo eso y hacerlo bien, y también hacer la evaluación entre iguales a la manera de... de esa envoltura intelectual que reciben las presentaciones que podemos considerar como bloques de información y proporciona el pegamento con el que se unirán para crear una red de conocimiento en lugar de un conjunto de recursos con los que construir ese conocimiento. En el terreno de la física podemos hacerlo, porque contamos con cierta ventaja, y tal vez haya que decir otro tanto de las matemáticas y la informática. Los matemáticos ya han empezado, y aunque poco a poco, lo cierto es que se van moviendo.»

Ante la pregunta de si iba a llegar esta revolución a la biología, hacía una pausa antes de responder: «Mmm... Este sistema, no. Creo que ha habido muy poco movimiento en las ciencias de la vida». Cinco meses después, sin embargo, se reunieron algunos investigadores de esta especialidad —entendidos muchos de ellos en informática— en el laboratorio de Cold Spring Harbor (Long Island) a fin de debatir sobre la posibilidad de recoger en la red un gran número de datos relativos a la expresión e interacción de los genes, y los congregados contaron con la presencia de Ginsparg.

Durante un congreso celebrado en la sede parisina de la UNESCO en febrero de 2001, Ginsparg aseveró que la relación del público con el archivo electrónico o la revista puede adoptar dos formas. En el caso de las subdisciplinas más especializadas de la física incluidas en su programa de versiones preliminares, el conjunto de los autores potenciales era, en esencia, el mismo que el de lectores. Todos, por consiguiente, poseían la competencia necesaria para evaluar cada uno de los artículos. Por otra parte, en el de ciertas revistas —las de medicina y algunas de las de biología—, los últimos pueden ser cien veces más numerosos que los primeros, y entre los receptores hay muchos que tal vez no sean buenos árbitros.[7] En una conversación mantenida en julio de aquel año, Ginsparg propuso una tercera categoría: «Claro, que puede haber publicaciones en las que el número total de autores sea muchísimo mayor que el de lectores, como ocurre en el terreno de las humanidades».

Conforme a la interpretación más pura de la teoría de Ginsparg, la valoración de un artículo es tarea del conjunto de quienes integran una disciplina en particular: todo el mundo es árbitro. El trabajo de investigación se muestra en pantalla, si bien en forma de borrador, al no ser las versiones preliminares otra cosa que labor en curso —en realidad, toda la ciencia lo es—. Este documento electrónico suscita comentarios, preguntas y correcciones, que quedan anexados al original de tal suerte que el proceso se torna en un diálogo multilateral que coincide con el «debate dialéctico» del que hablaba Lederberg.

En 2001, Ginsparg se trasladó a la Universidad de Cornell, con ArXiv bajo el brazo.

El archivo de Ginsparg abrió camino, y su crecimiento y sus logros fueron espectaculares, pues recibió una gran divulgación entre los científicos y fue objeto de un reconocimiento universal. Sin embargo, él no es, ni mucho menos, el único que ha abogado por la publicación de libre acceso en Internet —fenómeno que, por otra parte, adopta formas diversas que no tienen por qué coincidir con su sistema—. Las conferencias, los libros y los artículos relativos a la edición en la red se han multiplicado con el tiempo, y huelga decir que están disponibles en soporte electrónico. Sus defensores conforman un grupo vocinglero y polémico que, como no podía ser de otro modo, expone sus argumentos en listas de correo en línea. Su contienda ha dado lugar a la creación de miles de páginas, y en el transcurso de doce años, el número de archivos de uno u otro tipo no ha dejado de aumentar, ni de multiplicarse el de artículos en ellos recogidos. Se trata de una revolución que se alimenta a sí misma, y los fenómenos que en ella toman parte son tan ricos y diversos que no resulta fácil hacer una narración cronológica.

Entre los primeros teóricos de esta transformación se encuentran también Andrew Odlyzko, matemático que, tras pertenecer durante mucho tiempo a los laboratorios Bell, ejerce en la actualidad de director del Centro de Tecnología Digital de la Universidad de Minnesota; y Steven Harnad, entusiasta investigador del Departamento de Electrónica y Ciencia Informática de la Universidad de Southampton (Reino Unido). Ellos dos, Ginsparg y sus numerosos interlocutores son visibles representantes de la cultura que hizo posible la creación de Internet y la Red o World Wide Web. Todos son augures de gran refinamiento tecnológico, profetas de un futuro intelectual mundializado, descentralizado, abierto, democrático y ajeno a jerarquías, en el que la presentación de ideas y teorías no estará constreñida por formas establecidas, sino que será fluida e interactiva, orgánica y en constante evolución. Todos coinciden en la condición más importante: nadie debe quedar excluido de la posibilidad de acceder a este mundo; sin embargo, discrepan en lo referente a cómo alcanzar su objetivo.

Sí están de acuerdo —y han convencido de ello a científicos y editores de línea más convencional, así como a agencias de financiación— en el carácter inevitable e inminente de un cambio drástico. Odlyzko observó muy pronto, en un extenso escrito, que éste se producirá por el efecto de dos tendencias: el crecimiento exponencial de la bibliografía científica y el de la potencia de los ordenadores.[8] Hace medio siglo, Derek de Solla Price, especialista en historia de la ciencia, aseveró que desde el nacimiento de la moderna investigación, que tuvo lugar en el XVII, el número de artículos científicos publicados se ha multiplicado por dos cada quince años.[9] Quien estas líneas escribe ha considerado siempre que sus datos escaseaban en lo relativo al período más temprano; con todo, su afirmación ha recibido una aceptación casi universal, y ha sido a menudo objeto de cita. Sea como fuera, lo cierto es que desde mediados del siglo XIX se ha mantenido este incremento. Odlyzko circunscribía el análisis a su disciplina: «En 1870, sólo se publicaron unos 840 artículos sobre matemáticas, en tanto que hoy el número ha alcanzado los cincuenta mil anuales». Y seguía diciendo: «Si observamos con mayor detenimiento las estadísticas, habremos de concluir que, desde el final de la segunda guerra mundial hasta 1990, el número de artículos aparecidos se ha multiplicado por dos cada diez años». Desde tiempos de Tales y Euclides debe de haberse publicado un millón de éstos, y lo más sorprendente es que la mitad de ellos ha aparecido durante la última década, lo cual supone océanos de tinta, bosques enteros de papel y un peso insoportable para los anaqueles y el presupuesto de las bibliotecas. De éstas, tal como señala Odlyzko, «las mejores del campo de las matemáticas gastan mucho más de cien mil dólares al año sólo en suscripciones de revistas, y el desembolso correspondiente en personal y espacio de almacenamiento suele doblar esta cantidad».

Sin embargo, el exponente del crecimiento experimentado por la capacidad de los ordenadores —traducida en procesamiento, transmisión y almacenamiento de información— ha sido mayor. Su velocidad sigue doblándose no cada diez años, sino cada dieciocho meses aproximadamente. Un artículo de matemáticas de extensión media escrito en TeX puede ocupar, según los cálculos de Odlyzko, unos cincuenta mil bytes. Para almacenar los que se publican a lo largo de todo un año se harían necesarios 2,5 gigabytes (el Macintosh portátil en que se están redactando estas líneas podría contener, entonces, los correspondientes a un par de décadas).

> De esto se sigue —concluía Odlyzko— que ya es posible guardar todo cuanto se publica en matemáticas por un precio anual mucho menor que el que supone la suscripción de una sola revista. ¿Y qué decir de los trabajos que han salido a la luz a lo largo de los siglos? Como quiera que suman un millón, harían falta unos cincuenta gigabytes para almacenarlos si estuviesen todos en TeX. ...
>
> Las posibilidades que se abren ante nosotros comportarían un cambio espectacular en lo tocante al modo como actuamos. Así, por ejemplo, si uno está en disposición de hacer aparecer en su pantalla cualquier artículo y, tras encontrar uno que le resulta interesante, pasarlo a papel en la impresora láser de su equipo de sobremesa, ¿qué necesidad tiene de recurrir a la biblioteca de su universidad?

Harnad llegó a Southampton en 1994 para ejercer de profesor de psicología tras pasar algunos años en Princeton. Ha sido director de la revista de papel *Behavioral and Brain Sciences*, y ya en 1990 se había embarcado en *Psycoloquy*, publicación electrónica sometida a evaluación entre iguales. También él ha hecho mucho por configurar el carácter subversivo de la edición en línea. Reparó en que uno de los problemas más inmediatos que habrían de resolverse era superar la etapa inicial de crecimiento sin suscitar la oposición de los editores tradicionales, quienes podrían contraatacar de muy diversas formas, como por ejemplo la de anunciar que pretendían negarse a publicar artículos aparecidos previamente en Internet. Harnad propuso un enfoque tan astuto como curiosamente idealista —en el sentido en que lo es, pongamos por caso, el pacifismo—, dependiente del activismo individual. Ginsparg ofrecía un servicio, y Harnad apelaba a un movimiento de masas. Aquél se fundó en los nodos centrales proporcionados por los diversos archivos abiertos aunque especializados, y éste concibió un sistema descentralizado de forma radical: «Si todos los autores esotéricos [término inoportuno con el que pretendía referirse a todo aquel que escribiese para un público reducido y sin esperar remuneración] del mundo estableciesen hoy mismo un archivo local accesible a todo el público con objeto de acoger en él todas las obras esotéricas elaboradas a partir de ahora, la tan anunciada transición de la publicación en papel a la electrónica (de investigaciones esotéricas) se convertiría, de forma casi inmediata, en un hecho consumado». La meta, según lo expresaba con redacción y tipos electrónicos, era la siguiente:

> Toda la bibliografía estará interconectada por vínculos de cita, autor y palabras clave o materia, lo que permitirá disfrutar de una capacidad y una facilidad de acceso y navegación inauditas. Los sucesivos borradores de versiones preliminares aún no revisadas quedarán ligados mediante un enlace al borrador oficial revisado, así como a cualquier corrección, revisión, actualización, comentario o respuesta posteriores y a las bases de datos empíricas subyacentes. Todo esto aumentará de un modo espectacular y muy nuevo la capacidad de autocorrección e interacción de investigaciones y comunicaciones académicas y científicas.[10]

En los debates surgidos en torno a esta revolución surgieron tres cuestiones principales: el proceso editorial, en el que se incluía la evaluación entre iguales; los costes; y el problema de la versión definitiva. Unas y otras se superponen; en particular, la segunda depende de cuáles de los elementos de la primera están destinados a permanecer y cuáles a desaparecer. La forma más pura del modelo de Ginsparg comporta la eliminación del arbitraje editorial y de cualquier corrección al texto, por cuanto la valoración de la calidad de cada uno de los escritos queda sujeta a las respuestas de otros, que actúan como «envoltura intelectual» en un medio electrónico. Harnad señalaba, sin embargo, que «siempre ha habido un obstáculo que ha impedido entrar con libertad en el sistema. Se ha pretendido restringir la participación a la comunidad más distinguida; es decir: a quienes pertenecen a instituciones de prestigio y a los que gozan de su confianza. Jamás ha sido un foro verdaderamente abierto como lo son los grupos de debate en línea». En virtud de su modelo, los gastos directos de la publicación —frente a los de la investigación y la redacción, que por supuesto seguirán inalterados— se reducen a un puñado de peniques por artículo. El acceso a Internet, con este o con cualquier otro fin, supone a un particular el pago de una tarifa a cambio del uso de la transmisión de alta velocidad; sin embargo, en el entorno académico son las instituciones las que asumen estos costes. «Si la red puede servir de vehículo para una revista —observaba—, lo es en muchísimo menor medida (tal como demuestran las cifras que me gusta enseñar a mi auditorio) que para la pornografía, el envío de mensajes ofensivos y el Trivial Pursuit.»

Al considerar los gastos de la publicación electrónica abierta, Harnad tenía en cuenta dos aspectos diferentes. Su sistema descentralizado también es barato, aunque requiere la existencia de unas normas consensuadas que hagan posible el acceso a los archivos individuales dispersos por todo el mundo. Con todo, también defiende la necesidad de revisar y someter a cierta forma de arbitraje editorial los textos que integren un ámbito más formalizado que el de estos archivos circunscritos (Ginsparg desdeña tal posibilidad, si bien ha reconocido de forma implícita el hecho al señalar que el público de cierta clase de revistas supera en número al de colaboradores).

«Debemos abordar aquí dos cuestiones distintas —escribía Harnad—: la publicación de artículos sometidos a arbitraje editorial y la de versiones preliminares en archivos creados a tal fin. Y mi propuesta subversiva tiene la intención de hacer que la última deje el paso franco a la primera.» Según sus cálculos, la elaboración cien por cien electrónica de una revista permitiría ahorrar, cuando menos, tres cuartos de los costes propios de una publicación comparable de papel. En su opinión, el 25 por 100 restante representa una estimación máxima de los gastos que comportan las funciones esenciales de la gestión editorial. Sin embargo, no faltan directores de revistas que hayan expresado de forma enérgica su oposición a esta partición. Éstos estiman, por lo general, que el papel y la impresión suponen un 15 por 100 del total, en tanto que los costes relativos al proceso de edición propiamente dicho ascienden al 85 por 100. Ginsparg tampoco toma en serio los cálculos de Harnad, que no duda en tachar de quiméricos: «El porcentaje que atribuye a los gastos propios de una revista de papel no se da en ninguna editorial conocida». En resumidas cuentas: si bien cabe suponer que la publicación electrónica de revistas sometidas a arbitraje editorial puede resultar mucho más económica, aún no existen estimaciones fiables al respecto.[11]

Sea cual fuere la forma que adopta la edición electrónica —archivos o revistas de carácter formal—, lo que más alarma a los editores consolidados es la evaluación entre iguales. Este hecho resulta cierto en particular en el caso de los directores de publicaciones del ramo de la biomedicina, quienes, sencillamente, están convencidos —por crudo que parezca— de que la mayoría de médicos que las leen es incapaz de juzgar la validez de escritos que no hayan sido purgados. Craig Bingham, de *The Medical Journal of Australia*, es un firme defensor de cierto género estructurado de arbitraje abierto a través de la red. Con todo, en 1999 escribió: «Al dar al público un artículo antes de que haya sido revisado por expertos, nos arriesgamos a editar una porquería. La publicación sin evaluación entre iguales precisa que todos los lectores asuman la labor de seleccionar y criticar trabajos, lo que por lo general hacen por ellos los revisores».[12] George Lundberg dirigió el *Journal of the American Medical Assotiation* (*JAMA*) a lo largo de 17 años, hasta que el consejo de administración de la Asociación Médica de Estados Unidos lo destituyó en 1999 a causa de una disputa relacionada con cuestiones de política nacional. Entonces, se convirtió en director fundador de la revista electrónica de medicina *Medscape*. En cierto momento del debate generado en línea en torno a estas cuestiones, intervino exponiendo lo siguiente desde su ordenador de la revista:

> Pero puede ponerse otro reparo a Stevan [*sic*]: de los artículos enviados a revistas biomédicas, hay muchísimos que JAMÁS aparecen impresos después de ser objeto de una evaluación desfavorable. Es decir: no merecen ser publicados. Lo que hacen EN REALIDAD directores y revisores con este proceso es proteger tanto a los lectores como al autor. ¿Qué función cumplen, en tal caso, esas «versiones preliminares» a las que tiene acceso cualquiera?[13]

Así y todo, la opinión de la mayoría contradice su proposición principal. Tal como sentenció Richard Smith, director del *BMJ*, durante una conversación mantenida en Londres en agosto de 2002: «Existen tantas revistas que raro será el artículo que no encuentre un hueco en alguna de ellas».

¿Y quién sufraga los gastos que comporta el proceso editorial insoslayable? En los archivos concebidos a la manera de Ginsparg no hay tales, ya que, tal como hemos visto, los encargados de evaluar los artículos son los propios lectores: el único desembolso necesario es el destinado al material y el personal de oficina, el derivado del desarrollo de los programas informáticos y, de forma ocasional, el que supone la asistencia a una de las innumerables conferencias celebradas en torno a la publicación electrónica. Todo esto está financiado a través de becas o se considera parte de los gastos estructurales de la institución a la que pertenece el archivo, por lo que es, para el usuario, tan invisible como el coste del uso de Internet. Harnad y Odlyzko ya señalaron desde un principio que, en el caso de las revistas electrónicas de acceso libre sometidas a evaluación entre iguales, la satisfacción de los gastos residuales debía pasar de los lectores a los autores, mediante una cuota impuesta a cada artículo, cantidad que, en la mayoría de los casos, estaría sufragada por las instituciones a las que perteneciesen los investigadores y procedería, en consecuencia, de las becas de investigación. Al fin y al cabo, no son pocas las revistas de papel, incluidas las que no tienen fines lucrativos, que imponen al autor lo que llaman *page charge*, o precio por página publicada (lo que, en el ámbito legal estadounidense, obliga, por anómalo que resulte, a otorgar a sus artículos la denominación de *anuncios*). De cualquier modo, el ahorro derivado de la cancelación de suscripciones a publicaciones impresas por parte de los centros investigadores superará con creces estos gastos, según aseveran aquéllos. Parece que existe cierto consenso sobre el particular, y lo cierto es que el proceso hace tiempo que ha comenzado su andadura.

Fuera como fuere, son muchos los directores de publicaciones a los que atemoriza de un modo más general el desarrollo del proceso electrónico fluido y acumulativo previsto por Ginsparg, Odlyzko, Harnad y otros y encaminado a la construcción de la citada red mundial de conocimiento. Cualquiera que haya tratado de seguir uno de los debates serios que se entablan en los foros de Internet y sus múltiples ramificaciones se habrá dado cuenta de cuántas posibilidades se abren al caos (sólo tiene el lector que probar con SCIFRAUD). Varias de estas listas de discusión se han centrado en la publicación electrónica, y de las diversas disputas al respecto se han recopilado antologías con cientos de páginas de mensajes electrónicos que se han editado con no poco cuidado. Así y todo, no dejan de ser difíciles de usar.

> En la propuesta de Harnad —afirmaba Lundberg—, todos los artículos son trabajos en curso que tal vez no se completen nunca, ya que la propia ciencia es trabajo en curso. Por eso tiene cierto atractivo la idea de que la bibliografía científica debería considerarse también algo en construcción. Sin embargo, yo creo que la mayoría de los seres humanos tiene una concepción más sistemática, rastreable y ¿¿válida??, en la que existen «puntos de llegada» para algunos trabajos publicados y puntos de partida para otros, más que una secuencia continua de comunicaciones cambiantes e incompletas.

Uno de los contertulios preguntaba en tono quejumbroso: «¿Cómo va a saber el usuario cuál es la forma definitiva? ¿Cuál debería citar?».[14] Cierto es que el modo como concebían muchos científicos y editores el proceso comportaba que éste debía acercarse, a modo de asíntota, a una versión acabada. Y aquí es donde hay que hallar la relación funcional complementaria que une la pantalla y el papel: la forma última, la que debe citarse, sería la que apareciese impresa. Harnad, que abogaba por la introducción de cierto grado de corrección en determinados estadios, respondió: «La versión definitiva del borrador sometido a evaluación es el artículo que aparece en cualquiera de las publicaciones que dispone de arbitraje editorial, ¡como siempre!».[15] Aunque aún no se ha llegado a una conclusión determinante, ésta se presenta cada vez con más claridad como una de transición. Otro de cuantos participaban en el foro escribió que el medio electrónico «incluye la existencia de distintas versiones, la posibilidad de actualizarlas, la creación de vínculos que permitan consultar los trabajos relacionados con ellas, etc. La consolidación de versiones definitivas es propia de la imprenta»; con lo que se adhiere a la teoría de la ciencia en construcción formulada por Lundberg.[16]

Existen otras muchas cuestiones que en su momento parecían críticas y que ahora reconocemos también como propias de un período de transición. Pensemos, por ejemplo, en las tribulaciones del profesor adjunto que necesita con desesperación, si quiere obtener la permanencia, un mínimo de artículos publicados. Si bien para un joven historiador resulta indispensable escribir un libro del que, previa aprobación de cierto número de expertos, se hayan impreso mil ejemplares por parte de una editorial universitaria, entre los científicos de un número creciente de disciplinas es cada vez más frecuente que quienes conforman el comité encargado de otorgar las plazas fijas lleven un tiempo publicando vía electrónica.

Hay quien, a primera vista, considera que los derechos de autor constituyen un hecho amenazador. Sin embargo, no debemos olvidar una diferencia fundamental: éstos protegen las ganancias de los escritores cuyas obras constituyen una fuente de ingresos, en tanto que los científicos no esperan remuneración alguna por sus trabajos de investigación; lo que pretenden es hacer que éstos vean la luz donde puedan ser consultados por un mayor número de lectores. En el terreno de las ciencias, los únicos ingresos que garantizan los derechos de autor son los de las editoriales de revistas, aun cuando esto comporta una mayor restricción del acceso a aquéllos. Al menos, podrían ofrecer cierto valor residual si disuadieran, de uno u otro modo, del uso indebido del material publicado. No obstante, el plagio no deja de ser un fraude porque las palabras e ideas robadas no estén protegidas formalmente por los derechos de autor.

En 1994, Odlyzko escribió que las bibliotecas tendrían que menguar:

> Si las revistas académicas evolucionan como supongo, acabarán por proporcionar a los estudiosos todos los servicios que ofrecían antes las bibliotecas. El acceso electrónico inmediato a toda la información disponible en determinado ámbito, las herramientas de navegación, las reseñas y otras ayudas van a hacer que unas cuantas docenas de bibliotecarios y especialistas de revistas académicas se basten para hacer el trabajo de mil bibliotecarios de referencia.[17]

Estos últimos, de hecho, se han sentido amenazados. Llevan décadas haciendo frente a una serie cada vez mayor de problemas relacionados con el espacio, los costes, el personal y, además, el cambio experimentado en lo tocante a sus funciones. No obstante, no van a dejar de imprimirse, comprarse y almacenarse libros: Marshall McLuhan se equivocaba de medio a medio cuando afirmó, hace cuarenta años, que frente al carácter lineal y restrictivo de la imprenta, los medios electrónicos son espaciosos y flexibles. Los libros siguen siendo más fáciles de usar, por cuanto, además de ser portátiles, ofrecen muchas posibilidades de acceso, lo que quiere decir que uno puede moverse en su interior, hojearlos, ojearlos, salir de ellos y volver a sumergirse entre sus páginas. Durante el desayuno, puede que usted y un servidor estemos pasando las mismas hojas del *New York Times* de hoy, y leyendo, sin embargo, dos periódicos diferentes. Yo prescindo de la sección deportiva, salvo cuando se juega el campeonato de Wimbledon, y apenas si me intereso por la de negocios, a no ser que contenga noticias recientes sobre fraude empresarial. ¿Y usted?

Supongamos que desaparecen las revistas impresas. Tal circunstancia pondría fin al presupuesto que dedican las bibliotecas a las suscripciones —cuando menos, si las publicaciones electrónicas son gratuitas—, aunque no supondría ahorro alguno de espacio, pues las de centros universitarios necesitarían contar con salas llenas de ordenadores para los estudiantes de licenciatura, y si bien en la actualidad casi todos éstos disponen de ordenadores portátiles, necesitan un lugar en el que utilizarlos. Los cometidos del personal que en ellas trabaja también están cambiando: David Goodman, bibliotecario de biología de la Universidad de Princeton, lo dejó bien claro en un foro de debate hace unos años:

> El rasgo distintivo de los bibliotecarios era, en otro tiempo, la capacidad de organizar (de un modo tanto físico como intelectual) documentos en papel. Sabemos muy bien cómo hacer esto último, bien que es cierto que jamás hemos dado con la forma de convertirlo en algo sencillo para el usuario sin experiencia. Esta función seguirá siéndonos propia en cierto grado, ya que habrá que esperar muchos años para que todos los documentos estén disponibles en formato electrónico y se ha-

yan convertido los más antiguos. Asimismo, tengo para mí que va a ser recomendable conservar un mínimo de ejemplares microfilmados e impresos en papel a modo de copia de seguridad. Aunque muchos de quienes abogan por la publicación electrónica no reconozcan el carácter necesario de esta medida, estoy convencido de que no sólo es sensata, sino también económica.

Ahora, la habilidad que distingue a los bibliotecarios es la de ayudar al usuario a hallar documentos, y este hecho se hace aún más evidente en un entorno electrónico, cosa que, en mi opinión, el público no ignora. Según he podido comprobar durante el tiempo que llevo trabajando en el seno de una comunidad razonablemente refinada e inteligente, un experto es capaz de encontrar lo que busca con mayores precisión y rapidez que el entendido medio en redes.[18]

De cualquier modo, las bibliotecas y otros centros archivísticos tradicionales se están quedando atrás en cuanto fuente de recursos académicos, y no es difícil aducir ejemplos. La Universidad de Tufts ha puesto a disposición de quien quiera descargarlos o imprimirlos —corregidos, anotados, accesibles y listos para disfrutar de ellos— todos los textos que conforman el fondo de griego clásico en una página web llamada Perseus Digital Library. También está añadiendo todos los latinos, así como fuentes secundarias de libros del Renacimiento inglés, y en Oxford, Berlín y Chicago se han creado «sitios espejo» (duplicados en línea del original). La Universidad Estatal de Oregón ha pasado por el escáner y dotado de enlaces de hipertexto la correspondencia y otros documentos de Linus Pauling, quien fue alumno del centro, para ponerlos a disposición de todo el planeta en una página web inaugurada el 28 de febrero de 2003, día en que habría cumplido años. La Biblioteca Nacional de Medicina, sita en Bethesda, está confeccionando otra con los artículos —publicados e inéditos—, la correspondencia y los cuadernos de laboratorio de Joshua Lederberg, con gran profusión de enlaces internos. El propio Lederberg puede obtener desde la mesa de su despacho de la Universidad Rockefeller cualquiera de sus documentos antiguos a través de esta página web, imprimirlos y entregárselos a quien los solicite. En Italia, un grupo de estudiosos ha subido a la red cuanto ha llegado hasta nuestros días de la obra de Galileo: libros, manuscritos, correspondencia...;

todo en forma de facsímil y completo con transcripciones —cuando procede— y con traducción del latín o el italiano al inglés. La Biblioteca del Congreso de Estados Unidos, que posee uno de los tres ejemplares que se conservan en perfecto estado de conservación de la Biblia de Gutenberg, ha pasado por el escáner todo el volumen a fin de publicarlo en un doble disco compacto. El usuario puede marcar cualquier parte del texto latino y ver su versión al inglés. Jürgen Renn, jefe de una de las tres divisiones del Instituto Max Planck de Historia de la Ciencia de Berlín, hizo saber hace unos años a quien esto escribe que tenía la intención de hacer accesible a través de Internet la totalidad del material de que disponía el organismo, ordenado por índices y vinculado por enlaces internos. Lo cierto, sin embargo, es que él sí tiene problemas con los derechos de autor. Los historiadores y otros eruditos han visto transformada de un modo definitivo la naturaleza de la investigación archivística: menos polvo, menos descubrimientos providenciales y menos excusas para aplazar el análisis y la escritura.

Durante el otoño de 2003, apareció de repente un asunto espinoso, una acusación de difamación relacionada con el ArXiv de Ginsparg, que trastornó el desarrollo de los archivos de libre acceso. Martin Rees, cosmólogo de la Universidad de Cambridge, es también astrónomo real del Reino Unido. Ha formado parte del consejo de administración de varias instituciones científicas y administrativas de gran renombre, y es decano del Trinity College. Además de cerca de quinientos artículos de investigación, ha escrito cinco libros muy amenos y no menos célebres dirigidos al público general. Este científico poderoso y realizado en lo profesional había subido a ArXiv un artículo en el que anunciaba ciertos resultados obtenidos en el terreno de la astronomía de rayos gamma, en tanto esperaba que concluyese el proceso de evaluación entre iguales. Álvaro de Rújula, español especialista en física teórica del CERN (Suiza), también es experto en el citado ámbito de la astronomía, y mantiene una estrecha colaboración con Arnon Dar, integrante del instituto de investigación espacial israelí Technion. El 27 de octubre, De Rújula hizo público un escrito —bien redactado y a todas luces muy meditado— en el que atacaba a Rees por haber olvidado citar en su trabajo la labor de otros científicos, entre los que se incluía el propio Dar. El 2 de noviembre, desatada ya la controversia, el investigador del CERN dio a luz una variante corregida en la que preguntaba, ya desde el título, si no se trataba de «un caso de comportamiento poco ético». La sinopsis íntegra de esta segunda variante rezaba:

> Uno podía haber tenido la esperanza de que la inmediatez y la plenitud de la información científica que se ofrece a través de Internet iban a convertir la apropiación indebida de ideas ajenas (tan fácil de detectar y documentar en nuestros días) en un mal del pasado. Sin embargo, no es así, y aquí presento pruebas, que corresponde al lector juzgar, de la comisión de una infracción tal por parte de sir Martin Rees, astrónomo real del Reino Unido, y otros. El proceder poco ético no es algo ajeno a la ciencia, y no me mueve otro deseo que el de llamar la atención sobre el problema por medio del ejemplo, con el propósito de contribuir a la creación de una atmósfera más ética que no puede, a mi parecer, sino resultar benéfica para la disciplina.

El artículo decía, en parte:

> El presente escrito no versa tanto sobre asuntos científicos como sobre cuestiones de integridad académica. Pretende exponer cuál es el método correcto por el que deben adoptarse ideas originales procedentes de la obra de otros y atribuir méritos de forma apropiada, así como dejar fuera de toda duda que quienes deben predicar con el ejemplo son, sobre todo, aquellos que se encuentran situados en las altas esferas.[19]

Semanas antes, de hecho, Dar había pedido a Rees que incluyera en su artículo las citas pertinentes, y éste aseguró a Jim Giles, colaborador de *Nature*, que tenía intención de hacerlo no bien acabase el proceso de revisión del artículo.[20] No obstante, el 29 de octubre siguió adelante con los cambios.

Tal como hemos visto, las discusiones surgidas en torno a cuestiones de precedencia y autoría pueden contarse entre las más escabrosas —y hay que señalar que el hecho de que ésta se resolviese públicamente y de un modo muy rápido podría alentar a otros a presentar imputaciones similares—. El lenguaje severo empleado por De Rújula

—algo suavizado, eso sí, en la segunda versión de su artículo— hizo aún más áspera la disputa. Las leyes relativas a los delitos de difamación varían sobremodo de un país a otro. Así, por ejemplo, mientras que en Estados Unidos resulta difícil acusar a una figura pública, por cuanto el demandante debe demostrar que ha habido malas intenciones, en el Reino Unido, la legislación se muestra demasiado favorable para con este último. Y dado que la aparición de versiones preliminares de artículos en archivos de la red concebidos a tal fin supone publicación, la pregunta que cabe hacerse es si éstas están sometidas a la ley de difamación vigente en el país desde el que se acceda a ellas. La cuestión aún está por resolver; pero en caso de que la respuesta sea negativa, habría que despejar aún otra duda: ¿no serían responsables, además de De Rújula, Ginsparg y Cornell?

Puesto a reflexionar sobre el particular, Ginsparg señalaba que «no existe tribunal mundial con potestad para juzgar» en éste ni en otros muchos aspectos legales que pueden imaginarse en relación con Internet. «Las revistas no están equipadas para hacerlo, y son demasiado lentas, al igual que las instituciones para las que trabaja la gente.» El prestigio de un científico puede bastar para que resulte difícil abordar un problema de plagio del modo habitual. «¿Qué debería hacer un autor como De Rújula en un caso como éste una vez que ha fallado cualquier otra vía?»[21]

El artículo de De Rújula constituye un testimonio notable del poder que ejercen los archivos en nuestros días. «Pretendo exponer aquí —escribió para definir su reclamación— los diversos modos de que se sirven algunos científicos para reescribir la historia, como la infravaloración de las contribuciones de otros con respecto a las suyas propias o la imposición de sus ideas sobre las del resto de la comunidad.» En particular, se preguntaba si los conceptos fundamentales del «nuevo paradigma» que se está desarrollando en el campo de la astronomía con rayos gamma «van a ser atribuidos a sus creadores».

> Hoy —seguía diciendo—, el hecho de que «se suban a la red» los artículos científicos de un modo casi instantáneo para alojarlos en archivos electrónicos inviolados y de libre acceso podría hacernos pensar, con no poca ingenuidad, en una respuesta afirmativa. Sin embargo, la

ciencia es una empresa profundamente humana, y lo que se nos representa como algo obvio no siempre lo es. Cabe debatir sobre si es correcto incluir en este medio un escrito como el presente, y de hecho, no son pocos los colegas con los que he discutido acerca de las alternativas posibles. Sin embargo, en el mundo científico no existe nada similar a un «tribunal superior». Además, los archivos gozan en nuestros días de un influjo mucho mayor que las revistas: el público lee, las más de las veces, las versiones originales de los artículos, disponibles en línea, sin pararse siquiera a comprobar en las publicaciones periódicas si se han efectuado o no cambios con posterioridad, aun cuando sea la variante recogida en éstas la que citen. En mi opinión, lo que se da a los lectores en los archivos debería discutirse en ellos, ya que es responsabilidad exclusiva de su autor.

La publicación electrónica, bien a través de revistas formales, bien en una u otra versión del modelo anarcodemocrático y autónomo promovido por Ginsparg, puede ayudar a superar los dos problemas más indeseables a que se enfrentan los medios impresos. La ventaja más evidente que ofrece es la rapidez. No cabe duda de que las revistas en que priman las cuestiones de actualidad científica conceden un trato especial a los artículos de relieve que llegan a la redacción. Y lo hacen, claro está, en virtud de un ejercicio necesario de buen juicio editorial. Veamos un ejemplo quizás imposible de superar: cuando David Baltimore y Howard Temin remitieron a *Nature*, a principios y mediados de junio de 1970, los artículos con los que anunciaban el descubrimiento, simultáneo e independiente, de lo que ahora conocemos como *transcriptasa inversa*, apenas hubo que esperar unos días para verlos recogidos entre sus páginas, en el número correspondiente al 27 de aquel mes. La prontitud con que se publicaron fue tal que quien esto escribe no ha podido menos de dudar que se sometiesen siquiera a evaluación entre iguales. John Maddox, director de la revista a la sazón, respondió con una vaguedad muy poco corriente cuando se le preguntó al respecto veinte años después. Por lo común, el lapso de tiempo que separa el envío de un trabajo de su publicación en papel ha sido de meses, aun en el caso de las revistas mejor gestionadas, y puede ampliarse a un año o más si se hace necesario revisarlo. Antes del advenimiento del correo y la edición electrónicos, buena parte de este retraso podía atribuirse a la comunicación entre editores, personal, revisores y autores, que distaba mucho de ser instantánea. Hoy, se debe en parte a la mecánica de la impresión y la distribución, aunque también a la acumulación de escritos que esperan a que llegue su turno.

El segundo problema que ha de afrontar la prensa afecta en mayor medida al mantenimiento del sistema de la ciencia: se trata de la presión, ya mencionada, a que someten los directores a los autores para que condensen y simplifiquen sus artículos, y resuman los datos con el fin de lograr algo breve y efectista. Porque aun en el caso de que no exijan de forma explícita este último rasgo, la estrechez de espacio propicia, por sí sola, resultados análogos. La publicación electrónica pone fin, sin embargo, a semejantes constreñimientos. Durante el período de transición, las revistas impresas servirán para dar noticia de que en la red pueden encontrarse exposiciones más detalladas, así como la presentación de todos los datos. Hace ya tiempo, siendo director de *JAMA*, George Lundberg comenzó a exigir a los autores un acuerdo por el que se comprometían a hacer pública toda la información empleada para elaborar sus artículos en caso de que algún lector lo solicitase. En octubre de 1995, en el artículo principal del número 377 de *Nature*, Maddox presentaba la publicación en línea del contenido de la revista y pedía a los lectores que tuviesen a bien considerar que cuanto iban a hallar en la página web no era más que «parte de un proceso de aprendizaje». Entre otras cosas, seguía diciendo:

> Por lo general, los autores de los trabajos publicados se quejan de que las revistas no les dan jamás el espacio que necesitan para decir lo que deben decir, y *Nature* tiene fama de conducirse con proverbial tacañería en este aspecto, pese a que desde hace unos años se ofrecen los mecanismos necesarios para proporcionar la «información suplementaria» de un artículo. Hasta ahora, se ha enviado por correo, sin coste alguno, copia de este material a todo aquel que lo ha requerido, y en adelante, también será posible consultarlo sin restricciones en www.nature.com.[22]

En suma, la publicación electrónica puede hacer que se elimine para siempre el controvertido paréntesis («datos no mostrados») del que ya hemos hablado —aunque no vamos a dejar de toparnos con el de «no se han recogido datos»—.

En una fecha tan temprana como la de abril de 1994, cierta editorial comenzó a ofrecer en formato electrónico los artículos enviados a dos de sus revistas de física en el preciso instante en que los recibían, de modo que los suscriptores de este nuevo servicio pudiesen tener acceso a ellos cinco meses antes de que apareciesen impresos. A finales de 1995, eran ya más de cien las publicaciones sometidas a evaluación entre iguales del ámbito de la ciencia, la tecnología y la medicina que estaban disponibles en línea. Los editores se veían obligados a mantenerse a la altura de sus rivales, pero también pretendían sostener la tirada, satisfacer a los anunciantes... y retener cierto dominio sobre el contenido. Un año más tarde, el número se había multiplicado por diez.

Algunas revistas de éxito, que pese a haber tomado conciencia del poderío de la red aún no han perdido por completo su renuencia, han optado por dar un paso más: a fin de lograr una mayor presencia entre los medios de comunicación, han llegado, al menos, a publicar en línea artículos urgentes o de interés excepcional días antes de que estuviera disponible la edición en papel.[23] *Science* y *Nature* suelen hacerlo. En 2002, un grupo de investigadores de Leipzig y Oxford anunció que había identificado un gen, el *FoxP 2*, que presenta una distribución casi idéntica en los distintos mamíferos, si se exceptúa el hecho de que, respecto de los ratones, los chimpancés tienen dos mutaciones en la secuencia, en tanto que los humanos poseen una más, de la que carecen los segundos. Desde el verano anterior se sabía que cierto defecto verificado en otro punto diferente de la secuencia humana del gen impide la adquisición normal del lenguaje y aun la comprensión de reglas gramaticales. «El *FoxP 2* —rezaba la tercera oración del informe— es el primer gen relacionado con el desarrollo de las habilidades lingüísticas.» El descubrimiento de un gen del habla, que revestiría, de confirmarse, una trascendencia considerable, apareció en la página web de *Nature* días antes de que saliese a la calle la revista.[24]

De igual modo, el 9 de octubre de 2003, *The New England Journal of Medicine* hizo aparecer con urgencia en la red el artículo «A randomized trial of Letrozole in postmenopausal women after Tamoxifen therapy for breast cancer», que acompañó con un par de reseñas de opinión. Hacía tiempo que se sabía que las pacientes de cáncer de mama que habían recibido tratamiento tras la menopausia y a las que se había administrado con posterioridad tamoxifeno a fin de hacer menos probable una recidiva desarrollaban cierta propensión a recaer pasado un tiempo. En consecuencia, se había emprendido un ensayo a largo plazo con letrozol —frente a un placebo— a modo de sustituto, y la nueva terapia había resultado ser tan efectiva que se había puesto fin al experimento cuanto antes con objeto de que el medicamento estuviese disponible sin dilación. Los directores de la revista consideraron, en consecuencia, que las conclusiones debían darse al público de inmediato.

En 2000, Harnad había escrito: «Es inevitable concluir que, dentro de no mucho, podrán consultarse en línea todas las revistas sometidas a arbitraje editorial. De hecho, muchas ya están presentes en la red, lo que quiere decir que están disponibles desde cualquier ordenador que se encuentre conectado a ésta».[25] El cambio ha adoptado formas muy diversas. Muchas revistas de gran tirada, como *Nature*, *Science*, *JAMA* o el *BMJ*, comenzaron ofreciendo en su edición electrónica versiones simplificadas concebidas para captar la atención del lector, así como tablas de contenido, sinopsis y algunos trabajos. Otras, sin embargo, afrontaron los hechos desde el principio y publicaron en línea «clones» de los artículos que ocupaban sus páginas. Con el paso de los años, los directores que se resistieron al cambio se han visto obligados a aceptar la edición electrónica simultánea, adaptando los textos, de un modo más o menos eficaz, a las diferencias radicales de formato. En consecuencia, con el cambio de milenio, cuando Harnad expresó su predicción, ya había grandes editoriales que publicaban de forma paralela en Internet el contenido de sus revistas tradicionales: más de 1.200 en el caso de Reed Elsevier, 360 en el de Springer-Verlag y casi 200 en el de Academic Press. A fin de aferrarse a tan lucrativo mercado, la mayoría ha optado por restringir el acceso a través de cuotas de abono. La primera de las citadas ha sido siempre célebre por su codicia.[26] Las publicaciones de mayor tirada, las más vistosas, han adoptado prácticas muy diversas. *Nature*, como *The Economist*, permite a los suscriptores consultar el último número y buscar en su archivo, mientras que en el caso del *BMJ*, ni siquiera es necesario inscribirse. Cada vez es mayor el número de revistas que sólo se dan al público en soporte digital.

En diciembre de 1998, cuando Paul Ginsparg se dirigió a los biólogos congregados en Cold Spring Harbor a fin de organizar un medio en el que almacenar los datos concernientes a la expresión genética, se hallaban entre los presentes Patrick Brown, genetista de Stanford, y Richard Young, del Instituto Whitehead de Investigación Biomédica, organismo perteneciente al Instituto Tecnológico de Massachusetts (MIT). Ginsparg les instó a adoptar una mayor amplitud de miras, y lo cierto es que el encuentro resultó ser un verdadero acicate, pues dio pie a un profundo debate durante los meses siguientes y llevó a que se estudiara la creación, en el terreno de la biología molecular y las ciencias biomédicas, de un servidor de versiones preliminares análogo al archivo de aquél.

La idea sedujo a Harold Varmus, director de los Institutos Nacionales de la Salud (NIH), quien, la primera semana de marzo de 1999, anunció, durante una vista celebrada por el Congreso, que estaba buscando el modo de establecer un depósito electrónico de artículos biomédicos (otros, mientras tanto, hacían algo similar en el Reino Unido y en el Laboratorio Europeo de Biología Molecular de Heidelberg). La primera semana de mayo, Varmus difundió en la red, después de hacerla circular en forma de borrador, la propuesta de fundar E-Biomed.[27] Tras consultarlo con no pocas personalidades, entre las que se incluían Brown, el citado investigador de Stanford, y David Lipman, colega suyo de los NIH y director del Centro Nacional de Información Biotecnológica, había escrito en solitario la reseña, que ofrecía muestras de una inteligencia clara y original, muy astuta en lo político. Comenzaba advirtiendo: «Conviene dejar claro desde el principio que en ningún sentido puede considerarse a los NIH propietarios o reguladores de esta empresa», cosa de la que no estaría de más que tomasen buena nota los miembros del Congreso. «El objetivo fundamental del proyecto —seguía diciendo— es ofrecer a los lectores un acceso sencillo, instantáneo y gratuito al contenido íntegro de E-Biomed y la posibilidad de consultar cuanto pueda interesarles de la manera más productiva posible.» Proponía dos vías diferentes para la publicación en Internet. Por un lado, se crearían diversos comités editoriales con funciones muy similares a los de las revistas tradicionales; a saber: revisar, corregir y seleccionar los artículos científicos recibidos. Este hecho permitiría soslayar buena parte de los gastos, tal como habían defendido Harnad y Odlyzko. Los escritos rechazados podrían enviarse, además, a otras revistas de las que integrasen E-Biomed. Sin embargo, lo más novedoso de su planteamiento era la segunda vía: «Los autores tendrán también la opción de incluir directamente sus trabajos en el archivo de E-Biomed sin mediación alguna de estos comités editoriales».

En efecto, Varmus no hizo más que uncir a un mismo yugo el buey de Harnad y el caballo de Ginsparg para tirar del carro. Con todo, ponía de relieve en su artículo la necesidad de buscar garantías a la segunda vía de publicación: «Antes de formar parte de la base de datos, todo escrito tendrá que contar con la aprobación de dos individuos dotados de la competencia pertinente. Las aptitudes que habrán de tener, y que tendrá que explicitar la junta directiva de E-Biomed, deberían ser lo bastante amplias para incluir a varios miles de científicos y lo bastante estrictas para impedir la entrada de trabajos estrafalarios».

Varmus iba más allá a la hora de abogar por la publicación electrónica:

> La espectacular expansión del espacio disponible permitirá presentar grupos de datos mucho mayores (que podrían incluir fotografías detalladas o aun películas), proporcionar análisis más minuciosos y describir los métodos empleados con el pormenor necesario para repetir un experimento. Asimismo, el formato electrónico posibilita la presentación escalonada del contenido en lo que respecta al grado de detalle, de tal modo que los lectores pueden acceder en primer lugar a un mensaje más conciso y después buscar la cantidad de información que más se adecue a sus necesidades e intereses.

Con el entusiasmo propio de quien acaba de convertirse a una nueva religión, añadía: «E-Biomed está llamado a evolucionar de tal modo que tal vez acabe por influir en nuestra forma de practicar la ciencia». Entre los factores que determinan este hecho se incluyen el carácter más abierto del proceso de evaluación, las recompensas profesionales derivadas de los comentarios expresados en relación con la labor de otros, la publicación de sinopsis o aun textos completos de charlas y conferencias presentadas en congresos, y por encima de todo, los medios necesarios para ampliar y corregir los artículos. «Y aún hay otra ventaja, menos tangible —apuntaba—, que podría dimanar en cuanto resultado natural de E-Biomed: la intensificación del sentido de comunidad entre los científicos del ramo de la biomedicina.»

Varmus goza de una reputación sin par entre éstos, y en calidad de director de los NIH, se hallaba en una posición por demás influyente en el ámbito de la ciencia y en el de la política de ésta. Su propuesta dio pie a una doble oposición.[28] El primer obstáculo tenía que ver con la evaluación entre iguales: había que abandonar la vía que, siguiendo el modelo de Ginsparg, prescindía del arbitraje editorial —y que provocó no poca indignación pública—. En segundo lugar, las editoriales, ante la amenazadora idea de que una agencia gubernamental pudiese competir con ellas en el ámbito electrónico, ejercieron presión para que el proyecto no recibiese subvención alguna. Ante tales reacciones, el planteamiento primero quedó modificado de forma drástica: se abandonó toda idea de publicar artículos originales, y bajo el nuevo nombre de PubMed Central, el sistema se convirtió en un archivo digital de las publicaciones periódicas existentes en el ámbito de las ciencias de la vida; poco más, en efecto, que el equivalente electrónico de las estanterías de una biblioteca convencional, aunque abierto a la posibilidad de vincular mediante remisiones su contenido y susceptible de ser visitado desde cualquier ordenador personal sin más que pulsar unas cuantas teclas. PubMed está gestionado por la Biblioteca Nacional de Medicina, y recoge la producción de más de cien revistas, por lo que se está tornando en una valiosa fuente de referencia. Con todo, no puede considerarse una publicación electrónica.

En Londres, Vitek Tracz, empresario del ámbito de la edición biomédica, comenzó a desarrollar en 1999 una iniciativa electrónica concebida de un modo diferente desde un principio, dado su carácter comercial. La llamó BioMed Central (el nombre es anterior al de PubMed Central), y promete, desde la página web (http://www.biomedcentral.com), «arbitraje editorial completo / publicación inmediata / acceso libre». Quien esto escribe tuvo oportunidad de mantener con Tracz, a finales de agosto de 2002, en su despacho del Soho, al norte de la londinense Oxford Street, una conversación que se prolongó durante la comida.[29] La trayectoria profesional de este científico (cuyo apellido, por cierto, se pronuncia entre *trach* y *troch*) está llena de altibajos. «Nací en Polonia —recuerda—, en tiempos de la guerra, aunque crecí en la Unión Soviética... sin tener que salir de mi pueblo natal.» Stalin, en efecto, se apropió de casi la mitad de su país, moviendo hacia occidente su frontera oriental. Pasó cuatro años en Israel, dedicado a hacer documentales. Sin embargo, según sus propias palabras, «en 1979 entré en el mundo editorial». De entre las revistas subordinadas al colosal organismo que preside, el Current Science Group, cabe destacar *The Scientist* y una serie de publicaciones mensuales especializadas en diversos ámbitos de la medicina y que van desde *Current Allergy and Asthma Reports* hasta, por ejemplo, *Current Opinion in Molecular Therapeutics*, *Current Urology Reports* o *Current Women's Health Reports*. Hay que señalar que Tracz es un promotor ambicioso, un vendedor de ideas obstinado, difícil y seguro de sí mismo —bien que original sin lugar a dudas y perspicaz en grado sumo— que se ha sabido ganar el respeto de rivales muy veteranos. Aquella misma tarde, después de charlar con él, me entrevisté con Richard Smith, director del *BMJ*, otro hueso duro de roer que no dudó en hablar de él con gran admiración.

BioMed Central publicó su primer artículo en línea en 2000. Durante la conversación mantenida en 2002, Tracz aseguró haber llegado ya al número mil y expresó su convencimiento de que, de allí a unos meses, se publicaría el dos mil. Se basa, según afirmaba, en el principio del acceso libre sin reservas: «Todo trabajo aparecido en él está a disposición de cualquiera para cualquier uso, siempre que no se destruya su integridad». La empresa se divide en una serie de revistas especializadas, editadas por separado con nombres que van, por lo general, de *BMC Anesthesiology* a *BMC Surgery*. Dado que todo el que lo desee puede acudir a ellas, esta titulación tiene por objeto facilitar la búsqueda a los lectores. Huelga decir que los artículos se envían por medios electrónicos. Tras una criba inicial, algunos directores publican los artículos antes de someterlos a arbitraje editorial y otros siguen el proceso convencional.

BioMed Central ha ido prosperando y subdividiéndose. A finales de 2003, ofrecía ya unas ciento treinta revistas electrónicas. Sin embargo, estas cifras no dejan de crecer: basta cerrar los ojos y volverlos a abrir para que vuelvan a cambiar. La última incorporación fue la del *Journal of Circadian Rhythms*. De cualquier modo, Tracz asevera que lo más importante son los artículos en sí, en tanto que la idea de la publicación inserta en un mundo de enlaces hipertextuales se ha convertido en poco más que un modo muy conveniente de agruparlos para poder acceder a ellos según su contenido. El principio fundamental sigue siendo el de hacer que los trabajos de investigación estén disponibles de un modo inmediato y permanente sin contraprestación económica (aunque hay revistas del Current Science Group —unas treinta y una— que exigen suscripción para poder consultar reseñas y otro tipo de escritos; la mayoría, sea como fuere, son ediciones digitales de las publicaciones impresas de la serie de *Current Reports*). A mediados de 2003, BioMed Central manifestó tener ya más de doscientos veinte mil usuarios registrados que habían visitado sus artículos una media de mil veces durante sus primeros cuatro meses en línea. Algunos de los artículos de su *Journal of Biology* han sido objeto, al parecer, de unas veinte mil consultas.

El problema, por lo tanto, consiste en cómo obtener dinero. «¿Dónde está el valor añadido —se preguntaba Tracz—, y cómo podemos cobrar por su disfrute?» Todos sabemos que el de las revistas impresas es un negocio inmensamente rentable, y también que sus ingresos proceden de las suscripciones. «Sin embargo, ha llegado su fin.» Lo único que está haciendo que la transición sea más lenta son los investigadores. «Son los científicos los que se muestran conservadores en extremo.» La respuesta es la que habían predicho Odlyzko y Harnad: los costes han de recaer sobre los autores. Y así, pese a la gratuidad del contenido de BioMed Central, éstos deben pagar una cuota de tramitación de quinientos dólares. Como era de esperar, son las instituciones quienes asumen estos gastos. En el Reino Unido, el Comité Conjunto de Sistemas de Información, organismo asesor de patrocinio gubernamental que cuenta entre sus integrantes con todas las universidades británicas, llegó en junio de 2003 a un acuerdo por el que abonaría el equivalente a 138.000 dólares con los que cubrir quince meses de tasas en BioMed Central para unos ochenta mil científicos repartidos por los centros universitarios del país. El comité había calculado que estos últimos invertían el equivalente a 128 millones de dólares anuales en suscripciones a revistas. Otro ejemplo: durante el otoño de 2003, el consorcio conocido como Biblioteca y Red de Información de Ohio sufragó a autores académicos de 84 instituciones del estado el derecho a publicar en los boletines de BioMed Central a partir de enero de 2004 sin pagar cuota individual alguna.

Estas tasas constituyen, por lo tanto, uno de los modos posibles de recuperar los costes de los procesos editoriales. Tracz, sin embargo, ha inventado otros. Según reveló durante nuestra conversación, los estudios que se han llevado a cabo en Elsevier en lo tocante al público han puesto de relieve el hecho sorprendente de que los artículos editados por sus revistas reciben la lectura de principio a fin de una media aproximada de cinco personas. «Lo que consulta todo el mundo son las sinopsis: de ahí se extrae la mayor parte de la información.» En tal caso, ¿no sería quizá más razonable cobrar sólo por éstas? Parece más prometedor el procedimiento que él llama «selección traspublicación», que aumenta el valor de los artículos al hacer que una serie de expertos valore su calidad una vez que se han dado al público. Para ello ha ideado un mecanismo deliciosamente ingenioso, accesible en la página web llamada Faculty of 1000 (http://www.facultyof1000.com).

Veamos primero cuál es su estructura, para adentrarnos después en su funcionamiento. El sistema está organizado de un modo jerárquico: divide la biología en departamentos (a finales de 2003 eran 16: bioquímica, genética, medicina molecular, etc.). Cada uno de éstos está dirigido por dos, tres o cuatro científicos que ejercen de jefes de departamento y dividido en secciones, en número de tres a doce, que conformaban un total de 73 la última vez que visitó el sitio quien estas líneas escribe.* Éstas disponen, por su parte, de dos o tres jefes de sección que coordinan la labor de entre diez y cincuenta profesores. El departamento de inmunología, por ejemplo, cuenta con doce secciones, que van desde la de alergia e hipersensibilidad a la de marcación

* En la actualidad (consulta: febrero de 2006), a la «facultad» de biología se ha sumado una de medicina. (*N. del t.*)

de leucocitos, pasando por la de genética del sistema inmunológico. La terapia génica, por ejemplo, es una de las cuatro materias en que se divide la sección de genética médica, que a su vez forma parte del departamento de biología evolutiva. En total, participan en el proyecto unos mil cuatrocientos científicos, entre los que se encuentran algunos de renombre y un buen número de jóvenes prometedores.

A despecho de la terminología empleada, ninguno de los integrantes del proyecto lleva a cabo actividad docente alguna en él: su labor consiste en proponer los trabajos de investigación que merecen incluirse en sus respectivas secciones. Se trata de artículos procedentes de cualquier revista, sea célebre, sea desconocida, sin importar si se han publicado semanas antes o son mucho más antiguos (un servidor no dudaría en presentar la candidatura de la polémica reseña de T. H. Morgan titulada «The theory of gene», que vio la luz en 1917). Asimismo, cada uno de ellos recibe una puntuación que va del uno al diez conforme a su calidad e importancia (sin duda el de Morgan se merece la más alta por su estilo cautivador y por la marcada relevancia de que goza con respecto a los debates que se plantean hoy día). A continuación, los jefes de las diversas secciones estudian los resultados. El usuario no tendrá dificultad en saber cuáles son los trabajos más valorados: podrá consultar la lista de los diez mejores de una sección concreta o del total de escritos examinados. En caso de que medien derechos de autor, los vínculos de hipertexto lo remitirán a otros servicios con los que abrir el artículo. El sistema de referencias es extenso, y los métodos de búsqueda, muy flexibles, dadas las numerosas posibilidades de acceso. La suscripción personal tiene un coste de 52 dólares anuales, o de un dólar semanal. En el caso de *Nature*, el precio por año es de 159 dólares.*

Si dijésemos que Harold Varmus es un hombre resuelto que cuenta con numerosos recursos y no es fácil de desanimar, no estaríamos sino cometiendo una hipérbole por defecto propia de manual. A finales de 2000, organizó, junto con una serie de asociados, una coalición

* La diferencia se ha reducido: en febrero de 2006, el importe anual es de 107 dólares (o 90 euros) en el caso de Faculty of 1000, y 199 dólares en el de *Nature*. (*N. del t.*)

de científicos investigadores a la que pusieron el nombre de Public Library of Science, o PLoS.[30] Lo primero que hicieron fue hacer circular una carta abierta por la que pedían a los editores del ámbito de la ciencia que pusiesen a disposición del público general, de forma gratuita, sus principales artículos de investigación en archivos electrónicos como PubMed Central. La firmaron más de treinta mil científicos de unos ciento ochenta países. Algunos de aquéllos accedieron a brindar cierto grado de colaboración, aunque, según lo expresó el propio Varmus, «en general, su respuesta quedó muy por debajo del mínimo razonable que defendíamos». Por consiguiente, él y sus coligados llegaron a la conclusión de que debían crear una serie de publicaciones propias de acceso libre, tanto en línea como en papel, merced a la subvención de nueve millones de dólares que lograron de cierta fundación privada. En octubre de 2003 editaron el primer número de la primera revista: *PLoS Biology*.

Vitek Tracz les remitió una hermosa carta de felicitación.

Durante la última década han tenido lugar numerosos congresos acerca de la edición de libre acceso: en la sede de París de la UNESCO, en Budapest, en el edificio de Bethesda que aloja a los NIH, en el Instituto Médico Howard Hughes de Washington (en abril de 2003), en Berlín (en octubre de aquel año)... Lo que empezó como una serie de actividades motivadas por la necesidad de ganar prosélitos ha ido cambiando de objetivos para centrarse en la instauración y evolución de normas técnicas a medida que ha crecido el respaldo brindado al movimiento. Al encuentro celebrado en la sede del Howard Hughes asistieron 24 personas procedentes de Estados Unidos y Europa. Las lumbreras allí congregadas —científicos, editores (incluido el BMJ Publishing Group), bibliotecarios, representantes de sociedades científicas y fundaciones acaudaladas (como la Wellcome o la Rockefeller) y, cómo no, BioMed Central y la PLoS— redactaron la siguiente definición:

> Una publicación de acceso libre es la que cumple estas dos condiciones:
>
> 1. El autor o los autores y el poseedor o los poseedores de los derechos de autor conceden a todos los usuarios la potestad libre, irrevo-

cable, universal y perpetua de acceder a la obra en cuestión, copiarla, emplearla, distribuirla, transmitirla y mostrarla en público, así como de elaborar y distribuir trabajos de ella derivados, en cualquier medio digital y con cualquier fin responsable, mediante siempre la adecuada mención de la autoría, y la facultad para efectuar un número reducido de copias impresas destinadas al uso personal.

2. Se ha depositado, a raíz de su publicación, una versión completa de la obra y todo el material complementario, incluida una copia del permiso en los términos expresados en el apartado anterior, en un formato electrónico estándar adecuado, en al menos uno de los archivos disponibles en línea que gozan del patrocinio de una institución académica, sociedad científica, agencia gubernamental o cualquier otro organismo consolidado que tenga por objeto permitir el acceso libre, la distribución sin restricciones, el intercambio y el almacenamiento a largo plazo (archivos como PubMed Central, dedicado a las ciencias biomédicas).[31]

De un modo análogo, el congreso celebrado en Berlín fue convocado por los presidentes y directores de siete organismos científicos nacionales alemanes, entre los que se incluían la Sociedad Max Planck, el Consejo Científico y la poderosa Fundación Alemana de Investigación (o Deutsche Forschungsgemeinschaft). Participaron en él especialistas de toda Europa, que elaboraron y presentaron, en alemán e inglés, una declaración sobre el acceso libre al conocimiento en el ámbito de las ciencias y las humanidades.[32] Como es costumbre en este tipo de escritos, el documento es conciso y claro en grado razonable —si bien la traducción inglesa resulta oscura en algunos lugares—. Su objetivo, según señalaban sus creadores, consistía en promover Internet en cuanto instrumento funcional de una base mundial de conocimiento científico e intercambio intelectual. La médula de la declaración se hallaba en un par de normas relativas a la publicación de libre acceso, expresadas en lenguaje judicial, que cuando menos ponen de relieve la amplitud de sus afirmaciones. Como no podía ser de otro modo, guarda cierta semejanza con la declaración de Bethesda. En primer lugar, los autores y demás titulares de los derechos de autor deberán «ceder a todos los usuarios el derecho libre, irrevocable y universal de acceder a la obra, y licencia para copiarla, usarla, distribuirla, transmitirla y mostrarla en público, así como distribuir los trabajos que de ella puedan derivarse, en cualquier medio digital y con cualquier fin responsable, siempre que se haga la debida mención del autor». Por otra parte, deberá «depositarse (y por ende publicarse) en al menos un archivo en línea ... respaldado y mantenido por una institución o sociedad académica, una agencia gubernamental u otra organización consolidada que tenga por objeto permitir el acceso libre, la distribución sin restricciones, el intercambio y el almacenamiento a largo término» una versión completa del trabajo junto con toda la información adicional.

Las suscripciones a revistas impresas son cada vez menos, aun en el caso de las de mayor tirada. La que en su mejor época distribuía 17.000 ejemplares se encuentra ahora con diez mil abonados. Sin embargo, quienes consultan su contenido en la red descargan al mes cientos de miles de artículos. Las bibliotecas están anulando sus pedidos sin piedad —y cabe imaginar que con cierto alborozo vengador—. El siguiente ejemplo basta para dar una idea de la situación: en octubre de 2003, la de la Universidad de Cornell anunció que pretendía cancelar su suscripción a cientos de revistas de la editorial Elsevier, y la explicación que dieron sus responsables permite vislumbrar la confusión en que se halla sumida la edición de revistas en papel.

> Nos es imposible —decían en parte— seguir pagando tantas publicaciones de Elsevier (incluidos los ejemplares duplicados) que ya no necesitamos, y debemos destinar parte del dinero que dedicábamos a la editorial a comprar revistas de otros editores que nuestros usuarios solicitan en mayor medida. Hemos expuesto este hecho a Elsevier en extensas discusiones mantenidas con la firma, tanto a través de nuestro consorcio de bibliotecas de investigación como de forma independiente. En ellas, hemos tratado de negociar un acuerdo que nos permita cancelar el abono a ciertas revistas de la compañía sin sufrir un incremento demasiado elevado en lo que respecta al resto de las publicaciones; pero Elsevier no ha tenido a bien aceptar ninguna de nuestras propuestas. En consecuencia, estamos ponderando la opción de anular varios cientos de las suscripciones para 2004. Las decisiones que se

adopten a este respecto dependerán de la aportación del claustro, así como de la información estadística relativa al uso individual del fondo de publicaciones periódicas recogida durante años.[33]

Durante más de una década de estudio de los más diversos debates, propuestas e iniciativas respecto de la publicación electrónica, y tras entrevistar a cierto número de los defensores de ésta, fuera de alguna referencia ocasional hecha de paso a la detección y, por tanto, disuasión del plagio, el autor apenas ha dado con signos de preocupación por los efectos que puede tener este género de edición en lo tocante a la naturaleza o la incidencia del fraude. Y con todo, éstos no son nada baladíes. Una vez más, aunque ahora de un modo favorable, tienen un carácter estructural, inherente. El plagio, la más lamentable de las infracciones, no es algo susceptible de ser detectado de forma automática tras la recepción de un artículo —al menos, por el momento—. Ya hemos visto, en el capítulo 7, que si se les proporcionan las pautas de búsqueda correctas, los ordenadores de gran velocidad podrían hacerlo sin demasiada dificultad. No en vano asegura Google que, a fin de satisfacer la solicitud más trivial de sus usuarios, rastrea las palabras introducidas por éstos en más de tres mil millones de páginas web. No faltan programas capaces de comparar con gran eficacia sucesiones de caracteres una vez que surge la sospecha. Cualquier profesor de secundaria puede ejecutar desde su equipo de sobremesa componentes de soporte lógico que localicen las posibles fuentes de cualquier trabajo presentado por sus alumnos de cuya originalidad desconfíe.

Resulta satisfactorio poder comunicarle a la sombra siempre presente de Charles Babbage el modo como puede anular la informática el amaño y el falseamiento. Las formas menos refinadas de invención o manipulación de resultados se tornan más difíciles cuando el artículo publicado debe exponer todos los métodos experimentales con la suficiente claridad y poner a disposición de quien los solicite todos los datos existentes. No pensaba Harold Varmus en el fraude cuando afirmó, al proponer la creación de E-Biomed, que la publicación en la red fomenta la presentación de «grupos de datos mucho mayores», así como que «el formato electrónico posibilita la presentación escalonada del contenido en lo que respecta al grado de detalle». Sin embargo, todo parece indicar que Thereza Imanishi-Kari apenas si contaba con aquéllos cuando vio la luz Weaver *et al.*

Los detalles varían y se encuentran en continua evolución. Sea como fuere, desde hace más de diez años tenemos claro lo que nos depara el futuro. En el congreso sobre evaluación entre iguales que se celebró en Chicago en noviembre de 1993, quien esto escribe expuso ante un auditorio de directores de revista del ámbito de la biomedicina lo que a continuación se resume:

Las diversas variantes en que se presenta la publicación electrónica parecen estar convergiendo. Hay ya programas informáticos operando en ordenadores repartidos por todo el mundo que permiten vincular mediante remisiones los datos que conforman el corpus científico. No está lejos el día en que publicar un artículo digital no sea más que un paso preliminar. El lector tendrá la posibilidad de examinar no sólo las referencias a otros artículos que hoy vemos en forma de notas, sino también de consultar, caso de desearlo, las sinopsis de éstos o incluso el texto íntegro con apenas pulsar un botón. Podrá solicitar los informes elaborados durante el proceso de arbitraje editorial e incluso, tal vez, los datos en bruto que se han empleado para redactarlo. La publicación propiciará la presentación de críticas, sugerencias y refutaciones; los trabajos así editados serán susceptibles de ser revisados en pantalla, en tanto que los comentarios y las versiones anteriores podrán conservarse para futuras referencias. Cuando alguien consulte el texto después de transcurridos meses o incluso años, encontrará anejo un índice en el que se recogerán todas las respuestas y cambios que se han ido acumulando. Y otro tanto cabe decir de las correcciones y desmentidos, que quedarán vinculados para siempre al artículo. La facultad de comparar textos pertenecientes a revistas, ámbitos y años diferentes impondrá serias restricciones al plagio, o al menos a las variantes más simples de éste. Quienquiera que ice el ancla sacará a la superficie todas las algas que lleva consigo. Superado este estadio, debemos suponer que se desarrollarán extraordinarias opciones interactivas al alcance de todo el que pretenda leer un artículo científico sometido a publicación electrónica.

Si se recogen aquí todos estos detalles relativos a las posibilidades que ofrece es sólo porque se hace necesario que reconozcamos que estamos viviendo una verdadera revolución. No estamos hablando de sustituir un medio por otro, ni de cambiar la página impresa por la pantalla del ordenador mientras que todo lo demás —edición, evaluación, revisiones anteriores a la publicación y respuesta de los lectores— sigue igual.

No podemos olvidar el problema del control de calidad en el ámbito de la edición electrónica. Ciertas revistas, cuando menos, deben amoldarse, de uno u otro modo, a la velocidad y la potencial apertura de la red a fin de conservar —o acrecentar— los valores que añaden al producto directores habilidosos y comentaristas expertos y reflexivos, y que son los que confieren autoridad a algunas publicaciones periódicas. Seguirán, por lo tanto, otorgando no poco atractivo al debate dialéctico de la edición.

A un mismo tiempo, sin embargo, las revistas y sus directores se encuentran en un lugar muy destacado del sistema social de la medicina y la ciencia en general, una estructura que, tanto en la teoría como en la práctica, presenta formas marcadamente jerárquicas y en muchos aspectos autoritarias. Es normal, por lo tanto, que la publicación electrónica parezca amenazadora, algo a lo que hay que oponer resistencia, en muchos de los niveles que conforman el sistema. No obstante, es inevitable que se produzca un cambio en profundidad. Los propios procesos investigadores evolucionan con el surgimiento de nuevas preguntas y tecnologías, tanto como en respuesta a las transformaciones que se han apuntado arriba. No tardará en aparecer una nueva generación de editores: la que ha crecido con la publicación digital. Y aunque de aquí a tres años sigan empleándose prácticas conocidas con el nombre de *arbitraje editorial* o el de *evaluación entre iguales*, no cabe duda de que divergirán de un modo sorprendente de las que nacieron tras la segunda guerra mundial y que, pese a su breve historia, nos parecen tan inmutables hoy. Predecir los pormenores de los procedimientos futuros constituye, sin duda, una pretensión temeraria. Con todo, me atrevo a decir que la transformación hará más abiertos los procesos que emplean los científicos para juzgar la obra de sus semejantes al convertirlos en algo menos anónimo, caprichoso, rígido y sujeto a abusos, y más concienzudo y responsable. Permítanme los lectores de revistas instarles a participar de un modo más activo en la evaluación intelectual de los trabajos recogidos en sus páginas. A la postre, aunque antes de lo que puedan imaginarse, seremos testigos de la evolución que desembocará en una forma de publicación equivalente a un diálogo abierto y continuo entre los científicos que aportan sus escritos, los directores, los comentaristas expertos y el público.

¿Qué van a pensar los directores y lectores de esas revistas, al volver la vista atrás, del sistema de publicación que han venido a sustituir?

— 9 —

Del laboratorio a los tribunales: los problemas a que se enfrentan las instituciones cuando media una acusación de conducta irregular

En la era científica en que vivimos, la ciencia debería esperar encontrar una calurosa bienvenida, tal vez un hogar permanente, en nuestras salas de justicia. La razón es bien sencilla: sus principios e instrumentos tienen una participación cada vez mayor en las disputas legales que se presentan ante nosotros. La correcta resolución de estas disputas no sólo concierne a las partes en litigio, sino también al público en general, a todos aquellos que viven en nuestra compleja sociedad tecnológica y a cuyo servicio debe estar la ley.

STEPHEN BREYER
Juez del tribunal supremo de Estados Unidos[1]

A primera vista, muchos ejemplos de fraude científico parecen resultado de la falta de supervisión: un centro demasiado grande, un jefe ausente... Vijay Soman trabajaba en el laboratorio de Yale dirigido por Philip Felig, y sin embargo, éste tenía su despacho, en virtud de su posición de vicedecano de la Escuela de Medicina, a dos manzanas de allí. Darsee pertenecía a uno de los dos departamentos que integraban la ambiciosa empresa científica dirigida por Eugene Braunwald, quien formaba parte de la administración de la Escuela de Medicina de Harvard. Stephen Breuning prestaba sus servicios en una residencia de retrasados mentales de Coldwater (Michigan), y tras dos años se trasladó a la Universidad de Pittsburgh, mientras que Robert Sprague, superior y colaborador suyo durante todo ese tiempo, se encontraba en la Universidad de Illinois en Urbana-Champaign. Thereza Imanishi-Kari dirigía un laboratorio del Instituto Tecnológico de Massachusetts (MIT) situado en un edificio diferente del que se hallaba a las órdenes de David Baltimore, y todo apunta a que éste jamás examinó los datos que se emplearon para la redacción de Weaver *et al.* antes de que se publicara el artículo. Jan Hendrik Schön obtuvo la plaza de investigador permanente en los laboratorios Bell en diciembre de 2000, pero hubo de regresar a Alemania a fin de obtener un nuevo visado. Durante los cinco meses que duró la espera, se mantuvo en contacto con sus colegas de Nueva Jersey mientras llevaba a cabo sus experimentos en la Universidad de Coblenza, adonde regresó de cuando en cuando, aun después de volver a incorporarse a Bell, con el supuesto objetivo de emplear los instrumentos de que allí disponía. Tras su caída, *The New York Times* señaló: «Algunos científicos de fuera, entre quienes se incluyen antiguos investigadores de Bell, han hecho ver que un escándalo como éste habría sido imposible en otro tiempo en que quienes trabajaban en estos laboratorios estudiaban con mucho más detenimiento la obra de sus compañeros».[2]

Las deficiencias observadas en el terreno de la supervisión no son, sin embargo, más que un aspecto de los fallos que se dan en la labor del mentor. Recordemos el análisis que hizo Robert Merton de las normas de la ciencia. Para él, son «un patrón definido de verificación institucional» del comportamiento de los científicos, en tanto que «concierne a [éstos] acatar las penas en forma de sanción y, en la medida en que se haya interiorizado la norma, de conflicto psicológico». Los Institutos Nacionales de la Salud (NIH), cada vez más conscientes de la incidencia de las infracciones, han exigido desde 1989 a las instituciones investigadoras que se benefician de alguna de sus ayudas económicas la organización de cursos sobre ética a los que se obliga a asistir a los estudiantes de doctorado.[3] En las universidades de todo el mundo se han desarrollado iniciativas similares, y no faltan científicos que hayan hecho un uso ingenioso de los estudios casuísticos, los debates en pequeños grupos y los juegos de interpretación. Tras el escándalo de Schön, Pierre Hohenberg, uno de los administradores de más alto rango de Yale, propuso a la Sociedad Física Estadounidense que se exigiera a los especialistas en su disciplina cierta formación en lo tocante a la ética investigadora.

No cabe dudar de que una buena instrucción ética puede enseñar a los jóvenes investigadores a dejar a un lado su ingenuidad y reconocer algunos de los dilemas y tentaciones que de otro modo podrían tomarlos desprevenidos. Sin embargo, no está claro que puedan inculcarse reglas por precepto. Lo que hay que hacer a fin de que se asuman y establezcan las condiciones sociales necesarias para que su transgresión provoque cierto desasosiego psicológico no es acudir a clase una vez por semana durante un semestre, sino tomar parte en las prácticas cotidianas de un laboratorio bien gestionado, teniendo por ejemplo el proceder de un mentor. «En aquel tiempo, lo primero que hacía uno al llegar a un laboratorio era sopesar los más y los menos», decía, como hemos visto, Alfred Nisonoff, y lo cierto es que, más que nostalgia, el comentario encierra algo mucho más amplio, por lacónico que sea el modo de expresarlo: un realismo seco y directo acerca de la forma como debe conducirse la ciencia de calidad.

La silla de madera que tenía Howard Temin al lado de su mesa en el despacho que ocupaba en la Universidad de Wisconsin no tenía siquiera un cojín, y su dureza era tal que podía entumecer los miembros de cualquiera. Un servidor lo sabe bien, ya que pasó horas sentado en ella los dos días que duró nuestra entrevista. Su laboratorio era pequeño; su imaginación científica, profunda, y su personalidad, severa. Quienes investigaban a sus órdenes acudían cada viernes, uno a uno, a sentarse en aquella silla para dar razón de lo logrado aquella semana. Era más una cuestión de estilo que, sin más, de estricta supervisión. Temin insistía, al hablar de su concepción personal de la ciencia estadounidense, en la validez de otros métodos diferentes. De hecho, defendía a Robert Gallo, y Baltimore fue a verlo en diversas ocasiones mientras duró su caso.

El estilo a la hora de actuar constituye la esencia de la labor del mentor. Temin pertenecía a una de las generaciones más jóvenes de un eminente linaje científico, cuyos orígenes se remontan a los años iniciales del siglo XX y a Christian Bohr, especialista en fisiología de la sangre danés y padre del físico Niels Bohr, uno de los primeros estudiosos de la teoría cuántica. Este último formó parte, entre la década de 1920 y la de 1930, de un círculo de jóvenes científicos dedicados a esta disciplina cuyo estilo de investigación gozó de un ascendiente por demás duradero. Uno de ellos fue Max Delbrück, berlinés que llegó al Instituto Tecnológico de California en 1938 para centrarse en lo que acabaría por convertirse en la biología molecular. Su estilo austero, escéptico e implacable, que tanto debía al de Bohr, se transmitió a toda una generación de científicos más jóvenes pertenecientes a su propio círculo, gentes de la talla de James Watson, Gunther Stent, Matthew Meselson o Renato Dulbecco. El fraude habría sido inconcebible en el seno de este grupo. «Trabajábamos para ganarnos la aprobación de Max», aseguró Meselson a quien esto escribe durante una entrevista, con lo que nos da una idea bastante clara de la autoridad de aquél. Temin, que también estaba en el Caltech, trabó amistad con Meselson y trabajó, después de obtener el doctorado, en el laboratorio de Dulbecco. Para un científico de corta edad que, en el umbral de su carrera investigadora, espera iniciarse en la comunidad del mismo modo que entra a formar parte de la tribu un adulto, influencias como éstas son las que hacen que se asuman las normas de un modo imborrable.

Dicho esto, hay que señalar que, en la práctica, el influjo del mentor adopta formas menos espectaculares. Walter Gilbert se ausentó dos años de Harvard con la intención de fundar y dirigir la compañía biotecnológica Biogen. Tras hacerse rico, regresó a la universidad y comenzó a coleccionar ánforas griegas clásicas. Según refirió en una entrevista, durante el período que estuvo alejado del centro, los estudiantes de doctorado y los que ya habían superado este ciclo habían dejado de elaborar cuadernos de investigación. En consecuencia, se dispuso a hacer que recuperasen el hábito, y preparó una breve hoja de instrucciones en la que exponía cómo hacerlo y por qué. El objetivo principal de tal medida no es otro, según señalaba, que el de evitar el autoengaño: uno se acuerda siempre de los éxitos y tiende a olvidar de forma natural los fracasos, que en el banco de trabajo de un laboratorio son mucho más frecuentes, y un cuaderno bien confeccionado resulta de gran utilidad a la hora de recordar a su autor lo que no ha salido del modo esperado. Hace unos años, quien esto escribe se hallaba en la Universidad de Stanford conversando con una joven licenciada acerca de este particular. «¡Vaya! —me dijo—. Yo ya he empezado a usar uno: mi novio trabajó el año pasado en el laboratorio del doctor Gilbert.»

Con el crecimiento de las ciencias, los linajes han ido desapareciendo y la autoridad del mentor se ha visto atenuada. Baltimore jamás formó parte de ninguna estirpe científica de relieve —aunque es de justicia señalar que no son pocos los investigadores doctorados y los profesores jóvenes que lo han tenido en gran estima—. Summerlin —el de los ratones pintados, itinerante y tramposo desde el principio—, Darsee, Slutsky y otros muchos, en número incontable, han entrado en la comunidad sin que intercediese por ellos un mentor de renombre. E Imanishi-Kari rechazó de forma activa el posible influjo de Olli Mäkelä en Helsinki y de Klaus Rajewsky en Colonia.

Cuando alguien perteneciente a un laboratorio va a ver al jefe de su departamento, a un vicedecano o a cualquier otro superior con la intención de dar noticia de un caso de mala conducta, existe siempre una reacción inicial que garantiza la llegada de no pocos problemas. Ésta se debe, por lo general, a la alarma, la incredulidad y en ocasiones la indignación del receptor. Por lo común, el denunciante es un científico de escaso rango —o hasta un técnico de laboratorio—, que a menudo se muestra airado y asustado, y casi siempre disgustado. En ocasiones, se trata de una persona a la que bien podría considerarse trastornada para hacer caso omiso de sus acusaciones. También es probable que el laboratorio en que trabaja se encuentre en una situación difícil, esté mal gestionado o sea un lugar conflictivo. Tal era, sin duda, el caso del de Imanishi-Kari, según sabían todos los integrantes del centro de investigación oncológica del MIT.[4] La moral de los subordinados de aquella científica propensa a prorrumpir en gritos se hallaba en un estado lamentable, y su productividad estaba muy por debajo de lo acostumbrado en el MIT. Margot O'Toole se sentía, a todas luces, contrariada después de seis meses de desacuerdos cada vez más marcados de los que apenas se tenía noticia fuera del laboratorio. Quienes supieron por ella del problema que existía con el artículo de Weaver y otros no tardaron en percatarse de que era una persona de mente despejada, franca y tenaz. Por lo general, quienes reciben la denuncia se ven atenazados por reacciones que constituyen una mezcla de alarma, recelo —al menos en un principio— y deseos de acallar el escándalo a impulsos de la lealtad debida a colegas y amigos de antiguo. En muchos casos, el peligro a que se exponen es mayor, pues no es infrecuente que se hallen en juego subvenciones y contratos, o incluso la reputación y la carrera de más de un científico. Los motivos que pueden llevarlos a restar importancia a las acusaciones y encubrir la infracción son poderosos, inevitables y casi universales. El ejemplo más llamativo que nos ofrece la historia contemporánea es el del caso Watergate, durante el cual Nixon y quienes conspiraron con él para ocultar los hechos enriquecieron la lengua inglesa con expresiones tan elegantes como «robo de tercera», «No soy ningún ladrón», «un quedar pendiente modificado, limitado» y «girar despacio, muy despacio, mecido por el viento».

Debió de ser una suma semejante de razones lo que llevó a Henry Wortis y a Herman Eisen a tratar de silenciar las acusaciones de O'Toole. Y lo cierto es que poco les faltó para lograrlo. También hubo de ser eso —unido a su proverbial arrogancia— lo que motivó la implacable defensa de Weaver *et al.* que hizo Baltimore. Como ya hemos visto, estaba en situación de haber puesto fin al escándalo de la noche a la mañana con sólo anunciar, aun de manera discreta, la conveniencia de volver a examinar el artículo y tal vez rectificarlo. Todo el que tiene buena mano en el terreno de las relaciones públicas sabe de sobra que el único modo de salir de un apuro como el suyo es reconocer el problema sin reservas y con franqueza, poner fin a la disputa y tratar de pasar página. Sin embargo, un hombre tan inteligente como él se negó durante meses a conceder entrevista alguna. Cuando quien esto escribe consiguió que lo invitasen a cierta cena en la que estaba previsto que diese una conferencia, no dudó en abordarlo de forma directa; pero el Nobel aseguró no poder decir nada en aquel momento, ya que «de aquí a unos meses, todo el asunto podría haber cambiado».[5] Baltimore era, a la sazón, rector de la Universidad Rockefeller, y sólo cuando David Rockefeller recurrió a su relacionista personal,

Howard Burson, de Burson-Marsteller, pudo un servidor poner en marcha la grabadora.[6]

Muchas universidades de las dedicadas a la investigación disponen en nuestros días de administradores de cierto rango consagrados a gestionar situaciones como éstas, y ha de reconocerse que logran hacerlo con mayor o menor efectividad, si bien lo hacen, por lo común, después de que la institución haya salido escaldada en al menos una ocasión. De entre estos especialistas, una de las más veteranas y avezadas es Tina Gunsalus, quien en su condición de vicerrectora de investigación de la Universidad de Illinois hubo de atender, hasta 2002, un buen número de acusaciones de infracción, tanto en el ámbito de las ciencias como en el de las humanidades.[7] Con el patrocinio de la Asociación Estadounidense para el Fomento de la Ciencia y toda una serie de agrupaciones universitarias, ha impartido cursos y seminarios por todo el país. El grupo de expertos que participa con ella en éstos ha logrado congregar a un nutrido auditorio constituido por angustiados integrantes del personal administrativo y docente de facultades y escuelas de medicina. Quien esto escribe ha tenido oportunidad de asistir a dos de estos actos, y puede dar fe de su carácter enérgico y su marcada franqueza.

La de Gunsalus es una universidad populosa. Cada año recibe entre veinte y cuarenta acusaciones de conducta inapropiada. De éstas, que incluyen tanto las de ciencias como las de letras, una o dos llegan al extremo de requerir una investigación formal. «Aunque las cifras varían enormemente», según advirtió durante un cursillo celebrado en San Francisco que contó con la asistencia de poco menos de un centenar de participantes. A veces, las imputaciones se formulan de forma anónima. ¿Qué debe hacerse en esos casos? Al igual que en lo que respecta a otras cuestiones, «no existen respuestas establecidas: sólo preguntas difíciles y términos medios que alcanzar». Uno de los abogados del grupo de expertos declaró: «En el ámbito del derecho "exterior", se dan muchos casos en los que debe tomarse en serio a los denunciantes que no quieren revelar su identidad». Tras asentir, Gunsalus matizaba: «Sin embargo, también es muy importante no embarcarse en lo que podría considerarse una caza de brujas sólo en virtud de afirmaciones anónimas y sin verificar».

La respuesta inicial reviste siempre una importancia decisiva, y es, en muchos sentidos, la más interesante, por ser la parte menos estructurada del proceso. Gunsalus exponía una serie de normas en relación con ese primer encuentro. La principal: «Uno no puede prometer confidencialidad absoluta». Se debe aconsejar al denunciante que lo piense mucho y con detenimiento antes de presentar ninguna acusación seria. «El anonimato resulta difícil de garantizar desde un punto de vista práctico, y se torna cada vez más problemático desde el de la equidad a medida que se desarrolla el proceso.» En segundo lugar: «No debemos convertirnos en sus amigos, consejeros ni confidentes».

A continuación comienza la parte más difícil, ya que aún no ha llegado el momento de emprender una investigación formal —momento que, de hecho, puede no llegar nunca—. Los casos suelen ser intrincados, y las acusaciones pueden ser muy variadas: de negligencia o cualquiera de las formas que adopta el fraude científico hasta explotación de estudiantes o mala conducta financiera o sexual. Por otra parte, puede darse la circunstancia de que haya que resolver más de una en un solo caso.* En este estadio preliminar, hay muchos hechos que pueden parecer contrarios a la intuición. La primera entrevista quizá sea difícil, tal como previene Gunsalus. La calma puede ser engañosa, y cabe la posibilidad de que las primeras impresiones no sean imparciales. «En general, no nos gustan los denunciantes; a nadie le gustan los acusicas.» Hemos de tener en cuenta, sin embargo, que no faltan ejemplos de fraudes cometidos por científicos respetables, de reputación consolidada y no poca experiencia, en tanto que, de toda la variedad de acusadores con que se encuentra uno, «el tipo más extravagante puede estar en lo cierto».

La evaluación de la denuncia lleva aparejados diversos problemas que pueden dividirse en dos grupos generales. El primero surge a la

* Llegados a este punto, intervino, desde el auditorio, Donald Buzzelli, a la sazón jefe de investigaciones de la oficina del inspector general de la Fundación Nacional para la Ciencia. «Si uno topa con cosas como irregularidades financieras o uso indebido de personas o animales —advirtió—, está jugando con jurisdicciones distintas; de modo que tal vez deba comunicar *de inmediato* a la agencia competente lo que ha descubierto.»

hora de determinar la naturaleza y gravedad de la supuesta infracción. Lo más común es que las indicaciones iniciales sean confusas, vagas, poco convincentes. Sin embargo, la acusación igual puede ser insustancial que constituir una prueba real de un fraude de consideración. El segundo está relacionado con el entorno social, la «antropología del laboratorio», siendo así que las relaciones personales suelen hacer más complicada la emisión de un juicio y agravar las tensiones. «¿Qué pasa —preguntaba Gunsalus— si quien plantea la situación teme tanto a las posibles represalias que prefiere quedar en el anonimato o acaba por desdecirse? ¿Y si se nos presenta como alguien vengativo, nervioso en exceso o inestable? ¿Qué ocurre si el acusado es célebre por su carácter voluble o rencoroso?» Las razones que mueven a unos y otros tienden a ser complejas y, al menos en parte, oscuras.

Estas dos clases de problema —gravedad y entorno— influyen por igual cuando se trata de decidir la línea de acción más adecuada. De entrada, si la imputación es seria y se refiere de forma incontestable a un caso de invención, falsificación o plagio, el centro estará obligado a emprender de inmediato una serie de pesquisas llamada a convertirse en el primer estadio de un proceso formal. Al margen de esto, tal como señaló Gunsalus en San Francisco, «cuanto más seria sea la acusación, más inconstante la situación, mayor el desequilibrio de poder (como sucede cuando se enfrenta la palabra de un estudiante a la del jefe de su laboratorio) y más numerosos los problemas previos y aun los rumores (o sea, el tufo a conducta irregular), más probable es que me decida a entablar *sin más demora* una investigación». Mientras duren ésta y el proceso general, existe el deber de proteger al demandante. Con todo, raro es el caso en que no deba, asimismo, informarse al acusado cuanto antes.

Hay que aferrarse a los datos. «Se trata de un problema delicado. Sin embargo, lo primero que hay que hacer es conseguir los resultados de los ensayos. Uno de los criterios que nos indican la necesidad de abrir un proceso formal es precisamente la naturaleza maleable y variable de los datos.» Cuando topaba con una denuncia que merecía ser tomada en serio, Gunsalus acudía en primer lugar, directamente y en persona —nunca por teléfono—, al superior del acusado, ya fuera su jefe de laboratorio o departamento, ya el decano. Una vez expuesta la situación, éste telefoneaba al sospechoso para comunicarle que iban a ir a verle enseguida. «Jamás se me ocurriría hacer algo así sin compañía.» Una vez allí, lo ponían al corriente del caso y le pedían todos los datos de que dispusiese: cuadernos, preparaciones microscópicas, fotografías... todo. (En cierta ocasión, según refirió, las imputaciones estaban vinculadas a un grupo de plantas transgénicas, y la única instalación que tenía permiso para contenerlas estaba cerrada con cuarenta y ocho llaves.) En este punto es de gran importancia contar con un registro escrito detallado. Entre los papeles que se distribuyeron durante el cursillo, se incluían formularios concebidos como modelo. Muchos científicos no son conscientes de que, en el caso de las investigaciones que gozan de financiación federal, los datos derivados de ellas no son propiedad del individuo, sino de la institución, y el conocimiento de este hecho puede provocar indignación. Sea como fuere, «por lo general —seguía diciendo Gunsalus—, no tengo que repetir que la obtención inmediata de los datos existentes constituye el único modo de garantizar que, si absolvemos al científico, jamás podrá existir la sospecha de que se ha falseado la información».

La siguiente fase consiste en dar principio, si procede, a una investigación preliminar, «un examen expeditivo y confidencial de las imputaciones o las sospechas del denunciante», y tiene por objeto determinar si la acusación de fraude científico carece de fundamento o merece un análisis más profundo. Consiste, más o menos, en actuar como un jurado de acusación, «sin más fin que resolver si existen razones suficientes para pasar al estadio siguiente», que no sería otro que una investigación formal.

Cuando comienzan las pesquisas, lo primero que debe hacerse es constituir una comisión conformada por profesores. Gunsalus tenía por norma emplear a una persona del departamento y a una de otra división diferente de la universidad, a las que se sumaba ella misma para completar la tríada. Uno de los asistentes señaló que, en el centro al que pertenecía, los grupos de expertos debían estar integrados por siete miembros, aunque, tal como apuntaron otros de los presentes, una medida así resulta estrambótica y muy poco práctica (no está de más recordar aquí el caso de Darsee, en el que el decano de la Escuela de

Medicina de Harvard nombró a tres profesores de otros departamentos, a dos de las facultades de Artes y Ciencias y de Derecho, a tres de instituciones ajenas a la universidad y, en calidad de presidente, al decano de la Escuela de Medicina de la Johns Hopkins). En el resto de instituciones, lo más común es que se tome a dos o tres personas pertenecientes a un grupo permanente. Gunsalus, sin embargo, repuso que ella prefería elegir a gente nueva en cada ocasión, ya que la experiencia resulta edificante para el profesorado; a lo que Paul Friedman, vicerrector de asuntos académicos de la Universidad de California, que se hallaba entre los ponentes, replicó meneando la cabeza: «La educación del profesorado lleva su tiempo».

Los pasos que deben seguirse parecen interminables: seleccionar al grupo de expertos y ponerlo al corriente de la imputación, informar al acusado y a sus colaboradores, elegir a los testigos y obtener toda clase de pruebas, y por fin, elaborar un informe definitivo y decidir si debe abrirse una investigación formal. En las pesquisas iniciales pueden invertirse del orden de ciento veinte horas, y a menudo más; pero para una investigación en regla son necesarios varios miles de éstas. No son pocos los peligros que acechan, y Gunsalus hizo hincapié en uno de ellos: «La función del denunciante consiste en proporcionar información: nada más. No es ningún fiscal, sino un testigo como cualquier otro. Esto quiere decir, por ejemplo, que no debe, en ningún caso, hallarse presente durante las indagaciones». Cuando el acusado se niega a brindar su colaboración surge un nuevo problema. Lo ideal, según ha escrito Gunsalus, es que la institución disponga de un conjunto de normas que compela a sus empleados a cooperar en estos casos. Otro de quienes impartían el cursillo con ella, Andrew Schaffer, vicerrector y abogado general de la Universidad de Nueva York, intervino en este momento para advertir: «La presunción de inocencia es algo importado del derecho penal. Sin embargo, tanto la investigación preliminar como la formal se llevan a cabo según lo establecido en el derecho civil. Por lo tanto, podemos (y a veces debemos) dejar claro al imputado que la negativa a colaborar puede ir en detrimento de su defensa».

El informe de acusación que se presenta al grupo de expertos tiene una importancia vital y debe estar bien equilibrado. «Yo nunca he logrado quedar del todo satisfecha después de redactar uno —aseguraba Gunsalus—. Debe elaborarse en términos lo suficientemente explícitos para dar lugar a una respuesta, a una defensa, y lo bastante generales para que puedan abordarse otros problemas en caso de que surjan.» Un jurista colega suyo mencionó, a modo de ejemplo, una denuncia que se había formulado poco tiempo antes. «Las pesquisas preliminares —dijo— habían dado con indicios de invención dos años antes, y aunque tal cosa no esté en la acusación, resulta relevante con respecto al caso que se está juzgando, ya que demuestra la existencia de un patrón de conducta.»

Con independencia de adónde apuntan los hechos, la comisión debe dejar constancia escrita de sus conclusiones. El permitir que todas las partes implicadas revisen el borrador por ella elaborado «es el mejor modo posible de lograr un mayor grado de exactitud y equidad». «Para cerrar el caso [si no se encuentran signos evidentes de mala conducta], el denunciante debe tener la certeza de que se ha prestado a su imputación la atención que merece.» En cuanto al que ha sido acusado sin razón, añadía: «Lo primero que hay que tener en cuenta es que no es posible reparar por completo una reputación mancillada». En consecuencia, el inculpado debe emprender acciones preventivas resueltas. «Resulta contrario a la intuición —reconocía—, pero el imputado inocente no puede limitarse a mostrarse indignado. No puede preguntar, sin más: "¿Por qué me estáis acusando?".» Y así, debe exigir que se lleve a cabo una investigación completa. La institución es responsable del proceso, y si las indagaciones son minuciosas, al final podrá decir a todo el mundo que el asunto ha quedado resuelto de forma definitiva y respaldar al imputado.

¿Y si existen razones suficientes para seguir con el proceso? «En Illinois, así que disponemos de pruebas razonables de uno solo de los cargos, damos por concluidas las pesquisas preliminares. Lo cierto, eso sí, es que los integrantes de la comisión siempre se muestran muy vacilantes.»

En el debate que se produjo durante el cursillo se hizo evidente que, a medida que avanza un caso supuestamente típico, cambian los aspectos en los que se hace hincapié. Nótese, en este sentido, la transformación experimentada por el lenguaje empleado por Gunsalus:

«No puede detenerse la investigación porque el acusado reconozca en los primeros momentos uno o dos de los cargos imputados»; «No podemos negociar una declaración de culpabilidad»; «No hay ley de exención de derechos que valga para la conducta científica inapropiada». El estadio inicial y los primeros pasos de las pesquisas preliminares consisten en indagar los hechos. Sin embargo, en un punto determinado, el objetivo parece no ser tanto si ha habido irregularidades en el proceso científico como si el individuo en cuestión es o no culpable. Tiene lugar, por lo tanto, un retorno al sistema acusatorio propio de los sistemas jurídicos angloamericanos.

Veamos, a continuación, un caso más. A estas alturas, la mayoría de los rasgos que presenta nos serán familiares. Sin embargo, lo que nos interesa es el sesudo análisis legal a que dio pie. En 1982, los NIH y la Universidad de Misisipí recibieron sendas cartas anónimas en las que se revelaba la posible invención de los datos contenidos en tres artículos publicados que tenían por autor o coautor a Robert McCaa, profesor de fisiología y biofísica de la Escuela de Medicina de dicha universidad. Trabajaba en el terreno de la hipertensión y los aspectos bioquímicos de la sangre, había pertenecido a aquella universidad desde la década de 1960 y había estado recibiendo desde 1977 una beca concedida por el Instituto Nacional del Corazón, los Pulmones y la Sangre. La universidad inició una serie de pesquisas formales, y después de medio año de indagaciones, puso el caso en manos de la administración. Analizados los hallazgos obtenidos en aquellos seis meses, el instituto no dudó en emprender sus propias averiguaciones, para lo cual decidió establecer una comisión de científicos. A su nombramiento, que tuvo lugar tres meses después, siguieron otros 19 de investigación. El informe final llevó a la universidad a despedir a McCaa; a los NIH, a recomendar —después de otros ocho meses— que se le prohibiese recibir, en los tres años sucesivos, subvención alguna; y a la Comisión de Apelaciones de Becas del Departamento de Salud y Servicios Humanos (organismo diferente de la Comisión de Apelaciones del mismo departamento), a celebrar una vista. Tras la presentación de numerosos documentos y siete días de proceso cuasi judicial con testigos, esta última se pronunció contra McCaa. Los preparativos y la redacción posterior del fallo supusieron otros 16 meses, y por fin, tras cuatro más, en abril de 1987, el subsecretario segundo de ayuda para adquisiciones y logística —a quien se había designado dictaminador— pronunció la decisión final. Con una prontitud admirable, Susan Lauscher, abogada de una firma washingtoniana que había trabajado con anterioridad —en calidad de abogada principal de la Comisión de Apelaciones de Becas— en el caso de McCaa, publicó en el número de septiembre de 1987 de *Grants Magazine* un análisis rotundo y comprometedor del asunto y del modo como se había gestionado, con recomendaciones relativas al tratamiento de futuras acusaciones de mala conducta científica.[8]

La participación de McCaa en el primero de los trabajos objeto de sospecha había sido, según Lauscher, limitada: «Afirmaba haber llevado a término algunos de los ensayos químicos». Tergiversó los procedimientos experimentales al basarse «en lo que recordaba o conjeturaba, sin molestarse siquiera en hacer comprobaciones», e hizo otro tanto con los datos, de los cuales pudo no haber tenido un juego completo. «En cierta ocasión, el doctor McCaa inventó los datos fundándose en la amplitud de sus conocimientos en la materia.» En cuanto autor principal del segundo artículo, alteró el número de sujetos sometidos a experimento en una de las secciones, se negó a corregirlo cuando se lo hicieron saber, presentó una gráfica que falseaba los procedimientos empleados, los datos y su significación estadística, y «siguió publicando de manera intencionada las cifras incorrectas en artículos posteriores». En cuanto al tercero, la reseña de un trabajo llevado a término en el terreno en que era especialista, se sacó de la manga cierta observación «efectuada durante un experimento que en realidad jamás se había llegado a hacer».

Analizando el caso como la abogada que lo había conocido de cerca, Lauscher escribió:

> Una vez descubierta buena parte de lo que ocurrió en realidad, lo más difícil fue determinar los patrones de conducta que habrían de servir para evaluar el proceder del doctor McCaa. Desde un punto de vista legal, existía una llamativa ausencia de orientaciones escritas en lo to-

cante a las prácticas científicas comunes, y muchas de las declaraciones de los testigos resultaban contradictorias en aspectos como, por ejemplo, la importancia que revestía el hecho de ser el primer autor mencionado en un artículo o la cantidad de documentación que debería conservar un científico después de publicado éste.

Pese a que el análisis de Lauscher data de mediados de la década de 1980, algunas de las cuestiones planteadas por ella siguen sin quedar claras en nuestros días.

> Los principios que sirvieron, finalmente, de guía —seguía diciendo— se tomaron de la declaración de los testigos que hablaron de prácticas científicas, todos los cuales comparecían a instancia de los NIH, así como de lo que podía inferirse de cierta declaración de intenciones y de los términos en que se expresaba la concesión de determinada beca. Partiendo de esta magra documentación, el HHS [Departamento de Salud y Servicios Humanos] juzgó la conducta del doctor McCaa según cuatro condiciones que, a su parecer, debía cumplir el común de los científicos investigadores:
>
> 1. informar con precisión de los procedimientos experimentales;
> 2. informar con precisión de los resultados obtenidos;
> 3. dar cuenta de los resultados experimentales sólo en caso de que puedan respaldarse con datos empíricos, cuando no se presenten como hipotéticos o preliminares; y
> 4. poseer, cuando no se requiera la participación personal en los experimentos de los que se da noticia, el grado de conocimiento de los datos y procedimientos suficiente para garantizar la exactitud de lo comunicado.

Hasta aquí, lo que tiene que ver con «el común de los científicos investigadores». Por lo demás, «el HHS consideró que el investigador principal no sólo debe asumir la responsabilidad de su propia labor, sino también supervisar la que lleven a cabo sus colaboradores con la ayuda de la financiación federal o, cuando menos, garantizar la veracidad de sus informes».

La jurista abordaba con no poca mordacidad la cuestión de los retrasos.

> Sin embargo de la importancia que reviste el hecho de llevar a cabo una investigación minuciosa y no incurrir en una falsa acusación de conducta profesional irregular —aseveraba—, no cabe duda de que cuatro años es demasiado tiempo para dejar entre dos aguas la carrera y la vida de una persona, así como la postura de una institución patrocinadora con respecto a ella. Además, desde el punto de vista legal, un proceso prolongado debería considerarse contrario al derecho a un juicio justo.

Volvamos la vista a algunos de los casos expuestos en los capítulos anteriores. Huelga decir que las acciones que emprendieron, por separado, Henry Wortis y Herman Eisen a modo de respuesta a la denuncia de Margot O'Toole no pueden calificarse, ni remotamente, de pesquisas. En el otro extremo, si bien Francis Collins actuó con rapidez y con total franqueza cuando se desveló el fraude cometido por el estudiante Amitov Hajra, las consecuencias resultaron, a la postre, catastróficas para el joven, y no falta quien haya sostenido, en privado, que Collins se dejó llevar por la precipitación, ya que, si bien nadie cuestiona los resultados, lo cierto es que en otros casos similares sería conveniente llevar a cabo una investigación como es debido a fin de garantizar la equidad necesaria. Algo semejante al equilibrio ideal entre una y otra postura se alcanzó, por ejemplo, en el caso de Hendrik Schön y los laboratorios Bell, donde a la rapidez de la respuesta inicial fueron a sumarse las indagaciones enérgicas y minuciosas de un resuelto grupo de expertos que elaboró un informe y actuó en todo momento con gran transparencia. De cualquier modo, los laboratorios Bell no son ninguna universidad, y la investigación en cuestión no estaba subvencionada con fondos públicos.

¿Qué puede hacer la ley por la ciencia? El primer paso que habría de dar consistiría en abordar el supuesto —mencionado por la Comisión de Apelaciones del Departamento de Salud y Servicios Humanos durante el recurso de Imanishi-Kari— que establece que para demostrar la existencia de fraude científico es necesario dejar fuera de toda duda el carácter deliberado de los hechos, pues se presta a la alegación de negligencia («No pretendía hacerlo»). En el ámbito del derecho criminal, tal como hemos visto, la definición de fraude lleva aparejado el elemento de premeditación; pero cuando se trata del derecho civil, las leyes pueden diferir. «Una de las principales armas de que dispone el Servicio de Impuestos Internos [del Departamento del Tesoro] a fin de atacar a los contribuyentes que tratan de infringir el código de honor de la declaración tributaria» es, según cierto escoliasta, «la sanción grave por fraude civil», y los tribunales han establecido que, en lo tocante a las obligaciones fiscales, los actos de descuido —de negligencia grave a la hora de elaborar o presentar las declaraciones— pueden bastar para probar intención fraudulenta.[9] Pese a que el grado de la omisión debe juzgarse según cada caso, el requisito subjetivo y complejo de demostrar la existencia de un acto deliberado se transforma así, de un plumazo, en algo semejante a una prueba objetiva. Aplicar un principio tal a los ejemplos de proceder científico irregular equivaldría a decir que cada uno es libre de tomar los datos como desee y tener el escritorio tan lleno de papeles como le venga en gana; pero si en el momento en que alguien pone en tela de juicio alguno de sus trabajos no es capaz de presentar cuadernos aceptables o cualquier equivalente, recaerá sobre él la carga de la prueba. Con esto se lograría restaurar, en parte, el código de honor de la ciencia.

Aun así, debemos ir más allá. El sistema legal estadounidense adolece de serios problemas a la hora de abordar las cuestiones científicas, y este hecho exige una solución con urgencia, pues las causas criminales y civiles que recurren a la ciencia —y en especial ciertos tipos de estas últimas— se han tornado más numerosas y complejas. El testimonio de científicos expertos representa hoy un papel más importante, decisivo a menudo, en las decisiones legales. Al mismo tiempo, han ido aumentando la novedad y la dificultad técnica de los asuntos de la ciencia. Stephen Breyer, juez del tribunal supremo de Estados Unidos, hombre ingenioso y divertido de intereses muy variados, decía en un artículo publicado en *Science* en 1998:

> Las prácticas de la ciencia dependen de un sistema legal sólido, un sistema legal que, cuando menos, brinde su apoyo a aquélla al ofrecer a los científicos cierto espacio propio en el que puedan investigar con li-

> bertad en pos de la verdad de la que depende todo conocimiento. No menos cierto es que la justicia misma necesita recurrir, de un modo cada vez más evidente, a un modelo sólido de ciencia, toda vez que la sociedad no hace más que aumentar, a fin de mantener su bienestar, su dependencia de tecnologías de gran complejidad científica. De modo que éstas se encuentran, cada vez en mayor medida, detrás de cuestiones legales de relevancia para todos nosotros. Podemos encontrar hechos que ilustran esta conclusión en todo el sistema legal.[10]

Todo esto parece muy válido, al menos hasta este punto. No obstante, los términos en que lo formula Breyer hacen pensar en la existencia de una relación de reciprocidad entre ciencia y ley. Pese a que un servidor no pasa de ser un *amateur* del derecho —entiéndase la expresión en su sentido original: un amante no profesional de la jurisprudencia y el razonamiento legal—, tiene para sí que, en determinados aspectos, es imposible comparar las dos disciplinas, dado que, tanto en fines como en métodos, siguen, a menudo, caminos muy distintos. Tal vez la razón más profunda de esta circunstancia sea que el derecho trata de la aplicación de principios a casos particulares, en tanto que el objetivo de la ciencia son las generalidades —lo que se traduce, en el ejemplo más extremo, en la búsqueda de «la teoría del todo» por parte de los físicos—. La distinción entre las ciencias y sus aplicaciones se remonta a Aristóteles. Sea como fuere, la falta de concordancia entre una y otra comienza con el modo como se sirve la justicia de la ciencia en los tribunales, y se torna crítica en la forma de afrontar el fraude científico. Aun así, existen tendencias en el ámbito de la jurisprudencia estadounidense que parecen sugerir maneras de mejorar de forma radical esto último.

El derecho recurre a la ciencia, en primer lugar, cuando necesita pruebas. El testimonio de los especialistas resulta ineludible, y el sistema acusatorio de la justicia angloamericana no hace sino acentuar los problemas. Fiscal y defensa, o demandante y acusado, hacen subir a la tribuna de los testigos a sus propios peritos, selectos y entrenados, durante las vistas. Los de una y otra parte se enzarzan en contiendas que dejan desconcertado al jurado y atónito al juez. Se han efectuado ciertas reformas, y también se han propuesto otras; y si bien son variadas, todas tienen por consecuencia ampliar las funciones y la potestad del juez, cuando surgen cuestiones científicas, con respecto a los abogados de la acusación y la defensa.

Desde 1993, el tribunal supremo ha fallado en tres ocasiones acerca de la competencia y las obligaciones de los jueces de primera instancia a la hora de admitir declaraciones de expertos, y por lo tanto, acerca de la naturaleza de la ciencia dotada de solidez. Con anterioridad a dicho año, en los tribunales federales imperaba la norma relativa a la admisibilidad del testimonio de especialistas establecida en 1923 —fecha por demás remota—, en la causa conocida como Frye contra Estados Unidos.[11] La única condición que se exigía era que el contenido fundamental de la deposición «haya sido objeto de aceptación general en el campo particular al que pertenece». Es evidente que los jueces tenían la potestad de excluir el testimonio de cualquiera de ellos. Sin embargo, ya nadie hacía uso de ella.

El 28 de junio de 1993, el tribunal supremo dictó sentencia en el proceso de Daubert contra la farmacéutica Merrell Dow. William Daubert y su esposa estaban convencidos de que cierto medicamento comercializado por la empresa demandada y concebido para inhibir las náuseas durante el embarazo había sido el causante de las gravísimas malformaciones con que había nacido su hijo. La decisión del tribunal transformó de un modo audaz la función de los jueces de primera instancia, de quienes se esperaba, desde aquel momento, que determinasen «los asuntos y teorías sobre los que puede testificar un experto».[12] El magistrado se convertía desde entonces en un cancerbero encargado de decidir si las declaraciones prestadas por los especialistas eran o no admisibles, o lo que es igual, «no sólo oportunas, sino también dignas de confianza». Aquella causa, por lo tanto, llevó por la fuerza a las salas de justicia la evaluación de la calidad de la ciencia. La fiabilidad, al decir del tribunal, se basa en el principio de que, «para que sea considerado "conocimiento científico", del método científico debe derivarse una conclusión o aseveración»; la prueba o el testimonio que éste aporte deben estar fundadas «en los métodos y procedimientos propios de la ciencia». Esta restricción se hace necesaria por el hecho de que, a diferencia de lo que sucede con un testigo ordinario, «al experto se le permite una mayor amplitud a la hora de expresar sus opiniones, incluidas las que no se basan en el conocimiento o la observación directos». La resolución era categórica: «En una causa en la que participen pruebas científicas, la fiabilidad de las pruebas deberá basarse en la validez científica».

El fallo del supremo no se detenía aquí, sino que mostraba el modo como había de determinarse la conformidad con el método científico. «Son muchos los factores susceptibles de afectar a la investigación —puede leerse en los papeles del proceso contra Merrell Dow—, y no pretendemos exponer aquí una lista definitiva de verificación.» Las dos decisiones tomadas con posterioridad no hacían sino abundar en este hecho. Con todo, el escrito ofrecía a continuación cuatro consideraciones. «Por lo general —rezaba la más importante de todas—, una de las preguntas de mayor relieve que habrá que responder si se pretende determinar si una teoría o una técnica concretas pueden considerarse conocimiento científico ... será si puede probarse, y si se ha probado.» Salta a la vista que sus señorías estaban versadas en filosofía de la ciencia, pues citaban, entre otros, a Karl Popper, la referencia clásica por excelencia: «el criterio del que depende la condición científica de una teoría es su carácter falseable o refutable». A muchos les resulta paradójico el «principio de falsabilidad» al topar con él por vez primera. Lo que quiso decir con él el pensador británico es que, para demostrar su validez, una teoría o técnica científica debe ir ligada a una serie de ensayos por los que pueda demostrarse que es incorrecta. Breyer, comentando en otro lugar el fallo del proceso contra Merrell Dow, recurrió a una cita del físico Wolfgang Pauli, quien contestó en cierta ocasión a quienes le preguntaban si determinado artículo estaba equivocado: «¡Pues claro que no! ¡Ni siquiera es lo bastante bueno para estar equivocado!». El dictamen del tribunal supremo impuso a los jueces de primera instancia la obligación de descartar la ciencia de peor calidad.

Una segunda consideración —si bien en algunos casos bien puede no aplicarse— «es si la teoría o técnica en cuestión se ha sometido a evaluación entre iguales y ha llegado a publicarse». La tercera guarda una relación más estrecha con los métodos científicos particulares, acerca de los cuales el tribunal «deberá considerar el índice de error conocido o potencial», o por decirlo de otro modo, la probabilidad de que produzca resultados falsos, positivos o negativos. Por último, si bien la «aceptación general» por parte de los científicos de una especialidad particular —único criterio que importaba desde el proceso de Frye contra Estados Unidos— había quedado relegado a un segundo plano, aún podía tenerse presente. El juez Harry Blackmun suscribió el dictamen con el respaldo de otros seis, en tanto que el presidente del tribunal supremo, William Rehnquist, y el juez John Paul Stevens disentían en parte. Los términos en que estaban redactadas sus conclusiones daban lugar a cierta flexibilidad, pero contaban, eso sí, con el respaldo del tribunal supremo.

«Estamos persuadidos de que los jueces de primera instancia poseen la capacidad de asumir esta evaluación» (y aquí uno no puede menos de imaginar a Breyer levantando con sarcasmo una ceja). Las conclusiones relativas a la causa de Daubert contra Merrell Dow engendraron no poca consternación entre los magistrados, un gran desasosiego entre los abogados que hubieron de hacer frente a la posibilidad de que se rechazara a los peritos que habían seleccionado y ríos de tinta por parte de numerosos especialistas en derecho. Joe Cecil ejerce de jurista en el Centro Judicial Federal washingtoniano, toda una autoridad en lo tocante a la testificación de los expertos ante los tribunales. El organismo ofrece ayuda investigadora y de gestión al Consejo Judicial de Estados Unidos, entidad que supervisa el funcionamiento del sistema jurídico de la nación y desarrolla de forma activa propuestas de reforma. Cecil resumía con estas palabras las primeras respuestas que provocó el citado proceso:

> Acto continuo de la decisión del tribunal supremo, aún no había quedado claro quién sería el ganador. Los demandantes cantaban victoria ante un fallo que anulaba la exclusión de pruebas que había decretado el juez en virtud de lo dispuesto durante el proceso de Frye. Al día siguiente, *The Wall Street Journal* hizo suya esta reacción con el siguiente título: «Magistrados del tribunal supremo se pronuncian contra compañía en causa probatoria». Los acusados también estaban convencidos de haber ganado el juicio, toda vez que el tribunal supremo concedía al juez, y no al jurado, la potestad de evaluar la validez de los testimonios. *The New York Times* se hizo eco de este punto de vista con los titulares: «Magistrados del tribunal supremo confían a los jueces la

decisión sobre la fiabilidad del testimonio de los peritos». Hoy no cabe duda de que el fallo fue en detrimento de la parte sobre la que recae la carga de la prueba, que suele ser la querellante.[13]

Cuatro años más tarde, el 15 de diciembre de 1997, el tribunal supremo confirió mayor claridad y vigor a las disposiciones establecidas en la causa contra Merrell Dow. El proceso en cuestión enfrentaba a la General Electric y a Robert Joiner, y la duda surgida en él estaba relacionada con la norma que debía aplicar un tribunal de apelaciones ante la admisión o exclusión del testimonio de expertos científicos por parte de un juez de primera instancia. Joiner había demandado a la compañía por considerar que los productos químicos a que había estado expuesto habían agravado el cáncer de pulmón que sufría. El juez, en virtud de lo decretado en 1993, había rechazado la testificación del perito presentado por la parte querellante por considerar que carecía del fundamento suficiente: en efecto, lo que tenía de ciencia fiable no era pertinente, y lo que tenía de pertinente no era fiable. Las opiniones de los expertos no eran más que «especulaciones sin base sólida alguna». El tribunal de apelaciones revocó el fallo al resolver que el juez tenía la obligación de interpretar a la letra el precedente sentado por el juicio de Daubert contra Merrell Dow y admitir, en consecuencia, el testimonio de los peritos siempre que fuera posible. Decidió, por lo tanto, aplicar «una norma estricta en particular por la que debe reconsiderarse la exclusión de la declaración de un experto por parte del juez de primera instancia». Sin embargo, al parecer del supremo, no procedía revocar la revocación: la norma relativa a la exclusión no es más severa que la referente a la admisión, de modo que el tribunal de apelaciones debía haberse adherido al dictamen del juez de primera instancia. Además, en el que debe ser el pasaje de este fallo que más se haya citado en escritos legales que ponen en tela de juicio la deposición de los peritos, se aseveraba que, en el terreno de la ciencia, «las conclusiones y la metodología no son realidades por entero independientes».

Los expertos cualificados —seguía diciendo— sacan sus conclusiones, por lo común, a partir de datos existentes. Sin embargo, ni en la causa

> contra Merrell Dow ni en las leyes federales relativas a la presentación de pruebas se exige que un tribunal de distrito admita opiniones vinculadas a datos existentes sólo en virtud de la autoridad del especialista. Un tribunal puede concluir que existe demasiada distancia analítica entre los datos y la opinión ofrecida.[14]

El esmero mostrado por el supremo en lo referente al proceder de la ciencia había mejorado mucho en el transcurso de esos cuatro años. Rehnquist, su presidente, fue el encargado de formular su postura, y los otros nueve magistrados la suscribieron.

Para los profanos, los aspectos más interesantes del proceso que enfrentó a Joiner y a la General Electric fueron los expresados por el magistrado Breyer. En su opinión, la norma anterior «exigirá, en ocasiones, a los jueces que dicten resoluciones sutiles y refinadas en torno a la metodología de la ciencia y su relación con las conclusiones que trata de ofrecer un perito, en particular cuando la causa en cuestión tiene que ver con terrenos en los que aquélla puede ser vacilante o incierta». Sin embargo, «los jueces no son científicos ni disponen de la formación pertinente que les permita tomar tales decisiones». Claro que «ni la dificultad que entraña esta labor ni una relativa falta de conocimientos pueden dispensarlos de cumplir con su deber de "cancerberos"». Necesitan, pues, ayuda. Breyer señalaba que las leyes relativas a la presentación de pruebas en el ámbito del derecho civil les conferían la potestad de nombrar a sus propios expertos independientes a fin de celebrar vistas preliminares en las que el tribunal pueda someter a examen a los peritos propuestos por una y otra parte, así como de recurrir a legistas que hayan recibido una formación especializada.

La comunidad científica no dudó en responder al escrito de Breyer. Como medida práctica, la Asociación Estadounidense para el Fomento de la Ciencia ha puesto en marcha un programa experimental a fin de ayudar a la judicatura a dar con los expertos más indicados.[15] En un plano más general, la Academia Nacional de Ciencias ha emprendido un proyecto de Ciencia, Tecnología y Derecho con la intención de considerar cuestiones vinculadas con el modo como influye este último en la conducta de la primera o emplea la información por ella proporcionada.

El tercer proceso de lo que ha llegado a conocerse como «la trilogía Daubert-Merrell Dow del supremo» es el que enfrentó a la Kumho Tire Company y a Patrick Carmichael, que se resolvió cuando aún no había transcurrido un año del de Joiner, y en el que volvía a revocarse una revocación.[16] Los detalles del juicio no vienen al caso: lo que ahora nos interesa es el principio legal que en él se discutió; a saber: si el precedente sentado en 1993 podía aplicarse sólo a peritos del ámbito de la ciencia. El juez Breyer había expresado su opinión, pero el tribunal dictaminó de forma unánime que «la resolución general del proceso Dauber-Merrell Dow, que establece la obligación que tiene el juez de primera instancia de ejercer de "cancerbero", no sólo puede considerarse vigente en cuanto al testimonio basado en conocimientos "científicos", sino también con respecto al que se funda en la erudición "técnica" y en cualquier otro tipo de saberes "especializados"». Asimismo, Breyer aseveraba que el objeto de este requisito «consiste en garantizar que el perito emplea en la sala del tribunal el mismo rigor intelectual que caracteriza la práctica común de un experto en el campo pertinente, con independencia de que base su declaración en estudios profesionales o en su experiencia personal».

El de la causa de Daubert contra Merrell Dow es tal vez uno de los fallos más revolucionarios que se han conocido durante un siglo de derecho estadounidense. Forma parte de un movimiento cada vez más popular entre los juristas que tiene por objetivo reformar el uso de testimonios especializados en pleitos de gran complejidad técnica.

En junio de 1997 tuvo lugar en Birmingham (Alabama) un experimento extraordinario en el terreno de la supervisión judicial de las pruebas científicas. En aquellos tiempos, se estaban sustanciando, en los tribunales de distrito de todo el país, decenas de miles de pleitos a causa de toda una variedad de dolencias del tejido conjuntivo derivadas de la implantación de prótesis mamarias de silicona que estaban perjudicando gravemente la salud de las afectadas. Los daños eran, en potencia, muy serios; las estrategias legales desarrolladas por los abogados de demandantes y acusados, por demás refinadas; y la calidad de los métodos científicos empleados se hallaba, por supuesto, en medio de la contienda. Aquel mes de junio, Sam Pointer hijo, presidente del tribunal del distrito septentrional de Alabama, celebró, durante toda una semana, una vista a fin de evaluar las pruebas científicas y los testimonios con ellas relacionados. A tal objeto, había reunido un total de 27.000 casos, y había instituido una comisión nacional de expertos formada por cuatro especialistas —tres de ellos mujeres— que gozaban de sobrada reputación en los ámbitos de la inmunología, la epidemiología, la toxicología y la reumatología. La acusación y la defensa propusieron a sus respectivos peritos, y los integrantes de la comisión los interrogaron y obtuvieron de ellos respuestas detalladas y muy variadas. Durante este primer estadio, los abogados de las dos partes en litigio se mantuvieron en silencio, ya que no se les permitía presentar objeciones ni tratar de limitar la extensión de las contestaciones de los testigos: sólo después de acabada la interpelación a cada uno de éstos podían examinarlos ellos del modo convencional. Al decir de quienes estuvieron presentes en calidad de observadores, pronto quedó fuera de toda duda que las preguntas del grupo de expertos eran mucho más productivas y eficaces que las de los letrados.[17]

La vista tramitada en Birmingham constituyó una parte pequeña aunque visible de cierto ensayo más ambicioso en relación con la selección y el uso de personal especializado e independiente que brindase asesoramiento al tribunal que había comenzado en 1996 y se prolongaría hasta 1999. Se basaba en la experiencia anterior de que disponían Pointer y otros tres jueces federales, uno de ellos de Oregón y dos de Nueva York, con litigios relacionados con implantes de mamas, y había surgido cuando el primero recibió, de una comisión encargada de orientar a las numerosas demandantes, la propuesta de considerar la creación de aquel grupo de expertos. A finales de mayo de 1996, accedió, con reservas, a la petición. En agosto, el Consejo Judicial autorizó y financió el experimento, y hacia finales de año, se solicitó al Centro Judicial Federal que lo valorase.

La evaluación, que apareció a finales de 1999 y tenía la extensión propia de un libro breve, comenzaba diciendo: «El empleo de este tipo de comisión de expertos elegida por el tribunal supone un claro alejamiento de los métodos tradicionales de presentación y consideración del testimonio ofrecido por los peritos». Los autores prometían ofrecer «suficientes detalles para que otros entiendan los procedimientos utilizados, los frutos resultantes y los problemas suscitados».[18]

El primero de estos últimos surgió con la selección de los especialistas. La tortuosa historia de este proceso pone ampliamente de relieve las dificultades que entraña el hecho de dar con expertos de calidad e independientes por entero. Después de una serie de consultas, Pointer y los otros tres magistrados reunieron a seis científicos encargados de proponer a las cuatro personas que habrían de constituir la comisión. Como quiera que resultaba imprescindible convencer a los litigantes de que se trataba de gentes de total independencia, fue necesaria buena parte de un año para culminar la operación. A fin de aislar a los cuatro elegidos de la influencia de los letrados de una y otra parte —así como de la suya propia—, Pointer nombró a continuación a John Kobayashi, jurista de Denver, en calidad de abogado especial encargado de velar por sus intereses. El plan consistía en hacer que todo aquel que quisiera comunicarse con alguno de los cuatro —lo cual afectaba también a las relaciones establecidas entre ellos mismos— lo hiciese siempre por mediación de Kobayashi; sin embargo, la iniciativa demostró ser muy poco práctica.

El principal cometido de la comisión de expertos iba mucho más allá de aquella vista pública, ya que consistía, además, en estudiar con detenimiento la bibliografía existente en los campos en que estaban especializados y elaborar un informe de evaluación de la fiabilidad —es decir, la validez, según lo dispuesto en la causa de Daubert y Merrell Dow— de las ciencias. Lo presentaron en diciembre de 1998: constaba de cuatro capítulos, uno por integrante, puestos en relación merced a una sinopsis —o «resumen ejecutivo», según está de moda llamarlo—, una introducción y una conclusión. Los cuatro apartados giraban en torno a la pregunta de si la ciencia había demostrado que la silicona era la causa de los daños observados, y los cuatro expertos llegaban, de manera aislada, a la misma respuesta: no. El informe del Centro Judicial Federal presentaba extractos de los detalles aducidos al respecto. Resultan de gran interés por sí mismos, y sumados, echaban por tierra las afirmaciones de las demandantes.

La persona especializada en toxicología concluía, de manera explícita, que «la gran mayoría de los datos procedentes de estudios [con animales] hacen pensar que los implantes de silicona no alteran la incidencia o la gravedad de enfermedades autoinmunes». «Teniendo en consideración la amplitud de métodos de ensayo que se han empleado en el estudio de los efectos de la silicona, las respuestas toxicológicas e inmunológicas son escasas en número y cuestionables en cuanto a significación.» La experta en inmunología, por su parte, determinó que muchos de los estudios de los que había podido disponer para el análisis resultaban inadecuados desde el punto de vista metodológico, al emplear sujetos escasamente definidos o inapropiados, o enfoques muy poco ortodoxos a la hora de evaluar los datos. Aun soslayando estas y otras limitaciones, llegaba a la conclusión de que, según cuanto podía colegirse de la bibliografía existente, las mujeres con implantes mamarios de silicona no muestran anormalidad sistémica alguna motivada por éstos en cuanto al tipo de células del sistema inmunológico o a su función. El miembro de la comisión especializado en epidemiología no dio con «vinculación alguna entre los implantes mamarios y ninguno de los daños sufridos en el tejido conjuntivo de las pacientes individuales, la combinación de todos éstos o el resto de dolencias autoinmunes y reumáticas. Por último, la persona entendida en reumatología topó con una serie de problemas al analizar buena parte de los estudios. Y así, por ejemplo, pudo verificar que «la misma dolencia aparecía en más de una categoría de enfermedades; nadie había supervisado la autoevaluación; se desconocía la relación existente entre el momento en que se manifestó la dolencia y la implantación de la silicona; y se había hecho caso omiso de las indicaciones referentes al implante. Por otra parte, el número de afectadas de que se daba noticia en los estudios individuales no era muy elevado. Además, muchas de las enfermedades reumáticas que se mencionaban son frecuentes entre el común de la población y ... en las consultas de los facultativos. No han podido identificarse rasgos distintivos relacionados con la implantación de prótesis mamarias de silicona».

Uno no puede menos de abrir aquí un paréntesis para preguntarse si, al llevar un asunto así a los tribunales, no estarían los propios abogados cometiendo algo muy cercano a un fraude científico. Sea como fuere, quedó probada la valía del precedente sentado en la causa de

Daubert contra Merrell Dow. El editorial de *The Wall Street Journal* se mostraba exultante.[19] Los abogados de la parte demandante, horrorizados, trataron de desacreditar a los expertos y restar validez al informe. Mientras tanto, los integrantes del comité hubieron de arrostrar una intensa semana de interrogatorio por parte de demandantes y acusados, fase conocida como «declaración de descubrimientos». Al desconcierto común a todos ante lo obligatorio de este paso se unió, en el caso de varios de ellos, cierta indignación por el carácter entrometido de muchas de las preguntas. Uno, según señala con sequedad el informe, «aseveró, olvidando tal vez las necesidades del sistema legal, que "la ciencia no saca provecho alguno de este sistema acusatorio"». El escrito seguía diciendo: «La reacción de los integrantes de la comisión permite hacerse una idea del abismo existente entre las esferas científicas y las legales». Pointer se aferró en todo momento al método empleado, e impidió que se retirase el informe. A continuación entraron en la fase definitiva, en las que habría que prestar declaración ante la sala del tribunal. Los cuatro expertos fueron objeto de un examen que duró ocho días. Cada uno de ellos comenzó con una presentación, más semejante a una conferencia, a través de Kobayashi. Del acto quedó constancia no sólo por transcripciones, sino también gracias a una grabación efectuada en vídeo.

El fruto final fue, por lo tanto, el informe de los especialistas y el juego de cintas de vídeo en que se recogieron sus testimonios. Uno y otro acompañaron —a fin de que sirvieran de referencia al jurado— a los miles de pleitos individuales cuando, llegados a ese punto, regresaron a sus tribunales de origen. Las apuestas no eran baladíes, ni escasa la calidad del producto. Quizás, a la postre, tres años no fuesen demasiado tiempo. Sin embargo, el problema que hubo que afrontar a fin de cuentas fue el coste del experimento. No cabe duda de que, al estar repartidos los juicios individuales por toda la nación, éste supuso un ahorro considerable de tiempo y dinero, a tiempo que proporcionaba un grado insuperable de pericia a las causas. Sin embargo, el montante del ensayo en sí alcanzó los dos millones de dólares —una cuarta parte de los cuales correspondía a los honorarios de Kobayashi—. Nadie ha vuelto a repetirlo.

El sistema acusatorio: en Estados Unidos y el Reino Unido, ya sea por la práctica legal, ya por lo que refieren las noticias o por los incontables juicios, reales o de ficción, que observamos o de los que leemos, estamos tan empapados de este modelo de causa criminal o civil que seríamos incapaces de imaginar otra manera de resolver una acusación seria de conducta irregular. Ni siquiera tenemos palabras, entre las que empleamos habitualmente, para formular las posibles alternativas. Sin embargo, hace ya tres décadas, si no más, que numerosos juristas estadounidenses y británicos de renombre comenzaron a criticar con severidad este sistema y a proponer remedios para sus deficiencias. En 1974, al comienzo de un discurso pronunciado ante el Colegio de Abogados de la ciudad de Nueva York, el magistrado federal Marvin Frankel hizo una observación de engañosa sencillez: «Lo que pretendo hacer ver, y habré de extenderme para ello en cierta medida, es que nuestro sistema acusatorio sitúa la verdad en un lugar insignificante entre los valores que las instituciones jurídicas tienen, en teoría, el deber de defender».

> Como quiera que las partes y sus abogados dominan la recogida y presentación de las pruebas, no se nos ha ocurrido crear un procedimiento fijo, habitual, por el que pueda presentar el juez su contribución. Deberíamos empezar a cuestionarnos, y planteárnosla como una tarea profesional conjunta, la idea de que se trata de una realidad invariablemente positiva. Para la mayoría de cuantos nos hemos formado en el derecho estadounidense, la superioridad de este método con respecto a cualquier otro constituye un dogma demasiado arraigado para que podamos ponerlo en duda o siquiera examinarlo.
>
> Nuestra adhesión al sistema «acusatorio» se ve respaldada por la total certidumbre de que las demás prácticas, extrañas para nosotros, son inferiores. Oponemos nuestra forma de enjuiciar las causas criminales al sistema «inquisitivo» [*inquisitorial*, en inglés], que nos evoca todo tipo de visiones de torturas, procedimientos secretos y gobiernos dictatoriales. Convencidos de nuestra superioridad, ni siquiera nos molestamos en saber qué modelos siguen otros.[20]

El sistema inquisitivo es el que prevalece en la Europa continental, en Japón y en la mayoría de los demás países de habla no inglesa, si bien sus formas varían en cierta medida de uno a otro. Hay quien prefiere llamarlo «sistema de búsqueda de la verdad», pero lo cierto es que si la expresión habitual parece siniestra, la alternativa peca sin duda de ingenua. Su característica principal, la que lo diferencia de la práctica legal estadounidense y británica, consiste en que es el juez, y no los abogados de uno y otro contendiente, quien se encarga de reunir los hechos. Es él quien hace comparecer a los testigos y los interroga; decide si es necesaria la comparecencia de expertos y se encarga de elegirlos en caso de que así sea, y determina, en suma, el curso que seguirá el proceso. Y hasta aquí llega lo que los más de los abogados angloamericanos conocen al respecto. «No es precisamente de dominio público entre nosotros —seguía diciendo Frankel— que apenas existen sistemas inquisitivos puros, que en casi todos se dan elementos de nuestro sistema acusatorio ni que los procedimientos propios de la justicia criminal, siempre en evolución, tanto en Europa como en el resto del mundo, responden mejor a la denominación de "mixtos" que a la de acusatorios o inquisitivos en rigor.»

Desde aquella intervención, los estudiosos de la jurisprudencia han examinado en profundidad el sistema inquisitivo a fin de determinar qué lecciones puede ofrecer y cuáles de sus elementos conviene adoptar o adaptar. Frankel no se equivocaba al hablar de la adhesión al modelo acusatorio: de hecho, su discurso dio origen a una controversia inflamada que en ocasiones se ha tornado desapacible. El interés que tiene quien esto escribe en el particular —y vuelvo a hacer hincapié en que no soy más que un aficionado en el terreno del derecho— es más estrecho de miras. El juez Pointer escribió acerca del «abismo cultural» que se abre entre el enfoque científico y el legal, y pese a que él se refería de forma expresa al relativo decoro de la controversia científica en comparación con la confusión de los interrogatorios que había ofendido a sus expertos, podemos generalizar. Cuando se trata del fraude, el carácter incomparable de ambas disciplinas radica en la organización del sistema legal a la hora de determinar la culpabilidad o inocencia de los individuos, que difiere de un modo esencial de lo que necesita, por encima de todo, la ciencia: la protección del sistema científico y la integridad del conjunto de sus datos. El castigo de quienes han transgredido sus normas es sólo una parte pequeña, aunque necesaria, de esto último. Tanto la trilogía Daubert-Merrell Dow como el citado experimento de la comisión de especialistas abordaban la cuestión del uso correcto de las pruebas científicas que necesita la jurisprudencia; pero no han hecho nada por servir las necesidades de la ciencia. De lo que sí dan muestra es de que las reformas emprendidas en el sistema acusatorio han hecho más activa la función de los jueces y, en consecuencia, han reducido su dependencia respecto de los abogados en cuanto atañe a la dirección del proceso.

La exposición más detallada y persuasiva del sistema inquisitivo que se ha dado en la bibliografía legal estadounidense es un artículo escrito por John Langbein, profesor de derecho comparado de la Universidad de Chicago. Apareció en *The University of Chicago Law Review* en 1985, y tomaba como ejemplo el derecho civil de la entonces República Federal de Alemania, con el que el autor se hallaba por demás familiarizado. Lo comparaba con el sistema estadounidense, «dominado por los abogados [y] que deja en manos de intereses partidistas la labor de reunir y presentar los hechos en los que debe fundarse el veredicto».[21] Desde que Frankel había abordado las diferencias existentes entre un sistema y otro, la relación existente entre el magistrado y los representantes de las dos partes en el inquisidor apenas si había penetrado en la comunidad legal de Estados Unidos. Langbein, en consecuencia, volvía a insistir en el particular:

> Lo que pretendo hacer ver es que, al asignar a los jueces, más que a los abogados, el cometido de investigar los hechos, los alemanes evitan los aspectos más engorrosos de que adolece nuestro sistema. Con todo, he de subrayar que el consabido contraste entre nuestro método acusatorio y el supuestamente no acusatorio de la tradición de la Europa continental se ha exagerado con enormidad.
>
> No cabe duda de que, dada la mayor responsabilidad del tribunal a la hora de reunir las pruebas que distingue a ésta de nuestro sistema, se hace necesario (y es de agradecer) que el papel que desempeña el abogado en este sentido se vea muy limitado.

El encargado de investigar los hechos es quien lleva las riendas del proceso. «Sin embargo, con preterición de la labor de búsqueda de las pruebas, hay que decir que los abogados de las dos partes representan funciones de gran importancia y comparables, a rasgos generales, en el sistema alemán y el estadounidense. Ambos pueden considerarse acusatorios ... .» El germano «combina la recogida de indicios por parte del juez con iniciativas acusatorias vigorosas y continuadas cuando de proponer líneas de investigación o analizar cuestiones fácticas y legales se trata».

Un proceso legal atraviesa diferentes estadios. La parte demandante presenta una exposición inicial de lo sucedido, cita la legislación pertinente y solicita una satisfacción, y la respuesta de la parte del acusado sigue un patrón muy similar. A diferencia de lo que sucede en el sistema estadounidense, los contendientes proponen, asimismo, medios probatorios, documentos que deberían examinarse o conseguirse y testigos potenciales. Todo esto se va recogiendo en un expediente, que irá creciendo a medida que avance el juicio y estará, en todo momento, a disposición de cualquiera de las partes. El juez celebrará con los abogados una vista inicial en la que tal vez participen también el querellante y el acusado e incluso algún testigo. A esas alturas, el juez estará ya al tanto de cuáles son los aspectos fundamentales del litigio, y si éste no se ha resuelto podrá pedir más información y comenzar a llamar a declarar a los diversos testigos. Los abogados no se encargan de hacerlos comparecer, ni tampoco preparan su intervención. De hecho, tal como señalaba Langbein en su artículo, el que un letrado alemán trate de ponerse en contacto con uno de ellos fuera de la sala del tribunal se considera algo muy poco ético.

> El juez hace las veces de examinador. Cuando concluye el interrogatorio de cada uno de los testigos, los abogados de las dos partes pueden plantear preguntas adicionales, aunque su importancia es secundaria. Los testimonios presentados no suelen recogerse al pie de la letra: por el contrario, el juez se detiene de cuando en cuando para dictar un resumen de éstos a fin de que se incluya en el expediente.

Los letrados pueden solicitar que se introduzcan cambios en lo anotado. En caso de que se necesite la comparecencia de peritos, el juez será el encargado de elegirlos —previa consulta con las dos partes— y proporcionarles la información pertinente. Los litigantes no podrán contratar a sus propios especialistas ni, por lo tanto, prepararlos, por lo que, a este respecto, no tendrá lugar ninguna batalla de opiniones contrarias. «La idea principal del derecho civil de la Europa continental en este sentido consiste en dar por hecho que un experto digno de crédito es un experto neutral.»

Lo que en Estados Unidos sería un solo juicio continuo adopta en Alemania la forma de una serie de vistas celebradas con meses de diferencia. La primera consecuencia de esta preponderancia judicial «es que el derecho alemán prescinde de las secuencias de leyes a que estamos acostumbrados en el mundo angloamericano, y esto tiene no pocas implicaciones con respecto a la economía procesal. Los conceptos mismos de "causa del demandante" y "causa del acusado" son desconocidos»: el juez hace que el proceso siga la dirección en la que cree más probable que salgan a la luz los hechos reales.

Las dos garantías más importantes con que cuenta el sistema germano serían impensables en el contexto legal angloamericano. En primer lugar, en Estados Unidos las aptitudes de los jueces son variadas y a menudo rudimentarias. Hay estados en los que su nombramiento se somete incluso a elección. En el Reino Unido, se nombran de entre los letrados vinculados a tribunales superiores, lo que, cuando menos, garantiza un mínimo de talento, formación y experiencia judicial. En Alemania, sin embargo, no proceden de la abogacía. «Lo que distingue a la judicatura alemana (y a la de casi toda Europa) de la nuestra —escribía Langbein— es que la profesión de los magistrados es independiente de la de los abogados.» Después de seguir una formación legal junto con los futuros letrados, el juez en cierne tiene que superar un aprendizaje de varios años antes de someterse a un examen. Sólo quienes logren los mejores resultados obtienen la judicatura, y sólo en período de prueba —cosa que sucede, por lo común, cuando cuentan casi treinta años de edad—. En adelante, su trayectoria profesional sigue una línea definida, interrumpida, eso sí, por cambios de destino de un tribunal a otro y evaluaciones periódicas efectuadas por magistrados de más categoría. La segunda salvaguarda de que dispone el sistema legal alemán es más fácil de definir —y más difícil de imaginar en el marco legal de Estados Unidos—: un derecho de apelación extremadamente amplio.

El artículo de Langbein fue acogido con gran escepticismo. La principal objeción que recibió fue expuesta de un modo sucinto en 1990 por John Reitz, profesor de la Facultad de Derecho de la Universidad de Iowa. «Habría que proponer, asimismo, el modo como se supone que debemos alcanzar un sistema como aquél partiendo del que tenemos en el presente», escribía, para añadir después:

> A menos que se produzca un cambio en nuestras definiciones culturales fundamentales, lo más probable es que la adopción del interrogatorio de los testigos por parte del juez se traduzca en un mero injerto de la toma de declaraciones del sistema inquisitivo en nuestro método actual de interpelación acusatoria, lo que supone la mediación de un contacto sin demasiadas restricciones entre los abogados y los declarantes previo a la celebración de la vista, e implica un interrogatorio mucho más atrevido por parte de los abogados una vez concluido el del juez.[22]

Acaso sea cierto. Sin embargo, el empleo estructurado y disciplinado que hizo el juez Pointer del grupo de expertos convocado con motivo de los juicios sobre implantes de mama parece indicar que podría superarse la peor parte de esta hibridación.

«En los últimos años —escribió Langbein— se han dado cambios de consideración que disminuyen el contraste existente entre el derecho civil alemán y el estadounidense. Bajo la denominación de *gestión de la causa*, los jueces de primera instancia de Estados Unidos están ejerciendo un poder cada vez mayor con respecto a la recogida de pruebas.» Este modo de actuación se desarrolló como respuesta a la llegada de los procesos de gran complejidad técnica, y Langbein lo entendió como una prueba de que el sistema estadounidense se estaba acercando de hecho, en ciertos aspectos, al alemán. En 1988, en un escrito en el que defendía su postura frente a enojosas interpretaciones erróneas, fruto de la ignorancia, volvía a expresar sus esperanzas de que un día convergiesen ambos métodos:

> Los litigios complejos han exigido que superpongamos a nuestro sistema tradicional, basado en la actuación de los abogados, la participación cada vez mayor de los jueces, que intervienen en la identificación

> de las cuestiones que deben abordarse, en la promoción de acuerdos y en el establecimiento de la secuencia a que deberá responder la investigación. Técnicas como éstas recuerdan de un modo evidente a los procedimientos propios del derecho alemán. Tengo observado que resulta difícil conformar el sistema actual, que concede una mayor potestad al juez, con la teoría tradicional, por la que la búsqueda de pruebas era labor exclusiva de las partes.[23]

Aún quedaban cinco años para que se instruyera la causa que enfrentó a Daubert y a Merrell Dow.

Desde finales del siglo XIX, los sistemas legales estadounidense y británico se han visto invadidos por el derecho administrativo y los procesos cuasi judiciales que lleva aparejados.[24] Éstos no pertenecen ni al ámbito criminal ni al civil, y tampoco tienen cabida en el sistema habitual de juicios formales. Son propios del ámbito interior de las grandes estructuras burocráticas gubernamentales, y han crecido en alcance e importancia a medida que se desarrollaban éstas, con lo que han acabado por afectar a casi todos los aspectos de la sociedad moderna. Las normas son, a menudo, más distendidas que las del derecho formal, y las salvaguardas, menos sólidas. Los procedimientos propios de la Oficina de Integridad Investigadora y, sobre todo, de la Comisión de Apelaciones del Departamento de Salud y Servicios Humanos constituyen ejemplos excelentes y muy instructivos del funcionamiento del derecho administrativo.

La del fraude científico es una área en la que el sistema inquisitivo debería ser eficaz en particular, en tanto que en el terreno del derecho administrativo debería ser fácil adaptar y adoptar sus enfoques. Sólo hay que recordar las vistas sustanciadas ante el comité de revisión en el caso de Thereza Imanishi-Kari. Más que como un tribunal de apelación, el grupo de expertos constituido para la ocasión actuó como si estuviese celebrando un nuevo juicio, en el que no faltaron peritos, presentación de pruebas instrumentales ni declaraciones por parte de los testigos. Dicho tribunal estaba conformado por dos abogados y un científico, y huelga decir que no había jurado. La imparcialidad destacaba por su ausencia. La vista fue, en grado sumo, propia del método acusatorio. Si bien Marcus Christ, letrado principal de la Oficina de Integridad Investigadora —la acusación—, era una persona lenta de movimientos y, por lo que pudo verse durante el litigio y leerse en las transcripciones, no representaba, precisamente, a lo más granado de su profesión, Joseph Onek, abogado principal de Imanishi-Kari, era el arquetipo de abogado defensor washingtoniano de causas criminales: un hombre bien trajeado, bien peinado, dinámico y seguro en extremo de sí mismo. Durante uno de los descansos, quien esto escribe tuvo oportunidad de observarlo recorrer de un lado a otro el pasillo con rapidez mientras murmuraba: «¡Vamos, machácalos!». No bastaba con dejar claro el caso «más allá de una duda razonable», sino que imperaba el principio de la suficiencia probatoria, importación del derecho civil. Sobre la mesa que había a espaldas de Christ descansaba una amplia hilera de carpetas que contenían el fruto de tres años de labor investigadora: correspondencia, documentos, fotocopias de cuadernos, transcripciones de entrevistas... Nada de eso podía presentarse ante el comité de revisión.

Imaginemos ahora que aquel recurso de apelación, o lo que es más importante, la investigación que lo precedió, se hubiese llevado a término conforme al sistema inquisitivo. Pensemos también en otros casos considerados desde esa perspectiva: el de McCaa, empezando por las primeras pesquisas que emprendió la Universidad de Misisipí, o el de Breuning, comenzando por el momento en que la Universidad de Pittsburgh, primero, y el Instituto Nacional de Salud Mental, después, se dispusieron a determinar lo que tenían de cierto las acusaciones de Robert Sprague. O el de Fisher y la falsificación de los datos presentados en el estudio clínico de la tumorectomía en pacientes de cáncer de mama.

Volvamos a repetirlo: pese a que, cuando se produce una imputación de fraude, es necesario averiguar si el acusado es culpable o inocente, lo que la ciencia espera del sistema legal es, sobre todo, que proteja sus métodos y garantice la integridad de su corpus. En el caso de Baltimore, la única que actuó correctamente en este sentido fue Margot O'Toole, quien se negó, durante dos años, a presentar una acusación de fraude aun cuando le aseguraron que era la única salida: lo único que pedía era que se corrigiese el artículo o se desmintiera su contenido.

Epílogo: la transición al estado estacionario y el fin de las ciencias

Lo que queremos saber de la ciencia del futuro es el contenido y el carácter de las teorías e ideas científicas que están por venir. Por desgracia, es imposible predecir cuáles se van a concebir (ya sea de aquí a diez años, ya de aquí a diez minutos), y de hecho, nos hallamos atrapados en una paradoja lógica en el preciso instante en que nos lo proponemos, siendo así que predecir una idea es tener una idea, y no bien tenemos una idea, ésta deja de ser el objeto de una predicción.

SIR PETER MEDAWAR[1]

A finales del siglo XIX, eran muchos los científicos que pensaban que poco quedaba por hacer en el ámbito de la física, aparte de resolver un puñado de detalles arcanos y desconcertantes, como la anómala precesión del perihelio de Mercurio o la causa por la que se formaban líneas oscuras en el espectro luminoso del sol, fenómeno que ya debió de haber advertido Newton, si bien fue Joseph Fraunhofer el primero que dio noticia detallada de él. En 1894, el físico Albert Michelson aseguró lo siguiente durante cierto discurso que ha alcanzado una celebridad ambigua: «En tanto que jamás podremos decir, sin temor a equivocarnos, que el futuro de las ciencias físicas no esconde ya maravillas comparables a las del pasado, parece probable que la mayor parte de los grandes principios que las rigen ha quedado establecida con firmeza, así como que los avances por llegar deben buscarse, sobre todo, en su aplicación rigurosa a cada uno de los fenómenos de los que podamos venir en conocimiento».[2] Sin embargo, predecir el final de la ciencia constituye un insensato acto de arrogancia. Cabe advertir al lector, sea como fuere, que no eran pocos los que, aun a la sazón, se mostraban menos satisfechos que Michelson, si bien ninguno de ellos podía haber siquiera imaginado el decenio maravilloso que se inauguraría sólo un año más tarde. En 1895, en Wurzburgo, Wilhelm Conrad Roentgen descubrió los rayos X; en 1896, en París, Henri Becquerel dio con la radiactividad; en 1897, en Cambridge, Joseph John Thomson halló el electrón; en 1900, en Berlín, Max Planck sentó las bases de la teoría cuántica; y en 1905, en Berna, Albert Einstein formuló la teoría especial de la relatividad.[3] Parece que la física no estaba acabada.

Aun así, la vanidad vuelve a manifestarse. En 1969, por ejemplo, Gunther Sten, especialista en biología molecular y discípulo de Max Delbrück, dio a luz *The Coming of the Golden Age: A View of the End of Progress*.[4] De forma más reciente, en 1996, John Horgan, colaborador de *Scientific American*, causó sensación con la salida de *El fin de la ciencia: los límites del conocimiento en el declive de la era científica* (todo indica que este género de libros tiene predilección por los títulos largos y por hablar de eras [*ages*]). Según exponía en sus páginas, no hay ciencia que no se halle cerca de su ocaso.[5] Horgan es un hombre inteligente y afable, un escritor aceptable que goza de numerosos contactos entre los científicos. En su obra ofrecía una visión apocalíptica en tonos almibarados en apariencia razonables. A partir de varias veintenas de entrevistas mantenidas con científicos de toda clase, elaboró un mosaico de citas que se sucedían capítulo tras capítulo («El fin de la filosofía», «El fin de la cosmología», «El fin de la biología evolutiva», «El fin de la neurociencia»...). Al abordar el fin de la física, se reía entre dientes recordando las predicciones de Michelson para presentar, a continuación, una serie de semblanzas —o de bosquejos— breves y atractivas de lumbreras a quienes había animado a dudar de que quedase algo por hacer en sus campos respectivos. El testimonio de Sheldon Glashow, Hans Bethe, Steven Weinberg, John Archibald Wheeler y otros recibe como colofón un desalentador párrafo de Richard Feynman, para quien «nos ha tocado vivir en la era en la que se están descubriendo las leyes fundamentales de la naturaleza, y algo así no volverá a suceder. Se trata de un hecho emocionante, maravilloso; pero semejante exaltación no va a durar para siempre».[6] Ecos de Michelson, un siglo más tarde, de parte de un hombre de gran inteligencia.

Mientras Horgan redactaba su libro, la física y la cosmología se estaban viendo arrastradas hacia una impetuosa vorágine, una jubilosa frustración provocada por nuevos problemas fundamentales. En lo que respecta a la biología, el cambio de milenio estaba brindando, merced a las tecnologías propias de la genética molecular, los numerosos proyectos relacionados con el genoma y la capacidad cada vez mayor de los ordenadores, la posibilidad de resolver cuestiones que se habían manifestado como inextricables desde que William Harvey había pasado del estudio del corazón y la sangre al de la embriología. A un mismo tiempo, estaba desvelando nuevos problemas, nuevas cimas que escalar con las que jamás se podría haber soñado siquiera diez años atrás.

El oso subió a la montaña,
el oso subió a la montaña,
el oso subió a la montaña,
por ver qué había detrás.

Y ¿qué creéis que vio?
Y ¿qué creéis que vio?

Pues vio la siguiente montaña,
pues vio la siguiente montaña...
...
Y ¿qué fue a hacer después?
Y ¿qué fue a hacer después?

El oso subió a la montaña...

Quizá las ciencias no sean tampoco como esta canción escultista, por más que, en ocasiones, sus autores hablen como si tal pensasen. De cualquier modo, y visto lo visto, ¿quién se atreve a hacer predicciones?

En consecuencia, nos acercamos al estado estacionario (o régimen permanente), por aplicar a las ciencias la doctrina de Malthus. John Ziman, físico inglés convertido en sociólogo de la ciencia, es un hombrecillo belicoso de enfoques claramente originales. Durante más de una docena de años, ha indagado, junto con los colegas que ha ido reclutando, las inquietantes consecuencias de una verdad evidente que los científicos se muestran remisos a afrontar. Todo comenzó cuando Derek de Solla observó en 1963, como ya hemos visto, que desde mediados del siglo XVII, la producción de artículos científicos se ha multiplicado por dos cada quince años, y huelga decir que la población de la comunidad de los investigadores ha ido creciendo de forma proporcional. Él aseguraba que, de seguir a ese ritmo, no habría de pasar mucho tiempo antes de que no quedase en el país hombre, mujer o niño que no estuviese haciendo ensayos científicos y publicando sus conclusiones. Todo el mundo rió ante una ocurrencia tan peregrina: como suele suceder con las ideas de aire maltusiano, fueron pocos los que la tomaron en serio. Si es cierto que la tasa de crecimiento de la financiación ha oscilado, no lo es menos que ha ido, por lo común, en alza si hablamos en dólares constantes, tanto en lo que se refiere a la gubernamental como a la de la industria privada. Este desarrollo exponencial se ha visto confirmado de modos muy diversos: el número de doctorados, de científicos contratados, de revistas —y de páginas de éstas— publicadas, de autores por artículo, etc.; y tiene aspectos sorprendentes, como lo es, tal como vimos en el capítulo 1, la afirmación de que más del 80 por 100 de los científicos que han existido está vivo en nuestros días.

Con todo, esta tendencia alcista ha llegado a su fin, y la transición del crecimiento exponencial al estado estacionario está originando terribles tensiones en el seno del sistema, si bien unas son más sutiles que otras. Conforme señaló Ziman durante una conferencia organizada por el autor de estas líneas en 1996, el avance incesante ha sido uno de los principios estructurales de la ciencia.

> Su dinamismo intelectual —añadía— la obliga a crearse de nuevo cada veinte años aproximadamente. Todas sus prácticas se basan en la asunción de que, donde antes trabajaba un investigador, pronto trabajarán

> dos; de que no es necesario poner fin a antiguas cuestiones para hacer sitio a otras más modernas, y de que los proyectos que obtengan peores calificaciones acabarán por recibir subvenciones. Con todo, el hecho de poner límite a las entradas no sólo estabilizaría el rendimiento, sino que trastocaría la maquinaria de la caja negra, perturba un patrón establecido de débitos y créditos intelectuales, obligaciones y expectativas sociales, y derechos y responsabilidades morales. En todos los sentidos, el mecanismo productor de conocimiento está sometido a fuerzas que sólo podrán acomodarse mediante deformación, fractura o reparaciones chapuceras. Dicho de otro modo: estamos asistiendo a una «fase de transición» estructural.[7]

El indicio más obvio de esta transformación lo proporciona la creciente competencia en pos de fondos con los que financiar las investigaciones y de prioridad a la hora de publicarlas. El científico individual —aun cuando sea el jefe de un laboratorio de renombre y posea una gran astucia política— percibe el proceso de revisión de subvenciones como una cuestión de éxito o fracaso. Sin embargo, el estado estacionario está llamado a distorsionar de forma sistemática el método de financiación. Recordemos las palabras con que caracterizó Harold Varmus la evaluación de solicitudes de beca en 1993, cuando asumió el cargo de director de los Institutos Nacionales de la Salud. Destacaba «la baja tasa de aprobación, el elevado número de solicitudes que deben presentarse por segunda vez y la falta de disposición de los mejor dotados cuando se trata de formar parte de una sección de estudio. Quienes se avienen a ello se ven obligados a hacer distinciones entre propuestas idénticas en excelencia, y este género de evaluación se torna muy desmoralizador».[8] Si carecen de criterios sólidos en los que fundar su elección del valor científico de un proyecto, los revisores incurrirán de manera inevitable en un comportamiento parcial, prejuicioso y condicionado por consideraciones políticas. Quienes aspiran a obtener ayudas económicas tienen miedo a presentar propuestas arriesgadas o que requieran un espacio prolongado de tiempo —y en consecuencia, pagos distribuidos en diversos ciclos—. En el capítulo 6 hemos abordado estos problemas y otros análogos. Medidas como la tramitación y evaluación electrónica de las solicitudes o la exclusión precoz de las que carecen de interés no son más que remedios paliativos que, además, no se han puesto en práctica sino en cierto grado.

La publicación de trabajos de investigación se ve afectada de un modo similar. Hoy es raro el laboratorio que puede pasar años centrado en una serie concreta de problemas para, por fin, publicar un informe magistral, definitivo, que dé cuenta de los resultados: la mayoría, por el contrario, debe trabajar a la carrera para dar a la prensa, cuando menos, el primer estadio de su proyecto, la unidad menor digna de publicación.

El advenimiento del estado estacionario, amén de hallarse en la raíz de estas dificultades, hace que resulte por demás arduo resolverlas. Conviene recordar las dudas que albergaban, a finales de la década de 1940 —es decir, en los albores de la época de influencia de Vannevar Bush—, ciertas instituciones investigadoras de relieve que gozaban de financiación privada a la hora de aceptar fondos federales. Quizá su actitud estuviese justificada. Pensemos en el influjo que puede tener el crecimiento exponencial sobre el personal científico. Durante los años de mayor auge, cada vez han sido más quienes han percibido remuneraciones procedentes no de los ingresos independientes de la institución a la que pertenecen, sino de becas y ayudas que dependen de renovación. Este hecho, evidente en el ámbito de la investigación biomédica, se da en igual medida en el de la física, y comporta, entre otras cosas, que buena parte de la labor cotidiana de las ciencias, y en particular la que se lleva a término en el laboratorio, sea obra de pandillas de estudiantes licenciados y doctorados. Estos «esclavos», como a menudo se les llama, son indispensables tal como se concibe hoy día la ciencia. Sin embargo, hay departamentos —aun en las universidades más selectas— que han advertido de una disminución de las solicitudes de ingreso en escuelas de posgraduados por parte de los jóvenes estadounidenses, una merma que queda disimulada, no obstante, por la afluencia de alumnos extranjeros.

«Oferta sin demanda»: así rezaba el título de cierto artículo de opinión aparecido en *Science* en febrero de 2004 y firmado por Donald Kennedy y tres de sus colegas.[9] Se trata de una crítica razonada, categórica y urgente a la superabundancia de nuevos científicos que se da tanto en Estados Unidos como en Europa. La última manifestación de la postura propiciadora de esta circunstancia había sido la preocupación, ampliamente expresada, por la escasa cantidad de estadounidenses de nacimiento matriculados en carreras de ciencias, algo que había desembocado en un llamamiento «a intensificar los esfuerzos en el seno de la nación» a fin de aumentar el número de alumnos. «Entre tanto —observaba el artículo—, los científicos han de soportar unas tasas de desempleo cada vez mayores: según la Sociedad Química Estadounidense, entre los especialistas de su disciplina, el paro se ha doblado durante los últimos dos años.»

> ¿Qué está ocurriendo? ¿Por qué nos empeñamos en aumentar la oferta de investigadores aun cuando nada parece indicar que suframos escasez de ellos y la mayor parte de los puestos de trabajo pertenecen al sector privado, en donde no están sujetos a injerencia alguna? En primer lugar, existe el convencimiento generalizado de que el progreso económico depende de la ciencia y la tecnología, y en tal caso, ¿por qué no íbamos a tener más cantidad de un bien tan conveniente? En segundo lugar, los planes de acción suelen establecerlos personas mayores que, como las instituciones que las emplean, apenas poseen incentivos para efectuar recorte alguno en sus operaciones. Por el contrario, los sistemas de retribución académica y las prioridades de financiación del gobierno tienden a perpetuar el principio que recomienda «formar más científicos».
>
> Aún queda otra explicación, inquietante, al afán por aumentar la oferta de investigadores: la situación actual supone ventajas reales para el sector científico y tecnológico, así como para las instituciones académicas y corporativas que dependen de él. Nos hemos propuesto producir más trabajadores del conocimiento de los que podemos emplear, con lo que estamos creando una economía de exceso de mano de obra que mantiene bajos los costes de ésta y alta la productividad. ...
>
> Todo lo dicho comporta consecuencias preocupantes. No cabe dudar de que los mejores licenciados provenientes de los programas más prestigiosos encontrarán, a la postre, puestos de trabajo de calidad, aunque sólo después de haber superado con creces la edad a la que comenzaron a ser productivos sus predecesores. El resto, los científicos que gozan de un potencial considerable pero poco tienen que hacer en un mercado tan competitivo, pasará a formar parte de una legión internacional de descontentos.

La transición citada está transformando ya los recursos laborales. Así y todo, no podemos permitir que el análisis se estanque en este punto. Una vez alcanzado el estado estacionario, un científico consolidado no dispondrá de más de tres o cuatro estudiantes posdoctorales: uno en calidad de sustituto, uno o dos para la industria y uno para salida del mercado de trabajo.

Otro signo evidente de la transformación que está teniendo lugar es la presión cada vez mayor que ejercen políticos y agencias gubernamentales en favor de los estudios aplicados, para lo cual emplean consignas como «necesidades nacionales» o «investigación estratégica». Cuando el presidente Richard Nixon declaró la guerra al cáncer, la comunidad no pudo menos de indignarse (*The New York Times* habló de «reacción violenta»).[10] La enfermedad, sin embargo, no es más que una perturbación de los procesos normales de las células, y los científicos no tardaron en percatarse de que podían justificar los estudios fundamentales en el terreno de la biología celular presentándolos como vinculados a la lucha contra el cáncer. Aquélla era una estratagema útil, aunque podía resultar cada vez más sospechosa. Hace un tiempo, por ejemplo, Barbara Mikulski, senadora demócrata de Maryland que forma parte de la comisión del Senado encargada de supervisar buena parte de las asignaciones federales destinadas a la investigación, instó a la Fundación Nacional para la Ciencia a ser más explícita en lo tocante a la caracterización de los campos y las propuestas en cuestión con el fin de evitar que los científicos dedicasen las subvenciones a estudios fundamentales. «La fundación —dijo— debería precisar la definición de cada área de tal manera que sea imposible camuflar actividades motivadas por la curiosidad bajo la apariencia de actividades estratégicas.»

Parsimonia e injerencia política: dos rasgos que la mayor parte de los científicos considera indicadores de una situación anormal, contraria a las prácticas de la ciencia que tan útiles han demostrado ser. Los investigadores anhelan regresar a la normalidad, aunque lo cierto es que ésta es una realidad nostálgica que jamás volveremos a ver.

La transición tiene otros aspectos concomitantes. Uno de ellos es la internacionalización de la investigación científica. Las universidades están siguiendo a las empresas privadas en su camino hacia la mundialización, y este hecho lleva aparejada una serie vínculos cada vez más profundos y complejos entre la ciencia y la industria. Esto último se hace evidente en especial en lo tocante a las disciplinas biológicas y biomédicas, si bien muchos de sus rasgos pueden encontrarse, *mutatis mutandis*, en otras disciplinas como, por ejemplo, la física del estado sólido. En 1970, 1972 y 1974 los hombres —y alguna que otra mujer— que estaban desarrollando los métodos vinculados a lo que conocemos como *ADN recombinante*, es decir, la ingeniería genética, lo hacían motivados por el deseo de solventar un problema científico puro e inextricable: la evolución y la diferenciación, o dicho de otro modo, el modo como el huevo fecundado, una simple célula, se transforma en un organismo adulto, pluricelular y multifuncional. Desde entonces, muchos de aquellos hombres (ninguna mujer, hasta donde alcanza el conocimiento del autor de estas líneas) han amasado ingentes fortunas en el terreno de la biotecnología. Como es natural, el dinero influye en el curso de la investigación; con todo, lo que aquí nos interesa es que los lazos que unen el laboratorio académico y la industria está cambiando su estructura.

En muchas disciplinas, y en especial en la biología molecular, la sutil barrera que separa la investigación pura de la aplicada se ha hecho aún más tenue, tanto que en la actualidad casi ha desaparecido. El artificio inventado por un laboratorio para dar un diminuto paso adelante en, pongamos por caso, el rompecabezas del desarrollo celular ha permitido, en muchas ocasiones, manipular otro tipo de células para la producción de algo que podría ser rentable desde el punto de vista mercantil. En efecto, se ha hecho imposible predecir qué clase de avance originarán los laboratorios académicos y qué otro tipo engendrarán los comerciales. En los días que corren, además, buena parte de la labor que se lleva a cabo en estos últimos es tan susceptible de publicación en revistas científicas como la que se efectúa en aquéllos, y de hecho, los científicos de unos y otros colaboran a cada paso en investigaciones dadas a la prensa. Pueden citarse numerosos ejemplos de tan rápido intercambio en lo referente a cualquier subdisciplina. Baste citar la reacción en cadena de la polimerasa, descubierta por la compañía biotecnológica Cetus, o la biosíntesis de la hormona del crecimiento humano, lograda por Genentech.

Una de las principales consecuencias de la transición al estado estacionario es el cambio experimentado en las pautas de trabajo y avance de las ciencias. El investigador joven de nuestros días ve ante él no uno, sino dos escalafones diferentes: uno académico y otro perteneciente a la alta tecnología industrial; y el de más talento y mejores calificaciones no tarda en advertir que, a medida que ascienda por ellos, será capaz de pasar de uno a otro en cualquiera de los dos sentidos.

El aspecto de la transformación hacia el estado estacionario que parece más amenazador es la importancia cada vez mayor que se concede a los aspectos de la valoración y la responsabilidad. La evaluación entre iguales ha creado, como hemos visto, instituciones que permiten justipreciar la investigación, actividad que se caracteriza, por encima de todo, por estar protagonizada por científicos. En segundo lugar, la evaluación supone una inversión inicial. La investigación aplicada, sin embargo, suele tratar de alejar del control de la comunidad científica la elección de los problemas que pretende abordar, cuando menos en cierto grado. En el otro extremo de la cuestión, los juicios relativos a los resultados de las investigaciones también se han distanciado de la comunidad. La doctrina de gestión moderna requiere, así en el gobierno como en la industria, que se evalúen los resultados. Los directores gubernamentales de programas sociales, política industrial y actividades científicas y tecnológicas de todo género lo han estado pidiendo durante no menos de una década. Para los que ejercen en el terreno de la ciencia, la evaluación de resultados supondrán la valoración de su labor por parte de los no científicos conforme a nuevos criterios sobre los cuales la comunidad tendrá una potestad mucho menor.

La transición de la que estamos hablando constituye la base de un buen número de las transformaciones estructurales que se han esbozado en el presente libro. Unifica y racionaliza el modo como las entendemos, a tiempo que constituye el marco en el que llevan décadas operando las instituciones científicas. Y dado que los diversos patrones de acción recíproca de los científicos que pertenecen a éstas conforman, a su vez, el entorno en el que se comete o se evita el fraude científico, la transición al estado estacionario puede considerarse el contexto más profundo de éste.

Decir que ésta es inevitable, que de hecho está teniendo lugar en nuestros días, no equivale a predecir el fin de la ciencia. No cabe duda, eso sí, de que puede aplicarse uno de los aspectos de cuanto dijo Michelson hace ya más de un siglo: los avances futuros tendrán que ver, sobre todo, con el aprovechamiento de los descubrimientos y las técnicas existentes. Sin embargo, ésta no deja de ser una afirmación trivial, toda vez que puede aplicarse a la ciencia de todos los tiempos. Aún quedan por efectuarse grandes hallazgos, y como ha sucedido siempre, buena parte de éstos nos parece ahora de una dificultad inextricable. Al cabo, la transición al estado estacionario permite vaticinar algo más: el fin del crecimiento científico.

Tal resulta, a primera vista, paradójico: ¿cómo puede llegar a su fin el crecimiento cuando queda tanto por brotar? Para resolver la contradicción, basta echar mano de la mudanza de recursos, algo que Ziman y sus colaboradores denominan, no sin cierto desparpajo, el «estado estacionario dinámico». Con todo, los límites maltusianos son inexorables, y habrá campos que detendrán su marcha. La química es un candidato más que posible para sufrir una reducción michelsoniana. Otros, en cambio, crecerán. La neurobiología es una de las disciplinas sometidas a una intensa actividad en nuestros días. Sin embargo, está llamada a quedar incluida en la del desarrollo y la diferenciación, que está adquiriendo una complejidad cada día más desconcertante.

Sea como fuere, en medio de una transformación estructural de consideración es difícil determinar con detalle qué consecuencias tendrá a largo plazo. No obstante, convendría prestar atención a los cambios que puedan producirse en la estructura profesional de las ciencias, incluido el abandono de la condición de profesor numerario; en los objetivos, las condiciones y la organización de la investigación, y en los modos de evaluar sus resultados.

La edad dorada, la etapa de mayor imperio de la ciencia se ha desvanecido para siempre, si es que un día llegó a existir. Aún debemos encontrar nuestro camino, pues la ciencia ofrece valores que van más allá de lo práctico. «Nam et ipsa, scientia potestas est», escribió Francis Bacon. Por lo común, la cita se traduce: «El conocimiento es poder», y se emplea para proclamar la utilidad instrumental de la sabiduría, para aseverar que la ciencia es valiosa por lo que nos permite hacer en el mundo. Visto así, habría que considerar a Vannevar Bush un baconiano moderno. Sin embargo, tal traslación no es del todo correcta. La frase no apareció en uno de los extensos volúmenes que elaboró el inglés en torno a la filosofía de la ciencia habiendo alcanzado ya cierta edad, sino en un librito que publicó cumplidos los treinta —siendo un joven de renombre— bajo el título de *Meditationes Sacrae*. Las tres primeras palabras, *nam et ipsa*, merecen una traducción que recoja todo su peso, y que sería como sigue: «En sí y por sí, el conocimiento es poder».* Esta concepción de la ciencia no es, claro está, exclusiva: a fin de cuentas, ¿quién puede negar su extraordinario valor instrumental? Sin embargo, la ciencia ofrece mucho más, lo que va en consonancia con la idea que de ella tenía Max Weber, quien la consideraba una vocación elevada, austera y desinteresada, que se distinguía de otras por su apasionada aceptación de lo incierto, del entendimiento provisional, mudable.

La ciencia es el arte de nuestro tiempo.[11] Ofrece distintas recompensas, aunque ninguna es tan grande como el hecho de ser la empresa más interesante, complicada, despiadada, estimulante y hermosa de cuantas conocemos. Puede afirmarse que el viernes, 30 de junio de 1905, nació una nueva era. Aquél fue el día en que Einstein hizo llegar a la revista *Annalen der Physik* un artículo de 31 páginas titulado «Zur Elektrodynamik bewegter Körper».** Ningún poema, ninguna obra dramática o composición musical de cuantos se han escrito desde entonces ha logrado un poderío comparable siquiera a la teoría de la relatividad, ni conseguido transmitir al receptor una sensación como la que produce en quien se esfuerza por comprenderla y siente su mente estremecerse de placer. Y ¿qué decir de la estructura molecular que determina la configuración de los genes, la celebérrima do-

* También cabe verterla, simplemente, como: «Pues el conocimiento es en sí mismo poder». (*N. del t.*)

** Véase, para la traducción española de «Sobre la electrodinámica de los cuerpos en movimiento», John Stachel, ed., *Einstein 1905: un año milagroso*, Crítica, Barcelona, 2001, pp. 111-143. (*N. del t.*)

ble hélice del ácido desoxirribonucleico? Dos hebras que corren en sentidos opuestos, unidas entre sí a través del espacio que las separa merced a una secuencia de parejas de entidades químicas —entidades de cuatro tipos diferentes, que conforman sólo dos clases de pares, combinadas de manera que aparecen exactamente diez pares por cada vuelta completa de la hélice—. Toda una escultura. En ella, forma y función son uno. La secuencia posee una dualidad única: de un lado, permite a las hebras separarse para que cada una de ellas adhiera a sí misma, en virtud de una serie de leyes de apareamiento, un duplicado de la complementaria; de otro lado, codifica, como en un alfabeto de cuatro caracteres, cada sustancia del organismo al que pertenece. La estructura abarca, por consiguiente, tanto la herencia como el crecimiento embrionario, la transmisión de potencial y su expresión. Su esclarecimiento, que culminó en febrero de 1953, constituyó un acto de una fuerza aclaratoria tan trascendente que seguirá resonando durante el tiempo que le pueda quedar de vida a la humanidad. Su carácter parsimonioso y su espléndida elegancia la convierten en la escultura más cautivadora que haya podido ver en los últimos cien años ninguno de cuantos se acercan a su forma y significado.

Si escribir sobre la ciencia de este modo a principios del nuevo milenio puede parecer infravalorar su función, se debe, al menos en parte, a que en nuestros días esperamos demasiado poco del arte. A mi parecer, la facultad creadora opera del mismo modo cuando el especialista en la física de partículas se halla concentrado en un razonamiento o un experimento, cuando el poeta está componiendo una estrofa y cuando el dramaturgo y el director colaboran durante un ensayo. En todos estos casos se entabla una disputa entre la invención y el genio, entre la voz que, desde un hombro, nos incita diciendo: «Vamos, pruébalo», y la que, instalada en el otro, nos susurra: «Aún no está perfecto». Sir Peter Medawar apuntaba en una conferencia leída hace unos años ante la Sociedad Filosófica Estadounidense: «Se trata de una interacción constante entre nuestras suposiciones y las implicaciones lógicas a que dan lugar: mientras formulamos hipótesis y las rectificamos, nuestra mente se mueve incansable de un lado a otro hasta que llegamos a la que se nos representa como satisfactoria conforme a la medida de nuestro conocimiento».[12] Basta cambiar la palabra *hipótesis* por otra para disponer de una descripción de la experiencia que de su propia obra pueden tener el pintor o el poeta. (Cabe sospechar que él lo sabía, pero tuvo el tacto de dejar que su auditorio llegase por sí mismo a tal conclusión.) «El razonamiento científico —decía más adelante— es una suerte de diálogo entre lo posible y lo real, entre lo que podría ser y lo que es», y es ahí precisamente donde reside la diferencia. El científico disfruta con esa severa disciplina de lo que es y lo que no es. Es él, más que el pintor o el poeta, quien, en el siglo que empezó con Einstein, aborda la imitación de la naturaleza en su forma más estricta, algo inherente a la concepción artística desde que lo formuló Aristóteles. Entre otras funciones, el sistema social de la ciencia, desde la colaboración ante el banco de trabajo, la pizarra, el ordenador o el telescopio hasta la publicación formal y su respuesta, constituye un medio de ampliar, al hacerla pasar del ámbito privado al público, la interacción que tiene lugar entre la imaginación y el juicio.

Escribir de música no es lo mismo que componerla o interpretarla, y del mismo modo, escribir de ciencia, explicarla, no es hacer ciencia. Pero ¿hemos por ello de concluir que el placer que produce la ciencia en el espíritu del profano no es legítimo? No hay duda de que escuchar música con un oído educado y el apoyo de una partitura constituye una actividad musical, y por esa misma razón, en la línea que va del memo al sabio existe un punto *p* en el que leer sobre ciencia con mente instruida y referencias a las investigaciones originales se convierte en una actividad científica.

Recuerdo perfectamente el 16 de enero de 1957, cuando leí en la primera plana de *The New York Times* una extraña noticia: dos expertos en física cuántica, por nombre Chen Ning Yang y Tsung-Dao Lee, habían echado por tierra la teoría de la conservación de la paridad en la interacción débil. Obtuvieron por ello el Premio Nobel, y con una rapidez insólita. Pero ¿la primera plana del *Times*...? Pensemos en los inacabables debates sobre el Big Bang, la teoría de los orígenes del universo; en las noticias sobre nuevos quásares o agujeros negros que llegan a nosotros, o en las relativas a los quarks; en las de fragmentos de un cometa que se estrellan con Júpiter, o en las del hallazgo de más pruebas de la existencia de los inmensos meteoritos que, según pensamos hoy, causaron multitudinarias extinciones en diversos momentos de los miles de millones de años que nos separan de aquel tiempo; en la emoción que genera el descubrimiento de un nuevo fósil de homínido, el de una nueva ciudad maya en el Yucatán o una tumba faraónica desconocida en Egipto, o el del cadáver congelado de un cazador de la Edad del Bronce, que ha llegado hasta nosotros gracias a la protección de un glaciar alpino. Año tras año, un mes tras otro, cosas como éstas ocupan la primera plana de los diarios. Y aun así, ¿qué resultados prácticos pueden derivarse de ninguna de ellas? ¿Por qué gastamos dinero en el telescopio espacial *Hubble* y en su sucesor, que se encuentra ahora en fase de construcción, en enviar cohetes a Marte o en más excavaciones arqueológicas?

Uno no puede evitar temer que, durante el crecimiento exponencial de las ciencias y en nuestros días, bajo las tensiones propias de la transición al estado estacionario, hayamos perdido, mientras tratábamos de obtener beneficios instrumentales o el reparto de los bienes prometidos, aquella conciencia aguda y estética del fin de la ciencia; pero el fin considerado en su otra acepción de relieve: su objetivo. Los grandes linajes científicos del pasado y la vetusta figura del mentor nos inculcaron tal conciencia y nos vacunaron contra el fraude. «Dadme mis flechas de deseo», cantaba William Blake. Uno de los poderes de la *scentia* es que exalta su búsqueda.

Queremos saber por saber. Desde tiempos inmemoriales, las historias relativas a los orígenes han constituido una parte fundamental de toda cultura. A todos nos fascinan los primeros pasos del universo, del sistema solar, de la vida, de las especies, del lenguaje, de la civilización... Para el público general, como para el científico en ejercicio, las ciencias narran, en este sentido, historias mejores, más amplias y verificables. Recurramos, una vez más, a un ejemplo del ámbito de la biología, pues a él pertenece uno de los más grandes relatos de orígenes jamás contados. En esta disciplina existen dos modelos de exposición de la realidad. El primero tiene que ver con el *cómo*, y en él se incluyen la fisiología, el modo como crecen, comen, se reproducen, se desenvuelven y mueren los seres vivos, y en consecuencia, la genética. Ernst Mayr, último superviviente de la insigne generación de especialistas en biología evolutiva de la década de 1930, ha llamado a éstas «preguntas inmediatas». El otro modelo toma como punto de partida el *porqué*, y se centra en la evolución. Las suyas son, por lo tanto, «preguntas últimas». Recordemos ahora que el de «proyecto del genoma humano» es un término muy poco afortunado, siendo así que no sólo abarca al hombre, sino también bacterias y ascárides, la mosca del vinagre y el ratón, y ahora también el chimpancé... y muy pronto otros seres vivos, hasta completar por fin el total de las criaturas. La genómica comparada fundirá en una sola disciplina la genética y la evolución, el cómo y el porqué, lo inmediato y lo último.

Los relatos de orígenes que ofrecen las ciencias son tan convincentes porque están vivos: son cambiantes y evolucionan. En calidad de científicos o de observadores de la ciencia, todos participamos en ellos de forma activa. Y si somos lo bastante audaces, lo suficientemente estoicos, nos negamos a hacer el sacrificio intelectual, asumimos el conocimiento de que el conocimiento es incierto... y aun así queremos saber. «Dadme mi carro de fuego.» He aquí el triunfo de la visión científica del mundo.

Notas

Prefacio

1. Philip J. Hilts, «Biologist who disputed a study paid dearly», *The New York Times* (22 marzo 1991).

Prólogo

1. William Harvey, *Exercitatio Anatomica de Motu Cordis et Sanguinis in Animalibus*, Classics of Medicine Library, Birmingham (Alabama), 1978, pp. 25 (original en latín) y 27 (versión inglesa). Se trata de una edición facsímil de la de 1628 (Fránkfurt), con traducción de Geoffrey Keynes, basada en la primera inglesa, de 1653. Las ilustraciones en las que Harvey explica el aparato circulatorio a Carlos I de Inglaterra se reproducen en *De Motu Cordis*, trad. de Chauncey D. Leake y Charles C. Thomas, Springfield (Illinois), 1941. (Hay trad. esp.: *De motu cordis: movimiento del corazón y de la sangre en los animales*, Advise 2000, Barcelona, 2002.)
2. «War on Cancer», *The New York Times* (31 mayo 1971).

Capítulo 1

1. John Kenneth Galbraith, *The Great Crash: 1929*, Houghton Mifflin, Boston, 1955, *passim*. (Hay trad. esp.: *El crac del 29*, Seix Barral, Barcelona, 1965.)

2. Citado *ibid.*, p. 140.

3. De diciembre de 2001 a marzo de 2004, sólo en *The New York Times*, se recogieron unos tres mil artículos relacionados con fraudes comerciales. Aunque he recurrido también a toda una variedad de fuentes, entre las que se incluyen *The Economist* y el *Financial Times*, he de decir que, para las comprobaciones y anotaciones finales me han sido de gran ayuda, por la rapidez y amplitud que ofrecen, los sitios de *The New York Times* y *The Economist* en Internet.

4. Richard A. Opel Jr. y Andrew Ross Sorkin, «Enron Corp. files largest US claim for bankruptcy», *The New York Times* (3 diciembre 2001); Kurt Eichenwald, «Enron official is reported set to plead guilty», *ibid.* (21 agosto 2002); «Corporate America's woes, continued» e «Investor self-protection», *The Economist* (28 noviembre 2002); Eichenwald, «Former Enron treasurer enters guilty plea», *The New York Times* (11 septiembre 2003); Paul Krugman, «Enron and the system», *ibid.* (9 enero 2004); Eichenwald, «Ex-Chief financial officer of Enron and wife plead guilty», *ibid.* (15 enero 2004), e *id.*, «Enron's skilling is indicted by US in fraud inquiry», *ibid.* (20 febrero 2004).

5. Simon Romero, «5 years and $15 billion later, a fiber optic venture fails», *ibid.* (29 enero 2002); «Survival of the slowest», *The Economist* (31 enero 2001); Romero, «Telecommunications: Global Crossing to Reorganize», *The New York Times* (29 mayo 2002); «The firms that can't stop falling», *The Economist* (5 septiembre 2002).

6. Geraldine Fabrikant, «Market Place: a family affair at Adelphia Communications», *The New York Times* (4 abril 2002).

7. Alex Berenson y Carol Vogel, «Ex-Tyco Chief is indicted in tax case», *ibid.* (5 junio 2002); Andrew Ross Sorkin, «2 top Tyco executives charged with $600 million fraud scheme», *ibid.* (13 septiembre 2002).

8. Seth Schiesel, «WorldCom leader departs company in turbulent time», *ibid.* (1 mayo 2002); Barnaby J. Feder, «Leadership shake-up could spread as WorlCom and its rivals regroup», *ibid.* (1 mayo 2002); «WorldCom bankruptcy filing is said to be set for next week», *ibid.* (19 julio 2002); «The only way is up, maybe», *The Economist* (25 julio 2002); Eichenwald, «2 ex-officials at WorldCom are charged in huge fraud», *The New York Times* (2 agosto 2002); *id.*, «Plea deals are seen for 3 WorldCom executives», *ibid.* (29 agosto 2002); y Feder, «WorldCom's practises enabled huge fraud», *ibid.* (10 junio 2003).

9. Floyd Norris y Claudia H. Deutsch, «Xerox to testate reults and pay big fine», *ibid.* (2 abril 2002), y «Corporate America's woes, continued» e «Investor self-protection», *The Economist* (28 noviembre 2002).

10. Romero, «Echoes of other scandals haunt a chastened Qwest» y «Qwest acknowledges accounting flaws», *The New York Times* (30 julio 2002).

11. Jonathan D. Glater, «Last task at Andersen: turning out the lights», *ibid.* (30 agosto 2002), y «The charge sheet», *The Economist* (12 septiembre 2002).

12. Patrick McGeehan, «$100 million fine for Merrill Lynch», *The New York Times* (22 mayo 2002).

13. «United States of America before the Securities and Excange Commission ... Release No. 46578/1 October 2002, in the matter of Dean Witter Reynolds Inc. n/k/a [conocido ahora como] Morgan Stanley DW, Inc.»; «Corporate America's woes, continued», «Corporate delicti» y «Corporate crookery», *The Economist* (28 noviembre 2002). En estos últimos artículos citados se recogen también detalles relativos a las causas instruidas contra Enron, Adelphia, Tyco, WorldCom, Xerox, Global Crossing y Arthur Andersen.

14. Jere Longman, «US Olympic Committee says it is investigating its leader», *The New York Times* (31 diciembre 2002).

15. Richard Sandomir, «USOC head says he made error in judgement», *ibid.* (3 enero 2003); *id.*, «USOC member resigns», *ibid.* (16 enero 2003); *id.*, «A second USOC officer resigns», *ibid.* (17 enero 2003); *id.*, «3 quitting panel on Olympic ethics», *ibid.* (18 enero 2003); *id.*, «President of the USOC calls for ethics investigation», *ibid.* (21 enero 2003); *id.*, «7 officers of USOC press its president to resign», *ibid.* (22 enero 2003); *id.*, «Head of inquiry on Olympic ethics has link to Ward», *ibid.* (25 enero 2003); *id.*, «Senators favor overhaul of US Olympic group», *ibid.* (29 enero 2003); *id.*, «More heat ahead for the feuding Olympic bosses», *ibid.* (30 enero 2003); Bill Briggs, «Agent waving red flag; USOC president key to allegation», *The Denver Post* (4 febrero 2003); Sandomir, «President is quitting US Olympic panel in dispute on ethics», *The New York Times* (5 febrero 2003); *id.*, «Olympic Committee chief loses his bonus», *ibid.* (9 febrero 2003); *id.*, «Veracity of Olympic Committee's tax returns questioned», *ibid.* (14 febrero 2003); *id.*, «Effort is turned back to oust USOC chief», *ibid.* (26 febrero 2003); *id.*, «Chief of US Olympic Committee quits amid a furor over ethics», *ibid.* (2 marzo 2003) y Jayson Blair, «After war steps down, there are still concerns», *ibid.* (3 marzo 2003).

16. Ian Bickerton, Susanna Voyle y Neil Buckley, «Europe faces accounting scandal», *Financial Times* (25 febrero 2003); Stephanie Kirchgaessner, «Ahold "knew in 2001 of US problem" says insider», *ibid.* (10 mar-

zo 2003) y Gregory Crouch, «Royal Ahold says fraud was worse than thought», *The New York Times* (9 mayo 2003).

17. Lisa Fingeret Roth y Joshua Chaffin, «SEC alleges HealSouth carried out $1.4 billion fraud», *Financial Times* (20 marzo 2003); Milt Freudenheim, «Hospital chain accused of accounting fraud», *The New York Times* (20 marzo 2003); Eichenwald, «HealthSouth inquiry expands to Medicare», *ibid.* (28 marzo 2003); Gretchen Morgenstern y Milt Freudenheim, «Scrushy ran HealthSouth real estate on the side», *ibid.* (14 abril 2003); Adrian Michaels, Lisa Fingeret Roth y Betty Liu, «Diagnosis of fraud: how employees of HealthSouth fooled colleagues, auditors and investors for 15 years», *Financial Times* (15 abril 2003); y Freudenheim, «HealthSouth audit finds as much as $4.6 billion in fraud», *The New York Times* (21 enero 2004).

18. Landon Thomas Jr., «Another fund company let its favored clients time market, memo says», y Riva D. Atlas, «Fund inquiry informant discloses her identity», *ibid.* (9 diciembre 2003); «Mutual funds; seller beware», *The Economist* (17 enero 2004), p. 68, y Stephen Labaton, «Fund misconduct is common, panel is told», *The New York Times* (28 enero 2004).

19. John Tagliabue, «Parmalat files for protection from creditors», *ibid.* (25 diciembre 2003); «Parmalat said to create ruse for $11 billion», *ibid.*; Tagliabue, «Judge issues arrest order for founder of Parmalat», *ibid.* (29 diciembre 2003); Mark Lander y Jason Horowitz, «Investigation of Parmalat widens to include foreign and Italian banks», *ibid.* (8 enero 2004); Gregory Crouch, «Parmalat units in Netherlands under scrutiny for bond sales», *ibid.* (15 enero 2004); «Parmasplat», *The Economist* (17 enero 2004); «Italy after Parmalat: spilt milk», *The Economist* (7 febrero 2004); Eric Sylvers, «7 banks said to be added to Parmalat investigation», *The New York Times* (11 febrero 2004); Glater, «Law firm for Parmalat under scrutiny», *ibid.* (21 febrero 2004); y Sylvers, «Indictments are sought in collapse of Parmalat», *ibid.* (19 marzo 2004).

20. Véase el resumen elaborado por Alex Berenson, «Prosecutors score whitecollar victories», *ibid.* (4 abril 2004).

21. Eichenwald, «Exchief financial officer of Enron and wife plead guilty», *ibid.* (15 enero 2004), y «Enron's Skilling is indicted by U.S. in fraud inquiry», *ibid.* (15 enero 2004). En cuanto al procesamiento de Kenneth Lay, véase «United States District Court, Southern District of Texas, Houston Division, United States of America v. ... Kenneth L. Lay. ... Filed July 7, 2004»; Kurt Eichenwald, y Christine Hauser, «Exchairman of Enron surrenders and faces 11charge indictment», *The New York Times* (8 julio 2004).

22. Sorkin, «Adelphia is next in parade of fraud trials», *ibid.* (23 febrero 2004); Barry Meier, «Former insider seen as pivotal in Rigas trial starting today», *ibid.* (1 marzo 2004); Bloomberg News, «Adelphia kept records of deals with Rigases, witness says», *ibid.* (28 mayo 2004). En cuanto al veredicto, véanse Meier, «Founder of Adelphia is found guilty of conspiracy», *ibid.* (8 julio 2004), y «Michael Rigas is free for now after mistrial is declared», *ibid.* (10 julio 2004).

23. Barnaby J. Feder y Kurt Eichenwald, «ExWorldCom chief is indicted by U.S. in securities fraud», *ibid.* (3 marzo 2004); «Former chief of WorldCom indicted again», *ibid.* (25 mayo 2004); Kenneth N. Gilpin, «WorldCom restates numbers and settles criminal case», *ibid.* (12 marzo 2004).

24. Sorkin, «Tyco trial ended as juror cites outside pressure», *ibid.* (3 abril 2004); Glater, «Latest Tyco trial starts as lawyers' showcase», *ibid.* (7 mayo 2004).

25. En «A tumultuous 2002 in the Boston archdiocese», *The Boston Globe* (13 diciembre 2002), se recoge una enumeración de artículos relacionados con el escándalo. Véanse también Melinda Henneberger, «Vatican to hold secret trials of priests in pedophilia cases», *The New York Times* (9 enero 2002); Pam Belluck, «Jury finds expriest guilty of assaulting boy», *ibid.* (19 enero 2002); *id.*, «Papers in pedophile case show church effort to avoid scandal», *ibid.* (25 enero 2002); Daniel J. Wakin, «Brooklyn bishop silent on handling of sex scandal», *ibid.* (26 enero 2002); «Things it is dangerous to conceal», *The Economist* (31 enero 2002); Belluck, «New Hampshire diocese names 14 priests accused of abuse», *The New York Times* (16 febrero 2002); Laurie Goodstein, «Boston priests' sexabuse scandal has ripple effect; other names are released», *ibid.* (17 febrero 2002); Barbara Whitaker, «Los Angeles cardinal removes priests involved in pedophilia cases», *ibid.* (5 marzo 2002); Belluck, «Maine parish agonizes over a priests confession», *ibid.* (5 marzo 2002); Goodstein, «Catholic bishop in Florida quits, admitting sex abuse in the 70's», *ibid.* (5 marzo 2002); Dean E. Murphy y Daniel J. Wakin, «Dioceses, facing great scrutiny, look anew at sex abuse cases», *ibid.* (14 marzo 2002); Anthony DePalma, «Church scandal resurrects old hurts in Louisiana bayou», *ibid.* (19 marzo 2002); «Lexington: The faith of the fathers», *The Economist* (21 marzo 2002); Chris Hedges, «Documents allege abuse of nuns by priests», *The New York Times* (21 marzo 2002); John Tagliabue, «Polish priests press Vatican on case against bishop», *ibid.* (27 marzo 2002); DePalma, «[Palm Beach] Diocese reels after losing 2 tainted bishops», *ibid.* (27 marzo 2002); «Sex and the Catholic church: wolves in the

flock», *The Economist* (28 marzo 2002); Goodstein, «St. Louis priest resigns after new accusation», *The New York Times* (28 marzo 2002); Brian Lavery, «Irish government plans inquiry into reports of abuse by priests», *ibid.* (6 abril 2002); Sterngold, James, «Los Angeles cardinal at center of strategy to control scandal», *ibid.* (7 abril 2002); Francis X. Clines, «Cincinnati: subpoenaed archbishop avoids testifying», *ibid.* (19 abril 2002); Goodstein, «Vatican accepts resignation of Milwaukee's archbishop», *ibid.* (25 mayo 2002); Clines «Nearly 100 Kentucky men add to accusations against priests», *ibid.* (28 mayo 2002); «Erring priests: a policy of sorts», *The Economist* (6 junio 2002); Jim Yardley, «Zero tolerance takes big toll in a Texas diocese», *The New York Times* (24 agosto 2002); [redacción en el extranjero] «Germany: bishops act on sex abuse», *ibid.* (28 septiembre 2002); Warren Hoge, «British cardinal apologizes for ignoring warnings about a pedophile priest», *ibid.* (22 noviembre 2002); Michael Rezendes y Matt Carroll, «Documents detail Law's steps on pastor, transferred priest», *The Boston Globe* (12 diciembre 2002); Michael Paulson y Charles M. Sennott, «Cardinal Law resigns», *ibid.* (13 diciembre 2002); Pam Belluck y Frank Bruni, «Law, citing abuse scandal, quits as Boston archbishop and asks for forgiveness», *The New York Times* (14 diciembre 2002); Michael Paulson, «Diocese gives abuse data», *The Boston Globe* (27 febrero 2004); «The Catholic bishops: found wanting: two studies show the true extent of the paedophilia scandal», *The Economist* (4 marzo 2004); Brian MacQuarrie, «Vt. diocese in record settlement over abuse», *The Boston Globe* (7 abril 2004); *id.* «Bishop places priest on leave», *ibid.* (16 abril 2004).

26. *All Things Considered* (27 agosto 2002).

27. Vannevar Bush, *Science – The Endless Frontier. A Report to the President on a Program for Postwar Scientific Research*, National Science Foundation, Washington D. C., 1960.

28. Para estos datos estadísticos y los que los siguen, véanse National Institutes of Health, *NIH Almanac*, http://www.nih.gov/about/almanac, y National Science Foundation, *Science & Engineering Indicators*, 2004.

29. Más adelante, en los capítulos 2 y 3, se exponen casos clásicos y actuales de fraude científico.

30. Citado en Rudy Baum, «Declining R & D support has ethical implications», *Chemical & Engineering News* (29 abril 1996), pp. 66-68.

31. Hans Gerth y C. Wright Mills, eds. y trads., *From Max Weber: Essays in Sociology*, Oxford University Press, Nueva York, 1946, pp. 154-155. (Hay trad. esp. en: Max Weber, *El político y el científico*, Altaya, Barcelona, 1995.)

32. Robert Merton, «The Normative Structure of Science, 1942», en *The Sociology of Science: Theoretical and Empirical Investigations*, University of Chicago Press, Chicago, 1973, pp. 266278. (Hay trad. esp.: *Sociología de la ciencia*, Alianza, Madrid, 1977.)

33. Joseph Needham, entrevista con el autor (Cambridge, 27 octubre 1975).

34. Max Delbrück, «A physicist's renewed look at biology: twenty years later», discurso pronunciado a la recepción del Nobel (10 diciembre 1969), publicado con posterioridad en *Science*, 168 (12 junio 1970), pp. 1312-1315.

35. William Whewell, «Novum Organum Renovatum, 1858», en Butts, Robert E., ed., *William Whewell: Theory of Scientific Method*, Hackett, Indianapolis, 1989, p. 139.

36. Trataremos con más detenimiento el caso de Mark Spector en el capítulo 3.

37. Thomas S. Kuhn, *The Structure of Scientific Revolutions*, 2.ª ed., University of Chicago Press, Chicago, 1970. (Hay trad. esp.: *La estructura de las revoluciones científicas*, FCE, Madrid, 1975.)

38. Véase, para un enfoque global, Sheila Jasanoff, Gerald E. Markle, James C. Petersen y Trevor Pinch, eds., *Handbook of Science and Technology Studies*, Sage, Thousand Oaks (California), 1995 (en lo tocante a la influencia del marxismo en los «estudios científicos», resulta interesante Sal Restivo, «The theory landscape in science studies», p. 103). Véanse también Paul Gross y Norman Levitt, *Higher Superstition: The Academic Left and its Quarrels with Science*, Johns Hopkins University Press, Baltimore, 1994, *passim*; Gerald Holton, *Science and Anti-Science*, Harvard University Press, Cambridge (Massachusetts), 1993, *passim*; y Alan Sokal y Jean Bricmont, *Fashionable Nonsense: Postmodern Intellectuals' Abuse of Science*, Picador USA, Nueva York, 1998, obra que proporciona un reconfortante enfoque cómico.

Capítulo 2

1. Charles Babbage, *Reflections on the Decline of Science in England, and on Some of Its Causes*, Irish University Press, Shannon (Irlanda), 1971 (edición facsímil de la de B. Fellowes, Londres, 1830), pp. 167-183.

2. Véase, para una exposición más amplia, Horace Freeland Judson, *The Search for Solutions*, Holt, Rinehart and Winston, Nueva York, 1980, pp. 174-176.

3. Richard S. Westfall, *Never at Rest: a Biography of Isaac Newton*, Cambridge University Press, Cambridge, 1980. (Véase, en español, la versión abreviada *Isaac Newton: una vida*, Cambridge University Press, Madrid, 2001.)

4. Gregor Mendel, «Experiments on plant hybrids, 1865», en Curt Stern, y Eva R. Sherwood, eds., *The Origin of Genetics: a Mendel Source Book*, W. H. Freeman, San Francisco, 1966, pp. 1-48. (Hay trad. esp.: «Experimentos en híbridos de plantas», en Mendel, Gregorio, y otros, *Cuatro estudios sobre genética*, Emecé, Buenos Aires, 1946, pp. 13-113.)

5. Fisher, Ronald Aylmer, «Has Mendel's work been rediscovered?», *Annals of Science*, 1 (1936), pp. 115-137; recogido en Stern y Sherwood, *op. cit.*, pp. 139-172.

6. Sewall Wright, «Mendel's ratios», *ibid.*, pp. 173-175.

7. Edwards, A. W. F., «Are Mendel's results really too close?», *Biological Reviews*, 61 (1986), pp. 295-312.

8. Daniel L. Hartl, y Vitezslav Orel, «What did Gregor Mendel think he discovered?», *Genetics*, 131 (junio 1992), pp. 245-253.

9. Franz Weiling, «What about R. A. Fisher's statement of the "too good" data of J. G. Mendel's *Pisum* paper?», *Journal of Heredity*, 77 (1986), pp. 281-283.

10. Alain F. Corcos y Floyd V. Monaghan, «Where is the bias in Mendel's experiments?», en Mendel, Gregor, *Experiments on Plant Hybrids: A Guided Study*, Rutgers University Press, Nueva Brunswick, 1993, pp. 196-204.

11. Entrevista con el autor (Gotinga, 22 abril 1976).

12. Phillip Prodger, «Photography and *The Expression of the Emotions*», en Darwin, Charles, *The Expression of the Emotions in Man and Animals*, Oxford University Press, Nueva York, 1998, pp. 399-415. (Hay trad. esp. de la obra de Darwin: *La expresión de las emociones en los animales y en el hombre*, Alianza, Madrid, 1998.)

13. Gerald L. Geison, *The Private Science of Louis Pasteur*, Princeton University Press, Princeton, 1995. Véanse, en especial, los capítulos 6 y 7. Véanse también «Louis Pasteur: pity a science that needs heroes», *The Economist* (1 julio 1995), pp. 79-80, y Monaghan, Peter, «Separating fact from legend», *Chronicle of Higher Education* (29 septiembre 1995), A10-11 y A18.

14. Max F. Perutz, «The pioneer defended», *The New York Review of Books* (21 diciembre 1995), pp. 54-58. Al artículo siguió cierto número de cartas enviadas al editor tanto por Geison como por Perutz: *The New York*

Review of Books (4 abril 1996), pp. 68-69. Véase también Martínez-Palomo, Adolfo, «The science of Louis Pasteur: a reconsideration», *The Quarterly Review of Biology*, 76 (marzo 2001), pp. 37-45. El resto de comentarios de Perutz proceden de diversas entrevistas personales con el autor.

15. Gerald Holton, «Subelectrons, presuppositions, and the Millikan-Ehrenhaft dispute», en *The Scientific Imagination: Case Studies*, Cambridge University Press, Cambridge, 1978, pp. 25-83. (Hay trad. esp.: *La imaginación científica*, FCE, México, 1985.)

16. Ullica Segerstråle, «Good to the last drop? Millikan stories as "canned" pedagogy», *Science and Engineering Ethics*, 1 (1995), pp. 197-214.

17. Allan Franklin, «Forging, cooking, trimming and riding on the bandwagon», *American Journal of Physics*, 52 (1984), pp. 786-793.

18. David Goodstein, «Scientific fraud», *The American Scholar*, 60 (otoño 1991), pp. 505-515.

19. Frederic Lawrence Holmes, *Meselson, Stahl, and the Replication of DNA: A History of the «Most Beautiful Experiment in Biology»*, Yale University Press, New Haven, 2001.

20. M. K. Richardson, J. Hanken, M. J. Gooneratne, C. Pieau, A. Raynaud, L. Selwood y G. M. Wright, «There is no highly conserved embryonic stage in the vertebrates: implications for current theories of evolution and development», *Anatomy and Embryology*, 196 (1997), pp. 91-106. Véanse también, a este respecto: Elizabeth Pennisi, «Haeckel's embryos: fraud rediscovered», *Science*, 277 (5 septiembre 1997), p. 1435; Richardson y otros, «Haeckel, embryos, and evolution», *Science*, 280 (15 mayo 1998), p. 983; Richardson, Michael K. y Gerhard Keuck, «A question of intent: when is a "schematic illustration" a fraud?», *Nature*, 410 (8 marzo 2001), p. 144, y *Haeckel and the vertebrate archetype* [en línea], http://zygote.swarthmore.edu/evo5.html.

21. Adolf Grünbaum, *The Foundations of Psychoanalysis: A Philosophical Critique*, University of California Press, Berkeley, 1984.

22. Malcolm Macmillan, *Freud Evaluated: The Completed Arc*, Amsterdam, 1991; reeditado en MIT Press, Cambridge (Massachusetts), 1997, p. 625 y *passim*.

23. Frank Sulloway, *Freud, Biologist of the Mind: Beyond the Psychoanalytic Legend*, Burnett Books, Londres, 1979.

24. Frederick Crews y otros, *The Memory Wars: Freud's Legacy in Dispute*, New York Review of Books, Nueva York, 1995. Véase también Edward Dolnick, *Madness on the Couch: Blaming the Victim in the Heyday of Psychoanalysis*, Simon & Schuster, Nueva York, 1998 (hay trad. esp.: *La lo-*

cura en el diván: culpando a la víctima en el apogeo del psicoanálisis, La Liebre de Marzo, Barcelona, 2002).

25. Frank Sulloway, «Reassessing Freud's case histories: the social construction of psychoanalysis», *Isis* (1991), pp. 245-274.

26. Leslie Spencer Hearnshaw, *Cyril Burt: Psychologist*, Hodder and Stoughton, Londres, 1979, pp. 227-261, y «The Burt affair: a rejoinder», *The Psychologist: Bulletin of the British Psychological Society*, 2 (1990), pp. 61-64.

27. Richard Lewontin, «Race and intelligence», *Bulletin of the Atomic Scientists* (marzo 1970), pp. 2-8.

28. Leon J. Kamin, «Heredity, intelligence, politics and society», conferencia leída en el XIII Congreso Internacional de Genética (1973), recogido en Block, Ned, y Gerald Dworkin, eds., *The IQ Controversy: Critical Readings*, Quarter Books, Londres, 1977, pp. 242-264.

29. Oliver Gillie, «Crucial data was faked by eminent psychologist», *The Sunday Times* (24 octubre 1976).

CAPÍTULO 3

1. Declaración efectuada ante el Subcomité de Investigación del Comité de Ciencia y Tecnología (Cámara de los Representantes), el 31 de marzo de 1981.

2. Jacques Steinberg, «Times reporter resigns after questions on article», *The New York Times* (2 mayo 2003).

3. «Editors' note», *ibid.*

4. Dan Barry y otros, «Correcting the record: *Times* reporter who resigned leaves a long trail of deception», «Correcting the record: witnesses and documents unveil deceptions in a reporter's work» y «Editors' note», *ibid.* (11 mayo 2003).

5. Steinberg, «Editor of *Times* tells staff he accepts blame for Fraud», *ibid.* (15 mayo 2003). Véase también «Editors' note», *ibid.* (12 junio 2003).

6. Steinberg, «Changes at the *Times*: *Times*'s 2 top editors resign after furor on writer's fraud», *ibid.* (6 junio 2003).

7. Barbara J. Culliton, «The SloanKettering affair: a story without a hero», *Science* (10 mayo 1974), pp. 644-650; *id.*, «The SloanKettering affair (II): an uneasy resolution», *ibid.* (14 junio 1974), pp. 1154-1157, y Gail McBride, «The SloanKettering affair: could it have happened anywhere?», *JAMA: The Journal of the American Medical Association* (9 septiembre 1974), pp. 1391-1410.

8. Michael Knight, «Doctor at Harvard quit after faking research data», *The New York Times* (28 junio 1980), y Nicholas Wade, «A diversion of the quest for truth», *Science*, 211 (6 marzo 1981), pp. 1022-1025.

9. William J. Broad, «Wouldbe academician pirates papers», *ibid.*, 208 (27 junio 1980), pp. 1438-1449, y Patricia Woolf, «Fraud in science: how much, how serious?», *The Hastings Center Report*, 11 (octubre 1981), pp. 91-114.

10. Lawrence K. Altman, «Columbia's medical chief resigns; exassociate's data fraud at issue», *The New York Times* (9 agosto 1980).

11. William J. Broad reconstruyó con todo detalle la cronología del caso en octubre de 1980, cuando aún constituía éste una cuestión palpitante, en dos extensos artículos: «Imbroglio at Yale (I): emergence of a fraud», *Science* (3 octubre 1980), pp. 3841, e «Imbroglio at Yale (II): atop job lost», *ibid.* (10 octubre 1980), pp. 171-173.

12. William J. Broad, «Harvard delays in reporting fraud», *Science*, 215 (29 enero 1982), pp. 478482; Daniel C. Tosteson (decano de la Escuela de Medicina de Harvard), «To the Members of the Faculty of Medicine», carta acompañada de una «Synopsis» (16 febrero 1983); Barbara Culliton, «Coping with fraud: the Darsee case»; *id.*, «Harvard acknowledges it could have done better», *Science*, 220 (1 abril 1983), pp. 3135; Richard Knox, «The Harvard fraud case: where does the problem lie?», *JAMA*, 249 (8 abril 1983), pp. 1797-1807; Knox, «Deeper problems for Darsee: Emory probe», *ibid.* (3 junio 1983), pp. 2867-2876; Arnold S. Relman, «Editorial: Lessons from the Darsee affair», *The New England Journal of Medicine*, 308 (9 junio 1983): 1415-1417, y Elmer C. Hall y otros, «Report of *ad hoc* committee to evaluate research of Dr John R. Darsee at Emory University», *Minerva*, 23 (verano 1985), pp. 276-305.

13. Philip M. Boffey, «Major study points to faulty research at two universities», *The New York Times* (22 abril 1984); Walter W. Stewart, y Ned Feder, «The integrity of the scientific literature», *Nature*, 325 (15 enero 1987), pp. 181-182; John Maddox, «Editorial: Fraud, libel and the literature», *ibid.*, pp. 207-214; Eugene Braunwald, «On analysing scientific fraud», *ibid.* pp. 215-216, y «Statement of Walter W. Stewatt and Ned Feder», declaración prestada ante la subcomisión de derechos civiles y constitucionales del comité del poder judicial (cámara de representante, 26 febrero 1986).

14. Gina Bari Kolata, «Reevaluation of cancer data eagerly awaited», *Science* (16 octubre 1981), pp. 316-318.

15. Efraim Backer, «A view of misconduct in science», *Nature* (11 mayo 1959), pp. 91-93.

16. Paul W. Valentine, «Drug therapy researcher is indicted», *The Washington Post* (16 abril 1988); Mary Pat Flaherty, «Ex-Western Psych researcher charged in druggrant fraud», *Pittsburgh Press* (16 abril 1988); Alun Anderson, «Criminal charge in scientific fraud case», *Nature* (21 abril 1988), p. 670; Mark Roman, «When good scientists turn bad», *Discover* (abril 1988), pp. 5058; Robert L. Sprague, «Acceptance of AAAS Scientific Freedom and Responsibility Award», convención de la AAAS (San Francisco, 16 enero 1989); Daniel S. Greenberg, «Issue of scientific fraud not easily faced», *Chicago Tribune* (16 agosto 1989); Christine McGourty, «Scientific misconduct: threats against witness», *Nature* (24 agosto 1989), p. 585 y Warren T. Brookes, «The high costs, of bad science: Dingell onto something?», *The Washington Times* (27 septiembre 1989).

17. Sprague, «Scientific misconduct: recent cases and regulations», presentación efectuada en la Universidad de Nevada (Reno, 24 abril 1992).

18. Robert L. Engler, James W. Covell, Paul J. Friedman, Philip S. Kitcher y Richard M. Peters, «Misrepresentation and responsibility in medical research», *The New England Journal of Medicine*, 317 (26 noviembre 1987), pp. 1383-1389.

19. Daniel E. Koshland, «Editorial», *Science*, 235 (9 enero 1987), p. 41.

20. John A. Talent, «The case of the peripatetic fossils», *Nature*, 338 (20 abril 1989), pp. 613-615 y 604; s. a., «News: Gupta takes to the hills», *ibid.*, 344 (15 marzo 1990), p. 187; s. a., «Opinion: another rope trick», *ibid.*, 371 (27 octubre 1994), p. 726; K. S. Jayaraman, «Geologist "victimized" for role in fraud case», *Nature*, 378 (16 noviembre 1995), p. 227; e *id.*, «Court allows fossil fraudster to return», *Nature*, 380 (18 abril 1996), p. 570.

21. Stephen Lock, «Editorial: Lessons from the Pearce affair: handling scientific fraud», *ibid.*, 310 (17 junio 1995), p. 1547. Véase también Richard Smith, «Editorial: Misconduct in research: editors respond», *ibid.*, 315 (26 julio 1997), pp. 201202.

22. Owen Dyer, «Consultant struck off for fraudulent claims», *British Medical Journal*, 310 (17 junio 1995), pp. 1554-1555.

23. Clare Dyer, «Cardiologist admits research misconduct», *British Medical Journal* 314 (24 mayo 1997), p. 1501; Smith, art. cit.

24. Dyer, «Consultant struck off over research fraud», *British Medical Journal*, 315 (26 julio 1997), pp. 205-210, y Smith, art. cit.

25. Dyer, «Doctor admits research fraud», *British Medical Journal*, 316 (25 febrero 1998), p. 645. Véase también Smith, art. cit.

26. Abbott, Alison, «Forged images lead to German inquiry», *Nature*, 387 (29 mayo 1997), p. 442, y «Fraud claims shake German complacency»,

ibid. (19 junio 1997), p. 750. Véanse también Quirin Schiermeier, «Gene therapist accused of fraud to seek redress in German court», *ibid.*, 389 (11 septiembre 1997), p. 105; Abbott, «Germany tightens grip on misconduct», *ibid.*, 390 (4 diciembre 1997), p. 430, y «Researcher sues over "fraud" sanction», *ibid.*, 390 (16/25 diciembre 1997), p. 662; Robert Koenig, «Panel proposes ways to combat fraud», *Science*, 278 (19 diciembre 1997), pp. 2049-2050; Abbott, «German scientists may escape fraud trial», y «Task force set up to determine the damage», *Nature*, 395 (8 octubre 1998), pp. 532-533; s. a., «Editors debate whether to blow the whistle on suspect papers», *ibid.*, 398 (4 marzo 1999), p. 15; Abbott, «German Science admits to fraud» (reseña de *Der Sündenfall: Betrug und Fälschung in der deutschen Wissenschaft*), *ibid.*, 398 (29 abril 1999), pp. 765-766; Andrew Lawler, «Fallout from German fraud case continues», *Science*, 291 (9 marzo 2001), pp. 1876 y 1877 y Adam Bostanci, «Germany gets in step with scientific misconduct rules», *Science*, 296 (7 junio 2002), p. 1778.

27. Marion A. Brach, «Correspondence: Scapegoat for fraud in Germany?», *Nature*, 392 (2 abril 1998), p. 431.

28. Abbott, «German fraud inquiry casts a wider net of suspicion –as disillusionment reigns in task force», *ibid.*, 405 (22 junio 2000), p. 871; y Michael Hagman, «Panel finds scores of suspect papers in German fraud probe», *Science*, 288 (23 junio 2000), pp. 2106-2107.

29. Alison Abbott y Johanna Schwarz, «Dubious data remain in print two years after misconduct inquiry», *Nature*, 418 (11 julio 2002), p. 113.

30. Abbott, «Fraud claim puts German rules to test», *Nature*, 392 (12 marzo 1998), p. 111; «German technician's confession spurs check on suspect data», *Nature*, 393 (28 mayo 1998), p. 293; y «German institute "correct" to fire technician», *Nature*, 394 (2 julio 1998), p. 6.

31. Abbott, «Seeburg faces misconduct inquiry», *Nature*, 399 (10 junio 1999), p. 512; Marshall, Eliot, «Startling revelations in UCGenentech battle», *Science*, 284 (7 mayo 1999), p. 883.

32. Dennis Henner y otros, «UC-Genentech trial» (carta de la compañía y otros científicos), *ibid.*, 484 (28 mayo 1999), p. 1465; y Peter H. Seeburg [respuesta al informe de Marshall], *ibid.*

33. Michael Hagman, «Researcher rebuked for 20yearold misdeed», *ibid.*, 286 (17 diciembre 1999), pp. 2249-2250.

34. Quirin Schiermeier, «German garlic study under scrutiny», *Nature*, 401 (14 octubre 1999), p. 629.

35. Kenneth Chang, «Bell Labs forms panel to study claims of research misconduct», *The New York Times* (22 mayo 2002). Véanse también

Chang, «A sudden host of questions on Bell Labs breakthroughs», *ibid.* (28 mayo 2002); Service, «Physicists question safeguards, ponder their next moves», *Science* (31 mayo 2002), pp. 1584-1585; Brumfiel, «Bell Labs inquiry spreads to superconductors», *Nature* (4 julio 2002), pp. 5 y 6; David Malakoff, «Winning streak brought awe, and then doubt», *Science* (5 julio 2002), pp. 34-35; Chang, «Panel says Bell Labs scientist faked discoveries in physics», *The New York Times* (26 septiembre 2002); Chang, «On scientific fakery and the systems to catch it», *ibid.* (15 octubre 2002); y Cherry A. Murray y Saswato R. Das [laboratorios Bell], «The price of scientific freedom», *Nature Materials*, 2 (abril 2003), pp. 204-205.

36. Geoff Brumfiel, «Bell Labs launches inquiry into allegations of data duplication», *Nature* (23 mayo 2002), pp. 367-368, y Robert E. Service, «Pioneering physics papers under suspicion for data manipulation», *Science* (24 mayo 2002), pp. 1376-1377.

37. Blake Morrison y Jacques Steinberg, «A question of credibility: ascent of *USA Today* reporter stumbled on colleagues' doubts», *The New York Times* (19 enero 2004).

38. Morrison, «Ex*USA Today* reporter faked major stories», *USA Today* (19 marzo 2004). Véanse también Rita Rubin, «Material without attribution», *ibid.*; Kevin McCoy, «Mileage, expenses and facts don't add up», *ibid.* (19 marzo 2004); y Steinberg, «Writer's work in *USA Today* called false», *The New York Times* (20 marzo 2004).

39. Steinberg, «Editor of *USA Today* resigns; cites failure over fabrications», *ibid.* (21 abril 2004).

40. Jack Shafer, «Dateline: Brooklyn», *New York Times Book Review* (14 marzo 2004).

Capítulo 4

1. Benoit Mandelbrot, comunicación personal con el autor.

2. Patricia Woolf, «Deception in scientific research», *Jurimetrics Journal*, 29 (otoño 1988), pp. 6795, y «Fraud in science: how much, how serious?», *The Hastings Center Report*, 11 (octubre 1981), pp. 91-114.

3. Smith, «Editorial: The need for a national body for research misconduct», *British Medical Journal*, 316 (6 junio 1998), pp. 1686-1687.

4. Véanse, en lo tocante a la Comisión de Ética Editorial, Smith, «Editorial: Misconduct in research: editors respond», cit., y Nigel Williams,

«Editors call for misconduct watchdog», *Science*, 280 (12 junio 1998), pp. 1685-1686.

5. Ian St. James-Roberts, «Are researchers trustworthy?», *New Scientist* (2 septiembre 1976), pp. 481-483, y «Cheating in science», *ibid.* (25 noviembre 1976), pp. 466469.

6. Judith E. Swazey, Melissa S. Anderson y Karen Seashore Louis, «Ethical problems in academic research», *American Scientist*, 81 (noviembre-diciembre 1993), pp. 542-553. Véanse también Philip J. Hilts, «Misconduct in science is not rare, a survey finds», *The New York Times* (12 noviembre 1993); y Lawrence K. Altman, «Her study shattered the myth that fraud in science is a rarity», *ibid.* (23 noviembre 1993).

7. Nicholas H. Steneck, «Assessing the integrity of publicly funded research», en *Proceedings: Investigating Research Integrity*, 2001.

8. National Academy of Sciences, *Responsible Science: Ensuring the Integrity of the Research Process*, National Academy Press, Washington, 1992; Warren E. Leary, «Panel opposes government policing of scientific misconduct cases», *The New York Times* (23 abril 1992); s. a., «Defining misconduct: US Academy offers strict definitions but ducks other urgent issues», *Nature*, 356 (30 abril 1992), pp. 730-731; Daniel S. Greenberg, «Academy Misconduct study calls for more study», *Science & Government Report* (1 mayo 1992); y David R. Hamilton, «A shaky consensus on misconduct», *Science*, 256 (1 mayo 1992), pp. 604-605.

9. Howard K. Schachman, «What is misconduct in science?», *ibid.*, 261 (9 julio 1993), pp. 148-149 y 183.

10. Karen A. Goldman y Montgomery K. Fisher, «The constitutionality of the "other serious deviation from accepted practices" clause», *Jurimetrics*, 37 (invierno 1997), pp. 149-166.

11. Commission on Research Integrity [presidente: Kenneth J. Ryan], *Integrity and Misconduct in Research: Report of the Commission on Research Integrity*, U. S. Department of Health and Human Services (Public Health Service), Washington, 1995.

12. Bruce Alberts (presidente y miembro del comité ejecutivo de la Academia Nacional de Ciencias) y otros, carta al Dr. William Raub, asesor científico del Departamento de Salud y Servicios Humanos (15 marzo 1996). Véanse también Jocelyn Kaiser, «Commission proposes new definition of misconduct», *Science*, 269 (29 septiembre 1995), p. 1811; Meredith Wadman, «"Unrealistic" misconduct plans under fire», *Nature*, 381 (23 mayo 1996), p. 299; e *id.*, «Hostile reception to US misconduct report», *ibid.* (20 junio 1996), p. 639.

13. The White House: Office of Science and Technology Policy, «Research misconduct: a new definition and new procedures for federal research agencies», *The Federal Register* (14 octubre 1999), y «Research misconduct: a new definition and guidelines for federal research agencies», *ibid.* (6 diciembre 2000), pp. 76260-76264. Véase también Jocelyn Kaiser, «A misconduct definition that finally sticks?», *Science*, 285 (15 octubre 1999), p. 391.

CAPÍTULO 5

1. Entrevista con el autor (Universidad de Wisconsin, 16 marzo 1993).
2. David Weaver, Moema H. Reis, Christopher Albanese, Frank Costantini, David Baltimore y Thereza Imanishi-Kari, «Altered repertoire of endogenous immunoglobulin gene expression in transgenic mice containing a rearranged mu heavy chain gene», *Cell* (25 abril 1986), pp. 247-259.
3. La exposición del caso se basa en una entrevista mantenida con el autor en Cambridge (Massachusetts), el 13 de abril de 1991; en la respuesta dada por O'Toole al borrador del informe de la investigación emprendida por la Oficina de Integridad Científica (13 mayo 1989); en la declaración presentada el 9 de mayo de 1989 ante la Subcomisión de Negligencias e Investigaciones del Comité de Energía y Comercio (Subcommittee on Oversight and Investigations of the Committee on Energy and Commerce, House of Representatives [citado en adelante como Subcomisión de Negligencias e Investigaciones]), 101.er congreso, 1.ª sesión, y en la entrevista que concedió a Walter Stewart el 26 de agosto de 1986.
4. Niels Kai Jerne, «Toward a network theory of the immune system», Annals of Immunology, *125c* (1974), pp. 373389.
5. Bernard Davis, entrevista con el autor (Cambridge [Massachusetts], 14 abril 1991).
6. David Baltimore, entrevista con el autor (Universidad Rockefeller, 31 julio 1991); *id.*, *The Diversion of Macromolecular Synthesis in LCells Towards Ends Dictated by Mengovirus*, borrador de su tesis doctoral, anotado por Norton Zinder; Anthony Cemmi, entrevista con el autor (Nueva York, 14 mayo 1996); y Norton Zinder, entrevista con el autor (Universidad Rockefeller, 18 mayo 1995).
7. O'Toole, entrevistas con el autor (cit. y 1 marzo 1992); *id.*, «Curriculum vitae», s. f. (posterior a mediados de 1992); y Hilts, «Biologist who disputed a study paid dearly», cit.

8. «Eine kleine samba», *The Economist* (4 noviembre 1995); «Biographical sketch: Thereza Imanishi-Kari», solicitud de beca n.º 2 P01 CA2890006 (recibida el 1 de febrero de 1985).

9. Darci Pareja de Almeida (Universidad de São Paulo), carta al autor (13 abril 1993).

10. Mikita Kato y Atsuyoshi Hagiwara, «To whom it may concern» [«A quien pueda interesar»], carta del Laboratorio de Biología del Desarrollo, Instituto Biológico, Facultad de Ciencias, Universidad de Kioto (26 agosto 1970).

11. Yoshio Miyabe, claustro de Ciencias, Universidad de Kioto, carta al Dr. John W. Krueger, Oficina de Integridad Investigadora (18 mayo 1995).

12. Carta de Maarit Alaluusua, secretaria de estudios de la Facultad de Ciencias de la Universidad de Helsinki, a John Krueger (19 junio 1995); y TimoJussa Hamalainen, consejero de estudios, mensaje de correo electrónico (20 junio 1995).

13. Valto Eero Olavi Mäkelä, entrevista con el autor (Congreso Mundial de Inmunología, Budapest, 24 agosto 1992).

14. Klaus Rajewsky, entrevistas con el autor (Instituto de Genética de la Universidad de Colonia, 2 abril 1992, y hotel Waldorf-Astoria, Nueva York, 18 junio 1992).

15. Claudia Berek, entrevista con el autor (Charité, Berlín, 1 abril 1992).

16. Robert Jack, entrevista con el autor (Instituto de Genética de la Universidad de Colonia, 2 abril, 1992).

17. Gertud Giels, entrevista con el autor (cercanías del lago Shasta, California, 26 abril 1992).

18. Herman Eisen, entrevista con el autor (MIT, 12 febrero 1993).

19. David Baltimore, entrevista con el autor (Universidad Rockefeller, 31 julio y 10 septiembre 1991). Véase también Baltimore, «Open letter to Paul Doty», *Nature*, 353 (5 septiembre 1991), p. 9.

20. Nancy Hopkins, entrevista con el autor (Cambridge [Massachusetts], 29 febrero 1992).

21. Susumu Tonegawa, entrevista con el autor (MIT, 7 agosto 1992).

22. Philip Sharp, que ejercía de director adjunto del Centro de Investigación Oncológica del MIT a la sazón, también recuerda que los ensayos que llevaron a la publicación de Weaver *et al.* tenían que ver con la hipótesis de Jerne: «Mientras Weaver nos hablaba de los experimentos, todos teníamos en mente la idea, interesantísima, de que al expresar un idiotipo se estaba alterando la respuesta idiotípica de otro» (Sharp, entrevista con el autor [17 septiembre 1991]).

23. Benjamin Lewin, entrevista con el autor (Cambridge [Massachusetts], 16 abril 1991). El precio de la transacción procede de Vitek Tracz, presidente de Current Science Group, quien aseguró, durante una conversación mantenida en Londres, el 28 de agosto de 2002, que conocía la cantidad porque había estado interesado en comprar la revista.

24. Paul Berg, entrevista con el autor (Escuela de Medicina de la Universidad de Stanford, 28 julio 1998).

25. James Darnell, entrevista con el autor (Universidad Rockefeller, 20 junio 1991).

26. Klaus Rajewsky, «Re: Baltimore M1236» (texto anónimo, aunque Rajewsky ha reconocido su autoría).

27. Alfred Nisonoff, entrevista con el autor (Universidad Brandeis, 7 agosto 1992).

28. O'Toole, entrevistas cit.; Charles Maplethorpe, entrevista con el autor (Washington, 19 abril 1991); Philip Cohen, entrevista con el autor (Universidad de California en San Francisco, 26 marzo 1993); Giels, entrevista cit.; Mary WhiteScharff, entrevista con el autor (7 agosto 1992), y Gene Brown, entrevista con el autor (MIT, 18 septiembre 1991).

29. Department of Health and Human Services, Public Health Service, National Institutes of Health, «Control of antigenspecific T cell responses»; solicitud de beca n.º 2 P01 CA2890006 (investigador jefe: Herman N. Eisen); «Biographical Sketch, Thereza Imanishi-Kari», *ibid.*, p. 00012.

30. Véase, por ejemplo, «Memorandum, December 30, 1986 / To: Maury Fox / From: Herman N. Eisen / Re: Allegations of misconduct in a research study entitled, "Altered Repertoire..."», Subcomisión de Negligencias e Investigaciones, pp. 312-313 (dos últimos párrafos de las pruebas presentadas durante la vista celebrada por la subcomisión).

31. O'Toole, entrevista con el autor (13 abril 1991); declaración de O'Toole ante la Subcomisión de Negligencias e Investigaciones, pp. 46; Wortis, entrevista con el autor (Universidad de Tufts, 25 junio 1991).

32. Prueba presentada en las sesiones del 4 y el 9 de mayo de 1989 («Minutes of AdHoc Committee Meeting / Brigitte Huber, Ph. D., Robert Woodland, Ph. D., Henry Wortis, M. D. (chair) / June 4, 1986», Subcomisión de Negligencias e Investigaciones, pp. 303-305). Cuando Dingell la puso en duda durante la vista del día 9, Wortis dijo haber redactado el informe en mayo de 1987 (*ibid.*, pp. 245-246).

33. Brown, entrevista con el autor, y O'Toole, entrevista con el autor (13 abril 1991).

34. O'Toole, entrevista cit., y carta manuscrita a Gene Brown (9 junio

1986), en la que anexa el informe («Memorandum / June 6, 1986 / To: Dr. Herman Eisen / From: Dr. Margot O'Toole [firmado] / Subject: the *Cell* 45: 247-259 paper»). Tanto la carta como el informe se presentaron como pruebas ante la Subcomisión de Negligencias e Investigaciones (4 y 9 mayo 1989), pp. 307-310.

35. Eisen, «Memorandum, June 17, 1986 / To: Gene Brown, Maury Fox, Phil Sharp, and Mary Rowe / From: Herman N. Eisen / Re: Margot O'Toole and the paper by D. Weaver, M. Ries, C. Albanese, R. Costantini, D. Baltimore, and T. Imanishi-Kari», dos páginas con la siguiente anotación: «No enviar nunca a nadie». Las razones por las que no lo remitió aparecen expuestas en una carta que envió a O'Toole el 11 de mayo de 1987 y que se presentó como prueba ante la Subcomisión de Negligencias e Investigaciones (4 y 9 mayo 1989), p. 321.

36. *Id.*, «Memorandum» (30 diciembre 1986), y O'Toole, declaración ante la Subcomisión de Negligencias e Investigaciones, pp. 79.

37. Boffey, «Major study points to faulty research at two universities», cit.

38. Charles Maplethorpe, entrevistas con el autor (Washington, 19 abril 1991 y 8 septiembre 1997, y conferencia telefónica, 18 mayo 1998), y declaración presentada ante la Subcomisión de Negligencias e Investigaciones (100.º congreso, 2.ª sesión, 12 abril 1988), pp. 106 y ss.

39. James Wyngaarden, entrevista con el autor (Washington, 19 abril 1991).

40. Presentado como prueba ante la Subcomisión de Negligencias e Investigaciones (4 y 9 mayo 1989), pp. 324-334.

41. O'Toole, entrevistas con el autor (13 abril 1991; conversación telefónica, 4 diciembre 1991, y Cambridge, 1 febrero 1992), y declaración ante la Subcomisión de Negligencias e Investigaciones (9 mayo 1989).

42. Subcomisión de Negligencias e Investigaciones (4 mayo 1989), pp. 172-174.

43. Philip Sharp, entrevista con el autor (17 septiembre 1991).

44. William K. Stevens, «Nobel Prize winner asked to head Rockefeller U.: Dr. Baltimore figured in a study that is being investigated», *The New York Times* (4 octubre 1989), «Dispute on new president shatters the tranquillity at Rockefeller U.: Choice of new head splits a citadel of research», *ibid.* (10 octubre 1989), «The ruckus at Rockefeller», *ibid.* (12 octubre 1989), y «Baltimore accepts post despite faculty outcry», *ibid.* (18 octubre 1989); Gunther Blobel, entrevista con el autor (Universidad Rockefeller, 22 febrero 1992); Anthony Cerami, entrevista con el autor; James Darnell, entrevista con el au-

tor (Universidad Rockefeller, 20 junio 1991 y 7 enero 1992), y Norton Zinder, entrevista con el autor (Universidad Rockefeller, 18 junio 1991).

45. John Maddox, «The end of the Baltimore saga», y David Baltimore, «Dr. Baltimore says "sorry"», *Nature*, 351 (9 mayo 1991), pp. 85 y 94-95; Margot O'Toole, «Margot O'Toole's record of events», *ibid.*, 351 (16 mayo 1991), pp. 180-183; Herman Eisen, «Origins of MIT inquiry», *ibid.*, 351 (30 mayo 1991), pp. 343-344; Brigitte T. Huber, Henry H. Words y Robert T. Woodland, «Opinions from an inquiry panel», *ibid.*, 351 (13 junio 1991), p. 514; Walter W. Stewart y Ned Feder, «Analysis of a whistleblowing», *ibid.*, 351 (27 junio 1991), pp. 687-690; Thereza Imanishi-Kari, «Imanishi-Kari's riposte», *ibid.*, p. 691; O'Toole, «O'Toole rechallenges», *ibid.*, pp. 691-693; cartas de Mark Ptashne, John Cairns y Herman Eisen, «More views on ImanishiKari», *ibid.*, 352 (11 julio 1991), pp. 101 y 102; Barbara J. Culliton, «NIH need clear definition of fraud», *ibid.*, 352 (15 agosto 1991), p. 563; O'Toole, «Imanishi-Kari (continued)», *ibid.*, p. 560; Eric Selsing, «Response to Ptashne», *ibid.* (22 agosto 1991), p. 657; Ptashne, «Baltimore's unanswered questions», *ibid.*, 353 (10 octubre 1991), p. 495 (publicado junto con la réplica de Paul Doty a Baltimore citada más abajo); y Maddox, «Baltimore's defence», *ibid.*, p. 484.

46. Paul Doty, «Responsibility and Weaver *et al.*», *ibid.*, 352 (18 julio 1991), pp. 183-184.

47. Maxime Singer, entrevista con el autor (NIH, 4 marzo 1992).

48. Baltimore, «Open letter to Paul Doty», art. cit.

49. Doty, «Baltimore's unanswered questions», *Nature*, 353 (10 octubre 1991), p. 495.

50. Maddox, «Baltimore's defence», art. cit.

51. Cerami, entrevista con el autor (14 mayo 1996).

52. Gerald Edelman, entrevista con el autor (Universidad Rockefeller, 21 octubre 1991).

53. David Rockefeller, entrevista con el autor (Rockefeller Center, 27 febrero 1992).

54. Norton Zinder, entrevistas con el autor (Universidad Rockefeller, 18 junio 1991, y conversación telefónica, 3 diciembre 1991).

55. Paul Berg, entrevista con el autor (Stanford, 7 febrero 1992).

56. Richard Furlaud, entrevista con el autor (despacho de Furlaud, 26 febrero 1992).

57. Furlaud, entrevista con el autor, y Baltimore, entrevista con el autor (Universidad Rockefeller, 28 febrero 1992).

58. «Office of Research Integrity / Investigation Report / The Massa-

chusetts Institute of Technology / ORI 072», y carta enviada a Imanishi-Kari por su abogado, Bruce A. Singal, procendente del Departamento de Salud y Servicios Humanos y firmada por Terrence [*sic*] J. Tychan, vicesecretario de gestión de becas y adquisiciones, y Lyle W. Bivens, director de la Oficina de Integridad Investigadora (26 octubre 1994).

59. «Department of Health and Human Services / Departmental Appeals Board / Research Integrity Adjudications Panel / June 21, 1996, Subject: Thereza Imanishi-Kari, Ph. D.: Decision.»

60. Subcomisión de Negligencias e Investigaciones (102.º congreso, 1.ª sesión, 13 marzo y 9 mayo 1991). La declaración de Kennedy, correspondiente al 13 de marzo, se recoge en pp. 138 y ss.

61. Subcomisión de Negligencias e Investigaciones, «House of Representatives Hearings on Apparent Wrongdoing at the NIH Laboratory of Tumor Cell Biology and Actions Involving the Office of Scientific Integrity» (6 marzo y 1 agosto 1991); véanse, en lo tocante a la declaración de Healey (presentada el 1 de agosto), las pp. 169 y ss.

62. El comienzo del interrogatorio aparece recogido en las transcripciones de la vista (p. 504, línea 13), aunqeu, claro está, no se da razón del gesto de Judith Ballard. La declaración de Baltimore tuvo lugar en la vista del 26 de junio de 1995 (pp. 2092-2093).

63. Subcomisión de Negligencias e Investigaciones (4 y 9 mayo 1998), p. 16; en lo tocante al borrador del primer informe del grupo de Davie, véanse las pp. 14-17.

64. Howard Temin, entrevista con el autor (Universidad de Wisconsin, 15 y 16 marzo 1993).

65. Rajewsky, entrevista con el autor (conversación telefónica, 22 diciembre 1996).

Capítulo 6

1. Philip Kitcher, *Science, Truth, and Democracy*, Oxford University Press, 2001, p. 3.

2. Richard Smith, «The future of peer review», en Fiona Godlee y Tom Jefferson, eds., *Peer Review in Health Sciences*, 2.ª ed., BMJ Books, Londres, 2003.

3. Algunas de las obras más importantes de cuantas se han escrito al respecto son: Stephen Lock, *A Difficult Balance: Editorial Peer Review in Medicine*, Nuffield Provincial Hospitals Trust, Londres, 1985; Godlee y Jeffer-

son, *op. cit.*, y las actas de los cuatro congresos internacionales sobre la evaluación entre iguales en publicaciones biomédicas, organizado por *JAMA, The Journal of the American Medical Association*, y dirigidos por Drummond Rennie, subdirector de la revista, que las recogió en sus páginas (véanse *JAMA*, 263 [9 marzo 1990], en lo tocante al celebrado en Chicago en mayo de 1989; *ibid.*, 272 [13 julio 1994], para el que tuvo lugar en Chicago entre el 9 al 11 de septiembre de 1993; *ibid.*, 280 [15 julio 1997], por lo que respecta al de Praga de septiembre de 1997; e *ibid.*, 287 [5 junio 2002], para el que se celebró en Barcelona entre el 14 y el 16 de septiembre de 2001).

4. Horace Freeland Judson, «Structural transformations of the sciences and the end of peer review», *JAMA*, 272 (13 julio 1994), pp. 9294.

5. Elizabeth Knoll, «The communities of scientists and journal peer review», *ibid.*, 263 (9 marzo 1990), pp. 1330-1332.

6. Véanse Gerald Jonas, *The Circuit Riders: Rockefeller Money and the Rise of Modern Science*, W. W. Norton, Nueva York, 1989; Robert E. Kohler, *Partners in Science: Foundations and Natural Scientists 19001945*, University of Chicago Press, Chicago, 1991, pp. 15105; y Andrew Carnegie, «Wealth», *North American Review*, 148 (junio 1889), pp. 663-664, e *ibid.*, 149 (diciembre 1889), pp. 682698 (reeditados en *The Gospel of Wealth and Other Timely Essays*, Harvard University Press, Cambridge [Massachusetts], 1962).

7. Jonas, *op. cit.*, *passim*, y en especial, pp. 177-189 y 201-210; Kohler, «The management of science: the experience of Warren Weaver and the Rockefeller Foundation programme in molecular biology», *Minerva*, 14 (otoño 1976), pp. 279-306.

8. Horace Freeland Judson, *The Eighth Day of Creation: Makers of the Revolution in Biology*, edición aumentada, Cold Spring Harbor Laboratory Press, Cold Spring Harbor (Nueva York), 1996, pp. 350-352.

9. Véase Bill Glen, *The Road to Jaramillo*, Stanford University Press, Palo Alto (California), 1981.

10. Gina Kolata, «At last, shouts of "Eureka!" in an ageold math mystery», *The New York Times* (24 junio 1993). En realidad, se encontró un error en la demostración, si bien acabó por resolverse. Véase *id.*, «How a gap in the Fermat proof was bridged», *ibid.* (31 enero 1995).

11. Bush, *op. cit.*

12. Robert Pollack, comunicación personal con el autor.

13. Véase la página web del organismo: http://www.nsf.gov, así como Stephen Cole, Leonard Rubin y Jonathan R. Cole, *Peer Review in the National Science Foundation: Phase One of a Study*, National Academy of Scien-

ces, Washington D. C., 1978, y Jonathan R. Cole y Stephen Cole, *Peer Review in the National Science Foundation: Phase Two of a Study*, National Academy Press, Washington D. C., 1981.

14. Christine Wennerås y Agnes Wold, «Nepotism and sexism in peerreview», *Nature*, 387 (22 mayo 1997), pp. 341-343.

15. Elvera Ehrenfeld, conversación telefónica con el autor (14 junio 2004).

16. Confirmación mediante llamada telefónica a la oficina de información al público (16 julio 2004).

17. Richard Smith, entrevista con el autor (BMJ Publishing Group, 29 agosto 2002).

18. Robert William Frederick Harrison [subsecretario de la Royal Society de Londres], «The Royal Society», *Encyclopaedia Britannica*, 11.ª ed., vol. XXIII, Cambridge University Press, Cambridge (Reino Unido), 1911, pp. 791-793.

19. Algunos estudios son David A. Kronick, «Peer review in 18th Century scientific journalism», *JAMA*, 263 (9 marzo 1990), pp. 1321-1322; John C. Burnham, «The evolution of editorial peer review», *ibid.*, pp. 1323-1329; e *id.*, «How journal editors came to develop and critique peer review procedures», en Mayland y Sojka, eds., *Research Ethics, Manuscript Review, and Journal Quality*, American Society of Agronomy, Madison (Wisconsin), 1992, pp. 5562.

20. Citado en Burnham, art. cit. Pese a la visible frustración que le produce la escasez de testimonios al respecto, el historiador John Burnham ha reunido en diversos escritos una extensa variedad de material relativo a la prehistoria del arbitraje editorial.

21. Subcomisión de Negligencias e Investigaciones (102.º congreso, 1.ª sesión, vista relativa a las prácticas de recuperación de costes indirectos efectuadas en universidades estadounidenses en relación con ayudas y contratos federales de investigación, 13 marzo y 9 mayo 1991), pp. 138 y ss.

22. David Botstein, entrevista con el autor (Escuela de Medicina de Stanford, 14 mayo 1991).

23. Richard Horton, «The hidden research paper» [presentado en el IV Congreso Internacional sobre la Evaluación entre Iguales en Publicaciones Biomédicas], *JAMA*, 287 (5 junio 2002), pp. 2775-2778.

24. Tom Jefferson, Philip Alderson, Elizabeth Wager y Frank Davidoff, «Effects of editorial peer review: a systematic review», *ibid.*, pp. 2784-2786.

25. Knoll, art. cit.

26. Smith, entrevista cit.

CAPÍTULO 7

1. Stephen Lock, «Fraud in medicine», *BMJ*, 296 (6 febrero 1998), pp. 376-377.

2. «The Shameful Wrong That Must Be Righted ... Paid for by the friends of Raymond Damadian», *The New York Times* (10 octubre 2003).

3. Horace Freeland Judson, «No Nobel prize for whining», *ibid.* (20 octubre 2003), sección de opinión.

4. «This is the great voyage of scientific discovery...», *ibid.* (9 diciembre 2003). Véanse también John Gore, «Out of the shadows-MRI and the Nobel prize», *The New England Journal of Medicine*, 349 (11 diciembre 2003), pp. 2290-2291, y s. a., «Campaigns: the price of honor», *Science*, 302 (19 diciembre 2003), p. 2065.

5. Nathaniel C. Comfort, *The Tangled Field: Barbara McClintock's Search for the Patterns of Genetic Control*, Harvard University Press, Cambridge (Massachusetts), 2001.

6. LaDeana W. Hillier y otros, «The DNA sequence of human chromosome 7», *Nature*, 424 (10 julio 2003), pp. 157-164.

7. Horace Freeland Judson, *The Eighth Day of Creation*, edición aumentada, Cold Spring Harbor Laboratory Press, Cold Spring Harbor (Long Island), 1996, pp. 46871; y F. H. C. Crick, «The recent excitement in the coding problem», en *Progress in Nucleic Acid Research*, vol. 1, Academic Press, Nueva York, 1963, pp. 163-217.

8. John Crewdson, «Fraud in Breast Cancer Study: Doctor Lied on Data for Decade», *Chicago Tribune* (13 marzo 1994). Véase también Lawrence K. Altman, «Researcher falsified data in breast cancer study» y «Flawed study raises questions on U.S. research: fall of a man pivotal in breast cancer research», *The New York Times* (4 abril 1994).

9. International Human Genome Sequencing Consortium, «Initial sequencing and analysis of the human genome», *Nature*, 409 (15 febrero 2001), pp. 860-921. Véanse también los artículos que se recogen en las pp. 813-859 y 922-941, así como «Talking about the genome», p. 769.

10. J. Craig Venter y otros, «The sequence of the human genome», *Science*, 291 (16 febrero 2001), p. 1304-1351.

11. Crewdson, «Disclosures of fraud rock gene project; leukemia research set back», *Chicago Tribune* (29 octubre 1996).

12. Altman, «Falsified data found in gene studies», *The New York Times*

(30 octubre 1996), y Eliot Marshall, «Fraud strikes top genome lab», *Science*, 274 (8 noviembre 1996), pp. 908-910.

13. Francis Collins, correo electrónico enviado al autor (8 febrero 2004).

14. *Science*, 274 (6 diciembre 1996), p. 1593.

15. «Next steps in the Schön affair», *Science*, 298 (18 octubre 2002), p. 495.

16. Editorial, «Ghost with a chance in publishing undergrowth», *The Lancet*, 342 (18-25 diciembre 1993), pp. 1498-1499.

17. Fiona Godlee, «Definition of "authorship" may be changed», *Nature*, 312 (15 junio 1996), pp. 1501-1502.

18. Drummond Rennie, Linda Emanuel y Veronica Yank, «When authorship fails: a proposal to make contributors accountable», *JAMA*, 278 (1997), pp. 579-585.

19. *Science*, 298 (22 noviembre 2002), p. 1.554.

20. Véase el sitio web de la organización: http://www.grc.uri.edu.

21. Nigel Williams, «Editors seek ways to cope with fraud», *Science*, 278 (14 noviembre 1997), p. 1221. Sitio web del COPE: http://www.publicationethics.org.uk.

22. Marek Wroński, correo electrónico a SCIFRAUD (3 diciembre 1997).

23. Eliot Marshall, «Medline searches turn up cases of suspected plagiarism», y «The Internet a powerful tool for plagiarism sleuths», *Science*, 279 (23 enero 1998), pp. 274276.

24. Tadeusz Wilczok, «An open letter to Scifraud» (9 marzo 1998; distribuida el día 11).

25. Fintan Culwin, entrevista telefónica con el autor y correo electrónico (9 febrero 2004).

26. J. Hilts, «Scholar who sued wins $1.2 million: University of Michigan cited in theftofresearch case», *The New York Times* (22 septiembre 1993), y «University forced to pay $1.6 million to researcher», *ibid.* (10 agosto 1997); s. a., *Science*, 277 (12 septiembre 1997), p. 1611; y Carolyn Phinney, correspondencia electrónica con el autor (marzo 2004).

27. Daniel S. Greenberg, «Plagiarist gets promoted; his victim loses her job», *The Medical Post* (25 septiembre 1990), p. 11 (recogido con anterioridad en *Science and Government Report* [1 mayo 1990]); *id.*, «Copyrightsuit winner faces misconduct charge», *Science and Government Report* (1 noviembre 1990), y «Case No. 7: plagiarism: taking sides at Montefiore Medical Center», United States House of Representatives, *Nineteenth Report by*

the Committee on Government Operations (101.er congreso, 10 septiembre 1990), pp. 3943 y 63.

28. John Crewdson, «Special report: the great AIDS quest: science under the microscope», *Chicago Tribune* (19 noviembre 1989).

29. Mikulas Popovic y otros, «Detection, isolation, and continuous production of cytopathic retroviruses (HTLV III) from patients with AIDS and preAIDS», *Science*, 224 (4 mayo 1984), pp. 497-500. Siguen al artículo tres más sobre la investigación en torno al HTLV-3, firmados por Popovic, Gallo y otros autores (pp. 500-508).

30. Crewdson, «U. S. Probe cites lies, errors, in AIDS article», *Chicago Tribune* (15 septiembre 1991); Philip J. Hilts, «Censure is urged for AIDS scientist: panel finds no wrongdoing by Gallo but faults him for lapses by others», *The New York Times* (16 septiembre 1991), y Joseph Palca, «Draft of Gallo report sees the light of day», *Science*, 253 (20 septiembre 1991), pp. 1347-1348. Véanse también Barbara J. Culliton, «Popovic rebuts», *Nature*, 353 (26 septiembre 1991), pp. 288 y 289; Crewdson, *Science Fictions: A Scientific Mystery, a Massive Coverup, and the Dark Legacy of Robert Gallo*, Little, Brown, Boston, 2002); y Jaap Goudsmit, «Book review: Lots of peanut shells but no elephant», *Nature*, 416 (14 marzo 2002), pp. 125-126.

31. Robert C. Gallo y Luc Montaigner, «The discovery of HIV as the cause of AIDS». *The New England Journal of Medicine*, 349 (11 diciembre 2003), pp. 2283-2285.

Capítulo 8

1. Steven Harnad, «Open archiving for an open society: freeing the scholarly and scientific research literature online through public selfarchiving», julio 2000, http://www.cogsci.soton.ac.uk/~harnad.

2. David Nicholson, «Richard Smith, ethical populist: the controversial editor of the *BMJ* discusses how he sees the future of electronic biomedical publishing», *The Scientist* (7 septiembre 2001).

3. Paul Ginsparg, «Creating a global knowledge network», discurso pronunciado por invitación durante el II Congreso de Expertos en Publicación Científica Electrónica celebrado por el Consejo Internacional para las Ciencias (ICSU) y la UNESCO en la sede de esta última (París, 1923 febrero 2001), en el turno de respuestas de la comunidad científica (20 febrero).

4. Joshua Lederberg, «Communication as the root of scientific progress» (conferencia presentada en el VI Congreso Internacional de la Fede-

ración Internacional de Editores Científicos, Woods Hole [Massachusetts]), *The Scientist* (8 febrero 1993), pp. 10-11 y 14.

5. Ginsparg, entrevistas con el autor (Laboratorio Nacional de Los Álamos, 2 julio 1998 y 29 junio 2001).

6. Gary Taubes, «Publication by electronic mail takes physics by storm», *Science*, 259 (26 febrero 1993), pp. 1246-1248, e «Email withdrawal prompts spasm», *Science*, 262 (8 octubre 1993), pp. 173-174.

7. Ginsparg, «Creating a global...», discurso cit.

8. Andrew Odlyzko, «Tragic loss or good riddance? The impending demise of traditional scholarly journal», versión condensada del 26 de septiembre de 1994, recogida en *Notices of the American Mathematical Society* (enero 1995); para la versión ampliada del 6 de noviembre de 1994, véase *Electronic Publishing Confronts Academia: The Agenda for the Year 2000*, MIT Press/ASIS monograph, Cambridge (Massachusetts), 1995.

9. Derek J. de Solla Price, *Little Science, Big Science*, Columbia University Press, Nueva York, 1963, pp. 527.

10. Harnad, «Open archiving», art. cit., y entrevista con el autor (Universidad de Southampton, 16 junio 2000).

11. Ginsparg, entrevistas cit. y mensaje de correo electrónico (15 enero 2004) en el que comenta un borrador del presente capítulo.

12. Craig Bingham, «The future of medical publishing», *HMS Beagle* [en línea], 46 (22 enero 1999), http://gateways.bmn.com/hmsbeagle.

13. George Lundberg, «Re: electronic archiving and IIS talk», mensajes de correo electrónico (8 septiembre 2000, 16.03.04 y 14.25.35 [hora oficial del Reino Unido]), en «September 1998 *American Scientist Forum*: Problems with the Ginsparg Model: Debate 2000-2003» (archivo generado el 16 octubre 2003).

14. Chris Armstrong, «Re: electronic archiving» (8 septiembre 2000, 10.46.36 [hora oficial G. B.]).

15. Harnad (8 septiembre 2000, 12.35.24 [hora oficial G. B.]).

16. Steve Hitchcock, «Re: electronic archiving» (8 septiembre 2000, 13.51.04 [hora oficial del Reino Unido]).

17. Odlyzko, «Tragic loss or good riddance», cit.

18. David Goodman, «Re: librarians and the Ginsparg model» (8 septiembre 2000, 17.54.45 [hora oficial del Reino Unido]).

19. A. de Rújula, «The new paradigm for gamma-ray bursts: a case of unethical behaviour?», arXiv:physics/0310134 v[ersión]2 (2 noviembre 2003).

20. Jim Giles, «Critical comments threaten to open libel floodgate for physics archive», *Nature*, 426 (6 noviembre 2003), p. 7.

21. Ginsparg, mensaje de correo electrónico (15 enero 2004).

22. John Maddox, «*Nature* on the Internet (at last)!», *Nature*, 377 (12 octubre 1995), p. 475.

23. Gary Taubes, «Science journals go wired», y «Electronic preprints point the way to "author empowerment"», *Science*, 271 (9 febrero 1996), pp. 764-766, y 767 y 768.

24. Cecillia S. L. Lai y otros, «A forkheaddomain gene is mutated in a severe speech and language disorder», *Nature*, 413 (4 octubre 2001), pp. 519-523, y Wolfgang Enard y otros, «Molecular evolution of FOXP2, a gene involved in speech and language», *Nature*, 418 (22 agosto 2002), pp. 869-872.

25. Harnad, «Open archiving», art. cit.

26. Véase, por ejemplo, Brock Read, «Editorial board of scientific journal quits, accusing Elsevier of pricegouging», *Chronicle of Higher Education* (9 febrero 2004).

27. Harold Varmus, «E-BIOMED: a proposal for electronic publications in the biomedical sciences» (6 mayo 1999), en http://www.nih.gov; borrador del día 5. Véanse también Eliot Marshall, «NIH weighs bold plan for online preprint publishing», *Science*, 283 (12 marzo 1999), pp. 1610-1611; Declan Butler, «NIH plan brings global electronic journal a step nearer reality», *Nature*, 398 (29 abril 1999), p. 735, y s. a., «Varmus circulates proposal for NIH-backed online venture», *Science*, 284 (30 abril 1999), p. 718.

28. Véanse, por ejemplo, Robert Pear, «NIH plan for journal on the web draws fire», *The New York Times* (8 junio 1999); Meredith Wadman, «Varmus defends plan for global environmental ejournal», *Nature*, 399 (24 junio 1999), p. 720, y Eliot Marshall, «Varmus defends Ebiomed proposal, prepares to push ahead», *Science*, 284 (25 junio 1999), pp. 2062-2063.

29. Vitek Tracz, entrevista con el autor (Londres, 28 agosto 2002). Véase también Kate Galbraith, «British researchers get to publish in 90 online medical journals free», *Chronicle of Higher Education* (11 julio 2003).

30. Véanse «PLoS history», en http://www.plos.org, y Pat Hagan, «PLoS plans to publish its own journals», *The Scientist* (7 septiembre 2001).

31. Bethesda Statement on Open Access Publishing (11 abril 2003; divulgado el 20 de junio de 2003).

32. Berliner Erklärung über offenen Zugang zu wissenschaftlichen Wissen y Berlin Declaration on Open Access to Knowledge in the Sciences and the Humanities (22 octubre 2003).

33. Jonathan Knight, «Cornell axes Elsevier journals as prices rise», *Nature*, 426 (20 noviembre 2003), p. 217.

Capítulo 9

1. Stephen Breyer, «Introduction», en *Reference Manual on Scientific Evidence*, 2.ª ed., Federal Judicial Center, Washington, D. C., 2000, p. 2.

2. Kenneth Chang, «Panel says Bell Labs scientist faked discoveries in physics», *The New York Times* (26 septiembre 2002). Véase también Cherry A. Murray y Saswato R. Das [de laboratorios Bell], «The price of scientific freedom», *Nature Materials*, 2 (abril 2003), pp. 204 y 205.

3. Gina Kolata, «Ethics 101: A course about the pitfalls», *The New York Times* (21 octubre 2003).

4. Entrevistas del autor con Margot O'Toole, Charles Maplethorpe, Gertrud Giels, Philip Cohen y otros citadas en el capítulo 5.

5. Baltimore, conversación con el autor (Institución Carnegie, 21 mayo 1991). La disertación llevaba por título: *Biological Diversity: The Immune System.*

6. Baltimore, entrevista con el autor, organizada por Ray O'Rourke, de BursonMarsteller (Universidad Rockefeller, 31 julio 1991).

7. Lo que sigue está basado en los cursos *Responding to Allegations of Search Misconduct: A Practicum*, patrocinado por la Asociación Estadounidense para el Fomento de la Ciencia (AAAS) y la Asociación Estadounidense de Escuelas de Medicina y celebrado en San Francisco el 14 de diciembre de 1992, e *Investigating Allegations of Research Misconduct: A Practicum*, patrocinado por la Conferencia Nacional de Abogados y Científicos, la Asociación Estadounidense de Escuelas de Medicina, la Asociación de Universidades Estadounidenses y la Asociación Nacional de Universidades Estatales y Escuelas Beneficiarias del Programa de Donación de Tierras, y celebrado en la misma ciudad entre el 12 y el 13 de diciembre de 1994, así como en la entrevista mantenida por Gunsalus con el autor durante el primero de éstos. Véase también C. K. Gunsalus, «Institutional structure to ensure research integrity», *Academic Medicine*, 68 (septiembre 1993), pp. 33-38 (suplemento).

8. Susan Lauscher, «Scientific misconduct: a case study», *Grants Magazine*, 10 (septiembre 1987), pp. 143-149.

9. Información proporcionada por el Sr. D. George Thomsen.

10. Stephen Breyer, «The interdependence of science and law», *Science*, 280 (1998), p. 537.

11. *Frye v. United States*, 54 App. D. C. 46, 47, 293 F. 1013, 1014 (1923). Véase también Federal Rules of Evidence, Rule 702, 28 USCA.

12. *William Daubert, Joyce Daubert, individually and as Guardians Ad Litem for Jason Daubert, a minor; Anita Young, individually and as Guardian Ad Litem for Eric Schuller, v. Merrell Dow Pharmaceuticals, Inc.*, 509 U. S. 579, 113 S. Ct. 2.786, 125 L. Ed. 2d 469.

13. Joe S. Cecil, mensaje de correo electrónico (8 marzo 2004).

14. *General Electric Company v. Robert K. Joiner*, 522 U. S. 136, 118 S. Ct. 512. Véase también Cecil, «Construing science in the quest for *ipse dixit*: a comment on Sanders and Cohen», *Seton Hall Law Review*, 33 (2003), pp. 967-986.

15. El autor debe esta apreciación a Joe Cecil. Breyer, de hecho, menciona el citado programa.

16. *Kumho Tire Company, Ltd., v. Carmichael*, 526 U. S. 137, 119 S. Ct. 1.167.

17. Olivia Judson (enviada de *The Economist*), comunicación personal con el autor.

18. Laural L. Hooper, Joe S. Cecil y Thomas E. Willging, *Neutral Science Panels: Two Examples of Panels of Court-Appointed Experts in the Breast Implants Product Liabilily Litigation*, Federal Judicial Center, Washington D. C., 19 noviembre 1999.

19. Editorial, «An Unnatural Disaster», *The Wall Street Journal* (10 diciembre 1998).

20. Marvin E. Frankel, «The search for truth: an umpireal [*sic*] view», *University of Pennsylvania Law Review* (mayo 1975), pp. 1031-1067.

21. John H. Langbein, «The German advantage in civil procedure», *The University of Chicago Law Review* (otoño 1985), pp. 823-882.

22. John C. Reitz, «Why we probably cannot adopt the German advantage in civil procedure», *Iowa Law Review* (mayo 1990), pp. 987-1014.

23. Langbein, «Trashing the German advantage», *Northwestern University Law Review* (primavera 1988), pp. 763-790.

24. A. V. Dicey, *Lectures on the Relationship between Law and Public Opinion in England in the Nineteenth Century*, 2.ª ed., Macmillan, Londres, 1914.

Epílogo

1. Peter Medawar, «A biological retrospect», en *Pluto's Republic*, Oxford University Press, 1982, p. 287.

2. Véase *Physics Today* (abril 1968), p. 9. La cita aparece recogida y co-

mentada en John Horgan, *The End of Science: Facing the Limits of Knowledge in the Twilight of the Scientific Age*, AddisonWesley, Reading (Massachusetts), 1996, pp. 19 y 270. (Hay trad. esp.: *El fin de la ciencia: los límites del conocimiento en el declive de la era científica*, Paidós, Barcelona, 1998.)

3. Para una exposición más detallada, véase Judson, *The Search for Solutions*, Holt, Rinehart and Winston, Nueva York, 1980, *passim*.

4. Gunther S. Stent, *The Coming of the Golden Age: A View of the End of Progress*, Natural History Press, Garden City (Nueva York), 1969.

5. Horgan, *op. cit.*, *passim* y, en especial, pp. 60-91.

6. Richard Feynman, *The Character of Physical Law* [conferencias pronunciadas en la Universidad de Cornell en 1965], Modern Library, Nueva York, 1994, p. 166.

7. John Ziman, «The transition to the steady state», comunicación leída en el Simposio sobre la Ciencia en Crisis con la Llegada del Nuevo Milenio, celebrado en la Universidad George Washington (19 septiembre 1996). Véanse también Susan E. Cozzens, Peter Healey, Arie Rip y John Ziman, eds., *The Research System in Transition*, Kluwer Academic Publishers, Dordrecht (Países Bajos), 1990, y Ziman, *Prometheus Bound Science in a Dynamic Steady State*, Cambridge University Press, 1994.

8. Eliot Marshall, «Varmus: the view from Bethesda», *Science*, 262 (26 noviembre 1993), pp. 1364-1366.

9. Donald Kennedy, Jim Austin, Kirstie Urquhart y Crispin Taylor, «Supply Without Demand», *id.*, 303 (20 febrero 2004), p. 1105.

10. S. a., «War on Cancer», *The New York Times* (31 mayo 1971). Véase también Harold M. Schmeck, Jr., «None of the enemies retreat», *id.* (5 agosto 1973).

11. Lo que sigue son fragmentos adaptados de un artículo de mayor extensión publicado con anterioridad. Véase Judson, «Has science won the argument?», *The Spectator* (4 junio 1977), pp. 24-25.

12. Medawar, «Induction and intuition in scientific thought», en *op. cit.*, p. 103.

Índice onomástico

Índice